造水の技術

[増補版]

工学博士

和田 洋六 著

地人書館

はじめに

　この本は，人の生活や産業に必要な水を造る技術について，わかりやすく解説する目的で書かれたものである．
　水は地球上の生物や，人の生命維持に深い関わりをもち，工業や農業をはじめとするあらゆる産業に不可欠な資源である．
　1960年代後半の日本は，先進工業国への脱皮を急ぎ，大量生産と利潤追求に奔走した結果，物質的には豊かになり，経済大国となった．しかし，物質万能主義に基づく科学技術の飛躍的な進歩には，環境保全の理念が欠如していたため，自然との均衡を失い，多くの水環境問題を引き起こした．
　これらの体験から個人も企業も自分だけの利益を追求する行為が，自然の摂理に反することを知らされた．現在は自分達の生活の利便性を優先したライフサイクルを見直し，自然環境と人間社会の調和を図るべく，環境への影響改善を，自ら継続的に行うときである．
　最近の産業の発展と人口の都市集中化に伴う水環境の汚濁は，自然の浄化能力を超え，きれいな水が大量に，容易に手に入る時代は過去のものになりつつある．
　我々の生活に関係の深い飲料水は現在，前塩素処理，凝集沈殿，沪過および殺菌を基本プロセスとした急速沪過法で処理されている．この浄水技術は殺菌，アンモニア除去および除濁に効果を発揮している．しかし，その一方で，原水中の有機物と過剰塩素が作用して，浄水の工程では意図しなかった有害なトリハロメタンや変異原性物質など20種以上の物質の副生が明らかとなった．原水中の有機物とは，生活雑排水，屎尿処理水，工場排水，天然のフミン質および藻類由来の有機物などで，その大半が人為起源物質である．
　この水質汚染の関連は，水が循環利用で成り立っていることを無視し，便利さを追い求めたつけを我々自身が支払わされていることの一例である．これら

の問題を解決するには，水の人為的な汚濁防止に努める一方，新しい水処理技術の開発，新しい情報の収集と評価など，多方面からの検討が必要である．

　生活用水や工業用水を造水する過程で，化学物質や薬品を全く加えずに高品質の水ができれば理想である．今日の水環境では，この理想の実現は無理にしても，最近の新技術，新素材を適用した造水技術を応用すれば，理想に一歩近づくことができる．人の生活や産業に必要な水を造り，排水を再生する技術は，いずれも造水関連の技術であるとの考えから，この本の題名を「造水の技術」とした．従って，本書は従来の用排水処理技術だけでなく，環境に負荷をかけない新たな造水技術の解説に焦点をあて，新しい水資源開拓を提案している．

　水源を河川や湖沼に限定せず，雨水や海水にまで拡大すれば，渇水や災害時の生活用水確保にもなる．産業排水は高度処理して再利用すれば，節水と水域環境保全に貢献できる．

　高密度化した現代社会においては，水は天から与えられるのを待つだけでなく，自らの努力で造り，積極的な節水とリサイクル化を推進すべきである．

　本書は，上記に述べた造水の技術に関する実務的な内容を具体的に述べており，12章から成っている．1〜9章は造水技術に関する基礎を中心に解説した．10〜12章では生活用水，工業用水の処理技術および排水の高度処理と再利用などの造水技術について述べた．

　本書は理工学部の学生，日ごろ水処理の業務に携わる技術者，これから造水の研究やビジネスを始めようとする方々が実務面で参考になるよう配慮した．

　本書が造水の技術に関するガイドブックとして，いささかでも役立てば望外の幸せである．

1996年8月

和　田　洋　六

目　次

はじめに

1. 懸濁物の除去 ·· 1
　1.1　凝集沈殿 ··· 2
　　1.1.1　粒子の大きさと沈降 ·· 2
　　1.1.2　コロイドの電気二重層 ·· 2
　　1.1.3　コロイドの凝集 ·· 4
　　1.1.4　凝集剤 ·· 5
　　1.1.5　アルミニウムイオンの性質 ··· 8
　　1.1.6　沈殿 ··· 11
　　1.1.7　傾斜板による沈降促進 ·· 14
　1.2　沪過 ··· 15
　　1.2.1　緩速沪過と急速沪過 ·· 15
　　1.2.2　急速沪過装置の構造 ·· 18
　　1.2.3　急速沪過器の逆洗浄 ·· 20
　　1.2.4　マイクロフロック沪過 ·· 23
　1.3　重金属の除去 ·· 25

2. 浮上分離 ·· 29
　2.1　油分の浮上分離 ··· 29
　2.2　加圧浮上 ··· 32

3. 膜分離 ·· 37

- 3.1 MF膜分離 …………………………………………………………… 38
  - 3.1.1 クロスフロー濾過 ………………………………………… 40
  - 3.1.2 吸引濾過 …………………………………………………… 43
  - 3.1.3 有機物吸着と親水度の関係 ……………………………… 44
- 3.2 UF膜分離 …………………………………………………………… 46
  - 3.2.1 濃縮界面の破壊 …………………………………………… 47
  - 3.2.2 UF膜の形状 ………………………………………………… 48
  - 3.2.3 UF膜濾過の基本フローシート …………………………… 48
- 3.3 RO膜分離 …………………………………………………………… 51
  - 3.3.1 RO膜の阻止率 ……………………………………………… 52
  - 3.3.2 RO膜の形状 ………………………………………………… 53
  - 3.3.3 RO膜面の汚染 ……………………………………………… 55
  - 3.3.4 前処理 ……………………………………………………… 57
  - 3.3.5 スケール防止対策 ………………………………………… 58
  - 3.3.6 膜の洗浄 …………………………………………………… 61
  - 3.3.7 RO膜装置の基本フローシート …………………………… 62
  - 3.3.8 RO膜の配列 ………………………………………………… 63
  - 3.3.9 NF膜分離 …………………………………………………… 64
- 3.4 電気透析膜分離 …………………………………………………… 67
  - 3.4.1 電気透析法の原理 ………………………………………… 68
  - 3.4.2 電気透析装置 ……………………………………………… 70
  - 3.4.3 電気透析装置のフローシート …………………………… 72
  - 3.4.4 食塩水電解と海水濃縮 …………………………………… 73

4. 酸化処理 ……………………………………………………………… 77
- 4.1 塩素酸化 …………………………………………………………… 77
  - 4.1.1 塩素処理副生成物 ………………………………………… 79
  - 4.1.2 臭素化副生成物 …………………………………………… 84
  - 4.1.3 塩素処理の代替技術 ……………………………………… 85
- 4.2 オゾン酸化 ………………………………………………………… 87

    4.2.1　オゾン酸化の特徴 ·· 88
    4.2.2　オゾン発生装置 ·· 90
    4.2.3　オゾン化空気による消毒副生成物 ································ 92
    4.2.4　オゾン酸化と活性炭処理 ·· 93
    4.2.5　過酸化水素併用オゾン酸化 ······································· 95
    4.2.6　紫外線照射併用オゾン酸化 ······································· 97
  4.3　フェントン酸化 ··· 102

5. 活性炭吸着 ·· 105
  5.1　活性炭による上水道処理 ··· 110
  5.2　オゾン酸化併用活性炭処理 ·· 114

6. イオン交換 ·· 119
  6.1　イオン交換樹脂の種類と反応 ·· 120
  6.2　水中の溶解イオン除去 ·· 128
  6.3　イオン交換樹脂の選択性 ··· 132
  6.4　イオン交換塔の配列 ·· 132
  6.5　並流再生と向流再生 ·· 135
  6.6　イオン交換塔の操作 ·· 137
  6.7　イオン交換塔の構造 ·· 141

7. 鉄およびマンガンの除去 ··· 145
  7.1　水中の鉄・マンガンの形態 ·· 146
  7.2　空気酸化による除鉄 ·· 147
  7.3　塩素酸化による除鉄 ·· 151
  7.4　直接沪過除マンガン法 ··· 152
  7.5　オゾン酸化による除鉄・除マンガン ······························· 155

8. 脱酸素処理 ·· 159
  8.1　水中における鋼の腐食 ··· 159

8.2　脱酸素の方法 ·· 162
　　　8.2.1　物理的脱酸素 ·· 163
　　　8.2.2　化学的脱酸素 ·· 169
　　8.3　防食の方法 ·· 172

9. 生物処理 ·· 175
　　9.1　活性汚泥法 ·· 175
　　9.2　生物膜法 ··· 190
　　9.3　脱チッソ・脱リン処理 ·· 197
　　　9.3.1　チッ素の除去 ·· 197
　　　9.3.2　リンの除去 ··· 204
　　9.4　高負荷嫌気性処理 ·· 208
　　　9.4.1　嫌気性処理の概要 ·· 208
　　　9.4.2　分解経路と影響因子 ··· 210
　　　9.4.3　UASB処理プロセスの設計 ·· 212
　　　9.4.4　UASB法の処理性能 ··· 213
　　　9.4.5　嫌気性処理と好気性処理の比較 ···································· 215

10. 生活用水 ··· 219
　　10.1　飲料水 ·· 219
　　　10.1.1　緩速沪過法による浄水 ·· 221
　　　10.1.2　急速沪過法による浄水 ·· 222
　　　10.1.3　おいしい水 ··· 226
　　10.2　海水淡水化 ·· 229
　　　10.2.1　逆浸透膜装置の構成 ··· 231
　　　10.2.2　海水淡水化用逆浸透膜 ·· 236
　　10.3　雨水の利用 ·· 237
　　　10.3.1　雨水の水質 ··· 237
　　　10.3.2　雨水槽の位置 ·· 242
　　　10.3.3　雨水処理方式 ·· 243

10.3.4　雨水の集水方式 ··247
　　10.3.5　雨水利用の実施例 ··248
　　10.3.6　雨水利用施設の維持管理 ··254

11. 工 業 用 水 ··255
11.1　ボイラ用水 ··255
　　11.1.1　ボイラの種類 ··255
　　11.1.2　ボイラにおける障害と水質 ·····································260
　　11.1.3　ボイラ用水処理とスケール ·····································265
11.2　超 純 水 ··273
　　11.2.1　電子産業と超純水 ··273
　　11.2.2　超純水の精製方法 ··275
11.3　冷 却 水 ··289
　　11.3.1　冷却水系の分類 ··290
　　11.3.2　冷却水の水質と障害 ··293
　　11.3.3　冷却水処理の経緯と防食剤の種類 ·····························298

12. 排水の高度処理と再利用 ··305
12.1　シアン排水の再利用 ··305
　　12.1.1　実験装置 ··306
　　12.1.2　実験結果 ··307
　　12.1.3　シアン排水のリサイクルシステム ·····························312
12.2　クロム排水の再利用 ··313
　　12.2.1　実験装置 ··315
　　12.2.2　実験結果 ··316
　　12.2.3　クロム排水のリサイクルシステム ·····························321
12.3　金属表面処理排水の再利用 ·····································323
　　12.3.1　重金属とシリカの除去 ··325
　　12.3.2　有機物の除去 ··327
　　12.3.3　逆浸透膜の選定 ··329

12.3.4　実装置の設計と運転 ……………………………………329

造水の技術　増補

増補にあたって …………………………………………………………335

13. 造　　水 ……………………………………………………………337
　13.1　いま，なぜ造水なのか ………………………………………337
　　13.1.1　わが国の水事情 ……………………………………337
　　13.1.2　水の循環 ……………………………………………339
　　13.1.3　水の働きとその精製法 ……………………………340
　13.2　水とクリーナープロダクション（Cleaner Production）………342
　　13.2.1　排水量の削減 ………………………………………343
　　13.2.2　原材料の変更 ………………………………………346
　　13.2.3　生産プロセスの変更 ………………………………347
　　13.2.4　有価物の回収 ………………………………………348
　　13.2.5　高度処理とリサイクル ……………………………350
　13.3　造水の必要性 …………………………………………………350

参 考 資 料 …………………………………………………………………353
　　1. 水質汚濁に係わる環境基準 …………………………………353
　　2. 水質汚濁防止に係わる排水基準 ……………………………357
　　3. 新しい水道水質基準 …………………………………………360
　　4. 土壌の汚染に係わる環境基準 ………………………………366
　　5. 特定地下浸透水の浸透の制限 ………………………………369
　　6. 先端産業の要望水質 …………………………………………371
　　7. 農業用水基準等 ………………………………………………371
　　8. 水稲に対する有害物質 ………………………………………372

索　　引 ……………………………………………………………………373

1. 懸濁物の除去

　水中の懸濁物の中でも，粒径が大きく比重の大きい物質は，自然に沈降するので重力分離が容易である．

　水中の $10\mu\mathrm{m}$ 以上の懸濁物を分離するには，一般に沈降分離法が適している．水中に存在する粒子に働く力は，重力，浮力，抵抗力であり，その沈降速度は式 (1.1) で示される．

$$V_s = \sqrt{4/3 \cdot g/C_D \cdot \rho_s \cdot \rho_l \cdot d} \qquad \cdots\cdots (1.1)$$

ただし，V_s：粒子の沈降速度 (m/s)，C_D：抵抗係数
　　　　g：重力加速度 (m/s²)，ρ_s：粒子の密度 (kg/m³)，
　　　　ρ_l：水の密度 (kg/m³)，d：粒子の径 (m)，
　　　　μ：水の粘性係数 (kg/m・s)

抵抗係数 C_D はレイノルズ数 $\mathrm{Re}(=\rho V_s d/\mu)$ の関数であり，

　　$\mathrm{Re} < 1$ のとき　　$C_D = 24/\mathrm{Re}$ 　　　　　　　$\cdots\cdots (1.2)$

　　$\mathrm{Re} > 1$ のとき　　$C_D = 24/\mathrm{Re} + 3\sqrt{\mathrm{Re}+0.34}$ 　$\cdots\cdots (1.3)$

沈殿槽では，Re の小さい層流状態に保たれるので，式 (1.2) を用いると式 (1.1) は式 (1.4) のようになる．

$$V_s = \frac{g(\rho_s - \rho_l)\,d^2}{18\mu} \qquad \cdots\cdots (1.4)$$

式 (1.4) は，ストークスの式と呼ばれる．

　ストークスの式では，粒子の密度が大きいほど，また粒子の径 (d) が大きいほど沈降速度が大きい．従って，沈降処理では前処理でできるだけ密度と径の大きいフロックを生成させることが沈降分離の決め手となる．

1.1 凝集沈殿

1.1.1 粒子の大きさと沈降

表1.1に砂・汚泥類の自然沈降速度を示した．表1.1によれば，0.1mm（100 μm）の細かい砂は1mの沈降に2分を要し，0.001mm（1 μm）の細菌になると，1mの沈降に5日を要するので，1 μm以下の粒径の物質は自然沈降による重力分離は現実的でない．

【表1.1】 砂・汚泥類の自然沈降速度 （比重2.65，水温10℃）

粒子の直径 (mm)	粒子の種類	1m沈降の 所要時間	粒子の直径 (mm)	粒子の種類	1m沈降の 所要時間
10.0	砂　利	1秒	0.01 (10μ)	汚　泥	2時間
1.0 (1,000μ)	粗 い 砂	10秒	0.001 (1μ)	細　菌	5日
0.1 (100μ)	細 か い 砂	2分	0.0001 (0.1μ)	粘土の粒子	2年

水中の不純物は，溶解性か不溶解性（懸濁性）かという表現をよく用いる．懸濁物質を含んだ水は沪過して，沪液中の物質を溶解性物質，沪紙上に残った物質を懸濁性物質と呼んでいる．

沪紙は，通常No.5C程度の沪紙を用いるが，No.5Cの孔径は約1 μmである[注]．JIS K 0102での懸濁物質は，1 μmの沪過膜上に残留した物質を表わす．

1.1.2 コロイドの電気二重層

普通のイオンや分子よりは大きいが，長時間放置しても沈降しない1 μm以下の微粒子をコロイド粒子という．

コロイドは粒径が小さいので，単位あたりの表面積が非常に大きく，表面の性質が粒子の特性を決める．コロイドを含む微粒子の表面は通常，負に荷電しているので，相互に反発しあって安定している．

注）No.5Aは10μm，No.5Bは5μm程度である．

コロイド粒子が電荷を帯びる理由はいくつか考えられる．一例として純粋なヨウ化銀（AgⅠ）を水に浸すと銀イオン（Ag^+）はヨウ素イオン（I^-）より親水性のため，銀イオンがやや多く水に溶解する．つまり，ヨウ化銀表面で銀イオンの解離が起こる．その結果，ヨウ化銀は負に，溶液は正に帯電する[1]．

帯電のもう一つの理由は吸着である．上記の例で，水溶液に硝酸銀（$AgNO_3$）を加えると硝酸イオン（NO_3^-）より銀イオン（Ag^+）のほうが負のヨウ化銀（AgⅠ）に吸着しやすいので，この場合は，ヨウ化銀が正に，溶液が負に帯電し，ヨウ化銀の正と負が逆転する．

コロイドの荷電表面は，反対符号のイオンを引きつけ，同じ符号のイオンに反発力を示す．したがって，荷電表面近くでは反対符号のイオン濃度が高まり，同符号イオンの濃度が低くなる．荷電表面近くでこのようなイオン濃度の不均衡が生じたとき，電気二重層（Electric double layer）が形成されたという．

電気二重層の構造には，いくつかの考えかたがある[注]が，ここではグイ・スターン（Gouy-Stern）の電気二重層について述べる．

コロイド粒子の表面を詳しくみると，図1.1のように固体表面に正の吸着電

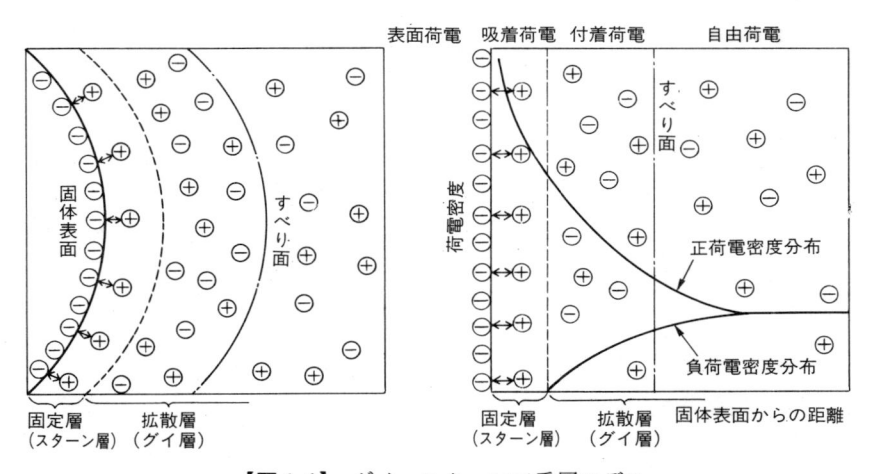

【図1.1】 グイ・スターン二重層モデル

---

1) 岡本　剛，後藤克巳，諸住　高："工業用水と廃水処理"，（日刊工業新聞社）1974．
注）Helmholtzの電気二重層，Sternの電気二重層，Gouy-Chapmanの電気二重層，Gouy-Sternの電気二重層などの考え方がある．

荷のある固定層（スターン層と呼ぶ）があり，外側に排除された負の荷電イオンと表面に引き寄せられた正の荷電イオンからなる拡散層（グイ層と呼ぶ）がある．

コロイド粒子間に働く静電気的な力を考えるには，図1.1における荷電密度の電位値を知ることが望ましいが，現実には不可能である．理由は水溶液と接した固体表面には，表面に固着した水の固定層があるためで，一例として電気泳動法[注]で電位を測定しても実際には固定層外面の水との間のすべり面上の電位として表わされる．これをゼータ（ζ）電位と呼んでいる．多くの系についてζ電位は10～200mVの間とされるが，水中の懸濁物を凝集させるには，ζ電位を10mV以下に下げると良好な凝集条件になるといわれている[1]．

1.1.3 コロイドの凝集

コロイド粒子は，1μmの沪紙でも通過するので，通常の沪過による分離は困難で，凝集剤などを用いた前処理が必要である．コロイド粒子の表面を電気的に中和し，凝集，架橋作用する薬剤を凝集剤と呼ぶ．

La Merはコロイド粒子の凝集に電気的な力が主たる役割りを果たす場合をCoagulation，架橋作用が主たる役割りを果たす場合をFlocculationと区別して呼ぶことを提唱している[2]．

水処理の分野では，凝集という言葉は多少広い意味に使われているので，本書では一般的な凝集という言葉を使う．

凝集剤にはアルミニウムや鉄の塩類が使われているが，これらを汚濁水に加えるとアルミニウムイオン（Al^{3+}）や鉄イオン（Fe^{3+}）が加水分解して生ずる重合体がコロイド表面に結合して負の荷電を中和する．

凝集剤は，適量加えたときは良好な凝集作用を発揮するが，添加量が多すぎると電荷を逆転させ，コロイド粒子は再び安定化し，逆効果を招くことがある．

注）沪紙，粉末，ゲルなどを電解液の支持体とし，通電により試料を支持体中で泳動させて分離し，適当な検出法（試薬発色法，紫外線吸収法など）で，成分の分離，検出，定量を行う方法．特に沪紙電気泳動法が多く用いられる．
1) 住友 恒，山口 淳："衛生工学"，（未石冨太郎編，鹿島出版会）1994．
2) La Mer, V.K.：*J. Colloid Sci.*, **19**, p.219（1964）

一般に，電荷によって安定しているコロイド粒子は，電解質を加えると凝集する．凝集を起こすのに必要な電解質の最低濃度をその電解質の凝集価と呼ぶ．表1.2[1]に負コロイドに対する種々の電解質の凝集価を示す．

【表1.2】 負に帯電したコロイド粒子に対する各種電解質の凝結価

電　解　質	凝結価（ミリモル陽イオン/l）		
	As_2S_3ゾル	Auゾル	Ptゾル
NaCl	51	24	2.5
KCl	49.5		2.2
1/2 K_2SO_4	65.5	23	
HCl	31	5.5	
$C_6H_5NH_2\cdot HCl$	2.5		
$CaCl_2$	0.65	0.41	
$BaCl_2$	0.69	0.35	0.058
$Al(NO_3)_3$	0.095		
1/2 $Al_2(SO_4)_3$	0.096	0.009	0.013
$Ce(NO_3)_3$	0.080	0.003	

表1.2より，電荷の大きなアルミニウムイオン（Al^{3+}）等の陽イオンは，小さな凝集価を示し，ナトリウムイオン（Na^+）等の電荷の小さな陽イオンは大きな凝集価を示す．このようにコロイドと反対電荷をもつイオンの電価が大きいほど凝集価が小さく，凝集作用が強くなることはSchulze-Hardyの法則として古くから知られている．

一般に二価イオンの凝集作用の強さは一価イオンの20〜80倍あり，三価イオンは二価イオンよりも更に10〜100倍も強い凝集作用を示すといわれている[2]．

凝集剤として硫酸アルミニウム〔$Al_2(SO_4)_2$〕や塩化第二鉄（$FeCl_3$）などの三価の陽イオンを含んだ塩類が有効であるのはこれらの理由による．

1.1.4 凝　集　剤

水中の懸濁物質を凝集，沈降させる目的で凝集剤および凝集助剤が使用される．

表1.3に凝集剤，凝集助剤およびフロック形成助剤の一例を示す．

---

1) Alexander, A.E., Johnson, P.："*Colloid Science*", (Clarendon press) 1949.
2) 前掲 p.3 脚注 1) 参照．

1. 懸濁物の除去

【表1.3】 凝集剤の種類と性質

大別	性格	剤名	化学式	凝集に適したpH	飲料水処理に使用可のもの	参考
凝集剤	アルミニウム塩	硫酸アルミニウム	$Al_2(SO_4)_3 \cdot 18H_2O$	6〜8	○	最も一般的, 鉄塩を共有することもあり, Alum, 硫酸バン土ともいう.
		アルミン酸ナトリウム	$NaAlO_2$		○	Alumと共有すると凝集効果が高まるといわれている.
		ポリ塩化アルミニウム	$Al_n(OH)_mCl_{3n-m}$のポリマー		○	色度成分の除去に効力あり, また液のpHをあまり変えない長所あり.
	鉄塩	硫酸第一鉄	$FeSO_5 \cdot 7H_2O$	9〜11	○	使用条件が悪いと処理水に鉄分が残り着色する.
		塩化第二鉄	$FeCl_3 \cdot 6H_2O$		○	
		硫酸第二鉄	$Fe_2(SO_4)_3 \cdot nH_2O$		○	
		塩素化コッパラス	$Fe_2(SO_4)_3 \cdot FeCl_3$		○	
凝集助剤	pH・Mアルカリ度調整剤	鉱酸類	H_2SO_4, HCl		○	これらを含む廃液を利用することがある.
		アルカリ類	$Ca(OH)_2$, $NaOH$, $NaCO_3$, $NaHCO_3$		○	
	酸化・還元剤	塩素, 晒粉	Cl_2, $CaOCl_2$		○	鉄, マンガン, NH_3-Nの酸化や滅菌に用いる.
		過マンガン酸塩	$KMnO_4$		○	臭味, マンガンなどの除去に用いられる.
		硫酸第一鉄	$FeSO_4 \cdot 7H_2O$		○	廃液の還元に亜硫酸と同様に用いられる.
フロック形成助剤	陰イオン性ポリマー	アルギン酸ナトリウム	(構造式)	6以上	○	吸着による架橋作用, 過量の使用は避けること.
		CMCナトリウム塩	セルロース $-OCH_2 \cdot COONa$		○	
		ポリアクリル酸ナトリウム	$-(CH-CH_2)_n-$ $\;\;\;\;\;COONa$			
		ポリアクリルアミドの部分加水分解塩	$-(CH_2-CH-CH_2-CH)_n-$ $\;\;\;\;\;CO\;\;\;\;\;\;CO$ $\;\;\;\;\;NH_2\;\;\;ONa$			

(つづく)

(表1.3　凝集剤の種類と性質つづき)

（フロック形成助剤）	（陰イオン性ポリマー）	水溶性アニリン樹脂	$-(CH_2-NH-\phi)_n-$	酸性の系でもあるものは使用できる．	陰電荷のコロイドに対しては，単独使用で主剤的役割を果すことがある．
		ポリチオ尿素	$(-R-NHCSNH-)_n$		
		ポリエチレンイミン	$(-CH_2CH_2NH)_n$		
		第4級アンモニウム塩	$R_1\underset{R_2}{\overset{Y}{\underset{|}{N}}}\overset{R_3}{\underset{R_4}{}}$		

凝集剤は次の三種類に大別される．

(1) 凝 集 剤

コロイド粒子の荷電の中和とコロイド粒子を結合させる架橋作用をもった物質．一般に良く用いられるのは，容易に加水分解して正荷電の水酸化物ポリマーとなるアルミニウム塩〔$Al_2(SO_4)_3 \cdot 18H_2O$〕，鉄塩（$FeCl_3$）などである．

(2) 凝 集 助 剤

凝集剤として用いられる金属塩は，一般に弱酸性を示す．凝集剤の効果を発揮させるために適正なpH値を維持する必要があるので，pH値の低下を防ぐ目的で，アルカリ剤（水酸化ナトリウム，石灰など）を加える．

一般に粘土のような濁質成分を中性のpH領域で凝集させるときは，水酸化ナトリウムなどのアルカリ剤を用いる．着色水やある種の有機性排水を凝集処理するには，酸性側で凝集を行うと効果が良くなるときがある．これを酸性凝集法と呼んでいるが，この場合は少量の硫酸や塩酸などの酸を用いてpH値を4.0付近までさげる．

(3) フロック形成助剤

一般に分子量100万以上の高分子物質で，架橋作用によるフロックを粗大化させ，結合の強度を増すために用いる．

図1.2は負荷電のコロイド粒子を硫酸アルミニウム等の正荷電の凝集剤で中和，凝集し，続いてこれを負荷電の高分子凝集助剤で粗大化させる経過を示したものである．

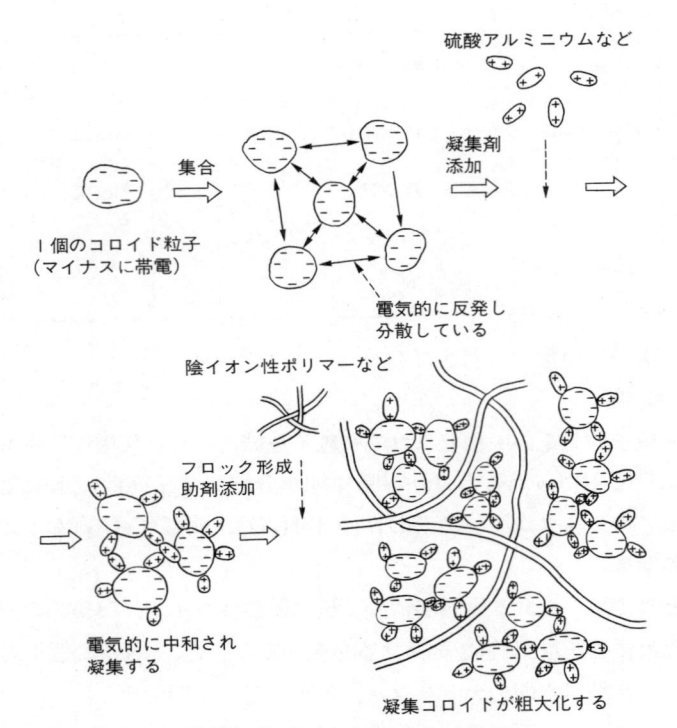

【図1.2】 コロイドの分散と凝集

図1.2とは逆に負荷電の凝集剤を使った場合は，正荷電の高分子凝集剤を用いると凝集効果が良くなることがある．

凝集処理で未知の試料を扱う場合は，必ず事前にジャーテスト等の予備実験をして，凝集効果を確認することが重要である[注]．

1.1.5　アルミニウムイオンの性質

凝集剤として広く用いられるアルミニウム塩類は，通常，水溶液（pH 2〜3）で使用される．以前は固形の硫酸アルミニウム〔$Al_2(SO_4)_3 \cdot 18H_2O$，$Al^{3+}$として8％〕を水に溶解して用いていたが，最近は液体硫酸アルミニウム

注）　一般に負荷電の粘土質コロイドには，正荷電のアルミニウム塩類，金属水酸化物フロックには負荷電の高分子凝集剤，有機性懸濁物には正荷電の凝集剤が用いられる．

（Al^{3+}として 4 ％）を使用することが多い．現在は日本で開発されたポリ塩化アルミニウム塩（PAC, Al^{3+}として 5 ～ 6 ％程度）が多く用いられている．

水中のアルミニウム塩類は 6 水和物をもった三価イオンで，式 (1.5) により弱酸性を示す．

$$Al(H_2O)_6^{3+} \rightleftarrows AlOH(H_2O)_5^{2+} + H^+ \qquad \cdots\cdots\cdots(1.5)$$

この溶液にアルカリを加えると水中の水酸イオン（OH^-）と重合し，正荷電のポリマーイオン，たとえば〔$Al_8(OH)_{20}^{4+}$〕または〔$Al_6(OH)_{15}^{3+}$〕などを形成すると考えられる．

このようなアルミニウムの多価イオンが，荷電中和に最も有効に作用するといわれている．

図 1.3[1]は種々のpH値におけるアルミニウムイオンの電気泳動速度を示したものであるが，pH 5 付近で電気泳動度が異常に大きくなることから，このpH値付近では三価より大きな電荷をもつ〔$Al_8(OH)_{20}^{4+}$〕などのポリマーが生成すると考えられている[2]．

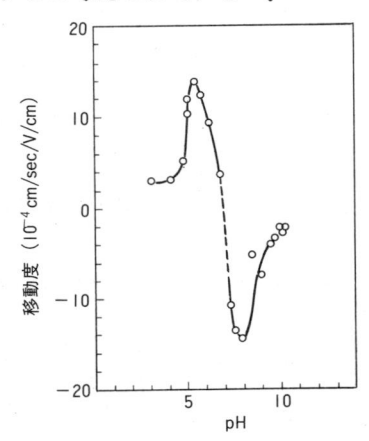

【図1.3】 種々のpHにおけるアルミニウムイオン種の電気泳動速度

更に，アルカリを加えてpH値を中性付近にするとOH^-イオンと結合する割合が増えて，電気的に中性の水酸化アルミニウム〔$Al(OH)_3$〕といった不溶性の水酸化物となる．pH 8 付近になるとアルミニウムイオンは電荷を失って等

---

1) 岩瀬政吉, 四ツ柳隆夫, 後藤克巳, 永山政一：工化誌, Vol. 72 (1969)
2) Okura, T., Goto, K., Yotsuyanagi, T. : *Anal. chem.*, Vol. 34 (1962)

電点に達する．pHが8を超えるとOH⁻イオンが増え，アルミニウムイオンは〔$Al(OH)_4^-$〕といった負荷電になり，コロイドなどの負荷電物質の中和能力を失い，凝集作用を示さなくなる．

ポリ塩化アルミニウム（PAC）は溶解性重合アルミニウムをあらかじめ加水分解しておくので，水に添加した際にアルカリ度をほとんど消費しない[注]．

懸濁成分の主体は粘土系のコロイドが多く粒径は約 1 μm 程度である．水中の粘土粒子のゼータ電位を測定すると，−20〜−25mV程度を示す．この粘土系懸濁物に硫酸アルミニウムを20mg/l加えると電荷を中和し，図 1.4[1]のようなゼータ電位の変化と残留濁度を示す．

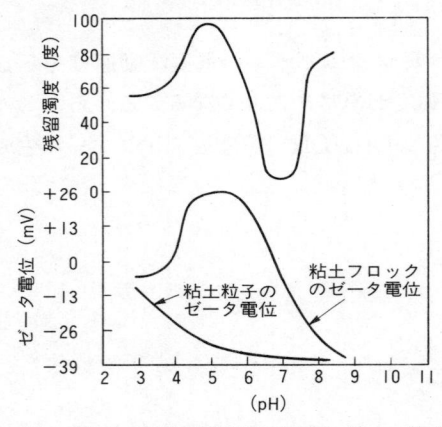

【図1.4】 濁度粒子のゼータ電位と濁度の除去

pH 7 付近では残留濁度が最も低く，粘土フロックのゼータ電位ではちょうど等電点(±0mV, pH 7)前後で濁度除去が進行していることがわかる．しかし，もう一つの等電点(pH 4)では，濁度除去の効果はあまり良くない．これはpH 4 でもpH 7 でもコロイドの負荷電は中和されているが，pH 4 ではアルミニウムが溶解性なので架橋能力がなく，フロックを作らないのに対し，pH 7 では不溶化した水酸化アルミニウムによって架橋作用が起こり，フロックを形成し，濁度が除去されたものと考えられる．

注）一例として，pH7.0の河川水にPACをAl³⁺として 10mg/l 添加するとpHは5.8となるが，硫酸アルミニウムをAl³⁺として，10mg/l 加えるとpHは4.9にまで低下する．
1) 円保憲仁：水道協会雑誌, 365 号 (1965)

図1.5[1]はアルミニウムイオンがモノマー（Al^{3+}）として溶解する濃度とpHの関係を示したものである。0.01MのKNO₃水中ではpH5.7～6.9以内で、アルミニウムイオンは0.05mg/l程度溶解している[注]。この濃度以上に存在するアルミニウムイオンが凝集剤や重合に関与していると考えられる。

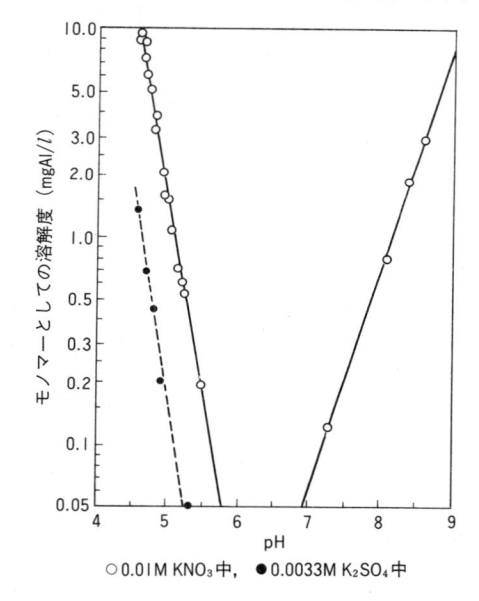

【図1.5】 モノマーとしてのアルミニウムイオンの溶解度(25℃)

○ 0.01M KNO₃中，● 0.0033M K₂SO₄中

1.1.6 沈　殿

ストークスの式（式1.4）より粒子の沈降速度は粒子の直径の二乗に比例するので、径が大きくなるに従って粒子の沈降速度は速くなる。しかし実際の処理ではすべてが計算式どうりには進まない。

フロック形成は粒子の径を大きくして沈降速度を増加させる目的で行うが、フロック粒子が大きくなるにつれて、フロック間隙に含まれる水分の割合が増

---

1)　後藤克巳：日化誌., Vol.81, p.349 (1960)

注)　水道水源の汚濁が進むと、凝集剤としてのアルミニウムイオンを過剰に加えるが、水酸化アルミニウムとして完全に不溶化しない時は、水道水中に微量漏出する。現在、脳神経変性による痴呆やアルツハイマー病患者の脳には、アルミニウムが多く存在することが明らかとなり、水道水や食品中のアルミニウムとの関係が疑われている。

えてくるので密度が小さくなる（図1.6）．

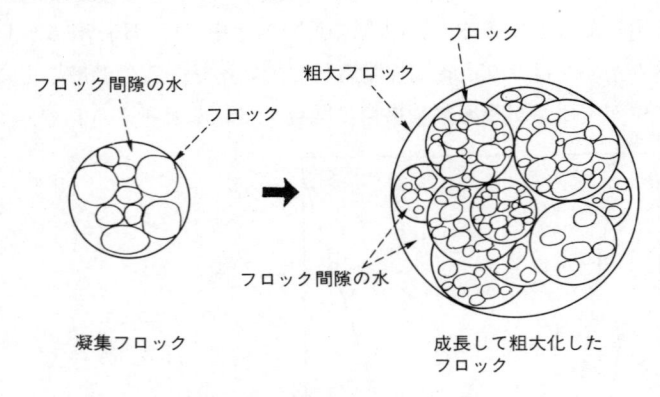

【図1.6】 凝集フロックの空隙

この関係はストークスの式1.4の中で，

$$\rho_s - \rho = 1/d^{K\rho} \qquad \cdots\cdots\cdots (1.6)$$

で表わされる[1]．水処理の場合は一般に$K\rho$は1.2から1.5の値である．この関係をストークスの式に代入すると沈降速度は

$$d^2 \times (1/d^{1.5}) = d^{0.5} \qquad \cdots\cdots\cdots (1.7)$$

となる．従って密度変化のない砂などでは，その直径が二倍になると沈降速度は$5^2=25$となり，25倍となるが水酸化物などの水分を多く含むフロックでは$5^{0.5}=2.2$となり，2.2倍程度にしかならない[注]．

沈殿槽における固液分離の基礎となる指標は水面積負荷である．水面積負荷は沈殿槽に流入する流量Q（m³/h）を沈殿槽の水面積A（m²）で除したものである．すなわち，水面積負荷W_0は

$$W_0(\mathrm{m/h}) = Q(\mathrm{m^3/h})/A(\mathrm{m^2}) \qquad \cdots\cdots\cdots (1.8)$$

となる．式1.8からわかるように，水面積負荷は理論的には沈殿槽の深さとは無関係である．沈殿槽の大きさを滞留時間のみで決めたり，表現したりすることが時々あるが，これは誤りである．沈殿槽の能力は水面積負荷を主体にして

1）円保憲仁，渡辺義公：水道協会雑誌，397号（1969）
注）実際の水処理操作では，フロックが大きければ大きいほど良いというものではなく，小さいフロックでも間隙水の少ないひきしまったフロックのほうが沈降速度が大きい場合もある．

評価すべきである．

図1.7に横流式沈殿槽と上向流式沈殿槽内の流れを示す．

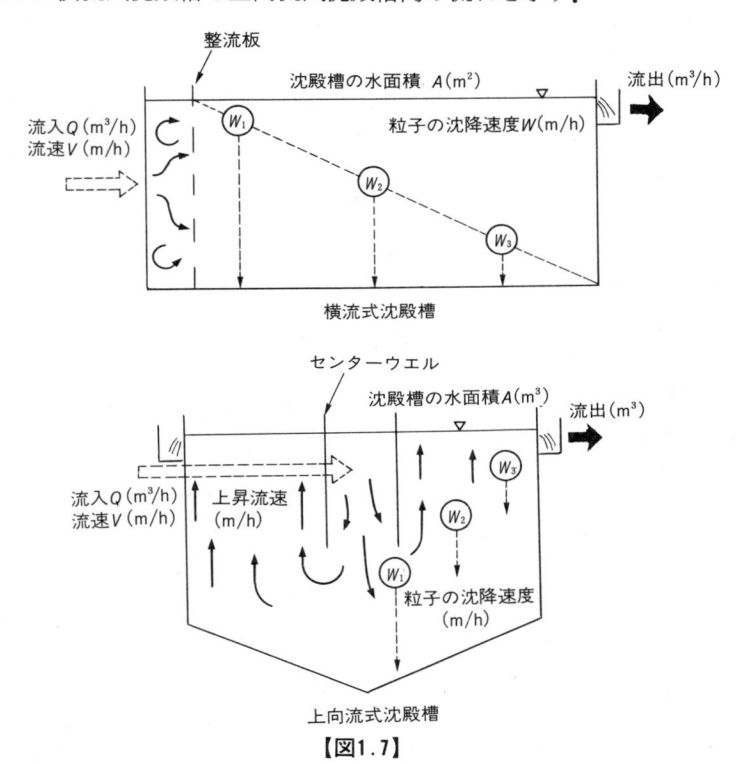

【図1.7】

横流式沈殿槽は，原水をできるだけ全断面から均一に流入させるために流入口の数を多くしたり，流入部の流れに抵抗をつけて流入の一様化を図る．一般には，穴あきの整流板（開口率5〜6％）を設ける．

上向流式沈殿槽はセンターウエルを設けて原水を中央に集め，いったん下向流とし，次に上向流に変えて固液分離を行う．

横流式も上向流式も原水の流速（m/h）は粒子の沈降速度（m/h）より小さくすることが必要である．図1.7で粒子の沈降速度の大きいW_1は短時間に沈降する．W_3は沈降速度が遅いので，条件によっては沈殿槽外に流出することもある．表1.1(p.2)より粒径0.1mmの砂の沈降速度は30m/hとなるが，0.01（10

μm) 程度の汚泥の沈降速度は 0.5m/h である[注].

図 1.8[1] に上向流式沈殿槽の滞留時間, 上昇流速および除濁の関係を示す. これによれば, 平均上昇流速 0.5(m/h) で, 滞留時間が 3 時間あれば除去率 90% となる. 上昇流速 0.5(m/h) で, 滞留時間が 2 時間のときは除去率 80% である.

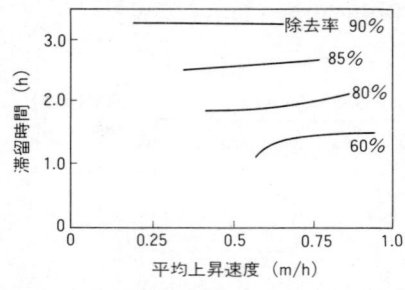

【図1.8】 滞留時間および平均上昇速度と除去率

1.1.7 傾斜板による沈降促進

図 1.9③のように懸濁粒子の存在する容器の中に傾斜板を設けると①に比べて沈降分離距離を短縮することができる. 図 1.9①の粒子は $a \to b$ の長い距離を沈降するが②のように板を 4 板挿入すると $a' \to b'$ の距離 (①の 1/5 の距離) で沈降は終了する. しかし, これでは板の底に粒子がたまって実用性がないので③のように板を傾斜すれば, 粒子は $a'' \to b''$ の距離を沈降し板の上をすべり落ち底部に集められる. 固液分離の終了した上澄水は図 1.9③の Ⓢ 印付近に設けた採水管から採取するか, 水面からのオーバーフロー水を採取する.

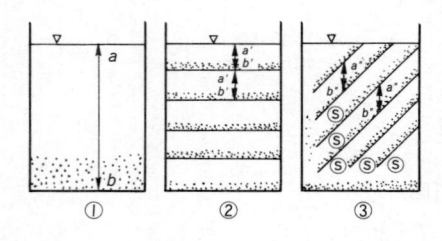

【図1.9】 傾斜板による沈降時間短縮

傾斜板は粒子の沈降距離を短くするので, 沈降時間も短縮され, 沈殿槽での固液分離効率をあげることができる. 一例として図 1.10 のような傾斜管を仮定し, この傾斜管内で流入原水の上向流と沈降粒子の下向流がバランスしている状態を想定する.

注) 活性汚泥や金属水酸化物の沈降速度は, 一般に 0.5～1.0m/h である. 従ってこれらの固液分離を行う沈殿槽の水面積負荷は, 0.5m/h を超えないように計画するとよい.

1) Camp : *Sawage and Industrial Waters*, **25**, 1 (1953)

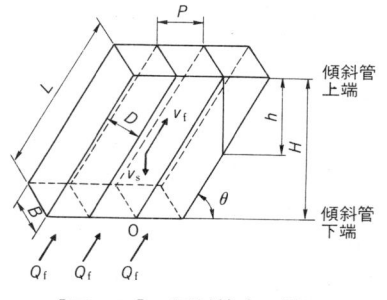

【図1.10】 傾斜管内の流れ

図1.9の原理より，この傾斜管では$B \times L$の投影面積が沈降分離に有効な面積となる．

傾斜管長$L=0.7$ (m)，傾斜角度$\theta=60$度とし，傾斜管を設置した場合としなかった場合を比較すると，傾斜管ピッチ$P=60$mmの場合の沈降倍率は，
$$B \times 0.7 \times \cos60°/B \times 0.06 = 5.83$$

傾斜管ピッチ$P=100$mmの場合の沈降倍率は，
$$B \times 0.7 \times \cos60°/B \times 0.1 = 3.5$$

となり，処理能力はそれぞれ5.83倍，3.5倍増大する．

傾斜板設置の目的は，固液分離時間の短縮である．傾斜板を設置した沈殿槽底部に集められたスラッジは含水率が高い[注]ので，スラッジの脱水処理を行う場合はスラッジ濃縮槽を設けたほうがよい．

一例として沈殿槽からの引き抜きスラッジの含水率を98％（固形分は2％）とすれば，これをスラッジ濃縮槽で濃縮すると含水率は95％（固形分は5％）となり，固形分は2.5倍（5/2＝2.5）に濃縮される．これは脱水機で扱う含水スラッジ容積を1/2.5に減容化していることを示している．

従って，含水率の高いスラッジを脱水処理する場合は，沈殿槽とは別にスラッジ濃縮槽を設けたほうが脱水効率があがり，総合的に判断して経済的である．

1.2 濾過

1.2.1 緩速濾過と急速濾過

緩速濾過は，厚さ70〜90cmの砂層に水を流速3〜5 m/d（0.125〜0.208m/

注） 傾斜板を用いた固液分離装置では，スラッジの圧密化が進んでいないので，含水率が高い．

h) 程度でゆっくりと流して浄化する[注1]。緩速沪過池の断面図を図1.11[1]に示す。

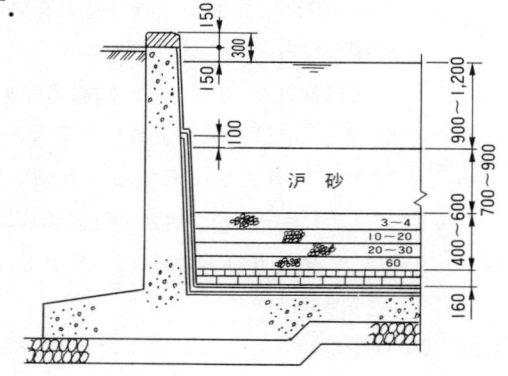

【図1.11】 緩速沪過池断面図
(単位mm)

　汚濁物質の除去は，砂層表面に5mm程度の厚さに発生した薄い好気性の微生物層の作用によって行われる．微生物層は光と溶存酸素の存在下で有機物を分解したり，アンモニアを酸化する細菌の微生物群から成っている．

　このように緩速沪過は砂層表面の好気性生物の沪過膜によって懸濁物質を抑留すると共に，還元性の無機物を酸化したり，生物分解性物質を分解除去する．したがって，凝集剤などの処理薬品は全く使用しない．

　緩速沪過法の長所は，処理薬品を使用しないで生物化学的に多種類の成分を除去できる点である．短所は沪過膜が薄く，デリケートなので高濁度の水や高濃度の有機物，化学物質に対しては対応しきれない点である[注2]．

　生物沪過膜の作用は，水中に溶存する $10mg/l$ 程度の酸素に基づくものなので，アンモニアが $2mg/l$ 以上あると酸素を消費しきってしまい，緩速沪過の機能を失う．懸濁物の沪過も砂層表面にあるわずか5mmほどのゼラチン状の膜に頼っているので，高濁度の水には適さない．したがって，緩速沪過法で扱うことのできる原水の濁度は10度程度が限度と考えられる．

　急速沪過法は，水を厚さ60cm以上の砂層に流速120～150m/d(5～6m/h)

注1) 緩速沪過法は，18世紀の後半から19世紀の始めにヨーロッパ各地方で広く普及した方法である．
1) (社)日本水道協会："水道施設設計指針・解説"，1982．
注2) 生物膜が一度ダメージを受けたら，膜の表面をかきとって除き，始めから生物膜を作りなおすので，回復に長時間を要し維持管理が大変である．

程度で流し浄化する[注1]．

急速沪過法では汚濁水に凝集剤などの薬剤[注2]を加えて，懸濁物を粗大化させてフロックを前段の沈殿槽などで除く．次にわずかにリークした懸濁物質を砂沪過層で除去するのが一般的である．

図1.12は，沪過層と懸濁物の捕捉量の関係を示したものである．緩速沪過における汚濁物質の除去は，①の単層沪過であるから捕捉量は少ない．これに対し，急速沪過は②の二層沪過または③の三層沪過で懸濁物質を捕捉するので，懸濁物の捕捉量が多くなる．

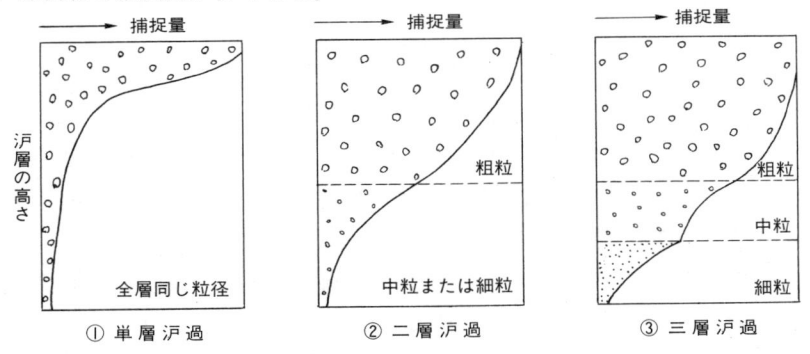

【図1.12】 沪過層と捕捉量の関係

砂沪過における懸濁物質捕捉の模式図を図1.13（次ページ）に示す．

懸濁物質より広いすき間の砂粒間に懸濁物質が捕捉されるのは，次の①～④の作用によるものと考えられる．

① 懸濁物の砂層表面への輸送
② 沪材間でのふるいわけ，沈殿，付着
③ すでに捕捉された粒子への吸着
④ 沪材表面での架橋，スクリーン作用

急速沪過の長所は単位時間あたりの採水量が多く，高濁度で鉄やマンガンを含む汚濁水にも対応でき，砂層の定時逆洗が可能な点である．

注1) 急速沪過法はアメリカで開発された．緩速沪過法はアメリカ東部の高濁度の水には必らずしも有効ではなかったので，1880年代になって別の沪過法が検討され，現在の急速沪過法が考え出された．

注2) 急速沪過の技術が開発されたころは，生物沪過膜に代わる人工膜を早く作る目的でアルミニウムのような異物を加えて沪過するという発想であり，現在の凝集・沪過の目的とは異っていた．

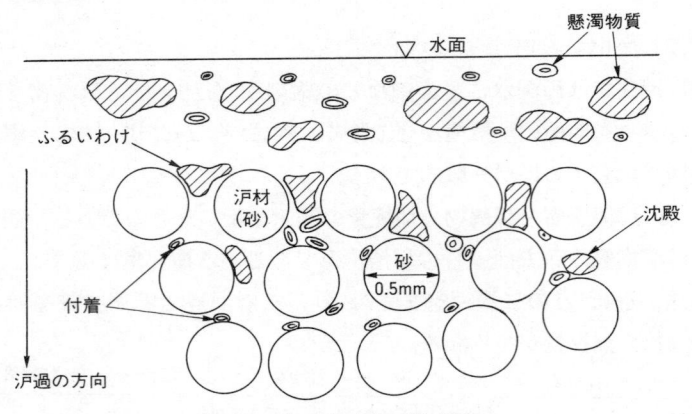

【図1.13】 砂沪過の模式図

短所はアルミニウム，次亜塩素酸ナトリウムなどの処理薬品を使用するので，逆洗排水中の懸濁物質が多く，過剰塩素によるトリハロメタンなどの有害物質を副生することである．除濁機能は向上するが，緩速沪過法のように生物膜による有機物の分解は期待できない．

現在の上水道および工業用水道における沪過は省スペース，採水量および経済性の観点から大部分が急速沪過法である．

1.2.2 急速沪過装置の構造

上水道における急速沪過装置の沪過と，逆洗浄の一例を図1.14に示す．上水

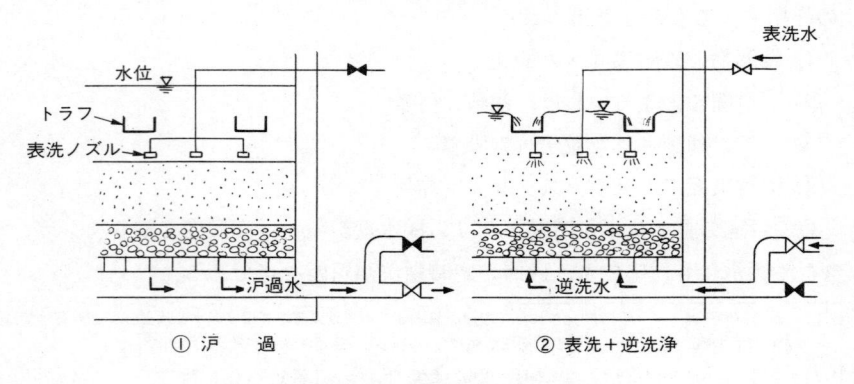

【図1.14】 急速沪過池の沪過と逆洗浄

道処理では急速沪過を水頭圧で行う．沪過速度は 120～150m/d 程度である．沪過速度をこれより大きくすると損失水頭が大きくなるうえに，沪層間の一部に流れの速い"水みち"ができて濁質が抑留されずにリークすることがある．

逆洗の手順は，
① 表面洗浄ノズルの下まで水位を下げ，表洗ノズルからジェット水を噴出させ，砂層表面を2分程度洗浄する．
② 表面洗浄を続けながら砂層の膨張率が 120～130% くらいになるように 35～60m/h 程度の上昇流を加える．
③ 表面洗浄を止めて上昇流のみで数分間逆洗を続け，逆洗水をトラフから排出する．

工業用水道における小型圧力式急速沪過装置の一例を図1.15に示す．

圧力式沪過器では，ポンプの圧力を利用して沪過を行う．沪過圧力は通常は $1.5～3.0 kgf/cm^2$ 程度である．

図1.16に圧力式急速沪過器のフローシート例を示す．汚濁の進んだ水や排水の再利用に用いる急速沪過器には，図1.16のように空気逆洗および沪材表面の表洗管が必要である[注1]．

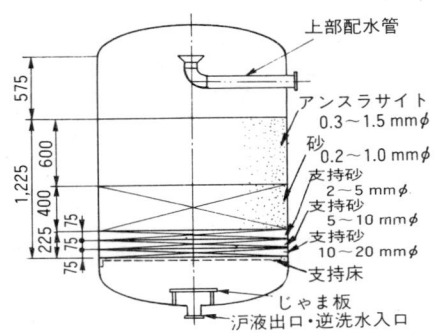

【図1.15】 圧力式急速洗浄沪過装置
(工業用水用)

逆洗浄の手順は，
① 沪材のわずか上まで水を抜き，沪材表面を3分程度洗浄する．
② 表洗を続けながら沪材の膨張率が 120～130% 程度となるように 35～50m/h の上昇流を加える．
③ 表洗を止めて上昇流のみで数分間逆洗を続け，上部配水管を利用して逆洗水を排出する[注2]．

注1) 重金属含有排水の処理では，塩化カルシウム，水酸化カルシウム等を多用する．カルシウム成分は不溶性の塩類となって析出したり，沪過砂をマッドボールに変えたりして沪過効果を妨げる．これを防止するためには，定期的な逆洗浄と沪過器の内部点検が欠かせない．

注2) 圧力式急速沪過器における砂沪過層 $1 m^3$ あたりの濁質捕捉量は，下水2次処理水の場合で約 $2～3 kg/m^3$ である．

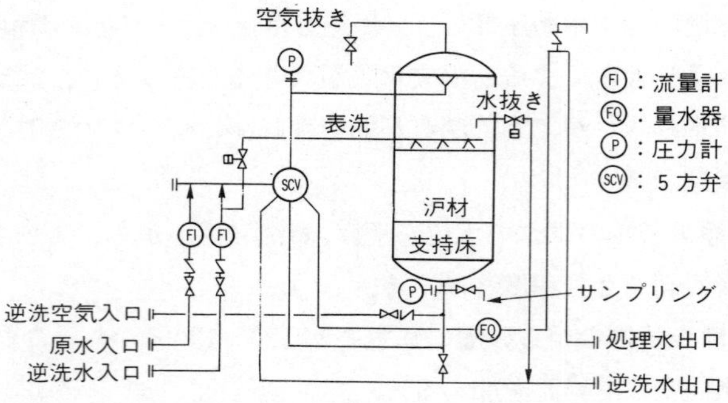

【図1.16】 圧力式急速洗浄沪過器のフローシート例

急速沪過器における沪過速度は，沪過器の大きさを決める重要な因子で，通常 5～6 m/h とするが，フロックの形成状態が良好で，処理水に懸濁物が多少リークしてもかまわない場合は，表 1.4 に示す沪過流速がとれる．

【表1.4】 沪過流速と処理水懸濁物濃度

	処理水SS 5 mg/l 以下	処理水SS 10mg/l 以下
活性汚泥	5～8 (m/h)	10～15 (m/h)
硫酸アルミフロック （硫酸アルミ＜懸濁物）	14	18
鉄〔Fe(OH)$_3$〕フロック	7	15
アルミ〔Al(OH)$_3$〕フロック	7	10

1.2.3 急速沪過器の逆洗浄

圧力式急速沪過器の沪材逆洗は，圧力損失が 1.0～1.5kgf/cm²[注] に達したとき，沪過を一時停止して行う．

沪材の最適逆洗速度と逆洗圧力には，式 1.9，式 1.10 が提案されている[1]．

$$U_\mathrm{B} = \frac{U_t}{10} \qquad\cdots\cdots\cdots(1.9)$$

注) 1.0 kgf/cm² は，SI 単位では 0.098MPa である．本誌では圧力単位を kgf/cm² で表現しているが，必要に応じて，SI 単位の Pa（パスカル）も併記した．

1) 藤田賢二：水道協会誌，No.423 (1969)

$$h_B = \frac{L(1-\varepsilon)(\rho_s - \rho)}{\rho} \qquad \cdots\cdots\cdots (1.10)$$

ただし，

U_B：最適逆洗流速（m/h），U_t：沪材粒子の沈降速度（m/h）
h_B：逆洗圧力（kgf/cm²），L：沪層厚さ（m）
ρ_s, ρ：沪材および水の密度（kg/m³），ε：空隙率（砂は 0.5 程度）

直径 1 mm の砂層の逆洗速度を式 1.9 より試算してみよう．

表 1.1 (p.2) より，直径 1 mm の砂の沈降速度は 1 m/10 sec＝360 m/h であるから，この砂層の逆洗速度は 360m/h×1/10＝36m/h となる．

次に沪層厚さ 1 m の逆洗圧力を試算する．砂層の空隙率を 0.5，沪材砂の比重を 2.6 とすれば，式 1.10 より，

$$h_B = \frac{1(1-0.5)(2.6-1)}{1}$$
$$= 0.8 \text{ (kfg/cm}^2\text{)}$$

となる．

実際の圧力式沪過における逆洗流速は 30m/h，逆洗圧力は 0.6～1.0kgf/cm² 程度で行われており，この提案式とほぼ一致する．

図 1.17 (次ページ) に，水温 15℃ におけるアンスラサイトと砂の膨張率と逆洗流速の関係例を示す．

有効径 1.0mm のアンスラサイトを逆洗し，膨張率 20％ を得るには 38m/h の流速が必要で，有効径 0.45mm の砂の場合は 30m/h が必要となる．

逆洗における水温の影響は大きく，5℃と30℃の水の粘土を比較すると，30℃は5℃より粘土が 1/2 となるので，粒子の沈降速度は 2 倍速くなる．したがって，水温の高い夏は逆洗流速を冬の 2 倍近くに上げないと，所定の砂層膨張率が得られないので，逆洗ポンプの大きさには水温の影響が大である．

表 1.5 (次ページ) に圧力式沪過器の設計仕様例を示す．

22   1. 懸濁物の除去

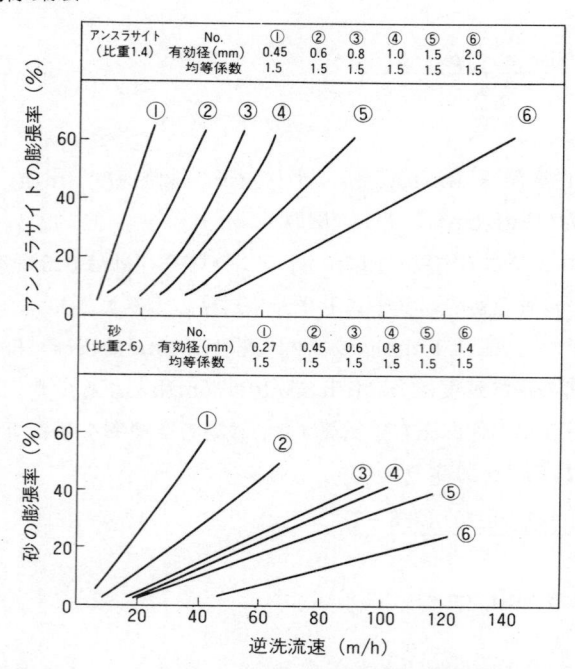

【図1.17】 アンスラサイトと砂の膨張率と逆洗流速 (水温 15°C)

【表1.5】 圧力式沪過器の設計仕様例

No.	内径 (mm)	直胴部 (mm)	断面積 (m²)	沪過流量 ($LV=7$m/h) (m³/h)	逆洗流量 ($LV=30$m/h) (m³/h)	$\left(\dfrac{m^3}{10\min}\right)$	表洗流量 $\left(\dfrac{m^3}{h}\right)$
1	500	1800	0.20	1.4	6.0	1.0	1.0
2	750	1800	0.44	3.1	13.2	2.2	8.0
3	1000	1800	0.79	5.5	23.7	3.9	14.2
4	1200	1800	1.13	7.9	33.9	5.6	20.3
5	1500	1800	1.77	12.3	53.1	8.8	32.0
6	1800	1800	2.54	17.8	76.2	12.7	45.7
7	2000	1800	3.14	22.0	94.2	15.7	56.5
8	2200	1800	3.80	26.6	114.0	19.0	68.4
9	2400	1800	4.52	31.6	135.6	22.6	81.4
10	2500	1800	4.91	34.4	147.3	24.5	88.4
11	2800	1800	6.16	43.1	184.8	30.8	110.9
12	3000	1800	7.07	49.5	212.1	35.3	127.3

1.2.4 マイクロフロック沪過

マイクロフロック沪過法は，凝集沈殿槽を省略し，急速沪過の一工程で凝集と沪過を同時に行い，濁質を除去しようとする方法である．

原水中の濁質が少ない（濁度5度以下）場合は，凝集沈殿を省いて直接沪過することができる．中和凝集法は，沈殿工程で最も良い効率が得られるように条件を決めるが，これは沪過工程に対する最適条件ではない．

マイクロフロック沪過法では，沪過の時点で凝集効果が最も良くなるように沪過器の直前で凝集剤を添加する．通水LVは通常の急速沪過の5～7 m/hに比べて約2倍の10～15m/h程度とし，凝集フロックが小さい状態で吸着力が強いまま砂の間隙にフロックを圧送し，吸着させるのがポイントである．

マイクロフロック沪過は，沪過器内で凝集反応を行うので，沪過器の沪層上部の空間はゆとりのあるものとし，5分程度の滞留時間があるとよい．通常の急速沪過層における懸濁物質の捕捉量は2～3 kg/m³であるが，マイクロフロック沪過層では，沪層全体で懸濁物を捕捉するので約2倍の4～5 kg/m³である．

(表1.5つづき)

空気量 (0.5kg/cm²) $\left(\dfrac{m^3}{min}\right)$	沪材料 アンスラサイト (600H) (m³)	沪材料 砂 (400H) (m³)	支持床 2～5φ (75H) (m³)	支持床 5～10φ (75H) (m³)	支持床 10～20φ (75H) (m³)
0.15	0.12	0.08	0.015	0.015	0.15
0.33	0.26	0.18	0.033	0.033	0.033
0.59	0.47	0.32	0.060	0.060	0.060
0.85	0.68	0.45	0.085	0.085	0.085
1.33	1.06	0.71	0.133	0.133	0.133
1.91	1.52	1.01	0.190	0.190	0.190
2.36	1.88	1.25	0.236	0.236	0.236
2.85	2.28	1.52	0.285	0.285	0.285
3.39	2.71	1.81	0.340	0.340	0.340
3.68	2.95	1.97	0.370	0.370	0.370
4.62	3.70	2.47	0.462	0.462	0.462
5.30	4.24	2.83	0.530	0.530	0.530

原水の濁度が5度以上の場合は，本来なら中和槽と沈殿槽を設置する．しかし設置スペースがない場合がある．このときは図1.18のように粒径の異なる砂を充填した2塔の沪過器を直列に配置する．まず1塔目の粗い砂層で，大半の濁質を除き，次に，2塔目の細かい砂層で，微細な濁質を捕捉する方法を採用すると省スペース型の沪過システムができる．

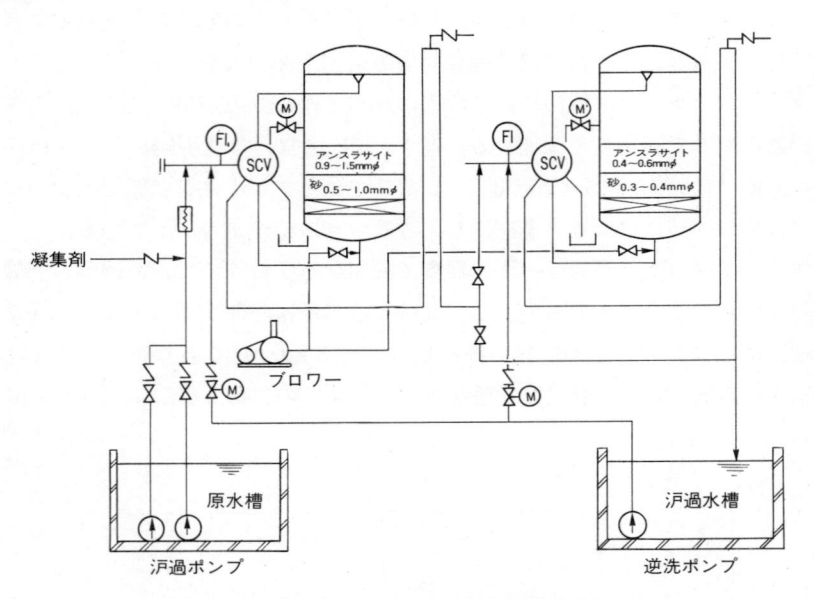

【図1.18】 マイクロフロック沪過器の直列配置例

マイクロフロック沪過装置の設計に当って留意すべき点は以下の①〜③である．

① マイクロフロック沪過は，高濁質の水には適用できない(濁度5度以下)．
② 逆洗LVは50〜70m/hが必要となるので，逆洗ポンプが大きくなり，逆洗水も多く必要である．
③ 空気逆洗用のブロワーが必要である．

1.3 重金属の除去

重金属イオンを含む水は，一般に酸性の場合が多い．金属イオン含有水に表1.6に示すアルカリまたは酸を加えて所定のpHに調整すると，金属イオンは水酸化物となって析出する．

【表1.6】 中和反応に用いる酸およびアルカリの特徴

酸およびアルカリ	化学式	溶解度 (g/100gH$_2$O) 肩数字は温度	備考
水酸化ナトリウム	NaOH	42^0	⎫ 溶解度，反応速度ともに大．
炭酸ナトリウム	NaCO$_3$	7.1^0, 21.6^{20}	⎭ 供給が容易で処理も便利であるが価格が高い．
生石灰	CaO		⎫ 溶解度小なるためスラリーとして供給するの
消石灰	Ca(OH)$_2$	0.185^0	⎪ で，攪拌機付注入装置を要す．反応速度小で，
アセチレンかす	Ca(OH)$_2$		⎬ 反応生成物が不溶性の場合が多い．反応生成
石灰石	CaCO$_3$	0.014^{25}	⎭ 物の脱水性はよい．価格が安い．
硫酸	H$_2$SO$_4$		⎫ 溶解度，反応速度大．
塩酸	HCl		⎭ 液体のため制御は容易であるが，取扱い危険．

図1.19に金属イオンの溶解度とpHの関係を示す．この関係は溶解度積の値から計算できる．

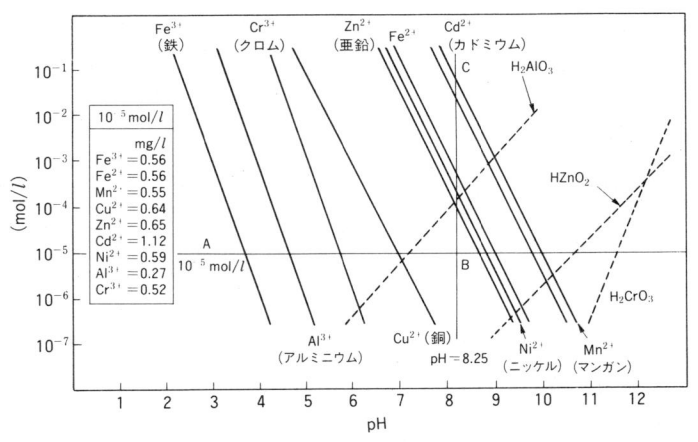

【1.19】 金属イオンの溶解度とpHの関係

一例として，n価の金属イオンをM^{n+}とすれば，M^{n+}イオンはNaOHなどのOH^-イオンと作用して金属水酸化物を形成する．

$$M^{n+} + OH^- \rightleftarrows M(OH)n$$

$$[M^{n+}][OH^-] = K_{sp} \qquad \cdots\cdots (1.11)$$

(K_{sp}：溶解度積)

式1.11を変形すると

$$[M^{n+}] = \frac{K_{sp}}{[OH^-]^n}$$

$$\log[M^{n+}] = \log K_{sp} - n\log[OH^-] \qquad \cdots\cdots (1.12)$$

pHの定義より，$pH = -\log[H^+]$

$$[H^+] \times [OH^-] = 1 \times 10^{-14}$$

$$\log[OH^-] = -14 + pH \qquad \cdots\cdots (1.13)$$

式1.12と式1.13から$[M^{n+}] = \dfrac{K_{sp}}{[OH^-]^n}$

となり，$[M^{n+}]$とpHの間には直線関係が成り立つ．

溶解度積は金属水酸化物の種類により一定の値がある．表1.7に金属水酸化物の溶解度積を示す．

【表1.7】 金属水酸化物の溶解度積(18～25℃)

水酸化物	K_{SP}	水酸化物	K_{SP}
Al(OH)$_3$	1.1×10^{-33}	Fe(OH)$_3$	7.1×10^{-40} [1]
			4.8×10^{-28} [2]
Ca(OH)$_2$	5.5×10^{-6}	Mg(OH)$_2$	1.8×10^{-11}
Cd(OH)$_2$	3.9×10^{-14}	Mn(OH)$_2$	1.9×10^{-13}
Co(OH)$_2$	2.0×10^{-16}	Ni(OH)$_2$	6.5×10^{-18} [3]
Cr(OH)$_3$	6.0×10^{-31}	Pb(OH)$_2$	1.6×10^{-7} [4]
Cu(OH)$_2$	6.0×10^{-20}	Sn(OH)$_2$	8.0×10^{-29}
Fe(OH)$_2$	8.0×10^{-16}	Zn(OH)$_2$	1.2×10^{-17}

(注) [1] Fe(OH)$_3$ = Fe^{3+} + 3OH$^-$　　[3] Ni(OH)$_3$ ～ 10^{-37}
　　　[2] Fe(OH)$_3$ = Fe(OH)$_2{}^+$ + OH$^-$　　[4] PbO 1.2×10^{-15}

銅イオン(Cu^{2+})を含む酸性溶液をpH7.0まで中和して，$Cu(OH)_2$として除去した場合の銅イオン濃度がいくらになるか以下に試算してみよう．ただし，Cuの分子量は63.5とし，$Cu(OH)_2$のK_{sp}値は6.0×10^{-20}とする．

$$[Cu^{2+}][OH^-]^2 = K_{sp}$$
$$= 6.0 \times 10^{-20} \text{g イオン}/l \text{であるから,}$$
$$[Cu^{2+}] = \frac{6.0 \times 10^{-20}}{[OH^-]^2}$$

pH 7 のときは $[H^+] = 10^{-7}$, $[H^+][OH^-] = 10^{-14}$ であるから，$[OH^-] = 10^{-7}$（g イオン/l）となる．

よって，

$$[Cu^{2+}] = \frac{6.0 \times 10^{-20}}{[OH^{-7}]^2} = 6.0 \times 10^{-6} \text{ （g イオン}/l\text{）}$$
$$= (6.0 \times 10^{-6}) \times 63.5$$
$$= 0.381 \times 10^{-3} \text{ （g}/l\text{）}$$
$$= 0.381 \text{ （mg}/l\text{）}$$

となり，図 1.19 の銅イオン（Cu^{2+}）の溶解度とほぼ一致する．

このように金属イオンが単独で存在する場合は，pH と溶解度の関係を計算できる．数種類の金属イオンが共存したり，キレート性の有機化合物などが共存していると計算式どおりの結果は得られないが，図 1.19 は参考値として利用できる．

2. 浮上分離

2.1 油分の浮上分離

　水中に水より軽い油が含まれていると，油は自然に水に浮いて分離できるので，これを浮上分離という．

　水と混合しない遊離状の油分（油滴径60μm以上，濃度10mg/l以上）は静置すると分離できる．水中の油滴の浮上速度にも式1.4と同じストークスの式が適用できる．

$$U_t = \frac{g(\rho-\rho_o)d^2}{18\mu} \qquad \cdots\cdots(2.1)$$

　ただし，U_t：油滴の上昇速度(m/s)，g：重力加速度(m/s²)，ρ：水の密度(kg/m³)，ρ_o：油の密度(kg/m³)，d：油滴径(m)，μ：水の粘性係数(kg/m・s)

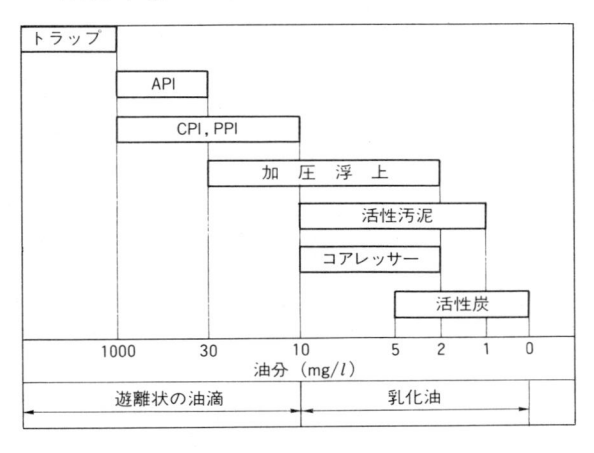

【図2.1】
油分の量と処理方法

式2.1より，油滴径（d）が大きいほど上昇流速（m/s）は速くなる．

図2.1に油分の量と処理方法の関係を示す．

図2.2のAPIは，American Petroleum Institute（米国石油協会）の頭文字をとったもので，APIの設計基準に基づいた油水分離装置という意味である．

構造的には，浮上油を回収するスキーマーが設けられているだけで，その他は横流式沈殿槽と大差ない．APIは油滴径150μm以上，油分30mg/l程度まで

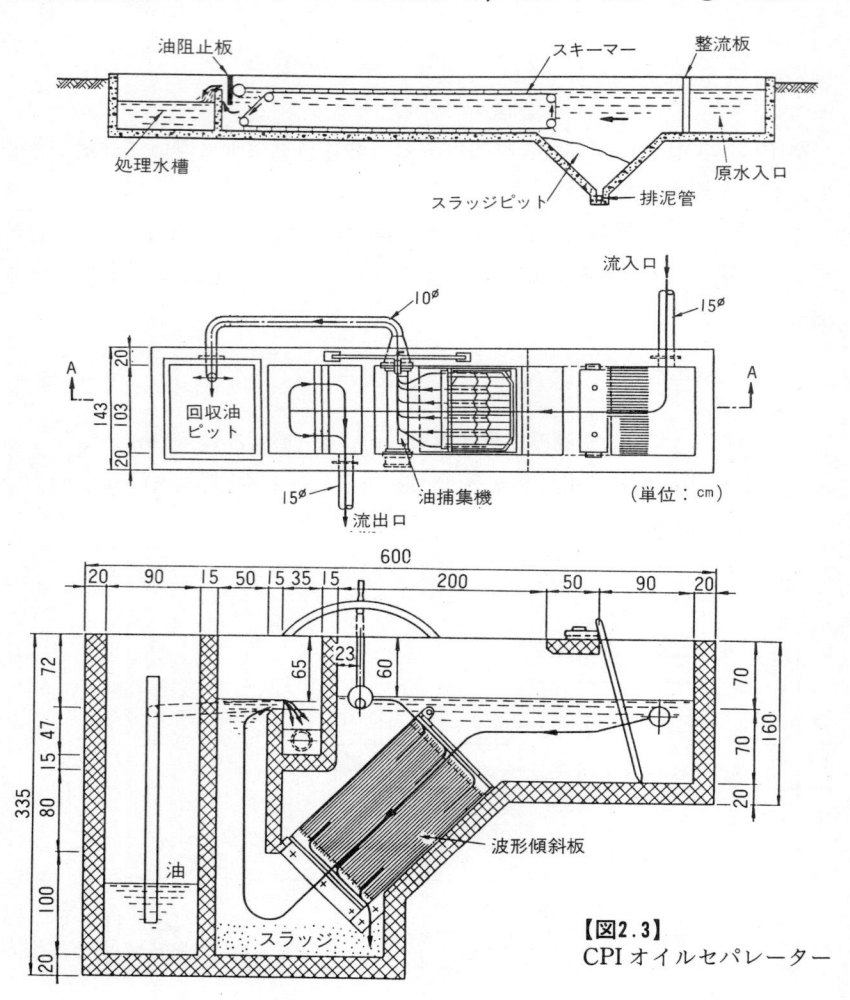

【図2.3】 CPIオイルセパレーター

の油水分離が可能である．

　CPIは，Coagulated Plate Intercepterの頭文字をとっており，Shell社の開発による油水分離装置である．図2.3に示すように槽内に波形の傾斜板が20～40mmの間隔で設けられており，油滴径$60\mu m$，油分$10mg/l$程度までの油水分離が可能である．

　PPIは，Parallel Plate Intercepterの頭文字をとったもので，Shell社の開発による傾斜板方式の油水分離装置である．図2.4に示すように槽内に平板の傾斜板が100mm間隔，傾斜角度45度で2系列平行に設けられており，油滴径60

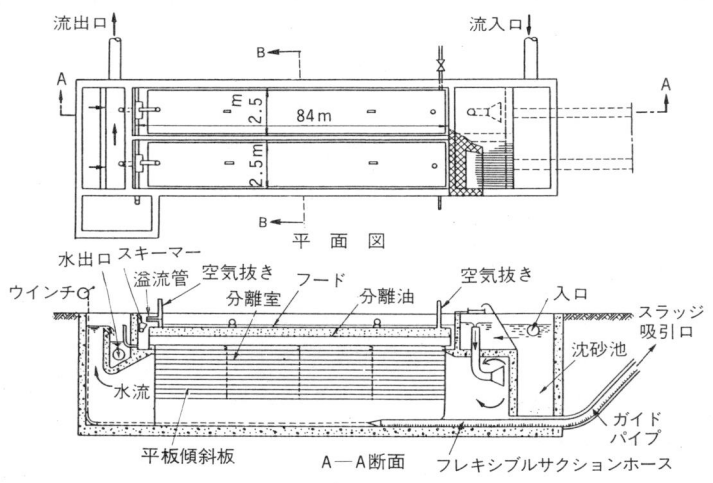

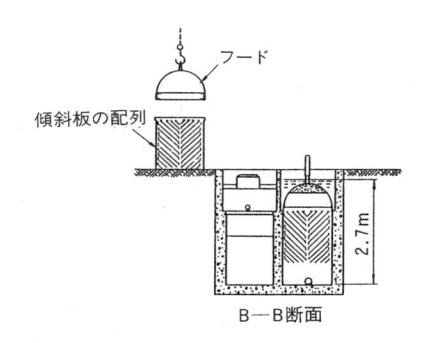

【図2.4】 PPIオイルセパレーター

μm, 油分 10mg/l 程度までの分離が可能である.

図2.2のように傾斜板のないAPI装置では油分 30mg/l までが油分離の限度だが,傾斜板を設置したCPI, PPI装置では,油分 10mg/l まで除去可能となる.

油分を 10mg/l 以下とするには通常の重力分離による油水分離では無理で,次に述べる加圧浮上や活性汚泥法,活性炭吸着法の併用が必要である.

2.2 加 圧 浮 上

水中の懸濁物の密度が,水よりわずかに大きい程度では通常の重力分離はできない.ところが,この懸濁物に微細な空気の泡を付着させると,見かけの密度が小さくなり,浮くようになるので,浮上分離が可能となる.

空気を用いた浮上分離は,空気を 2〜3 kgf/cm² に加圧して水に溶解させ,次にこの加圧水を大気圧下に開放して,発生した気泡と共に懸濁物を浮上させるので,加圧浮上と呼んでいる.加圧浮上で得られた浮上スカムは空気の泡を多量に含んでいるので,沈降分離における汚泥などに比べて,水分が少ない点に特徴がある.

加圧浮上処理は,水より軽い油分の分離などには効果があるが,乳化油やコロイド状の懸濁物質は分離にしにくい.これらの物質に対しては,沈降処理と同様にあらかじめ凝集処理等の前処理をした後に加圧浮上するとよい.

空気は式2.2のヘンリーの法則に従って水に溶解する.

$$p = Hx \qquad \cdots\cdots\cdots (2.2)$$

ただし,p:溶解ガスの分圧,H:ヘンリー定数(atm/モル濃度),x:液中の溶解ガスの濃度

温度が上昇すればHの値も大きくなり,温度が一定ならHも一定であるから,xをmg/lの単位になおしてCで表わせば,式2.2は式2.3に書きなおすことができる.

$$C = Kp \qquad \cdots\cdots\cdots (2.3)$$

すなわち水に溶解する気体の量は,気体の分圧に比例する[注].

注) この関係は,1803年にイギリスのHenryが実験的に導いたもので,「Henryの法則」と呼ばれる.

空気以外の各種気体の水に対する溶解度を表わしたものに表2.1に示すBunsenの吸収係数がある。Bunsenの吸収係数は一定温度における気体の分圧が1気圧のとき，単位体積の溶媒に溶解する気体の体積を標準状態に換算したものである。

チッ素（N_2）や酸素（O_2）のように水に対する溶解度が小さい気体に対しては，次の法則が成り立つ。「一定温度では，一定量の液体に溶解する気体の量は圧力に正比例する」。

我々はよくビールや炭酸飲料の栓をあけるとCO_2ガスが激しく発泡することを経験する。これは加圧下で溶けていたCO_2が急に減圧されたためにCO_2の溶解度が減少したことによるものである。ところが，表2.1にある塩化水素（HCl）は水に良く溶解するので，ヘンリーの法則には従わない。

【表2.1】 各気体の水に溶解するBunsen吸収係数

気体	温度		
	0℃	20℃	100℃
H_2	0.021	0.018	0.016
N_2	0.023	0.015	0.095
O_2	0.048	0.031	0.017
CO_2	0.713	0.878	
H_2S	4.62	2.55	0.80
HCl	517	442	

加圧下で水に溶解した空気を急激に大気圧に戻すと，溶解空気は微細なクリーム状の外観の気泡となる。この気泡は液体（水）と固体（懸濁物）の界面に発生する性質がある[注]。

水中の懸濁物と気泡の付着力は，一般に親水性の界面より疎水性の界面のほうが強い。

加圧浮上装置は，処理対象液によって差があるので，予備実験が必要であるが，一般的には次の範囲で装置の仕様を決める。

① 加圧水槽の滞留時間：3～5分
② 加圧水槽の圧力：2～3 kgf/cm²
③ 空気溶解効率：50～60％
④ 気-固比：発生する気泡重量と原水中の懸濁物重量の比を気-固比という。気-固比は処理水の懸濁物（SS）濃度，浮上物濃度に大きく影響をおよぼすので設計上重要である。

注) わかしたての風呂へ入ると，体毛の表面に気泡が多く付着することを体験するが，この現象と同じである。

一般に図 2.5（気-固比と処理水水質）および図 2.6[1]（気-固比と浮上物濃度の関係）の値を参考に気-固比を決定する．

図 2.5 より，産業排水では気-固比が 0.10 のとき，処理水の SS 濃度は 40 mg/l となる．図 2.6 より，気-固比 0.01〜0.02 以上あれば浮上物の濃度は 1％以上となる．

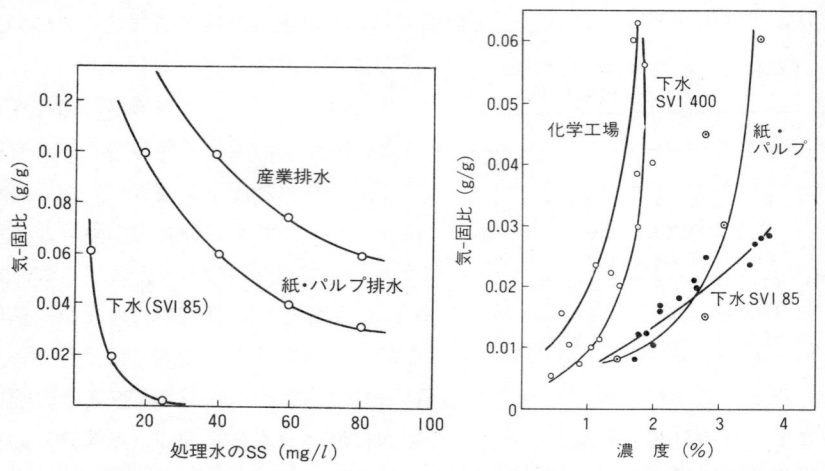

【図2.5】 気-固比と処理水水質　　【図2.6】 気-固比と浮上物濃度の関係

⑤ 表面積負荷：表面積負荷は，下水活性汚泥 1.0〜3.0 m³/m²·h，含油排水 4〜7 m³/m²·h，紙パルプ 3〜8 m³/m²h が用いられる．凝集沈殿法に比べて 2〜10 倍も大きい値であるからそれだけ表面積は小さくてよい．

⑥ 加圧浮上槽の滞留時間：滞留時間に比例して浮上スカム濃度は増大する．一般に滞留時間は 30 分程度とするが，このときのスカム濃度は 1〜3％である．

図 2.7 に傾斜板を設置した小型加圧浮上装置のフローシート例を示す．原水に凝集剤を添加して生成したフロックは 2 箇所の加圧浮上槽入口で加圧水と混合し，傾斜板の下面に放出する．浮上スカムはスキーマーで集められる．フロックの大半はスカムとして浮上するが，一部は沈降するので傾斜板下方に集った

---

1) 角田省吾："水処理工学"，(技報堂出版) 1990.

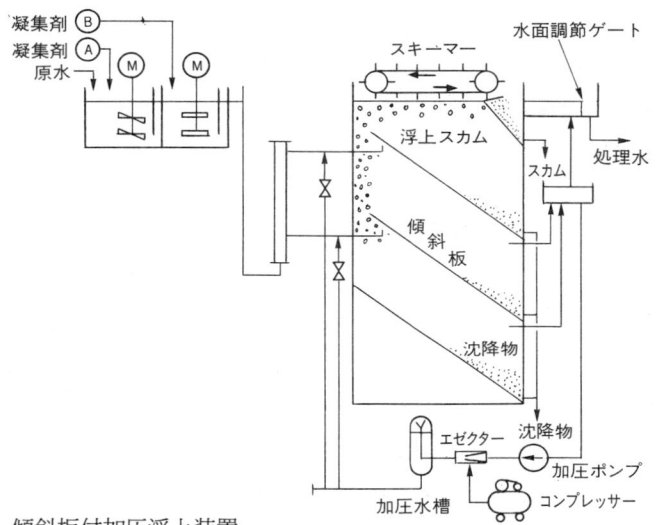

【図2.7】 傾斜板付加圧浮上装置

沈降物は一定時間ごとに沈降物出口配管の弁を開き沈降物を系外に排出する．

処理水の一部は加圧用の原水として循環再利用する．

図2.8に加圧水槽周辺のフローシートを示す．加圧用原水は，2〜3 kgf/cm の圧力でエゼクターにより空気と混合しながら加圧水槽へ送られる．空気の供給は，加圧水槽内の水位センサーとコンプレッサー吐出側の電磁弁との連動により過不足なく行われる[注]．

次に，加圧浮上装置における加圧水の供給量を計算してみよう．

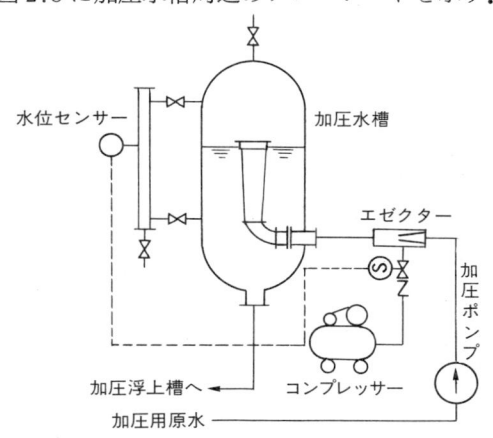

【図2.8】 加圧水槽フローシート

ある産業排水の加圧浮上分

注) 最近，日本のポンプメーカーにより，コンプレッサーやエゼクターの不要な加圧水製造システムが考案された．これは，加圧ポンプのサクション側をわずかに負圧とし，ここに空気を圧入して，ポンプ出口側の加圧水槽に空気を送入して加圧水を作るというもので，小型の装置に適用すると便利である．

離試験では，気-比が0.06のときが最も分離効率が良かったとする．原水中の懸濁物質濃度を200mg/l，加圧水を3気圧とすれば，気-固比0.06を保つための循環水量は原水に対してどれ位の量か試算する．ただし，水温は20℃とし，3気圧および1気圧における空気の飽和溶解量はそれぞれ75mg/l，25mg/lとする．

気-固比0.06は

$$気体/固体 = 0.06 \cdots\cdots \frac{分離効率が最良のときの加圧水中の空気量}{原水中の固体量} = 0.06$$

$$\frac{(75-25)(g/m^3) \times nQ(m^3/h)}{200(g/m^3) \times Q(m^3/h)} = 0.06$$

$$\frac{n}{4} = 0.06$$

$$n = 0.24 = 24\%$$

したがって，原水が10m³/hで流入しているとすれば，加圧水は

$$10 m^3/h \times 24/100 = 2.4 \ (m^3/h)$$

すなわち2.4m³/hで供給すればよい．原水中の懸濁物質濃度が100mg/lのときは加圧水供給量は1.2m³/hとなる．

凝集沈殿法では，凝集したフロックに物理的な衝撃を全く加えずに自然沈降させるので，処理水の水質は良い．これに対して，加圧浮上法は凝集により生成したフロックに加圧水を激しく衝突させるので，どうしてもフロックの一部が破壊される．したがって加圧浮上処理水は凝集沈殿処理水に比べて水質が悪い．しかし，凝集沈殿法では固液分離に3～5時間を必要とするのに対し，加圧浮上法では30分程度で処理が完了するという点で有利である．

加圧浮上処理水は水質があまり良くないので，通常は後段に砂沪過装置や活性炭沪過装置を設置して処理水質の向上と安定化を図っている．

3. 膜 分 離

　水中の不純物には，懸濁性，コロイド状および溶解性の三形態があり，それぞれに無機系，有機系そして両者の混合系がある．
　沈殿や砂沪過法によってこれらの不純物を分離するには，無機凝集剤，中和剤および高分子凝集剤などの化学系薬品の適用が不可欠である．
　現在の飲料水を造る浄水技術は，前塩素処理，凝集沈殿，沪過，殺菌を基本プロセスとしている．これまでの我が国の水道の水質基準は，水源流域に疑わしき特別の汚染源が存在しないことを前提に定められており，上述の浄水技術の骨子は約100年前に確立されたものである．
　近年は，都市周辺への人口集中による生活排水の増大，産業の発展に伴う工場排水の増加および下水処理場排水などにより，水域の有機物汚濁，アンモニア性チッ素などが増加した．浄水処理では，これらの有害物を除去するために塩素を用いた処理が不可欠であるが，水源に含まれる難分解性有機物群が過剰の塩素によって浄水の工程では意図しなかったトリハロメタンや変異原性物質など，人の健康に影響を及ぼす物質群に変化することが明らかとなった．
　水源の汚濁が進行していないうちは，上記の浄水技術による対応で安全な飲用水が確保できた．しかし，アルミニウム塩による凝集沈殿と塩素酸化による殺菌を骨子とする現在の浄水技術では，除濁はできてもクロロホルムを始めとするトリハロメタンや変異原性物質のMXに代表される塩素処理副生成物の発生はさけられない．
　したがって，これからの浄水技術では，水源の汚濁防止に努めるのはもちろん，処理薬品を使用しない固液分離技術の確立，塩素を使用しない殺菌方法の研究開発が望まれる．
　膜分離は，処理薬品を全く加えることなく除濁ができたり，水の相の変換を

伴うことなく海水から飲料水が分離できるので、水の浄化技術としては将来発展が期待される分野である。

図3.1に物質の大きさと分離膜の関係例を示す。[1]

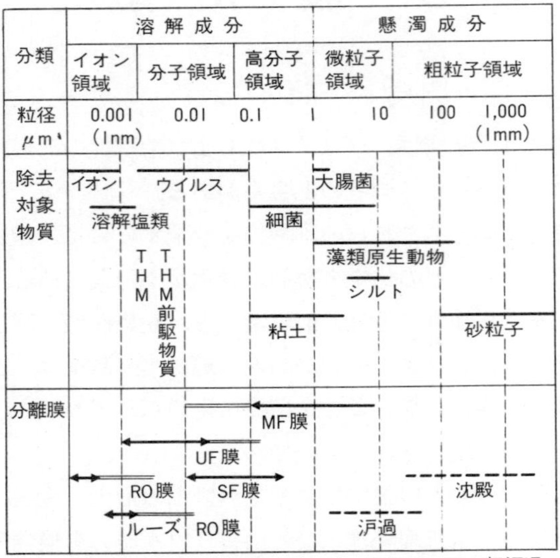

分類	溶解成分			懸濁成分	
	イオン領域	分子領域	高分子領域	微粒子領域	粗粒子領域
粒径 μm	0.001 (1nm)	0.01	0.1	1 10	100 1,000 (1mm)
除去対象物質	イオン 溶解塩類	ウイルス THM THM前駆物質		大腸菌 細菌 藻類原生動物 シルト 粘土	砂粒子
分離膜	RO膜 ルーズRO膜	UF膜 SF膜	MF膜	沪過	沈殿

MF：精密沪過　UF：限外沪過　RO：逆浸透　SF：超沪過
ルーズRO：低圧逆浸透　THM：トリハロメタン

【図3.1】 物質の大きさと分離膜

3.1 MF膜分離

MF（Micro Filtration）膜分離は、図3.1のなかで処理薬品を使うことなく0.01〜10μm程度の粒子を捕捉し、分離することができる。

MF沪過は、通常1.0〜3.0kgf/cm程度のポンプ圧力で原水を供給し、水中の懸濁物質を分離する。膜分離では原水を膜面に対して、直角方向に流すクロスフロー沪過方式[注]を採用する。

図3.2にMF沪過膜面における原水の流れと粒子の閉塞モデルを示す。

1）伊藤義一：上水道における膜の利用、金属臨時増刊号（1991.4）
注）3.1.1（p.40）を参照。

MF沪過膜は，膜面に小さな孔が無数に開いており，懸濁物を含んだ原水が膜面を流れるときに細孔に目詰まり（R_p）を生じ，膜面に薄いケーキ層（R_c）ができる．

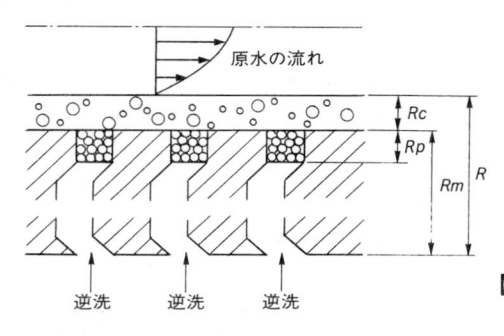

【図3.2】 MF沪過膜面における原水の流れと粒子の閉塞モデル

膜自体の抵抗をR_mとすれば，膜沪過の抵抗Rは$R=R_p+R_c+R_m$と表現できる．従って，一定圧力（P）と粘度（η）における膜透過流束[注]（J_v）は式3.1のように関係づけることができる．

$$J_v \equiv P/\eta\,(R_p + R_c + R_m) \qquad\cdots\cdots\cdots (3.1)$$

懸濁物含有水をMF沪過膜で一定時間（3～60分程度）沪過すると，汚濁の程度に応じて膜面の細孔は，孔より小さい粒子により目詰まりし始め，R_pが上昇し，続いてケーキ層（R_c）が形成され，透過流束（J_v）が低下する．

MF沪過では，通常透過流束の回復を図る目的で，一定間隔で透過水を膜の二次側から圧入して逆洗浄を行うが，少なくとも30分に1回程度の逆洗が必要である．

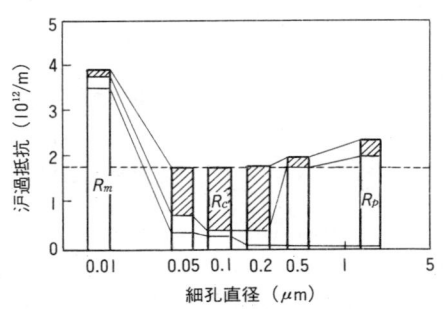

膜の細孔径を$0.01\sim 2.0\mu m$まで変えて沪過抵抗を測定した結果を図3.3[1]に示す．

細孔径が小さい$0.01\mu m$の部分ではR_mが沪過抵抗を支配し，細孔

【図3.3】 沪過抵抗成分に対する細孔径の効果

注）透過流束：単位時間に単位面積を透過する流体の量を表わす（$l/m^2\cdot h$）．
1）田中博史：無機膜の研究開発，造水先端技術講習会講演要旨，(財)造水促進センター（1990）

径が 0.05〜0.2μm の範囲では沪過抵抗が最小となり，R_c が大部分を占める．このことは，この細孔範囲の沪過は懸濁物の捕捉量が多いことを示している．しかも，R_m+R_p の増減を R_c が調整し，沪過抵抗を一定に保っている．これは，0.05〜0.2μm の細孔による沪過が沪過抵抗を最小に保つということを示している．ＭＦ沪過では，0.2μm の細孔のフィルターエレメントが実際に多く用いられており，上記の実験結果がそれを裏付けている．

3.1.1　クロスフロー沪過

ＭＦ沪過における懸濁物の目詰まりは，必然的に発生するので，目詰まり物質の逆洗浄による沪過機能回復操作は不可欠である．

図3.4に，ＭＦ沪過における全量沪過とクロスフロー沪過の概念を示す．

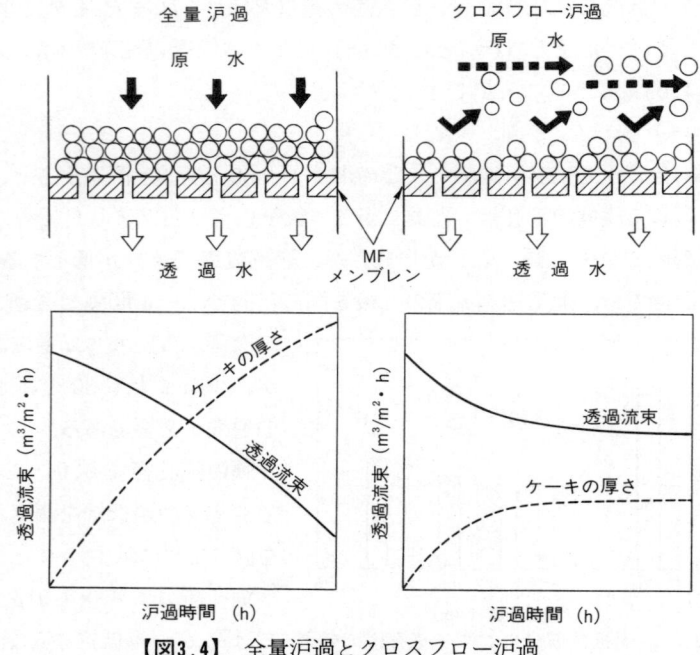

【図3.4】 全量沪過とクロスフロー沪過

ＭＦフィルターを用いた沪過は，実験室では平膜のシートを用いて全量沪過方式を採用しているが，これは沪過時間の経過と共にケーキ層が厚くなり，透

過流束が低下するので，工業的には利用価値が低い．これに対して，クロスフロー沪過は，膜面の原水側をかなりの速度（透過流束の数倍から数十倍）で原水を流す（0.3m/sec以上が望ましい）ので，ポンプエネルギーを多く消費するが，膜の閉塞が起こらないので工業的に利用価値が高い．しかし，MF沪過ではそれでも膜面の目詰まり現象はさけられないので，逆洗浄は必要である．

クロスフロー沪過では，膜面は常にゆすぎの状態であるから，ケーキはある一定の厚さまで堆積するが，それ以上は厚くなりにくい．透過流束もある値までは低下するが，それ以下にはならないという利点がある．

図3.5は，MFフィルターを用いた間欠逆洗式クロスフロー沪過システムの一例である．

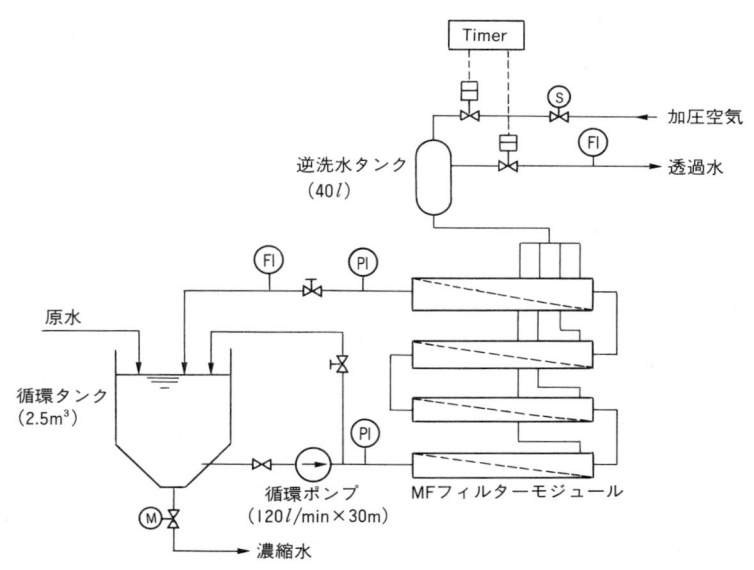

MFフィルターモジュール：ポアサイズ（0.2μm），チューブ（内径5.5mmφ×長さ1500mm ×43本/モジュール） 沪過面積（1m²/モジュール）

【図3.5】 間欠逆洗式MF沪過システム例

システムの操作手順は以下のとおりである．

① 循環タンクに導入された原水は，循環ポンプ，MFフィルターモジュール，循環タンクの経路で循環する．

② モジュール出口の調節弁を調整し，沪過圧力1.0～3.0 kgf/cm² 程度の圧力で沪過された透過水は逆洗水タンク（容量：膜沪過面積1 m² に対して0.5～1.0ℓ 程度）に貯留され，オーバーフローしたものは，透過水として利用される．

③ 所定の時間を沪過したらタイマーが作動して沪過を中断し，逆洗水タンクの透過水を逆洗用の加圧空気と共に，1～2 kgf/cm² の圧力で圧送して膜面を逆洗する．

④ 循環タンクで濃縮された濃縮水は，一定時間ごとに循環タンクの底部から引き抜く．

MF沪過では，膜面の目詰まりが必然的に起こるが，クロスフロー沪過と間欠的な気―液混合逆洗方式を採用すると，この目詰まりは，かなり避けることができる．この方法を用いると浄水処理や汚濁排水の沪過にアルミニウム系凝集剤や高分子凝集剤を用いることなく除濁ができる[注]．

図3.6にチューブラー型MF膜モジュールの形状例を示す．

（断面）　　　　　　　　　　　　　　　　（側面）

チューブ内径5.5mmφ×長さ1500mm×43本/モジュール　　沪過面積（1m²/モジュール）

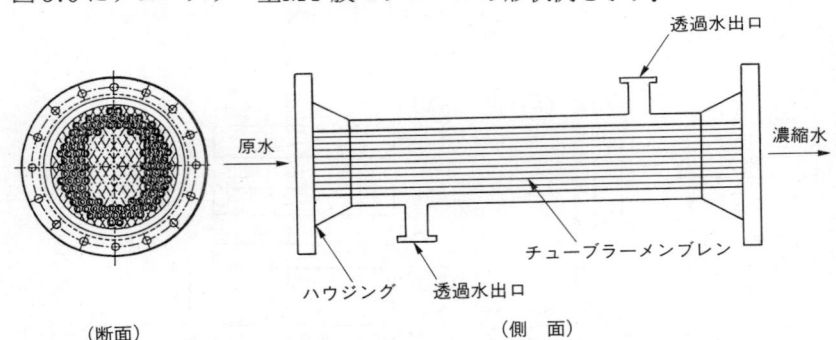

【図3.6】 チューブラー型MFモジュール（マイクロダイン社）

チューブラー1本の内径は5.5mm，長さ1,500mmで，これが一つのハウジングに43本充填されているので，モジュール1本の沪過面積は1 m² である．チューブラー型モジュールの特長は内径が大きいので，懸濁物を含んだ水を

注）粘度，カオリンおよび酸化鉄（Fe_2O_3）などは水中でもサラサラしており，透過流束にはあまり大きな影響を与えないが，有機物中のたん白質，多糖類およびフミン物質はそれ自体に粘性があり，透過流束に大きな変化を与える．

チューブ内に通水しても閉塞しないことと，各チューブに同じ流速で懸濁水が流れることである．したがって，チューブラー型ＭＦ沪過膜を用いれば，濃度の高い金属水酸化物や活性汚泥処理水を通水しても膜面は閉塞しにくい．

3.1.2 吸引沪過

クロスフロー方式による沪過は，膜面での循環を行うために容量の大きなポンプが必要となり，エネルギーを多く消費する．逆洗装置の設置も必須条件であるから，システム全体がかなり複雑になる．

これらの欠点を改良した沪過方式が，図3.7に示す中空糸膜による吸引沪過方式である．

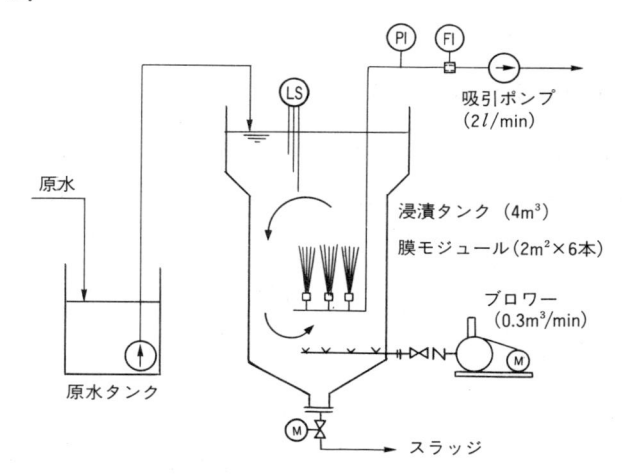

【図3.7】 吸引沪過システム例

操作手順は以下のとおりである．
① 原水タンクから浸漬タンクへ原水を移送する．
② 浸漬タンク内に膜モジュールを設置し，自吸式の吸引ポンプ[注]で原水を吸引沪過し，沪液を採水する．この時の膜面LVは0.01m/h程度とする．
③ 膜の洗浄は浸漬タンク内に設置した散気装置から空気バブリングにより行う．空気の送入量は浸漬タンク容量の2～3倍容量/hとする．

注）自吸式ポンプは自吸能力－3m（H_2O，20℃）以上のポンプとする．

④ 濃縮により発生したスラッジは，タンク底部のモーター弁を間欠的に開いて引き抜く．
⑤ 空気のバブリングによる膜の揺動は常時行う．吸引沪過は5分間沪過，5分間停止というように間欠吸引沪過とする．

低圧吸引沪過方式には，親水化膜を用いるので膜面に付着したケーキ層および中空糸間の堆積物は剝離しやすく，水洗だけでも透過流束はかなり回復する．

中空糸膜の形状は，図3.7のように一端を集水部とし，他端を自由端としたものや両端に集水部を設けたものがある．汚濁水の沪過に一端のみを集水部とした中空糸膜を採用する場合は，外径3 mm以上，長さ1 m以下のものを用いたほうが糸のからみ合い，集団化および根元破損がない[1]．

3.1.3　有機物吸着と親水度の関係

膜の材質と親水度を示す指標に接触角がある．図3.8は膜材質の水に対する接触角と有機物（アルブミンたん白）の吸着量をプロットしたものである[2]．

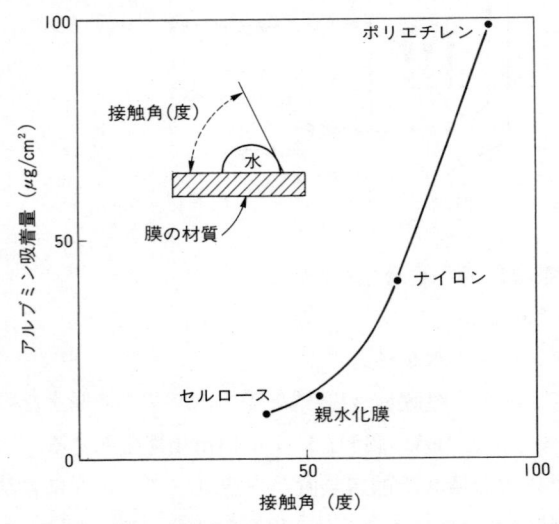

【図3.8】 接触角とアルブミン吸着量の関係

---

1) 新井一仁，長岡　裕：水環境学会誌，Vol.18, No.4（1995）
2) 三菱レイヨン資料．

図3.8より，膜面の接触角を低くする（親水度をあげる）とアルブミンの吸着量を低くすることができる．疎水性の膜を親水化処理することにより，セルロースとほぼ同様の接触角が得られ，アルブミン吸着量は低くなる[注]．

図3.9は，pHとアルブミン吸着量の関係を示したものである[1]．pH値を変化させることにより，アルブミンの荷電と膜面のゼータ電位は変化する．

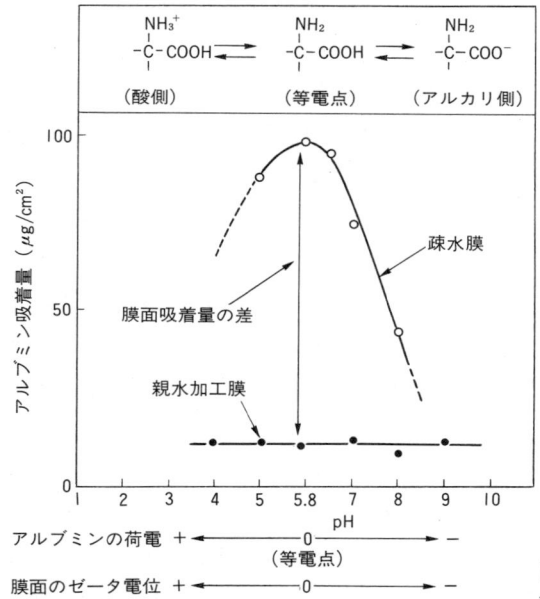

【図3.9】
pHとアルブミン吸着量の関係

アルブミンの荷電は，アルブミンの等電点であるpH5.8でゼロとなり，それより高いpHでマイナスに荷電し，低いpHでプラスに荷電する．膜面のゼータ電位はpH6を境としてそれより高いpHでマイナス，低いpHでプラスの電位を示す．つまり，膜面とアルブミンの静電反発力はアルブミン等電点付近で一番小さく，pHがそこから離れるにつれて大きくなる．したがって，中性付近で膜分離を行う場合は，アルブミン（有機物）との静電反発力は多く期待できないので，疎水膜による沪過では膜面の閉塞が起こりやすい．

注) 最近は接触角4度という超親水性の膜がある．
1) 前掲p.44 脚注2) 参照．

これに対して，親水処理した膜を用いれば有機物（たん白質）の吸着が少なく，ファウリングが起こりにくいと考えられる．

3.2　UF膜分離

UF（Ultra Filtration）膜分離は，図3.1（p.38）の中で0.001～0.1μm程度の物質（分子量では300～300,000程度）の分離を行う．

UF膜の細孔は小さく，測定不可能で，膜の性能を表わすために膜を透過する際に，90％阻止される分子の分子量（分画分子量）で膜の性能を表わす．

UF膜沪過における操作圧力と透過流束の関係を図3.10に示す．

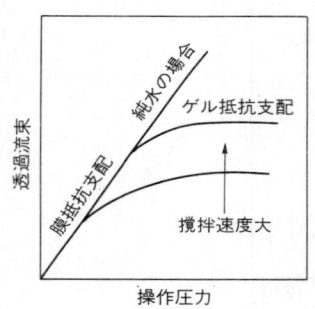

純水などの清浄な水をUF膜沪過すると沪過圧力に比例して透過流束も大きくなる．しかし，懸濁物質を含む水のクロスフロー沪過では，ある一定の沪過圧力までは圧力の増加に伴って透過流束も増えるが，それ以上に圧力を上げても膜面でコロイド物質やゲル状成分の濃縮現象が起こり，透過流束が大きくならないという沪過の限界に達する．

【図3.10】　操作圧力と透過流束

UF膜の細孔径は，非常に小さいと考えられるので，MF沪過と違い膜面の目詰まりはない．しかし，膜表面では溶質の濃縮現象が起こり，これが膜の透過流束に影響を与える．

図3.11[1]に，UF膜における濃度分極モデルの概念を示す．

膜面に運ばれた溶質は，透過水と濃縮水に分離されるので膜面で濃縮する．膜面での溶質濃度（C_2）は原水の溶質濃度（C_1）より高くなり，透過水の溶質濃度（C_3）は原水の溶質濃度（C_1）より低くなる．

膜面における濃縮現象発生の結果，膜面近傍では非流動性の濃縮界面（厚さδ）が形成され，透過流束の低下が起こる．

1） Kimura, S., Sourirajan, S.：*AIChE J*., **13**（1967）

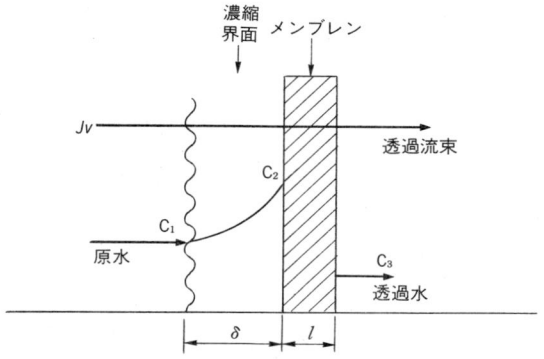

【図3.11】 濃度分極モデルの概念図

ゲル層の沪過抵抗をR_g，ＵＦ膜自体の沪過抵抗をR_mとすれば，一定沪過圧力（P）と粘度（η）における透過流束（J_v）は式3.1のように関係づけることができる．

$$J_v \equiv P/\eta \ (R_g + R_m) \qquad \cdots\cdots\cdots (3.1)$$

ＵＦ膜では膜面でゲル層が形成され，R_gが上昇して透過流束（J_v）が低下する．そのため，このゲル層を破壊することは重要であり，膜面の流速をあげて乱流を起こし，洗い流し作用を発生させ，R_gの上昇を抑制して透過流束を確保する必要がある[1]．

3.2.1 濃縮界面の破壊

ＵＦ膜面で洗い流し作用を発生させるには，一定の流量が必要である．図3.12[2]（次ページ）は，鉄スケールの比重と流動が始まるときの流速の関係を示したものである．水酸化第二鉄〔$Fe(OH)_3$，比重：≒4.0〕は流速0.15m/secで流動し始めるが，これより重い鉄粉（比重≒8.0）は0.35m/secの流速がないと流動を開始しない．

図3.13[3]（次ページ）は，先端の開放された管内にたまった空気を水流で押し出すのに必要な最低流速を求めたものである．

図3.13（c）より，少なくとも0.3m/secの流速があれば，Ｕ字管上部にたま

---

1) 和田洋六，本間隆夫，直井利之：東海大学紀要工学部，Vol.**33**，No.2（1993）
2) 和田洋六：化学工場，Vol.**25**，No.6（1981）
3) 和田洋六："水のリサイクル（応用編）"，（地人書館）1992．

48　3. 膜分離

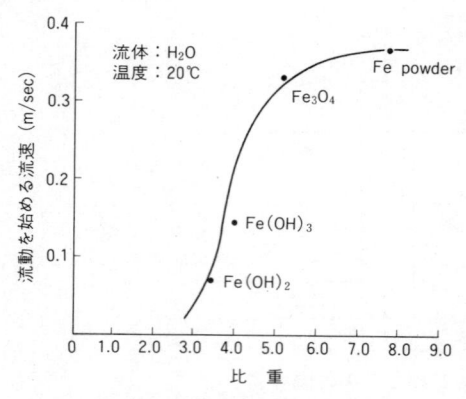

【図3.12】 鉄化合物の比重と流動開始時の流速

った空気は押し出すことができる．

ＵＦ膜面における濃縮界面を破壊するには，どの位の流速が必要なのか経験的に知る部分が多いと思われるが，上記の実験結果より膜面流速は少なくとも0.3m/sec以上は必要と考えられる．油分を含んだ水や粘性を帯びた水では少なくとも1.2m/secの流速が必要と考えられる[1]．

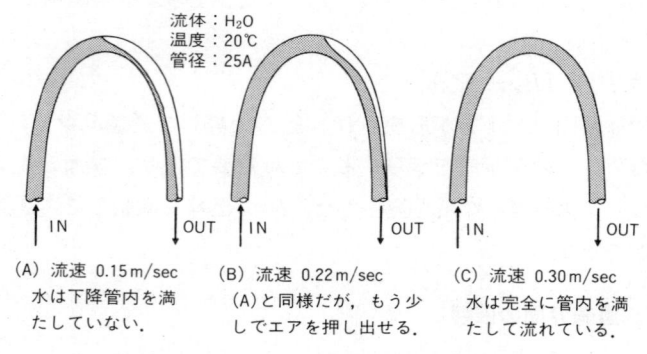

(A) 流速 0.15m/sec　水は下降管内を満たしていない．

(B) 流速 0.22m/sec　(A)と同様だが，もう少しでエアを押し出せる．

(C) 流速 0.30m/sec　水は完全に管内を満たして流れている．

【図3.13】 エアーの押し出しと流速の関係

3.2.2　ＵＦ膜の形状

ＵＦ膜の形状には平膜，中空糸（キャピラリー），管状（チューブラー）およびスパイラルなどがある．それぞれの形状例を図3.14①〜④，仕様例を表3.1に示す．

3.2.3　ＵＦ沪過の基本フローシート

ＵＦ膜沪過では原水の汚濁の程度に応じて逆洗を行う場合もあるが，ＭＦ膜

---

1)　前掲p.47 脚注3) 参照．

3.2 UF膜分離　49

【表3.1】　UF膜の仕様例

メーカー名	ローヌプーラン	旭化成	日東電工	Desal
モジュール形状	平　膜	キャピラリー	チューブラー	スパイラル
材　質	ポリアクリルニトリル共重合体	ポリアクリルニトリル	ポリオレフィン	ポリスルフォン
寸　法（mm）	$410^W \times 1190^L \times 1580^H$	$89\phi \times 1126$	$109\phi \times 2619$	$102\phi \times 1016$
膜面積（m²/モジュール）	0.35/1プレート (8.4〜21m²/ユニット)	3.1	1.6	7.4
使用温度（℃）	40	50	40	50
pH範囲	1〜10	2〜10	2〜12	2〜10
圧　力（kgf/cm²）	<6	<3	<10	<5
分画分子量	20,000	13,000	20,000	15,000
型　式	IRIS 3042	ACV-3050	NTU 2020 (P18A)	G-50
	食品 活性汚泥（中水道）	無菌水 研磨排水 含油排水	含油排水 エマルジョン排水　電着塗装	超純水 電着塗装

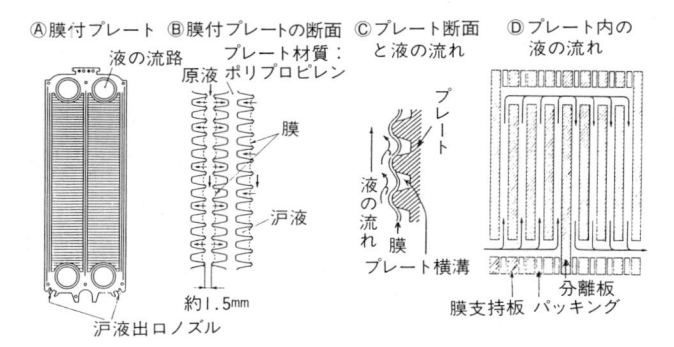

【図3.14①】　平膜モジュール形状例（ローヌプーラン）

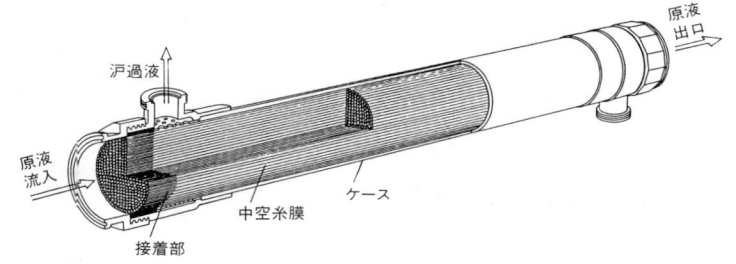

【図3.14②】　中空糸UF膜形状例（旭化成）

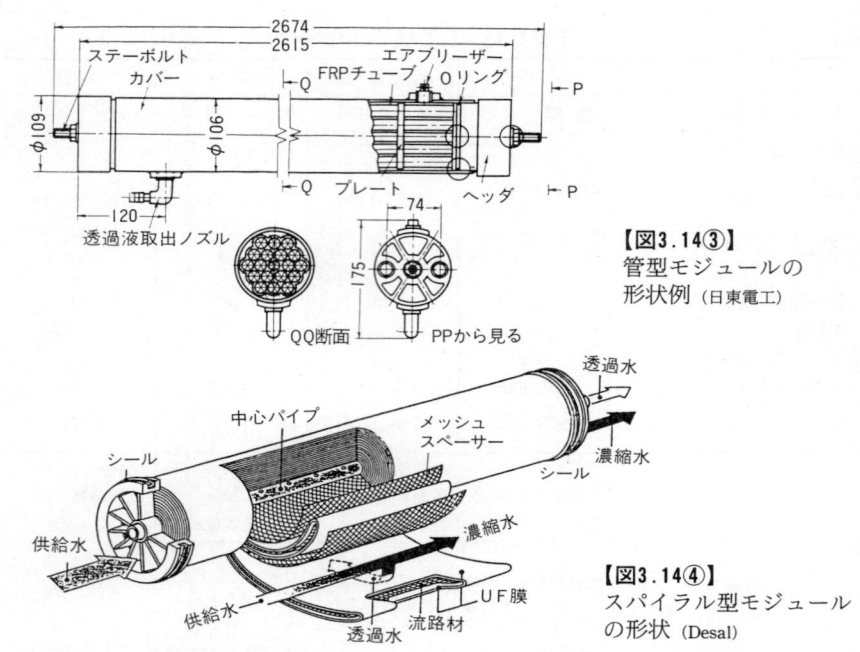

【図3.14③】 管型モジュールの形状例（日東電工）

【図3.14④】 スパイラル型モジュールの形状 (Desal)

濾過と違って膜面の目詰まりが起こりにくいので，逆洗は行わないことが多い．しかし，運転を一時中断するときや定時的な膜面のゆすぎは濃縮膜破壊の観点から必要である．

図3.15は，膜の原水側を透過水でゆすぐことを配慮して設計した装置のフ

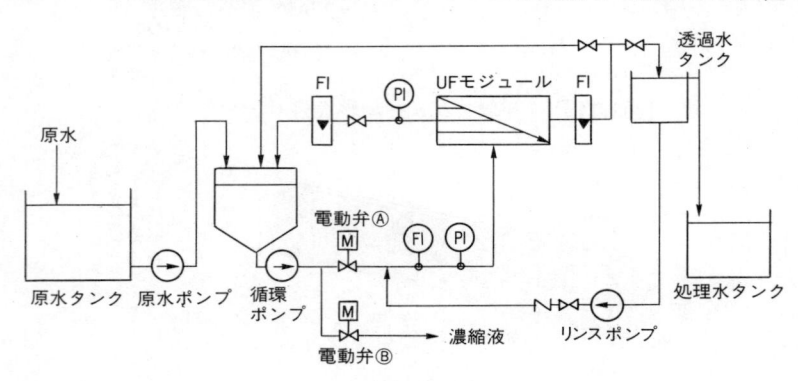

【図3.15】 UF濾過フローシート例

ローシート例である．

操作手順は以下のとおりである．
① 原水を循環タンクへ移送する．
② 循環ポンプを運転した後，数秒後に電動弁 Ⓐ をゆっくり開き，循環タンク→ＵＦモジュール→循環タンクの経路で循環する．
③ 透過水は，透過水タンクに送られ，満水になったらオーバーフローして処理水タンクに貯留する．
④ 一定時間クロスフロー沪過をした後，循環ポンプを停止し，電動弁 Ⓐ を閉じ，リンスポンプを作動させ，透過水をＵＦ膜の原水側へ送り，膜面をゆすぐ．
⑤ 膜面のゆすぎが終了したら，再びクロスフロー沪過を開始する．
⑥ 循環タンクの濃縮液は適宜，電動弁 Ⓑ を開いて引き抜く．

この基本フローシートの特長は，
① 膜面にポンプの急激な作動ショックを与えないように，循環ポンプ出口に電動弁を設けてある．
② 膜面が汚染した場合に備えて，循環タンクを洗浄タンクに切換えて膜面の化学洗浄ができるように配管経路を組んである．
の二点で，清浄な水でも汚濁した排水にも対応でき，維持管理も容易である．

3.3 ＲＯ膜分離

ＲＯ（Reverse Osmosys）膜分離は，図 3.1（p.38）の中で $0.001\mu m$（10Å）程度の物質の分離を扱う．

ＲＯ膜は 1960 年代に酢酸セルロース膜が完成した．酢酸セルロース膜は，塩類の透過を阻止する薄い緻密な活性層が表面にあり，それを多孔質の支持層で支えている．セルロース膜の断面を図 3.16 ① に示す．

これに対して，1964 年にアメリカの North Star Research Institute では，塩類阻止能力のある超薄膜と耐圧性に優れた支持層膜の複数を接着して作るＲＯ膜製造方法を提案した．

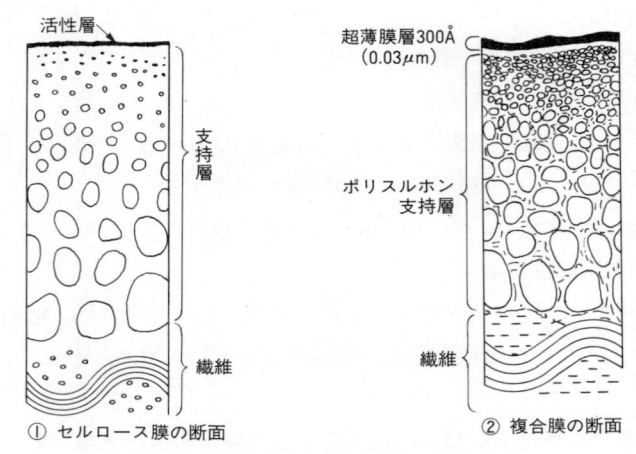

【図3.16】 RO膜の断面

(① セルロース膜の断面　② 複合膜の断面)

この種の膜は現在，複合膜と呼ばれており，断面は図3.16②の構造をしている．

海水淡水化用の最初の複合膜は1976年にUOP社からPA-300が市販され，1980年にFilm Tech社がFT-30膜を，1981年に東レがPEC-1000膜を開発した．

複合膜はセルロース膜に比べて，透過流束が高く，脱塩性能に優れているが，水の殺菌に用いられる塩素(Cl_2)に対して抵抗力がないという特徴がある．

3.3.1　RO膜の阻止率

表3.2に各種複合膜とセルロース膜の阻止率の関係を示す．

表3.2からメタノール（CH_3OH：分子量32），エタノール（C_2H_5OH：分子量46），イソプロピルアルコール（C_3H_7OH：分子量60）の順に膜の阻止率が向上している．

RO膜を透過する水分子の大きさは約3.9Åで，分子量は18である．水がRO膜を透過するのは，水（H_2O）分子と膜の活性層での水素結合が関与しているといわれてる．アルコール系の物質でも分子量が小さく，水に近い性質のメタノールは膜を透過しやすいが，分子量の大きいイソプロピルアルコールにな

【表3.2】 各種複合膜とセルロース膜の阻止率(%)

メーカー	日東電工		東レ		—
膜	NTR-7199	NTR-7197	PEC-1000	SU-800	酢酸セルロース
NaCl	99.3	98.5	99.7	99.4	97
メタノール	21	19	41	11.8	8
エタノール	59	51	97	55.3	23
イソプロピルアルコール	93	90	99.5	97.0	45
グリセリン	98	95	99.8	—	—
酢酸	40	34	86	57.8	5
尿素	64	52	85	65.7	—
N-メチルピロリドン	98	96	—	—	66
グルコース	99.9	99.6	—	—	—
ショ糖	99.9	99.9	—	—	99
ラフィノース	99.9	99.9	—	—	—
評価圧力(kgf/cm²)	42	30	56	15	42
濃度(%)	0.5	0.2	1〜6	0.1	0.5

ると透過しにくくなり，分子量の大小が関与しているようである．

ＲＯ膜は，一般に水素結合を有する水酸基（－OH）やカルボキシル基（－COOH）などの化合物およびフッ化水素（HF）水などの阻止率は低い[注]．

3.3.2 ＲＯ膜の形状

ＲＯ膜エレメントの形状は，スパイラル型と中空糸型のものが実用化されている．図3.17(次ページ)に広く使われているスパイラル型エレメントの構造を示す．

供給水は，左端から入って右端より濃縮水をとして排出される．ＲＯ膜面を透過した水は，中心パイプに集められ，右端から透過水として採水される．

供給水は膜面間隔が１mm以下の狭いすき間を流れるので，懸濁物質が含まれると入口断面のすき間を閉塞させる．析出しやすい物質が含まれると濃縮水出口側で溶質が結晶化し，膜面を閉塞させる．したがって，ＲＯ膜処理における懸濁物除去のための前処理と濃縮水側の濃度管理は重要である．

注) メタノール（CH_3OH）などのアルコール以外には，酢酸（CH_3COOH），フェノール（C_6H_5OH）などがあり，いずれも分子内に水素結合を有しており，膜の阻止率は低い．

54　3. 膜 分 離

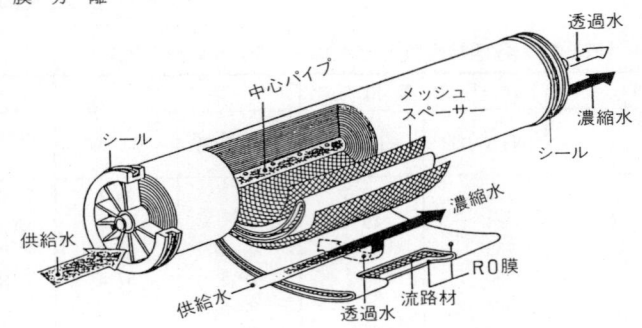

【図3.17】 スパイラル型エレメント

スパイラル型エレメントは，図3.18に示すベッセルに充塡して用いる．ベッセルには，通常1～6本のエレメントを充塡する．

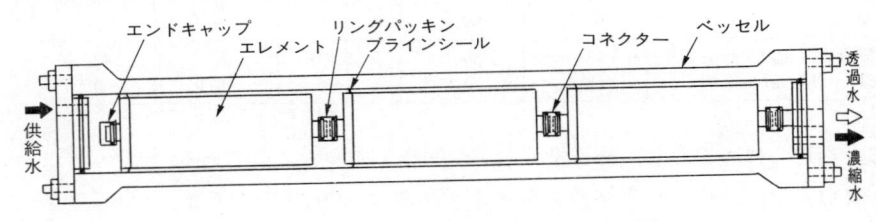

【図3.18】 エレメントを充塡したした図

図3.19は中空糸エレメントの構造である．

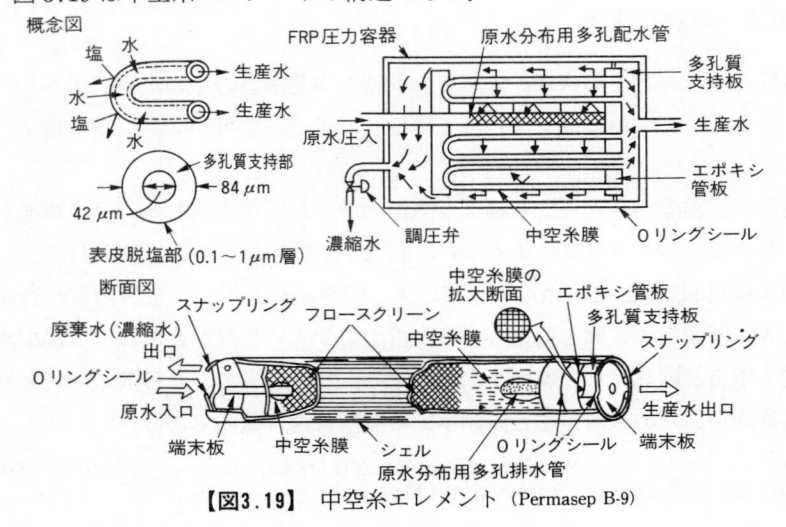

【図3.19】 中空糸エレメント (Permasep B-9)

原水は左端から入り，中空糸膜の外側を通過するうちに水が膜を透過して内側に入り，透過水としてエポキシ管板を経て右端から生産水として出る．

中空糸膜は1エレメントあたりの膜面積が大きいので，1エレメントあたりの透過水量も多い．

3.3.3 ＲＯ膜面の汚染

ＲＯ膜面の濃度分極の概念を図3.20に示す．

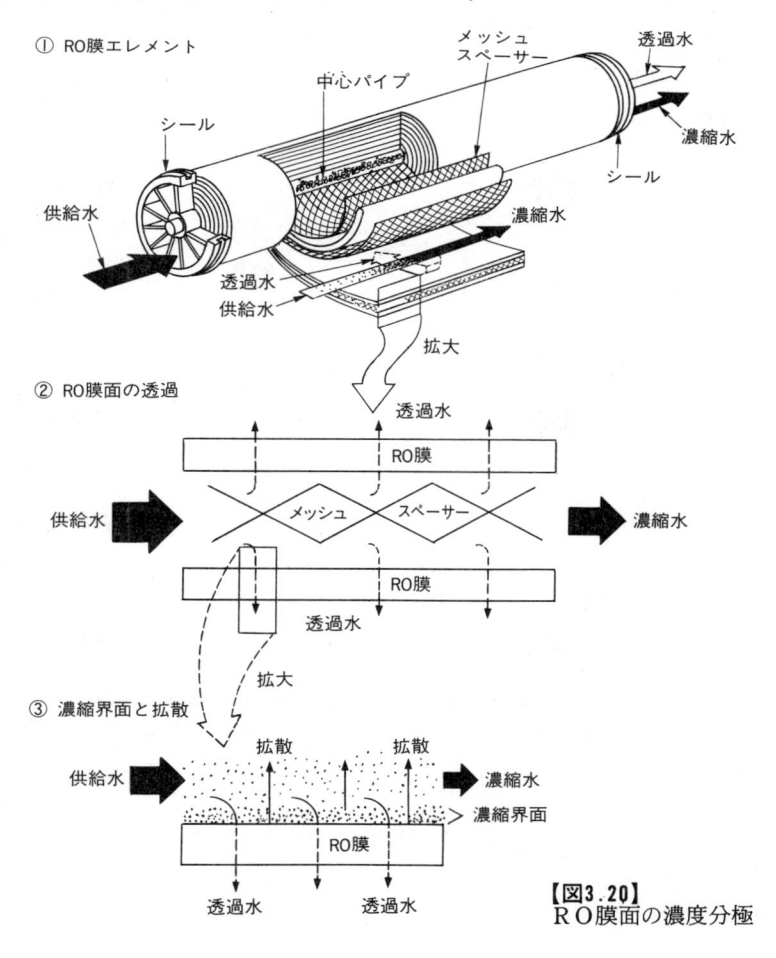

① RO膜エレメント

② RO膜面の透過

③ 濃縮界面と拡散

【図3.20】
ＲＯ膜面の濃度分極

スパイラル型RO膜の間には，メッシュスペーサーがはさまれており，供給水が膜表面で乱流を発生しながら濃縮界面を破壊し，懸濁物質の沈着や溶質の析出が起こらないような工夫がされている．

図3.20③はRO膜の濃縮界面と拡散の状況を示している．濃縮界面では供給水より数倍〜数十倍と考えられる濃度の濃縮界面が発生するので，濃縮界面から供給水側への拡散現象も起こる．またRO装置の運転を短時間停止し，運転を再開すると透過水の電気伝導率が急に上昇したり，塩類濃度が増えることを経験するが，これらの現象は図3.20③の濃縮界面の形成が一因である[注]．

RO膜面の濃度分極に伴う濃縮界面の形成はさけることができない．図3.21にRO膜面の汚染の進行について示した．

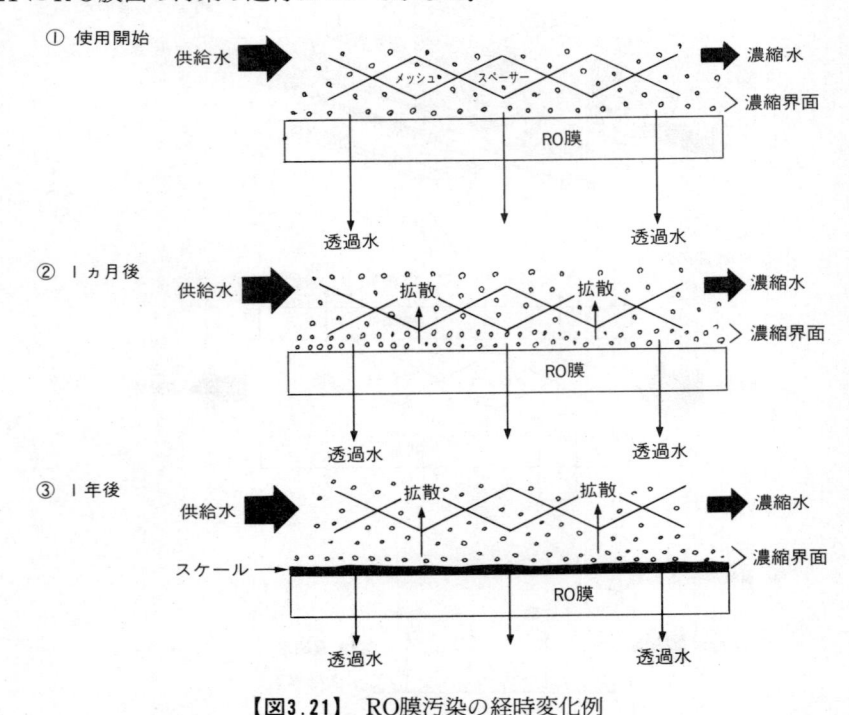

【図3.21】 RO膜汚染の経時変化例

注） RO膜装置の運転を停止するときは，必ず膜の濃縮水出口弁を全開にして膜の一次側への負担をなくし，濃縮界面をゆすぐようにするとよい．

①の使用開始直後は濃縮界面はあってもコロイド物質やバクテリアが沈着していないので透過水量は多い．②の1カ月後は濃縮界面に析出物が堆積し始めるので，この場合は，間欠的に供給水で高速流洗浄を行うと洗浄効果がある．③の1年後の例は濃縮界面にスケールが析出し，透過水量が低下している状況を示す．この状態になると，原水による高速流洗浄ではスケール除去はできないので，化学薬品による洗浄が必要である．

3.3.4　前　処　理

　RO膜に供給する原水は，所定の濃度まで濃縮しても溶質が析出しないことが必須条件である．RO膜の形状は図3.17に示したように内部の構造が緻密にできているから，原水の濁度成分の除去は重要である．

　原水の除濁は，凝集沈殿，砂沪過，活性炭沪過，精密沪過($3〜10\mu m$の沪過)の順で行う．

　RO膜に供給する原水は，通常FI値 (Fouling Index) 4以下とする．FI値は水中の濁質量を表わす指標で，$0.45\mu m$のメンブレンフィルターを用い，$2.1 kgf/cm^2$の加圧下で500mlの溶液が通過する最初の時間 t_0 を測定し，そのまま加圧沪過を継続して15分経過したときに再び500mlが通過する時間 t_{15} を測定し，次式から求める．

$$\mathrm{FI} = \left(1 - \frac{t_0}{t_{15}}\right) \times \frac{100}{15} \qquad \cdots\cdots\cdots (3.1)$$

　RO膜に供給する水は濁度ゼロで，FI＝4.0以下が望ましいが，短時間であればFI値は5.0程度でも実質的に問題はない[注]．

　式3.1で試験水の濁度が大きいと，t_{15} の値は無限大で測定不能となり，このときのFI値が最大で6.67となるから，6.67以上のFI値は存在しない．

　有機物は砂沪過，活性炭処理で大半が除去されるが，RO供給水のCOD値は少なくとも10mg/l以下にしないと系統内にバクテリア汚染の原因をつくる．

　RO膜は通常，アニオンに帯電しているからカチオン性の界面活性剤やカチオン性の有機インヒビターが膜面に到達すると，電気的に膜表面に吸着するの

注）　一般の水道水のFI値＝5.0〜6.0，清浄な海水のFI値＝5.0〜6.5．

で,透過水量低下の原因となる.

セルロース系の膜は塩素(Cl_2)に耐えるので,供給水および濃縮水出口での残留塩素が0.5mg/l以上あるように濃度調整すれば,バクテリアの発生を防止できる.

複合膜は塩素に耐えないので,供給水および濃縮水出口で残留塩素(Cl_2)と溶存酸素(O_2)が検出されないように亜硫酸水素ナトリウム($NaHSO_3$, Sodium Bisulfite,以下SBS)を添加するとよい.

SBSによる塩素と酸素の除去反応を式3.2と式3.3に示す.

$$Cl_2 + NaHSO_3 + H_2O \longrightarrow NaHSO_4 + 2\,HCl \qquad (3.2)$$
(分子量71) (分子量104)
1.0mg/l ------ 1.5mg/l

$$1/2\,O_2 + NaHSO_3 \longrightarrow NaHSO_4 \qquad (3.3)$$
(分子量16) (分子量104)
1 mg/l ------ 6.5mg/l

一例として25°Cにおける水中の残留塩素を0.5mg/lとし,溶存酸素が6.0mg/lあったとすれば,残留塩素と酸素の除去に要するSBSの量は,式3.2,式3.3より次のようになる.

$$(0.5\text{mg}/l - Cl_2 \times 1.5) + (6.0\text{mg}/l - O_2 \times 6.5) = 39.75\text{mg}/l$$
$$\qquad (3.4)$$

残留塩素とSBSの反応は瞬時,溶存酸素とSBSの反応は5〜10分が必要であるから溶存酸素を除去する場合は,5〜10分程度の反応時間をもつタンクが必要である.

3.3.5 スケール防止対策

RO膜面で最も発生しやすいスケールは,カルシウムスケールとシリカスケールである.

原水の硬度成分が多いと膜面に炭酸カルシウムのスケールが生成しやすい.この場合は原水の軟化処理をするかpH調整を行う.

図3.22はカルシウムスケール生成におけるpHとカルシウム硬度の関係を示

したものである[1].

原水のpHを7.0以下にするとカルシウムスケール生成の安全ゾーンが広がる．一例として，pH6.0ではカルシウム硬度660mg/l程度まで予備処理が不要となる[注]．

図3.23にpHの変化と，全炭酸存在比の関係を示す．

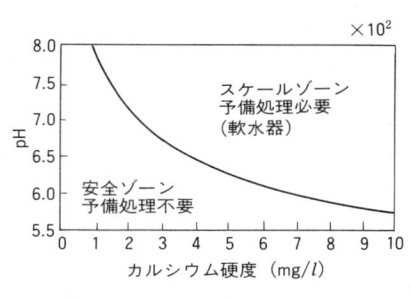

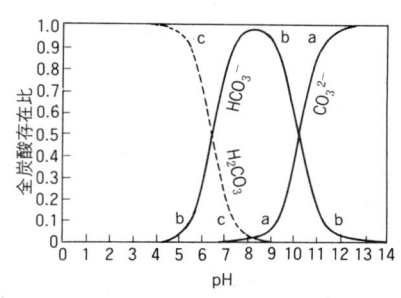

【図3.22】 スケール生成におけるpHとカルシウム硬度の関係

【図3.23】 pHの変化とCO_3^{2-}，HCO_3^-，H_2CO_3の関係

水中における炭酸イオン（CO_3^{2-}）や炭酸水素イオン（HCO_3^-）は，pH値によって存在比が異なる．pH 7以上になると曲線aのCO_3^{2-}が増加しはじめ，pH13以上ではCO_3^{2-}が100％となる．pH5.5では $HCO_3 = 10\%$，$H_2CO_3 = 90\%$となり，大部分が炭酸（H_2CO_3）に変化し，CO_2^{2-}として大気中に放散するので，Ca^{2+}は結合の相手を失って単なるCaコロイドとなる．

このように炭酸カルシウムスケールの生成防止は，pHを5.5程度に調整することにより対応できる．

図3.24に硫酸カルシウムと炭酸カルシウムの水に対する溶解度の関係を示す．

硫酸カルシウムは，炭酸カルシウムに比べて溶解度がはるかに高く，25°Cにおける$CaCO_3$の溶解度15mg/lに対して$CaSO_4$は3,000mg/lである．

シリカは水質試験では，便宜上SiO_2と表わすことが多いが，pH12では，

---

1) 久保武久，甲斐　学："病院用水，純水・超純水製造法"，(幸書房) 1985.
注) 海水のカルシウム硬度は約400mg/lである．これを回収率40％でRO膜処理すると，膜面での濃縮率は100/(100−40)＝1.67倍となる．したがって，400mg/lのカルシウムイオンは，約670mg/lとなり析出限界に近くなる．

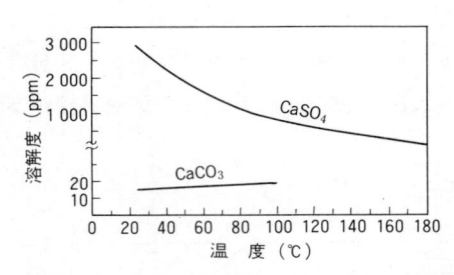

【図3.24】 $CaSO_4$ と $CaCO_3$ の水に対する溶解度

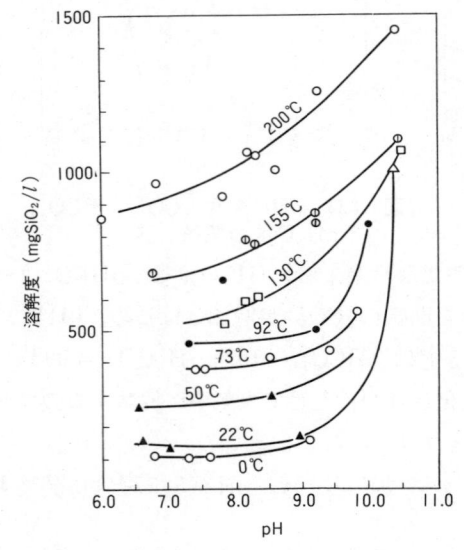

【図3.25】 シリカ (SiO_2) の溶解度

$HSiO_3^-$, pH 9 では H_2SiO_3 (SiO_3^{2-}) の形で存在する[1]。pH 9 以下では主として $Si(OH)_4$ ($H_2O)_2$ の形で存在すると考えられ，複雑な形態を示す[2]。

我が国の水道水中のシリカ (SiO_2 として) は 10～30mg/l 程度あり，火山灰地帯では 40～100 mg/l である。

不溶性のシリカは，凝集沈殿や精密沪過 (MF，UF沪過など) により除去できるが，イオン状シリカは除去できない。

図 3.25 はシリカの溶解と温度，pHの関係を示したものである[3]。pH 7 における 22°C の溶解度は 130mg/l 程度であるが，pH 9 以上になると溶解度は急上昇する。

図 3.26 は pH 7 におけるシリカ (SiO_2) の溶解度と水温の関係を示したものである。この図では水温 25°C における SiO_2 の溶解度は約 100mg/l であるが，RO膜に通水処理する場合は 160mg/l 程度まで濃度が高くなっても支障のないことを示している。図 3.27 (次ページ) は濃縮水 (ブライン) のpH補正係数例である。pH7.0～7.8 の間の補正係数は 1.0 であるが pH5.0 では 1.25，pH9.0 では 2.0 となり，pH値が上昇するほど補正係数が高くなる。

---

1) 高木誠司："定性分析化学 (中巻) イオン反応編"，(南江堂) 1981.
2) Iler, R. K.: "*The colloid chemistry of silica and silicates*" p.19, (Cornell Univ. Press) 1955.
3) 後藤克己，小松 剛：水処理技術，Vol.2, No.10 (1961)

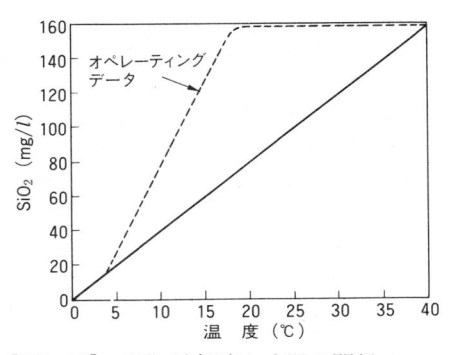

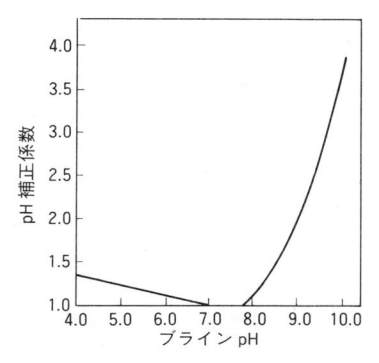

【図3.26】 SiO_2溶解度と水温の関係（Dupont） **【図3.27】** SiO_2 pH補正係数（Dupont）

アルミニウム，鉄，亜鉛，マグネシウムなどの金属イオンは，水酸化物として沈殿するときにシリカを共沈または吸着する性質をもっている．このうち，水酸化アルミニウム〔$Al(OH)_3$〕が最も多く利用される．

図3.28はシリカを含む水に硫酸アルミニウムと水酸化ナトリウムを加え，$Al(OH)_3$懸濁液の脱シリカについて調べたものである[1]．

pH 8～9でシリカ除去は最大となるが，pH 8以上になるとアルミニウムが溶解するので，シリカの除去効果は低下する．

シリカ成分の多い地下水などを原水としてRO膜処理し，超純水を製造する場合はRO膜処理の前段でイオン交換処理し，シリカを除去したのち，RO膜処理[注]することもある．

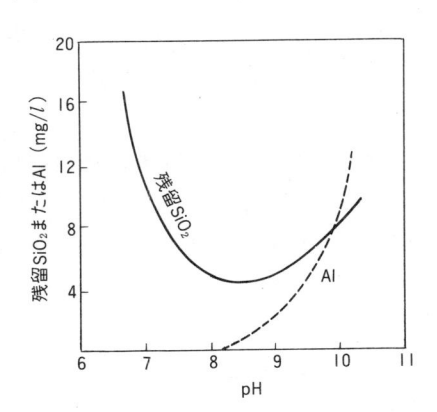

【図3.28】 水酸化アルミニウムの脱シリカ（SiO_2）とpHの関係

3.3.6 膜の洗浄

RO膜処理では前処理を慎重に行っても膜面は汚染する．したがって，装置の

---
1) Betz, L. D., Noll, C. A., Maguire, J. J. : *Ind. Eng. Chem.*, Vol. **32**, p.1323 (1940), Vol.**33**, p.814 (1941)
注）ここでのRO膜処理は，主に有機成分やバクテリアの除去を目的とする．

設計時には膜洗浄ができるような薬品タンク，洗浄ポンプ，配管などを組み込んでおくとよい．表3.3にRO膜スケール洗浄薬品の一例を示す．

【表3.3】 RO膜スケールの洗浄薬品例

スケール成分	洗　　浄　　用　　薬　　品
$CaCO_3$，$CaSO_4$	0.2%HCl，0.2%H_3PO_4，2.0%スルファミン酸，2.0%クエン酸アンモニウム
鉄さび，金属水酸化物	0.2%H_3PO_4，0.2%スルファミン酸，0.2%塩酸
SiO_2	2%クエン酸＋2%酸性フッ化アンモニウム
バクテリア汚染物	0.1%NaOH＋0.1%EDTA，0.5%ラウリル硫酸ナトリウム，1.0%リン酸3ナトリウム＋1.0%EDTA
有機汚染	0.1%NaOH＋0.1%ラウリル硫酸ナトリウム，1.0%リン酸3ナトリウム＋1.0%EDTA
	① 洗浄時の圧力 $1 \sim 3 \text{ kgf/cm}^2$ ② 単位圧力ハウジングへの供給量　4インチ：$1.8 \sim 2.3 \text{m}^3/\text{h}$ 　　　　　　　　　　　　　　　8インチ：$6.8 \sim 9.1 \text{m}^3/\text{h}$ ③ 最大温度：30℃

膜洗浄は0.5kgf/cm^2程度の低圧で$1 \sim 3$時間程度薬液を循環するが，汚染の著しい場合は，10時間以上洗浄液に浸漬した後，循環洗浄すると効果がある．

一般に，カルシウム，鉄，金属水酸化物系のスケールには無機酸や有機酸を用い，シリカ系のスケールには酸とフッ化物の混合が用いられる．バクテリアや有機物汚染には，水酸化ナトリウムとラウリル硫酸ナトリウムの混合洗浄剤が有効である．

3.3.7　RO膜装置の基本フローシート

RO膜装置の基本フローシートを図3.29（次ページ）に示す．

本フローシートは，原水槽が膜の洗浄薬液槽を兼用できるようになっている．運転の手順は次のとおりである．

① 起　　動

原水槽 → 供給ポンプ → 保安フィルター → 高圧ポンプ → ROモジュール → 圧力調整弁 → 原水槽の循環経路を組む．原水槽を満水にした後，供給ポンプ（$2 \sim 3 \text{ kgf/cm}^2$），高圧ポンプ（$10 \sim 60 \text{kgf/cm}^2$）の順に起動させる．圧

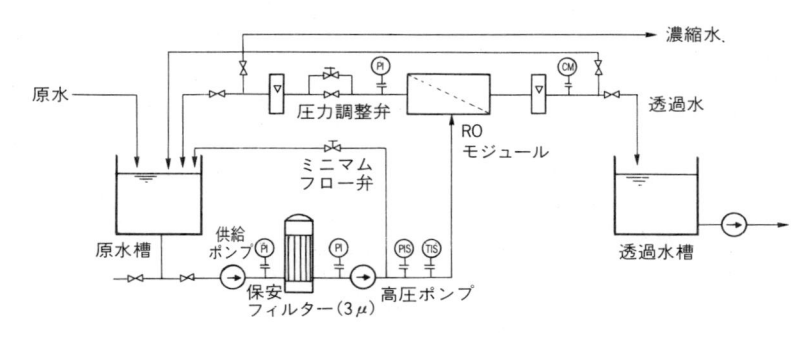

【図3.29】 RO膜装置基本フローシート

力調整弁は始め全開にしておき，RO膜出口側の圧力計を見ながら徐々に調整して所定の圧力，透過水流量，水質に達したことを確認して透過水槽へ通水し採水する．

② 停　　止

運転を停止するときは，必ず高圧ポンプから停止し，供給ポンプはしばらく運転を続ける．これはRO膜の濃縮水側の水を原水に置換させる必要があるからである．これを怠ると次の起動時に透過水の水質が低下する．

③ 膜の洗浄

図3.29の原水槽はRO膜洗浄時の洗浄槽にも転用できる．原水槽に調整した洗浄液は，供給ポンプのみを運転して，濃縮水，透過水の両方を原水槽に戻す経路に切りかえて循環しながら洗浄する．RO膜洗浄では膜の一次側を低圧の供給ポンプのみで高流速洗浄するので，高圧ポンプは運転しない．
薬品洗浄や水洗浄が終了したらこれらの洗浄排水は全量を排出する．この場合は原水槽の底部から液ぬきができるように配管しておくとよい[注]．

3.3.8　RO膜の配列

表3.4に透過水の回収率とベッセルの配置例を示す．

ベッセルは，FRPまたはSUS製が多いが，1本のベッセルに充填するRO膜モジュールは6本が最大である．

注）槽の横側に液ぬき配管をつけると底部に液が残り，水洗に長時間を要し，水質がなかなか改善されない．

【表3.4】 回収率とベッセル配置例

回収率 (%)	ベッセル配置	ベッセル内モジュール数（本）	最大許容差圧 (kgf/cm²)	
			1エレメント	1ベッセル
50%以下	原水 → □ → 濃縮水 / 透過水　1ステージ	1～6	0.8	3.4
51～75	2ステージ ……… 2:1	1～6	0.8	3.4
76以上	3ステージ ……… 4:2:1	1～6	0.8	3.4
備　考	① 最大原水供給量：4インチスパイラル＝3.7 m³/h　　8インチスパイラル＝15.9 m³/h ② 水温は25℃を標準とするが，温度が1℃低下するごとに約3%透過水量が減少するから膜面積を増やす（25℃を1とすれば9℃は2となる）．			

　回収率は原水の溶質濃度，濃縮率から決めるが，標準的な回収率は60～80%である．

　海水は塩類濃度が高いので，回収率40%以下とする場合が多く，ベッセル配置は1ステージを基本とする[注1]．

3.3.9　NF膜分離

　RO膜に比べて表面層の構造がルーズで，低濃度の塩類に対して高い阻止率をもち，同時に低圧で高い透過流速をもつ膜が実用化されている．これらの膜はナノ沪過（Nanofiltration）膜と呼ばれてる[注2]．

注1）　4インチスパイラル膜1本に供給する原水量は，最大60 l/min（3.6m³/h）で，通常は40 l/min（2.4m³/h）程度で管理する．

注2）　日本では低圧逆浸透膜またはルーズ逆浸透膜とも呼ばれている．

表3.5[1]に各種ナノ沪過膜の阻止性能を示す．

【表3.5】 各種ＮＦ膜の阻止性能：阻止率(%)

メーカ	日東電工 NTR-						東レ			Film Tec			
溶質 (分子量)	759HR	739HF	729HF	7250	7450	7410	700	600	200S	BW-30	NF-70	NF-50	NF-40HF
NaCl (58)	99.5	98	92	60	51	15	99.5	80	65	98	70	50	40
Na_2SO_4 (142)	99.9	99	99	99	92	55	99.9	—	99.7	—	—	—	—
$MgCl_2$ (94)	99.8	97	90	90	13	4	99.8	—	99.4	98	—	—	20
$MgSO_4$ (120)	99.9	99	99	99	32	9	99.9	99	99.7	99	98	90	95
エチルアルコール (46)	53	40	25	26	—	—	54*	10	—	70	—	—	—
イソプロピルアルコール (60)	96	85	70	43	—	—	96*	35	17	90	—	—	—
グルコース (180)	99.8	98	97	94	—	—	—	—	—	98	98	90	90
ショ糖 (342)	>99.9	99	99	98	36	5	99.8*	99	99	99	99	98	98
評価条件 評価液濃度 (%)	0.15	0.15	0.15	0.20	0.20	0.20	0.15	0.10	0.10	0.20	0.20	0.20	0.20
評価条件 圧力 (MPa) (kgf/cm²)	1.5 15	1.5 15	1.0 10	2.0 20	1.0 10	1.0 10	1.5 15	0.75 7.5	0.75 7.5	1.6 16	0.6 6	0.4 4	0.9 9
評価条件 温度 (℃)	25	25	25	25	25	25	25	25	25	25	25	25	25

(注) ＊評価液濃度0.10%における阻止率

分画分子量はＲＯ膜とＵＦ膜の中間的性能を示し，操作圧力は最大でも20 kgf/cm²で通常10kgf/cm²以下で脱塩可能である．

水道水源の汚濁物質として，新たに問題となっているものにトリハロメタンおよびトリハロメタン前駆物質がある．

フミン酸はトリハロメタンの前駆物質であるが，これは従来の処理法の凝集沈殿では除けないため，その後の殺菌工程で加える塩素と反応してトリハロメタンに変化する．

塩素消毒によりトリハロメタン類を生成させて，それを後工程で除去するよりは消毒工程の前に前駆物質を除去したほうがトリハロメタン類副生の可能性は低い．

表3.6[2]は各種ナノ沪過膜によるフミン酸，トリハロメタン前駆物質の阻止率を示したものである．供給液フミン酸濃度5 mg/l，操作圧力0.6MPa（6 kgf/cm²）で処理すると，膜分離工程なしの場合でクロロホルム生成量0.11

---

1) 木村尚史：最近の膜処理，造水先端技術講習会講演要旨集（1990）
2) 大矢晴彦，佐藤敦久，丹波雅裕，日野 剛，原 達也，根岸洋一：水道協会誌，Vol.58，No.11（1989）

【表3.6】 各種NF膜によるフミン酸，THM前駆体の分離
フミン酸水溶液（供給液フミン酸濃度：5mg/l，操作圧力：0.6 MPa）

	供給液	NTR-7450	NTR-7410	NTR-739HF	SU-600	SC-L(HF)	NF-70
$CHCl_3$生成量(mg/l)	0.11	0.006	0.012	0.007	0.008	0.009	0.006
フミン酸阻止率(%)	—	94.5	88.9	93.5	92.6	91.8	94.4
透過流束（l/m^2h）	—	99.1	182	99.8	188	177	122

mg/lに対し，いずれもほぼ 0.01mg/l 以下となり，フミン酸阻止率としてはほぼ90％以上である．

表3.7[1]は芳香族ポリアミド系，ポリビニルアルコール系，酢酸セルロース系膜のトリハロメタン阻止性能である．

【表3.7】 逆浸透膜のTHM阻止性能

供給液		THM類阻止率（％）		
トリハロメタン類	濃度(ppm)	芳香族ポリアミド系複合膜	ポリビニルアルコール系複合膜	酢酸セルロース膜
$CHCl_3$	25	71	33	18
$CHBrCl_2$	6.3	70	28	11
$CHBr_2Cl$	10	81	41	12
$CHBr_3$	50	90	52	17
CH_3CCl_3	10	98	85	50
CCl_4	1	>99	88	66
$CHCl=CCl_2$	38	97	83	52
$CCl_2=CCl_2$	10	>99	98	70

セルロース膜に比べて，複合膜のほうが阻止率が高く，特に芳香族ポリアミド系膜の阻止率が高い．

ナノ沪過膜は脱塩性能ではRO膜にはおよばないが，塩類濃度の低い水やトリハロメタン含有水に適用すれば，UF膜にはない性能が得られるので，上水道用には実用性がある．

今後は従来の浄水方法に代わってナノ沪過膜を適用した膜沪過型浄水処理が実用化されると思われる．

膜沪過型浄水処理は装置のコンパクト化，運転操作の自動化および維持管理

---

1) 笠井真二，田窪芳博，那須正夫，近藤雅臣：衛生化学，Vol.**36**，p.248（1990）

の簡便化を図るだけでなく，より安全な飲用水の造水を可能とする．

膜沪過浄水処理システムでは，様々なフローシートが組める．一例として，MF膜，UF膜およびNF膜の単独処理．凝集＋MF膜沪過，オゾン処理＋活性炭処理＋UF沪過などが考えられ，水源の水質変化に対応した膜沪過型浄水処理システムが実現するであろう．

3.4 電気透析膜分離

イオン交換膜は，粒状のイオン交換樹脂が膜状になっている高分子膜と考えてよく，化学構造上からはイオン交換樹脂と本質的に同一のものである．しかし，形状の違いから両者の機能は全く異なる．

図3.30はイオン交換樹脂とイオン交換膜の相違を示したものである．

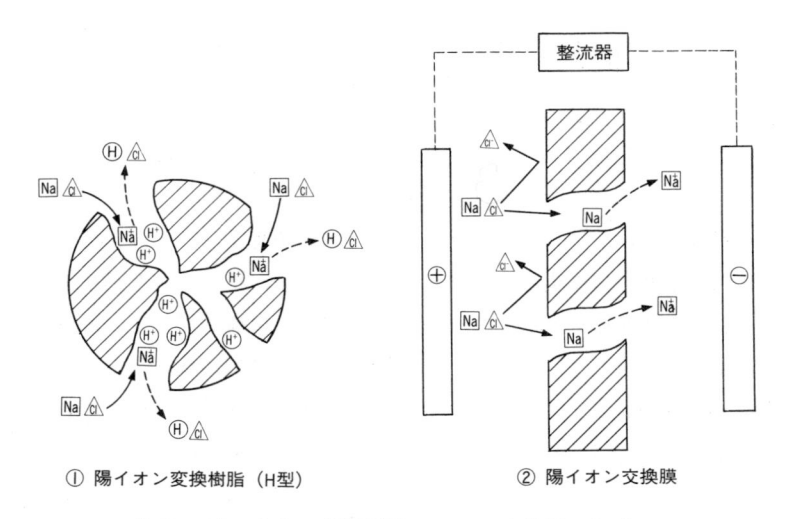

① 陽イオン交換樹脂（H型）　　② 陽イオン交換膜

【図3.30】 イオン交換樹脂とイオン交換膜の相違

陽イオン交換樹脂は，NaClのうちNa$^+$イオンを吸着し，その代わりに樹脂がもっているH$^+$イオンを交換放出するので，NaClはHClに変化する．陽イオン交換膜は陽極側にあるNaClのうちNa$^+$イオンだけが膜を通過できるので，陽極側にはCl$^-$イオンが残り，陰極側にはNa$^+$イオンが増加する．

このようにイオン交換膜は，イオン選択透過という機能により，脱塩，濃縮，分析などの操作を行うことができる[注]．

イオン交換樹脂法では，樹脂の再生が必須の工程であるが，イオン交換膜法では，再生操作は不要で維持管理面では手間がかからないという長所がある．

3.4.1 電気透析法の原理

イオン交換膜を用いた電気透析法の原理を図 3.31 に示す．

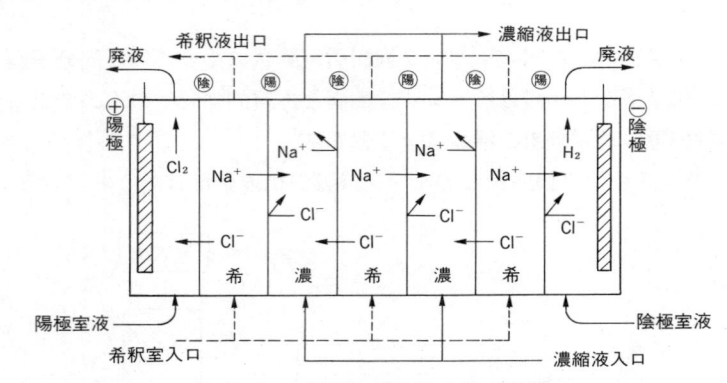

【図3.31】 電気透析の原理

陽イオンを選択的に透過する陽イオン交換膜と，陰イオンを選択的に透過する陰イオン交換膜を交互にならべて，その両端に電流を流すと，膜により隔てられた各部屋で陽イオンと陰イオンの濃縮および希釈が起こる．

脱塩を目的とするときは，希釈室の液を集める．濃縮が目的の場合は，濃縮液を集めればよい．この原理を応用すれば，無機塩の脱塩，濃縮が可能となる．

イオン交換膜の基本特性は，陽イオンまたは陰イオン交換膜に対する輸率で示す．輸率とは膜を流れる電流のどれだけの割合がそのイオンを運ぶかを表わす数値である．一例として陽イオンに対する輸率が 0.98 ということは，その膜

注) イオン交換膜の研究は 1950 年頃から始まり，アメリカでは主としてかん水の脱塩，日本では海水から濃厚かん水の製造を目的とした．1971 年には塩田方式による製塩法は廃止され，新たにイオン交換膜法製塩に代わった．また 1978 年以降水銀法によるソーダ製法は順次イオン交換膜法に転換した．

を流れる電流の98％を陽イオンが運び，残りの2％を陰イオンが運ぶことを意味する．すなわち，その膜を陽イオンが陰イオンよりも50倍も通過しやすいことを示している．

イオン交換膜を電気透析法で使用する場合，電気密度を上げれば上げるほど装置の能力は増すが，無制限に電気密度を上げることはできない．これは溶液相より膜相のイオンの輸率[注]が大きいので，電流密度を上げると膜界面近傍のイオン濃度がほとんどゼロとなり，界面で電流を運ぶイオンがなくなり，膜－液界面における水の電気分解が起こり，H^+やOH^-イオンが発生する．

図3.32に膜－液界面における水分解を示す．

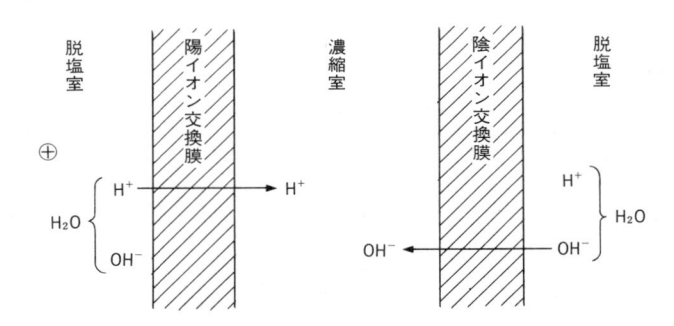

【図3.32】 膜-液界面における水分解

この水分解現象が起こると，水素イオン（H^+）と水酸イオン（OH^-）が電流を運ぶようになる．この水分解が陽イオン交換膜の脱塩側界面で起こると濃縮室が酸性に，脱塩室がアルカリ性となる．陰イオン交換膜の脱塩側界面で起こると濃縮室がアルカリ性に，脱塩室が酸性となる．

水分解は塩濃縮の電流効率を下げるばかりでなく，液の中性を乱し，水酸化物スケールを生成するなどの障害をひき起こすので極力さけなければならない．この現象は中性攪乱現象と呼ばれ，このときの電流密度を限界電流密度という．

表3.7に各種電解質溶液の限界電流密度の値を示す[1]．

注）Naイオンの輸率は，溶液中で0.4，膜中で0.9程度である．
1) 山辺武郎：海水学会誌，Vol.19, p.18 (1968)

【表3.7】 限界電流密度(電解質溶液：0.05N)

電解質		NaCl	KCl	CaCl$_2$	BaCl$_2$	HCl	NaOH
限界電流密度 I_{lim} [mA/cm^2]	陽イオン交換膜	4.5	6.1	3.7	4.0	19.0	3.7
	陰イオン交換膜	7.5	—	5.1	6.1	4.5	14.1

　限界電流密度以上に電流を流すと，水分解で発生したOH$^-$イオンと陽イオン（Ca^{2+}，Mg^{2+}，Fe^{3+}など）が水酸化物や炭酸塩となって膜面に沈着し，イオン交換膜に損傷を与えるので，常に限界電流密度以内の電流で電気透析を行うことが重要である．限界電流密度は一般に1～200A/dm^{2}程度である．

3.4.2　電気透析装置

　電気透析は，図3.33に示すシートフロー型が一般に多く用いられる．

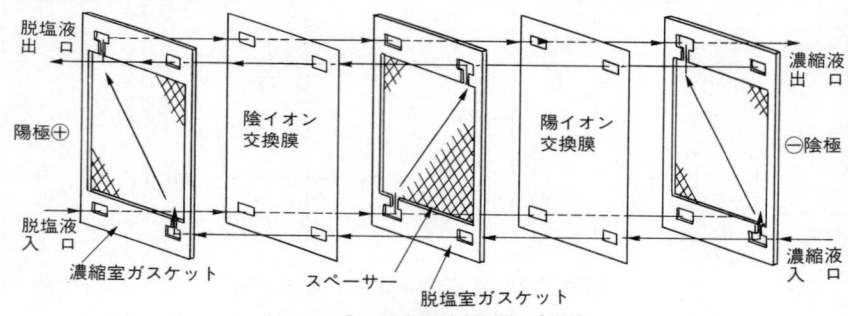

【図3.33】　電気透析装置の概要

　陽イオン交換膜と陰イオン交換膜[注]を交互にガスケットと呼ぶ希釈室枠，濃縮室枠にスペーサーをはさんで重ね，両端に電極を装着し，型枠で締めつけて電気透析室を構成する．

　ガスケットは厚みが均一で，ある程度の弾力性をもつゴム，ポリ塩化ビニール，ポリエチレンなどの材質が用いられる．スペーサーはRO膜と同様に，膜面間を正常に保持することと，給液を均一に流す（0.3m/sec程度）ために使われ，斜交網が用いられている．

　陽極にはカーボン，白金めっきチタン，磁性酸化鉄などを用いる．陰極には

注）陽イオン交換膜は，強酸性陽イオン交換樹脂でスルホン基（-SO$_3$）をもつ．陰イオン交換膜は，強塩基性陰イオン交換樹脂のI型で，第4アンモニウム基〔-CH$_2$-N$^+$(CH$_3$)$_3$〕をもつ．

鉄，SUSなどが用いられる．

電気透析装置が性能を充分に発揮するためには，以下の条件を満たす必要がある．

① 前処理が充分であること．

電気透析法の前処理はＲＯ膜法ほど厳密ではないが，膜面間は 1～2 mm と狭いうえに膜面での濃縮により，コロイド粒子や懸濁物質の閉塞，塩類析出などの障害が発生するので，除濁や塩の濃度管理は必要である．

原水が清浄ならば砂沪過程度の前処理でよい．しかし，排水の再利用などでは汚濁の程度によって，凝集沈殿，精密沪過，活性炭処理などが必要である．

② 膜間隔が狭く均一なこと．

電気透析装置は数十から数百（膜面積は数十～数百 m^2）の透析室をもつので，膜間隔が不必要に大きいと装置が大型化し，透析電力およびポンプ動力が増えて不経済である．

膜間隔が不均一だと液の流れに濃淡部分や限界電流密度を超える部分が発生し，効率が低下する．

③ 液流の攪乱が良いこと．

電気透析装置には膜間隔を一定に保つためにプラスチック製のスペーサーを用いる．

スペーサーはＲＯ膜の場合と同様に液を攪乱し，膜面濃度を均一化する効果をもつ．

④ 解体，洗浄が容易なこと．

電気透析膜はＲＯ膜と異なり，膜を取り外して一枚ずつ機械的に洗浄することができる．したがって，透析装置から膜の取り外し，組み立てが容易であることが必要である．

⑤ 液と電流の漏洩のないこと．

透析装置外への液の漏洩は好ましくない．また，濃縮液と希釈液が漏れて混合すると電気透析の性能が低下する．

電気透析装置の給液管や排液管を通して電流が漏洩すると，透析電流が多く

なり不経済である．

3.4.3 電気透析装置のフローシート

図3.34に電気透析装置のフローシート例を示す．

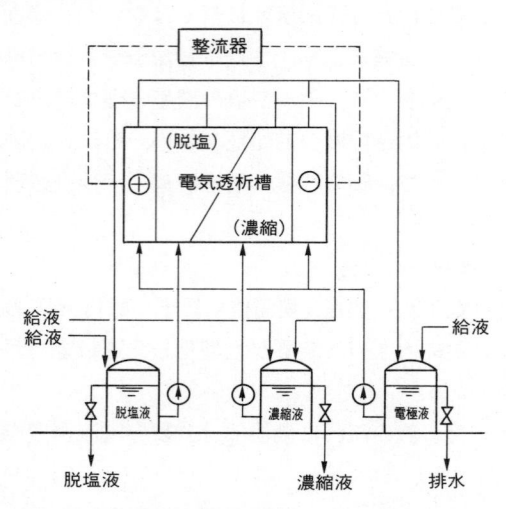

【図3.34】 電気透析装置の基本フローシート例

主な機器は電気透析槽，脱塩液槽，濃縮液槽，電極液槽とこれに付帯するポンプ配管があり，直流電流を供給するための整流器が組み込まれている．

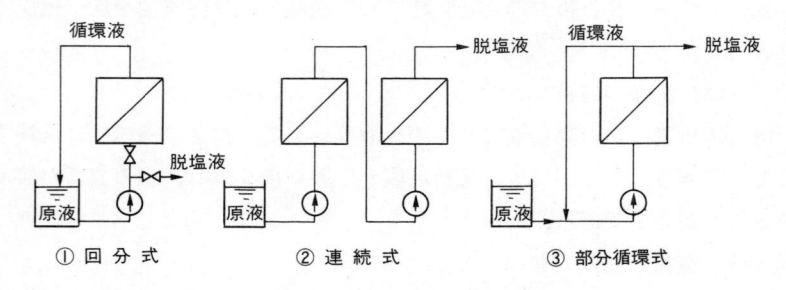

【図3.35】 電気透析の運転方式

運転方法は，図3.35に示すように大別して回分式と連続式に分けられる．
① 回分式は，原液タンクの液が所定の濃度になるまで循環を続ける方式で

ある.
② 連続式は,多段に配列された電気透析槽に順次,原液を通し,最終段から脱塩液を得るものである.
③ 部分循環式は,両者の中間的性格のフローシートである.

回分式はバッチ切替ごとに電力需要が増減する欠点がある.連続式は電力消費も少なく,大型プラントに適しているが,原水濃度,温度などの変動に対して吸収力が小さい.

3.4.4 食塩水電解と海水濃縮

図3.36に食塩水電解の原理を示す.

陽イオン交換膜で電解槽を仕切り,陽極室にNaCl水を,陰極室に水を通しながら通電すると,Na^+は陰極側に引かれて膜を通過し,陰極室で還元されてNaOHとH_2を生成する.

一方,Cl^-は陽極室で酸化されてCl_2を生成する.これにより食塩水から水酸化ナトリウム(NaOH)と塩素(Cl_2)が製造できる.ここでの陽イオン交換膜は,塩素ガスや水酸化ナトリウムなどに接するため物理化学的に安定で,ナトリウムの輸率が高く,水酸イオン(OH^-)の透過を抑さえ,水分子の移動も防ぐ必要がある.これに対応する膜として,現在は種々のフッ素基材質(RSO_3H,RCOOH膜)が開発され,実用化されている.

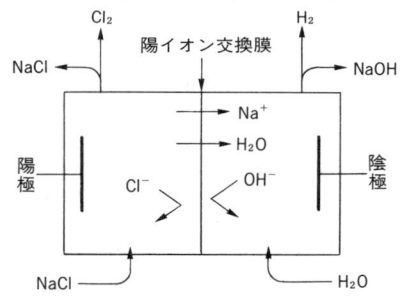

【図3.36】 食塩水電解の原理

イオン交換膜を用いて海水を濃縮するときの最大の問題点は,濃縮に伴う炭酸カルシウムや硫酸カルシウムの生成である.

図3.37 (次ページ) に示すように海水を濃縮すると,濃縮率2%を超えたあたりで,炭酸カルシウム($CaCO_3$)が析出し始め,5%から硫酸塩($CaSO_4$,$MgSO_4$)の析出が始まる.

特別の処理をしない陽イオン交換膜はNa^+よりもMg^{2+}を1.2倍程度,Ca^{2+}

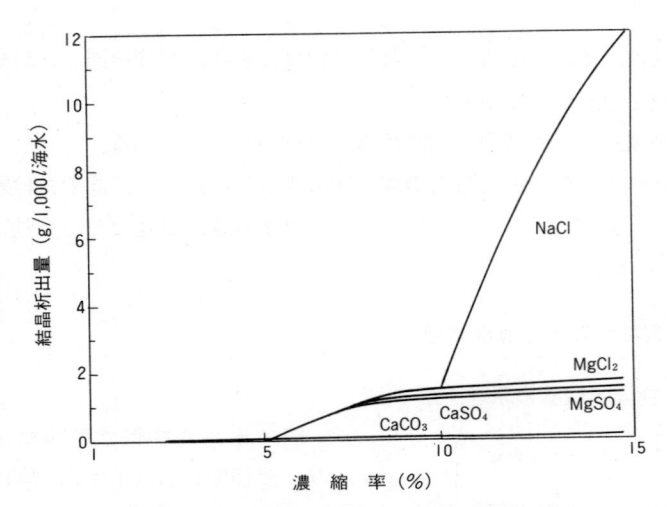

【図3.37】 海水の濃縮による塩の析出（常温）

を1.4倍程度多く通過（選択透過係数$T_{Na}^{Mg}=1.2$，$T_{Na}^{Ca}=1.4$という）させる．陰イオン交換膜ではCl⁻よりもSO₄²⁻を1.1倍程度多く透過（$T_{Cl}^{SO_4}=1.1$）させるので，硫酸カルシウムなどの析出は，実際には更に低い濃縮率のところで起こる．

この問題を解決するために，膜に一価イオン（Na⁺，Cl⁻）に対する選択透過性を付与して，二価イオン（Mg²⁺，Ca²⁺，SO₄²⁻）の透過性を抑さえる研究が行われた[注]．その結果，今日では硫酸イオンに対する選択透過性$T_{Cl}^{SO_4}$値を0.1以下に維持し，陽イオン交換膜に対しても，ある程度の一価イオン選択性を付与することができるようになったため，硫酸カルシウムスケールを析出することなく6倍程度の海水濃縮が可能となった．

表3.8 (次ページ) に実用化されているイオン交換膜の一例を示す．

注) 海水濃縮における一価イオン選択性は，Na⁺＞Ca²⁺，Cl⁻＞SO₄²⁻である．

【表3.8】 イオン交換膜の概要

商品名	分類[1]	補強剤	寸法 (cm×cm)	湿潤厚み (mm)	実効抵抗[2] ($\Omega\cdot cm^2$)	輸率	破裂強度 (kg/cm^2)	製造会社
Aciplex								
CK-1	C	なし		0.21±0.015	3.3	0.91[3]	1.4[6]	旭化成
DK-1	C	〃	111.5±0.3×	〃	4.2	〃	1.6[7]	(日本)
CA-2	A	〃	111.5±0.3	〃	2.3	0.98	1.8[6]	
DA-2	A	〃		〃	〃	〃	1.8[7]	
Selemion								
CMV	C	ポリ塩化ビニル布		0.12～0.15	2.5～3.5	0.91～0.98[8]	6～8	旭硝子
CSV	SC	〃	150×98	0.26～0.31	8.0～12.0	>0.92	〃	(日本)
AMV	A	〃		0.11～0.14	3.0～4.5	0.94～0.96	4～7	
ASV	SA	〃		0.11～0.15	3.5～5.0	>0.95	〃	
DNV	A	〃		0.15～0.23	—	—	〃	
Neosepta								
CL-25T	C	あり		0.15～0.17	2.7～3.2	>98[4]	3～5	
CH-45T	C	〃		〃	1.8～2.5	〃	〃	
C66-5T	C	〃		0.15～0.20	1.3～1.8	〃	2～4	徳山曹達
AV-4T	A	〃	100×150	0.14～0.16	2.7～3.5	〃	6～7	(日本)
AF-4T	A	〃		0.15～0.20	1.8～2.5	〃	〃	
AVS-4T	SA	〃		0.15～0.17	3.7～4.7	〃	4～6	
AFS-4T	SA	〃		0.15～0.20	2.5～3.2	〃	3～5	
Nepton								
CR-61	C	Dynel (31%)	—	0.58	5.3	0.93[5]	8	Ionics Inc.
AR-111-A	A	Dynel (31%)	—	〃	5.9	〃	〃	(アメリカ)

(注) 1) C：強酸性陽イオン交換膜
A：強塩基性陰イオン交換膜
SC：一価陽イオン選択透過性強酸性陽イオン交換膜
SA：一価陰イオン選択透過性強塩基性陰イオン交換膜
2) 25℃, 0.5N-NaCl中で測定
3) 0.5N-NaClと0.25N-NaClとの膜電位から求めた値
4) 25℃の海水を用い, 電流密度2A/dm^2で電気透析法により測定
5) 0.6N-NaCl溶液により測定
6) 0.5N-(Cl^-)海水中の平衡液中の引張強さ
7) 内陸かん水の平衡液中の引張強さ
8) NaCl溶液により測定

4. 酸化処理

　水の酸化に用いられる酸化剤には，塩素，オゾンおよび過酸化水素などがあり，いずれも古くから利用されている．塩素はオゾンや過酸化水素に比べて，酸化力に持続性があるので，飲料水の殺菌に広く用いられているが，水道水源の汚濁進行に伴い添加量も増加し，過剰塩素が水中の有機成分と作用し，浄水の工程で意図しなかったトリハロメタンを副生することが明らかになった[注]．

　飲料水中のトリハロメタンの副生を防ぐには，前段の酸化，除濁工程では塩素を用いない浄化方法（生物膜法，膜分離法，オゾン酸化法，活性炭吸着法など）を導入し，浄化した水に対し，仕上げの段階で必要最低限の塩素を添加すれば，トリハロメタン等の副生が少なくなり，より安全な水が得られる．

4.1 塩素酸化

　水道の塩素処理は，消毒，鉄・マンガン・アンモニアの酸化のために行われており，汚濁水の処理に不可欠なプロセスである．

　凝集処理前の原水に塩素を加える方法を前塩素処理という．これは本来アンモニア除去のために考え出された酸化方法である．

　図4.1[1]に塩素注入量と残留塩素量の関係を示す．図4.1のI型は水中に有機物やアンモニアを全く含まない水で，現実には存在しない．II型は塩素注入量に比例して残留塩素が検出される場合である．III型は水中にアンモニア化合物や有機性チッ素化合物（アルブミノイド，アミノ酸，アミン等）を含む場合で，例えばアンモニアがあると，

注）　塩素は長時間にわたって水中に残留するので，有機質成分と結合しやすい．これに対して，オゾンと過酸化水素は分解生成物が酸素や水であり，水中に長時間残留しないので，トリハロメタンを副生しない．
1)　(社)日本水道協会："水道施設設計指針・解説", 1991.

$$NH_3 + HClO + \longrightarrow NH_2Cl + H_2O \quad \cdots\cdots (4.1)$$
$$NH_2Cl + HClO \longrightarrow NHCl_2 + H_2O \quad \cdots\cdots (4.2)$$
$$NHCl_2 + HClO \longrightarrow NCl_3 + H_2O \quad \cdots\cdots (4.3)$$

の三段階の反応が起こる．

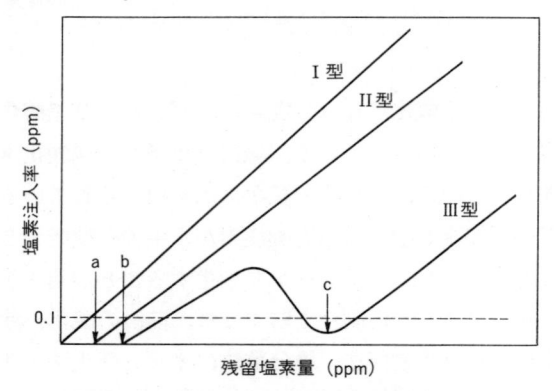

【図4.1】 塩素注入率と残留塩素量の関係

pHの高い場合はモノクロラミン（NH_2Cl）の段階で止まり，pHの低い場合は殺菌力のない三塩化チッ素（NCl_3）が生成される．b～c点のアンモニア化合物は結合塩素と呼ばれる．

II型ではa点までの塩素注入率が塩素要求量であり，塩素消費量でもある．III型ではb点までの塩素注入率が塩素消費量，c点までの塩素注入率が塩素要求量である．c点以上に塩素を注入すると，その後は遊離残留塩素を検出するので，ここまで塩素注入を行う方法を不連続点塩素処理という．

アンモニアの酸化に要する塩素の理論量は式4.1～式4.3より，アンモニア態チッ素の7.6倍（$3\,Cl/NH_3-N=106.5/14=7.6$）であるが，汚濁した水源の場合はアンモニアの10～20倍程度の塩素注入が行われている[注]．

不連続点塩素処理法は上記のアンモニアが除去できるほか，鉄，マンガン，細菌なども同時に処理できる点で，有用な酸化処理法である．

注） 塩素の過剰注入は，トリハロメタン等の副生を招くばかりでなく，給水栓出口水の塩素臭や味の低下の原因となる．

4.1.1 塩素処理副生成物

近年の水道水源の汚濁に伴い，塩素処理によって注入した過剰塩素と水中の有機物が反応して表4.1[1]に示すようなトリハロメタン（クロロホルムなど），ハロ酢酸(トリクロロ酢酸)，ハロニトリル，ハロフェノール，アルデヒドなどの塩素処理副生成物が生成することが明らかとなった．これらの成分は肝毒性，発ガン性，変異原性などの障害を示すものが多い．

【表4.1】 塩素処理で生成する消毒副生成物とその生体影響

クロロホルム	$CHCl_3$	肝毒性，腎毒性，発がん性
ブロモジクロロメタン	$CHBrCl_2$	肝毒性，腎毒性
ジブロモクロロメタン	$CHBr_2Cl$	肝毒性
ブロモホルム	$CHBr_3$	肝毒性
クロロ酢酸	$CH_2ClCOOH$	肝肥大
ジクロロ酢酸	$CHCl_2COOH$	血清中グルコース酪酸の増加，神経毒性，精子無形成，眼障害
トリクロロ酢酸	CCl_3COOH	ペルオキシゾーム産生
1,1-ジクロロプロパン	$CH_3CH_2CHCl_2$	肝障害
ジクロロアセトニトリル	$CHCl_2CN$	変異原性，染色体異常誘起性
ジブロモアセトニトリル	$CHBr_2CN$	染色体異常誘起性，発ガン性
ブロモクロロアセトニトリル	$CHBrClCN$	変異原性，染色体異常誘起性，発ガン性
トリクロロアセトニトリル	$CHCl_3CN$	染色体異常誘起性
塩化シアン	$CNCl$	—
クロロピクリン	CCl_3NO_2	—
トリクロロアセトアルデヒド	Cl_3CCHO	変異原性
2-クロロフェノール	C_6H_6Cl	胎児毒性，腫瘍プロモーター
2,4-ジクロロフェノール	$C_6H_6Cl_2$	胎児毒性，腫瘍プロモーター
2,4,6-トリクロロフェノール	$C_6H_6Cl_3$	発ガン性
ホルムアルデヒド	$HCHO$	変異原性，発ガン性
MX(3-クロロ-4-ジクロロメチル-ヒドロキシ-2(5H)-フラノン)		変異原性

これらの現状に対応して，我が国では1992年12月に水道の水質基準が改正された[2]．

塩素処理副生成物の生成原因となる有機物発生源は，主にフミン質およびフミン類似物質である．フミン質には，植物が土壌中で分解して生成する陸生の

---

[1] 中室克彦：飲料水中の化学物質の分布および挙動－消毒副生成物について，水道水質基準改正と今後の展望に関するセミナー講演資料集，日本水環境学会（1992）
[2] 厚生省令第69号「水質基準に関する省令」（1992）巻末の資料「新しい水道水質基準」を参照．

ものと，水中に流入した有機物や水生生物から生成する水生のものがある．フミン類似物質は，下水処理水や産業排水を生物処理した処理水中に含まれる．

フミン質は，酸およびアルカリに可溶のフルボ酸，アルカリ可溶で酸およびアルコールに不溶のフミン酸，更にアルカリおよびアルコールに可溶で酸に不溶のヒマトメラミン酸に大別される．

塩素処理副生成物の発生要因と，影響因子の関係を図4.2[1]に示す．

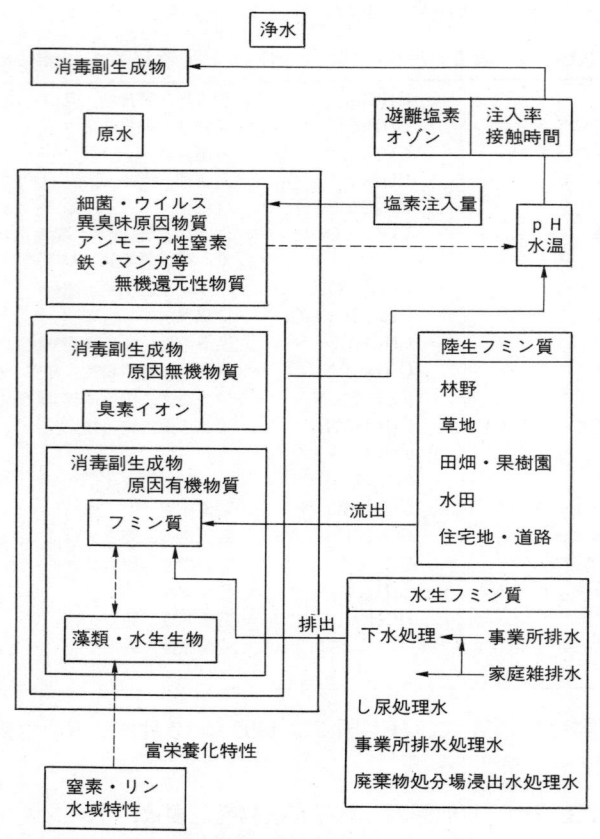

【図4.2】 塩素処理副生成物の発生要因と影響因子の関係

フミン酸は図4.3に示すように確定した構造はなく，分子量が数千〜数万の

---

1) 真柄泰基：水環境管理論，国立公衆衛生院水管理工学コーステキスト (1992)

物質で，主にピロガロール，ジヒドロキシベンゼン等の多価フェノールの縮合体である．

フルボ酸は分子量一万以下，ヒマトメラミン酸はフミン酸とフルボ酸の中間の分子量とされている．

トリハロメタンの生成は，フミン質のメチルケトン基をもつ化合物と次亜塩素酸との水中反応で，式 4.4，式 4.5 により生じるといわれている[1]．

【図4.3】 フミン酸の推定構造式

$$CH_3(CO)CH_3 + 3NaOCl \longrightarrow CH_3(CO)CCl_3 + 3NaOH$$
$$\cdots\cdots (4.4)$$

$$CH_3(CO)CCl_3 + NaCl \longrightarrow CH_3(CO)CONa + CHCl_3$$
$$\cdots\cdots (4.5)$$

富栄養化した湖沼水を水源とした浄水処理では有機物濃度が高いので，通常の塩素処理以上の塩素を注入する．異臭味対策として，オゾン・活性炭処理の高度処理プロセスを導入した浄水処理における塩素処理副生成物の発生と除去結果の経緯を図 4.4，図 4.5 に示す[2]．

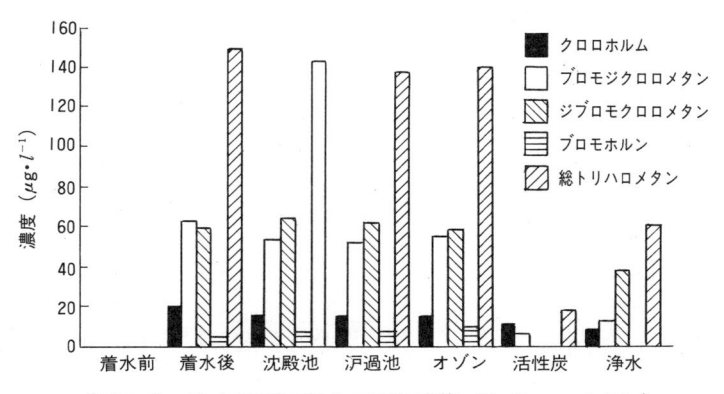

【図4.4】 浄水処理工程水の副生成物（トリハロメタン）

図 4.4 より，着水前の原水にはトリハロメタンは全く含まれてないが，前塩

---

1) 竹内 雍："水処理"，(技報堂出版) 1992.
2) 惣名史一，相沢貴子，真柄泰基：塩素処理副生成物の測定方法と実態調査，第 43 回全国水道研究発表会講演集 (1992)

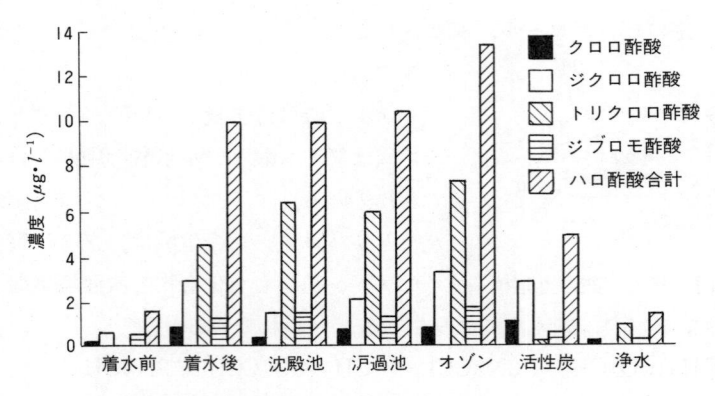

【図4.5】 浄水処理工程水の副生成物（ハロ酢酸）

素処理によって急速に生成する．いったん生成したトリハロメタンは沈殿，沪過，オゾン処理をしても全く除去できない．活性炭処理により急激に濃度低下するが，その後の後塩素処理によりトリハロメタンが再び増加する．図4.5より，親水化合物のハロ酢酸（トリクロロ酢酸など）もトリハロメタンと同様な傾向を示すが，オゾン処理によって濃度が増加し，活性炭処理をしてもトリハロメタンほどの除去率はない．

図4.6[1]に塩素接触時間とクロロホルム生成等の関係を示す．

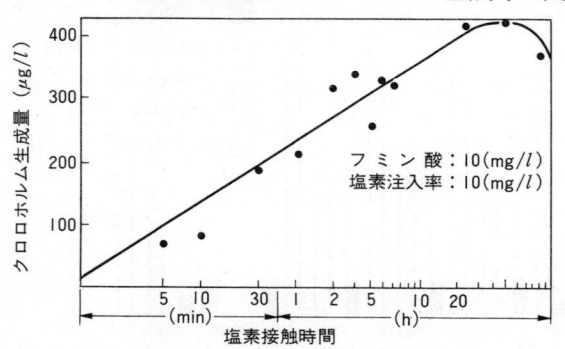

【図4.6】 塩素接触時間とクロロホルム生成量

フミン酸10mg/lを含む水に塩素を10mg/l注入すると，直ちにクロロホルムの生成が始まり，約24時間後に最大濃度の400μg/l（400ppb）となる．

表4.2[2]は水源の異なる関東周辺17地区の家庭給水を1992年11月に調査

---

1) 堀　春雄："水道の水管理"，(日本水道新聞社) 1982.　　2) 前掲 p.81　脚注2) 参照．

した結果である.

【表4.2】 塩素処理副生成物の給水栓中濃度

測定対象	検出件数	平均濃度 ($\mu g \cdot l^{-1}$)	検出範囲 ($\mu g \cdot l^{-1}$)	米国平均濃度 ($\mu g \cdot l^{-1}$)
クロロホルム	17	14.8	3.9-53.0	9.6
ブロモジクロロメタン	17	12.8	0.9-20.2	4.1
ジブロモジクロロメタン	17	7.7	2.5-15.5	2.7
ブロモホルム	17	1.0	0.4- 2.3	0.51
ジクロロアセトニトリル	15	2.0	0.2-13.0	1.2
トリクロロアセトニトリル	4	0.1	0.1- 0.3	—
ジブロモアセトニトリル	0	—	—	0.46
1,2-ジブロモエタン	4	0.1	0.1- 0.3	—
1,2-ジブロモ-3-クロロプロパン	16	0.5	0.3- 0.8	—
抱水クロラール	16	4.2	1.0-10.3	1.7
クロロピクリン	0	—	—	0.1
モノクロロ酢酸	17	1.3	0.2- 4.3	1.2
ジクロロ酢酸	16	3.7	1.3- 9.4	5
トリクロロ酢酸	15	6.1	0.4-30.7	4
モノブロモ酢酸	1	0.9	0.9	0.5
ジブロモ酢酸	17	2.6	0.6-22.9	1
2-クロロフェノール	0	—	—	—
2,4-ジクロロフェノール	0	—	—	—
2,4,6,-トリクロロフェノール	0	—	—	—
ホルムアルデヒド	17	1.9	1.2- 3.8	2
アセトアルデヒド	17	11.4	6.3-16.5	1.8
プロピルアルデヒド	0	—	—	0.3
n-ブチルアルデヒド	1	2.4	2.4	—
n-吉草アルデヒド	0	—	—	—
1-ヘキサナール	0	—	—	—
n-ペプチトアルデヒド	0	—	—	—

トリハロメタンはすべての給水栓から検出され,クロロホルムは平均で約15$\mu g/l$ 検出範囲も 4 〜53$\mu g/l$ と高い数値を示した.表4.2には同時期に実施した米国での測定結果[1]も示してあるが,日米の各物質の測定結果に大きな濃度差はなく,ほぼ同レベルにあると考えられる.

---

1) Stivens, A. A., *et al.* : Detection and control of chlorination by-Products in drinking water, *Proc. AWWA Water Qual. Technol. Conf.*, (1988)

4.1.2 臭素化副生成物

産業排水や海水の影響を受ける水道水源では，臭素イオンが原水中に含まれる．臭素イオンは塩素処理で次亜臭素酸や次亜臭素酸イオンに酸化され，次亜塩素酸や次亜塩素酸イオンと競合反応を起こし，有機物と反応するため臭素原子を含む副生成物が生成される．

図4.4に示したブロモジクロロメタンなどの臭素化トリハロメタンの生成量は，クロロホルムの2倍以上もあり，臭素イオンが総トリハロメタン濃度を増加させる原因となっている．

図4.7[1]はトリハロメタン生成におよぼす臭素イオンの影響を示し，図4.8[1]はトリハロ酢酸生成に及ぼす臭素イオンの影響について示したものである．

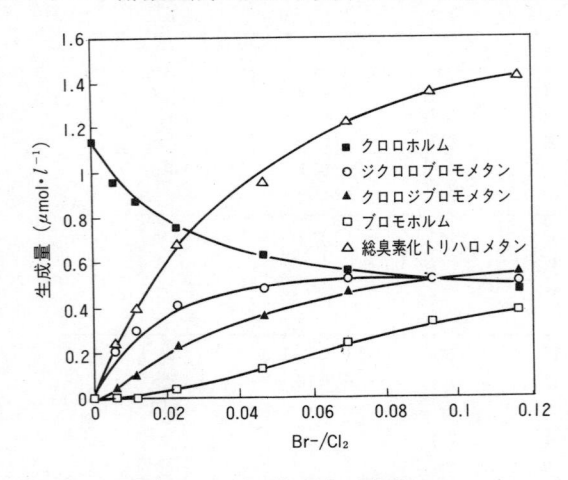

【図4.7】 THM生成に及ぼす臭素イオンの影響

図4.7は試薬のフミン酸溶液に臭素イオン（$0 \sim 1.0 \mathrm{mg}/l$）と，塩素濃度（$0 \sim 2.0 \mathrm{mg}/l$）の比率を変化させて，pH 7，水温20 ℃，反応時間24時間の条件で塩素処理を行ったときのトリハロメタン生成量の変化を示している．

有機物濃度と塩素添加量が一定でも，臭素イオン濃度が増えれば，臭素化トリハロメタン濃度も増加する．

---
1) 惣名史一，相沢貴子，真柄泰基：消毒副生成物の生成に及ぼす臭素イオンの影響，第44回全国水道研究発表会講演集（1993）

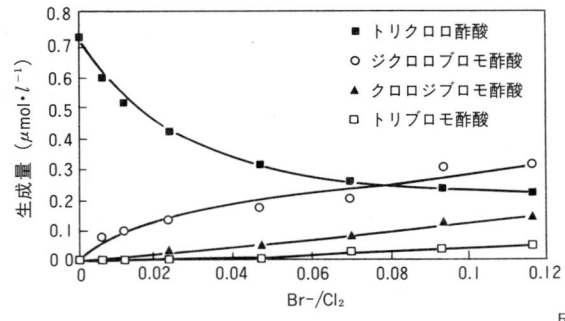

【図4.8】 トリハロ酢酸生成に及ぼす臭素イオンの影響

図4.8は図4.7と同一条件におけるトリハロ酢酸濃度の変化を示している．

我が国の水道水源は，工場排水や海水の影響を受けやすいので，トリハロメタンやトリハロ酢酸以外にも臭素化副生成物が生成されている可能性がある．したがって今後は臭素化副生成物の監視も重要である．

4.1.3 塩素処理の代替技術

フミン酸やフルボ酸等の有機物を含む原水に塩素を加えると，トリハロメタンを生成するが，原水のCOD(Mn)成分が10mg/l，TOCが2〜3mg/l程度になると，その傾向が加速される．

我が国の水道水源は，家庭排水，下水処理排水，工場排水等の影響を受けやすいので，これらの水域の水を浄化する浄水場は注意が必要である．

塩素処理副生成物の問題は，消毒という不可欠な処理工程から二次的に派生するものであり，農薬や有害物質のように始めから原水中に存在していないので，問題の解決が複雑である．これらの問題を解決するために家庭用浄水器を取り付けた世帯がすでに250万軒を超えたという情報や，ボトル入りのミネラルウォーターが市販されるなど，これまで水道水を信頼してきた市民の不安をかきたてている．しかし，今回の水質汚濁をもたらした原因は市民の側にもあり，市民は被害者ではあるが加害者でもある．

このような状況になっても，取水源を変更できない場合に我々が当面とり得る対策は一つしかない．それは有効と考えられる処理プロセスを直列に付加して安全な水を得ることであろう．

4. 酸化処理

　国際河川であるライン河下流部に水源を求めているアムステルダムやロッテルダムの水道では，一例として取水点で凝集と長時間貯留，急速沪過を行い，次に活性炭を添加して凝集沈殿沪過を行い，更に緩速沪過の後，塩素消毒して上水道とするなど，多くの工程を経て浄水処理を行っている．
　図4.9[1)]はアムステルダムの湖水系浄水フローシート例である．

【図4.9】 アムステルダムの湖水（ポールダー）系浄水フローシート

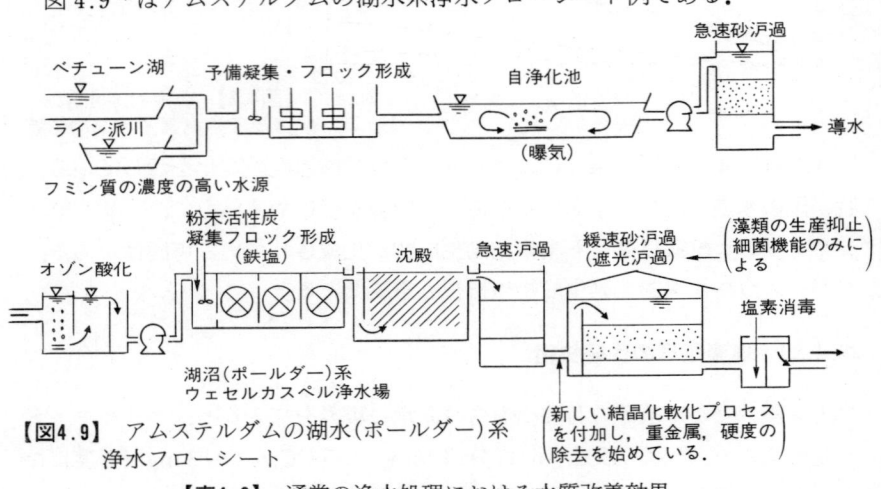

【表4.3】 通常の浄水処理における水質改善効果

水質項目	緩速沪化処理	急速沪化処理	前塩素処理
濁　　　　度	◎	◎	×
色　　　　度	◎	○	○
アンモニア性窒素	◎	×	◎
KMnO₄消費量	○	○	○
鉄	◎	○	◎
マ ン ガ ン	◎	△	○
カ ビ 臭	○	×	×
T-THM前駆物質	×	△	×
フ ェ ノ ー ル	×	×	○
陰イオン界面活性剤	○	×	×
細　　　　菌	○	○	◎

（注）◎きわめて効果的　○効果的　△やや効果的　×効果がない

1)　丹保憲仁：水道におけるトリハロメタン問題，"水道とトリハロメタン"（技報堂出版）1984．

従来技術である緩速沪過，急速沪過，前塩素処理の水質改善効果例を表4.3に示したが，トリハロメタン前駆物質に対しては，いずれも効果がない．

トリハロメタン前駆物質の除去には，オゾン酸化と活性炭処理の組み合わせ，または膜沪過法（MF，UF，NF膜による沪過）の適用が有効と思われる．多様な汚染と複雑な水環境のもとで安全な水源を得ることは，今後難しくなると考えられる．塩素処理の代替技術としては，オゾン処理，活性炭処理，膜沪過法などの組み合わせが考えられるが，安全な飲用水を得る基本は，安全な水源の確保であろう．

4.2　オゾン酸化

オゾンは殺菌力が強く，ウィルスなどに対しても高い処理効果が期待できる．しかし，塩素のように水中での持続効果がないので，我が国ではオゾンのみで飲料水の殺菌を行うこと認められていない．

水中のオゾン分解速度は速く，図4.10に示すように半減期は常温，中性で約30分である．オゾンは酸性から中性では比較的安定であるが，アルカリ側での分解は速い．図4.11[1]に残留オゾンの分解に与えるpHの影響を示す．

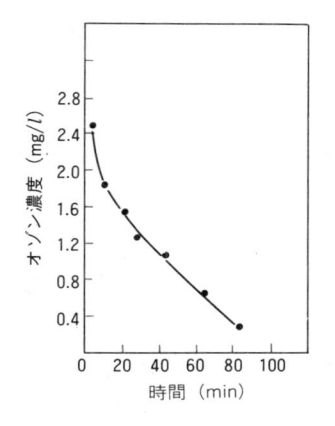

【図4.10】　水中オゾンの分解速度

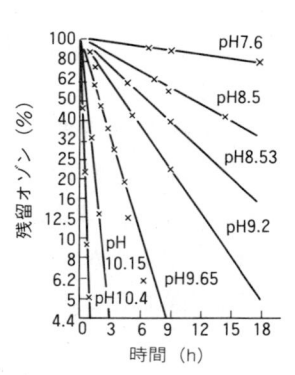

【図4.11】　残留オゾンの分解に与えるpHの影響

1）　Welshach社：Basic manual of application & laboratory ozonation techiques.

4.2.1 オゾン酸化の特徴

オゾンは表 4.4 に示すように塩素以上の酸化力を示す．水中における酸化還元電位は，フッ素（F）＞ヒドロキシルラジカル（HO (g)）＞オゾン（O_3）＞過酸化水素（H_2O_2）＞塩素（Cl_2）である．

【表4.4】 酸化剤の酸化還元電位，ボルト

F_2	+	2e		=	$2F^-$	2.87
HO(g)	+	H^+	+ e	=	H_2O	2.85
O_3(g)	+	$2H^+$	+ 2e	=	$O_2 + H_2O$	2.07
H_2O_2	+	$2H^+$	+ 2e	=	$2H_2O$	1.78
MnO_4	+	$8H^+$	+ 5e	=	$Mn + 4H_2O$	1.51
HO_2 (aq)	+	H^+	+ e	=	H_2O_2 (aq)	1.50
Cl_2	+	2e		=	$2Cl^-$	1.36
O_2	+	4H	+ 4e	=	$2H_2O(l)$	1.23

オゾンの酸化力を利用した水処理は，フランスを中心にヨーロッパ各国で殺菌や有機物の処理を目的に行われてきたが，我が国ではカビ臭と色度の除去を主体に導入された．その後処理対象は，トリハロメタン前駆物質，COD成分等の有機物質除去にまで拡大した．

オゾン処理の特徴は，
① 原料は空気中の酸素なので，必要に応じて直ちに発生することが可能．
② 過剰に加えても自己分解し，処理水中に塩類濃度の増加がなく，二次障害の懸念がない．
③ オゾンは反応終了後，酸素に変わるので，水中の溶存酸素の増加により水の味の改善や水中の酸素供給源にもなる．
④ 水中のカビ臭，硫化水素臭，色度および有機物の分解除去効果が高い．

オゾンは気体で，次亜塩素酸ナトリウムのように分解して塩類を副生しないので，再利用や高度処理に適している．

オゾンといくつかの有機化合物の反応速度定数を表 4.5 に示す．表より以下のことが推定できる．
① エチレンなどの鎖状不飽和化合物との反応が速い．
② 不飽和結合に$-CH_2-$などの電子供給基が接すると反応が速くなる．

【表4.5】 オゾンと有機化合物の反応速度定数

	化 合 物 名	速度定数 (1/mol/s)		化 合 物 名	速度定数 (1/mol/s)
鎖状不飽和	エチレン	4×10^4	鎖状飽和	n-ペンタン	1.5×10^{-2}
	ブテン-1	1.3×10^5		2,3-ジメチルペンタン	2.9×10^{-1}
	2-メチルブテン	5×10^5		2,3,4-トリメチルペンタン	7×10^{-1}
	ペンテン-1	1.4×10^5		n-ヘキサン	1.9×10^{-2}
	オクテン-1	1.3×10^5		2-メチルヘキサン	1.7×10^{-1}
	マレイン酸	1.4×10^2		3-メチルヘキサン	2×10^{-1}
	フマール酸	8.4×10^2		2,2-ジメチルヘキサン	1.5×10^{-2}
	オレイン酸	1×10^6		2,4-ジメチルヘキサン	1.3×10^{-1}
	塩化ビニル	1.2×10^3		2,2,5-トリメチルヘキサン	1.9×10^{-1}
	トリクロロエチレン	3.6		n-ヘプタン	2.1×10^{-2}
	テトラシアノエチレン	1.0		n-ノナン	2.3×10^{-2}
				n-デカン	2.6×10^{-2}
環不飽和	シクロペンテン	4×10^5	環状飽和	シクロペンタン	3×10^{-2}
	シクロヘキセン	4×10^5		シクロヘキサン	2×10^{-2}
	シクロドデセン	4×10^5		シクロオクタン	6×10^{-1}
芳香族	ベンゼン	2.8×10^{-2}		シクロデカン	3×10^{-1}
	トルエン	1.7×10^{-1}		シクロドデカン	6×10^{-2}
	p-キシレン	9.5×10^{-1}			
	メシチレン	4.2			
	ジュレン	1.1×10			
	ペンタメチルベンゼン	5×10			
	ヘキサメチルベンゼン	5×10			

③ 不飽和結合に$-Cl$のような電子吸引基が接すると反応が遅くなる．

図4.12[1)]にエチレングリコールのオゾン酸化分解の推定機構を示す．

エチレングリコール → グリコールアルデヒド → (グリオキサール) / グリコール酸 → グリオキシリック酸

(図4.12つづく)

---

1) 加藤康夫,池水喜義,諸岡成治：水中のエチレングコールおよびポリ(オキシエチレン)のオゾン分解の機構, 化学工学論文集, Vol. 19, No. 1 (1983)

$$\longrightarrow \quad \underset{\text{シュウ酸}}{\text{HOOC-COOH}} \longrightarrow \underset{\text{ギ酸}}{\text{HCOOH}} \longrightarrow CO_2 + H_2O$$

【図4.12】 エチレングリコールのオゾン酸化

エチレングリコールのオゾン分解では，まずエチレングリコールの片側の水酸基が酸化されてグリコールアルデヒドとなり，次にグリコール酸となる．グリコール酸は，グリオキシリック酸，シュウ酸となり，最後にC－C結合が切れてギ酸を経てCO_2とH_2Oに分解する．

pH値は各種の酸の生成とともに低くなるが，反応終了時にはpH 6 程度になる．

4.2.2 オゾン発生装置

オゾンの発生には，光化学反応法，化学法，プラズマ法，放射線照射法および無声放電法などがある．このうち，無声放電法とプラズマ法が多く用いられる．図 4.13 にオゾン発生装置の基本構成例を示す．オゾン発生器へ供給する空気はフィルターで沪過後，除湿したものがよく，露点マイナス 50 ℃以下，温度 20 ℃以下が望ましい．

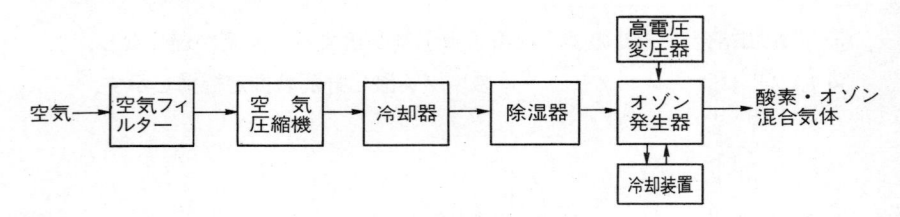

空気 → 空気フィルター → 空気圧縮機 → 冷却器 → 除湿器 → オゾン発生器（高電圧変圧器，冷却装置） → 酸素・オゾン混合気体

【図4.13】 オゾン発生装置の基本構成

空気原料のオゾン発生装置は，酸素原料の場合と異なり，発生オゾン中にチッ素酸化物（五酸化二チッ素：N_2O_5 など）が共存する．

五酸化二チッ素は水と反応して急速に硝酸（HNO_3）を形成するので，オゾンの使用目的によっては，空気中のチッ素を除去するか副生した五酸化二チッ素を除去する必要がある．

空気の組成は，80％がチッ素で残りの約 20％が酸素である．したがって空

気中のチッ素の大半を除けば，酸素の純度が高まり，これをオゾン発生器に導入すれば，純度の高いオゾンを発生させることができる．

ゼオライト吸着法を用いたPSA（Pressure Swing Adsorption）方式によるチッ素除去は，空気中の酸素濃度を90％以上に高めることができる．

PSA方式による空気中のチッ素除去フローシート例を図4.14[1]に示す．

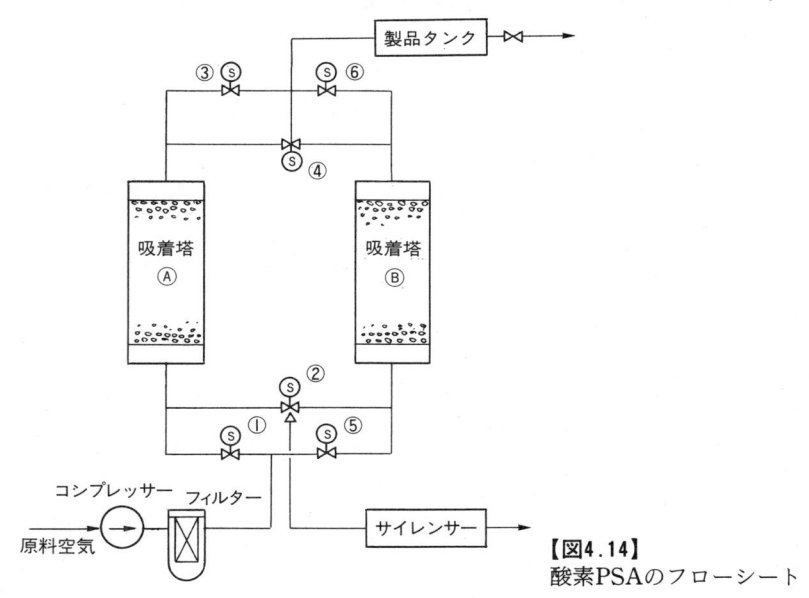

【図4.14】
酸素PSAのフローシート

原料空気はコンプレッサーで$3 \sim 5 \, kgf/cm^2$に加圧されてフィルターで沪過される．その後電磁弁①を通過し，ゼオライトを充填した吸着塔Ⓐに導かれる．吸着塔Ⓐの中では，加圧空気中の二酸化炭素とチッ素が吸着され，残った酸素濃度の高い空気が電磁弁③を通過して製品タンクへ流れる．

吸着塔Ⓐのゼオライトがチッ素を吸着して飽和に達したら，電磁弁①③を閉じ，同時に電磁弁②が開き，吸着したチッ素の離脱が始まる．吸着塔内が常圧に戻る間に電磁弁④が開き，今度は吸着工程にある吸着塔Ⓑからパージ用の酸素が吸着塔Ⓐに送り込まれる．

---
1) 杉本泰士：ガスレビュー増刊，㈱ガスレビュー (1992)

以上の操作が二つの吸着塔で交互に行われるので，全体としては連続運転となる．

PSA方式によるチッ素除去方式は，小型のものから大型のものまで広く実用化されており，取扱いが簡単なのでオゾン発生装置との併用は実用性がある．

4.2.3 オゾン化空気による消毒副生成物

空気をそのままオゾン原料としたときのオゾンと，五酸化二チッ素（N_2O_5）発生の関係を図4.15 [1] に示す．図より1,000gのオゾン発生に対して約7g（0.7%）の五酸化二チッ素が副生する．

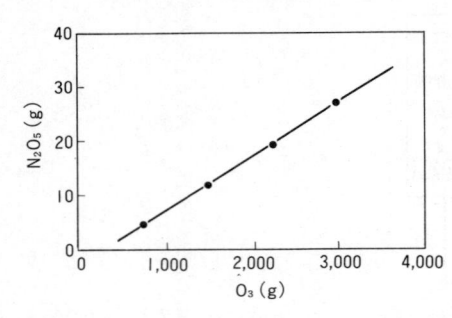

【図4.15】 オゾンと五酸化二チッ素発生量の関係

五酸化二チッ素は汚濁水中の有機物と反応して新たにクロルピクリン〔$CCl_3(NO_2)$〕などのニトロ化合物を副生する可能性があるので，除去することが望ましい．

クロルピクリンは農薬（殺虫，殺菌，くん蒸用）として知られているが，上水道では，最終的に塩素処理によって生成される消毒副生成物の一種である．クロルピクリンは1993年12月に施行された水道水の水質基準にはリストアップされていないが，上水道処理に空気のみを原料に用いたオゾンを使用した場合は，含チッ素消毒副生成物の基本物質として監視，制御の必要があろう．オゾンに由来するクロルピクリン前駆物質は，次工程に活性炭処理工程を設ければ除去可能である．

五酸化二チッ素は，水と接触すると急速に硝酸に変化するので，オゾン化空気中に五酸化二チッ素が含まれる場合は，図4.16（次ページ）に示す吸収塔方式によるガス除去装置を設けるとよい．

水道水源の汚濁は今後も進行すると予想される．これに伴う酸化・消毒シス

---

1) 佐々木　隆：水環境学会誌，Vol.**16**, No.12 (1993)

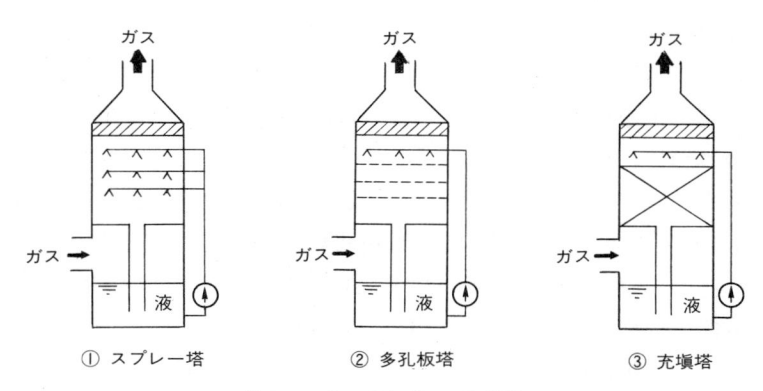

【図4.16】 吸収塔の型式例

① スプレー塔　② 多孔板塔　③ 充填塔

テムの強化も止むを得ないと思われる．

　従来技術の塩素処理を他の代替消毒剤による処理法に変更しても，強力な酸化剤を使用する限りは，副生成物の発生が懸念される．

　したがって，塩素の代替消毒剤の導入には，塩素と同様の視点から安全性を評価する必要がある．

4.2.4　オゾン酸化と活性炭処理

　従来の浄水方式は，除濁と消毒が基本的な処理プロセスで溶解性有機物の除去は対象としていない．汚濁した水道水源では，当然溶解性有機物を処理対象とするが，これまでは問題とするほどの量ではなかったし，その処理効果を評価する方法もないので，除去する工程も設けられていなかったといえよう．

　溶解性有機物の除去には，活性炭処理が有効である．活性炭処理にオゾン処理を付加した生物活性炭処理は有機物除去，マンガンの除去，アンモニア性チッ素の硝化機能をもっている．

　オゾンは生物化学的に難分解性の有機物の一部を易分解性の有機物に変える働きをする．また，オゾン処理の後段に活性炭塔を設けると活性炭層内における微生物の生物活性が活発になる．これはオゾン注入により水中の溶存酸素が飽和状態となり，活性炭層中に生息している微生物の活性が高くなったことによる結果と考えられる．

オゾン酸化と活性炭処理の併用には，以下の効果がある．

① オゾン処理によりフミン質のような高分子物質が吸着性と生物分解性の高い低分子物質に変えられるので，粒状活性炭層内での吸着性と生物酸化性が増強される．

② オゾン処理を付加した活性炭処理では，溶解性有機物に対する吸着能力は10倍程度増加し，活性炭の有効使用期間が4倍程度長くなる[1]．

③ アンモニア態チッ素の硝化には理論上，アンモニア態チッ素1に対して4.6倍の酸素を必要とするが，オゾン接触槽におけるオゾンが溶存酸素を増加させ，生物の硝化作用をより活発にする．

④ オゾン処理によって病原性細菌が消滅し，粒状活性炭層内の衛生が保持され，バクテリアのマッドボール発生を防ぐことができる．

図4.17は印旛沼（千葉県）の湖水を，図4.18の処理フローシートで2年間にわたってオゾン・生物活性炭処理したときの水質変化を示したものである[2]．

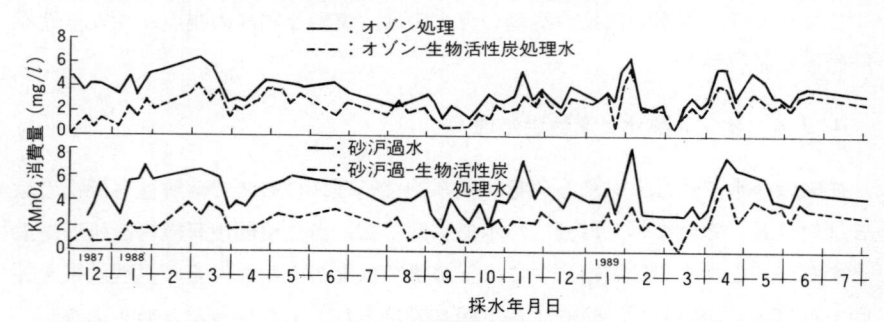

【図4.17】 印旛沼の水をオゾン-生物活性炭処理プラントで処理したときの過マンガン酸カリウム消費量の経月変化

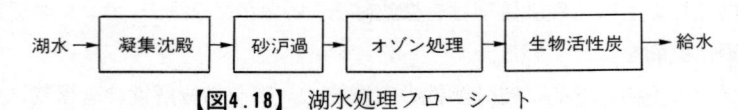

【図4.18】 湖水処理フローシート

オゾン単独処理に比べて，オゾン・生物活性炭処理の方が$KMnO_4$消費量が

---

1) Rice, Rip G. Robson, C.M.：Biological Activated Carbon-Enhanced Aerobic Biological Activity in GAC Systems, *ANN ARBOR SCIENCE*.
2) 鈴木静夫："水の環境学"（内田老鶴圃）1994．

少ない．また砂沪過単独処理水に比べて，砂沪過・生物活性炭処理のほうが$KMnO_4$消費量が少ない．

4.2.5 過酸化水素併用オゾン酸化

オゾン酸化処理に過酸化水素を添加すると，酸化反応が促進される．この場合の過酸化水素は，ヒドロキシルラジカル（HO・）発生源である．

過酸化水素は，水中でまず式4.6のように水素イオン（H^+）とヒドロペルオキシイオン（HO_2^-）に解離する．

ヒドロペルオキシイオンは，オゾンと反応して式4.7のようにヒドロキシルラジカル（HO・）を生成する．

$$H_2O_2 \longrightarrow H^+ + HO_2^- \qquad \cdots\cdots (4.6)$$

$$HO_2^- + O_3 \longrightarrow HO\cdot + O_2^- + O_2 \qquad \cdots\cdots (4.7)$$

$$HO\cdot + RH \longrightarrow R\cdot + H_2O \qquad \cdots\cdots (4.8)$$

$$R\cdot + O_3(O_2) \longrightarrow 酸化生成物 \qquad \cdots\cdots (4.9)$$

ヒドロキシルラジカルは，式4.8のように直鎖の有機物（R−H）から水素引き抜き反応により，有機ラジカル（R・）を生成し，次にR・がオゾンまたは酸素と作用して酸化生成物を形成して酸化反応を完結する．

表4.6[1] (次ページ)に過酸化水素添加オゾン処理によるTOC除去例を示す．表4.6ではモデル排水のTOC目標値を40mg/lとなるように調整し，過酸化水素添加量は30mg/lとした．またpH値は酸化処理後に7程度となることを目標に初期設定している．

TOC除去率はメタノール94％，エタノール78％，n-ブタノール73％というようにアルコールの分子量が増大するに従って低下している．オゾン単独では分解しない酢酸でも，ここではTOC除去率69％を示す．

$\Delta O_3/\Delta TOC$は7〜13で10前後が多い．オゾン消費量に対する過酸化水素消費量（$\Delta H_2O_2/\Delta O_3$）は1/10前後であり，少量の過酸化水素添加でよい．

図4.19 (次ページ)に過酸化水素添加オゾン処理によるエチルアルコールの酸化結果を示す[1]．

---

1) 中山繁樹，難波敬典：*PPM*．，No.5 (1979)

【表4.6】 H_2O_2添加オゾン処理によるTOC除去(モデル排水)

化合物	pH 処理前	pH 処理後	TOC(mg/l) 処理前	TOC(mg/l) 処理後	$\Delta O_3/\Delta TOC$	オゾン吸収率	$\Delta H_2O_2/\Delta O_3$
メタノール	9.1	7.6	37.5	2.3	12.9	0.69	0.066
エタノール	9.1	7.2	38.4	8.3	11.0	0.50	0.091
n-ブタノール	9.5	6.9	39.5	10.5	9.5	0.44	0.11
t-ブタノール	9.5	7.2	39.0	10.5	9.8	0.45	0.11
2-ブタノール	9.5	7.2	40.5	12.5	10.0	0.45	0.11
酢酸(Na塩)	7.5	7.8	43.5	13.5	9.1	0.42	0.11
安息香酸	9.2	7.3	44.2	11.1	11.1	0.57	0.081
プロピオン酸(Na塩)	7.5	7.6	43.0	7.5	6.9	0.40	0.12
アセトン	9.1	7.0	41.0	13.0	9.1	0.40	0.12
メチルイソブチルケトン	9.4	7.0	45.3	20.7	9.9	0.40	0.12
フェノール	10.3	7.7	42.5	9.5	9.6	0.50	0.095
エタノールアミン	9.9	7.1	43.0	4.5	11.0	0.71	0.071
ジエタノールアミン	9.4	4.4	42.3	7.4	11.6	0.66	0.074
エチレングリコールモノメチルエーテル	9.3	7.4	41.5	4.0	8.9	0.54	0.090

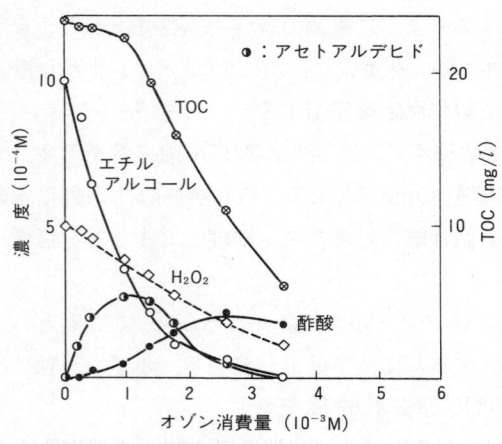

【図4.19】 過酸化水素添加オゾン処理によるエチルアルコールの酸化

エチルアルコールの酸化初期は,TOCがあまり減少せず一定時間後に減少する.TOCの減少時期は酢酸の生成開始とほぼ一致する.これらのことから反応の順序として,エチルアルコール→アセトアルデヒド→酢酸→二酸化炭素(CO_3)および水へと段階的に酸化が進むと推定される.

図4.20[1](次ページ)に過酸化水素添加オゾン処理によるイソプロピルアルコールの酸化結果を示す.

---

1) Namba, K.: Mechanism for oxidation of lower alcohols with hydrogen peroxide catalyzed ozonation, International Ozone Association 7 th Ozone World Congress, p.174 (1985)

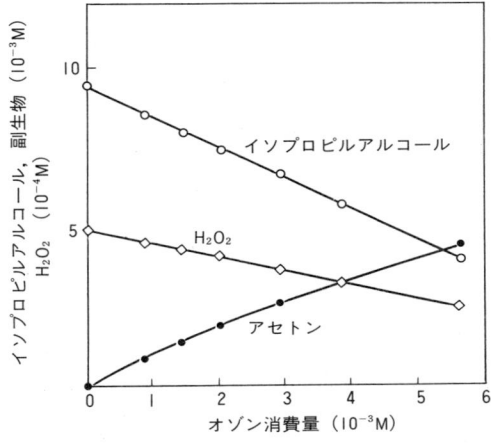

【図4.20】 過酸化水素添加オゾン処理によるイソプロピルアルコールの酸化

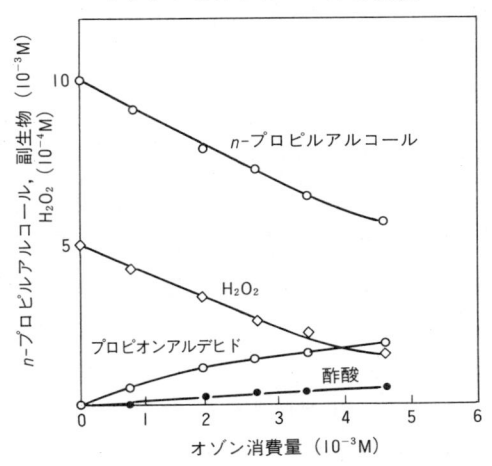

【図4.21】 過酸化水素添加オゾン処理によるn-プロピルアルコールに酸化

イソプロピルアルコールの濃度低下に伴ってアセトンが生成している。

図4.21[1]に過酸化水素添加オゾン処理によるn-プロピルアルコールの酸化結果を示す。

n-プロピルアルコールを出発物質にすると，プロピオンアルデヒドと酢酸が生成する。

4.2.6 紫外線照射併用オゾン酸化

太陽光に殺菌効果があることは，古来より知られており，我々も日常よく経験する。

殺菌作用は，太陽光のうちでも波長の短い紫外線によるものである。

紫外線は図4.22に示すように，X線と可視光線の間にはさまれた100〜400nmの波長域にある電磁波の総称である[注]。図4.22は紫外線の相対殺菌効果も示しているが，250 nm付近の波長は最も殺菌効果が強い。

---

1) 前掲 p.96 脚注1）参照
注) 通常の太陽光に含まれる320〜400nmの紫外線をUV-A，強い太陽光に含まれる280〜320nmの紫外線をUV-B，それより短い80〜280nmの紫外線をUV-Cと呼ぶ。UV-Cは生命にとって危険なエネルギーを有するので，別名を殺菌線と呼ぶ。

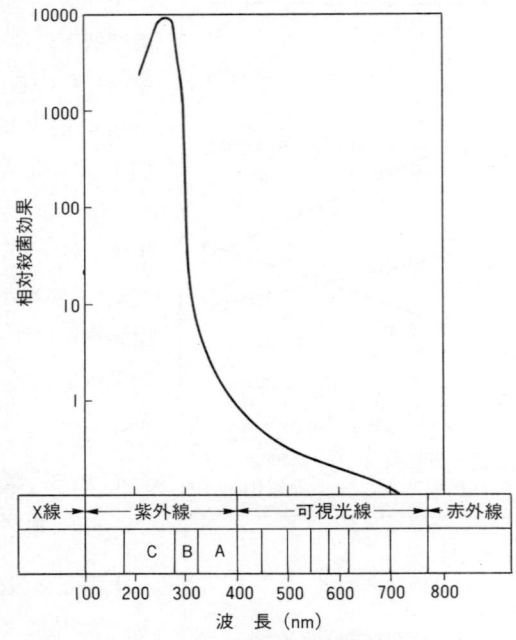

【図4.22】 光の波長と殺菌効果

　253.7 nmの紫外線は殺菌やウィルス等のDNA(デオキシリボ核酸)に最も吸収されやすい。吸収された紫外線は生命維持と遺伝情報の伝達に必要なDNAを破壊し，再生を妨害したり，細菌の活動を停止させて死滅させる[注]ので強力な殺菌効果をもつ。

　図4.23に低圧水銀ランプと，高圧水銀ランプのスペクトル分布を示す．

　低圧水銀ランプは，184.9nmと253.7nmの紫外線を発生する．184.9nmの紫外線は，空気中の酸素をオゾンに変える作用をもつので，低圧水銀灯は殺菌用として利用価値がある．

　水中に溶解しているオゾンに紫外線(253.7nm)を照射すると，式4.10のようにヒドロキシルラジカルを生成すると考えられる[1]．

注) オゾンの殺菌は細胞膜の破壊または分解によってひき起こされる．これに対して，塩素の殺菌は細胞膜を通過して吸収系酵素を阻害し，細胞の同化作用を停止させることにより起こる．
1) 中山繁樹，江崎謙治：水処理技術, Vol. **19**, No. 3 (1978)

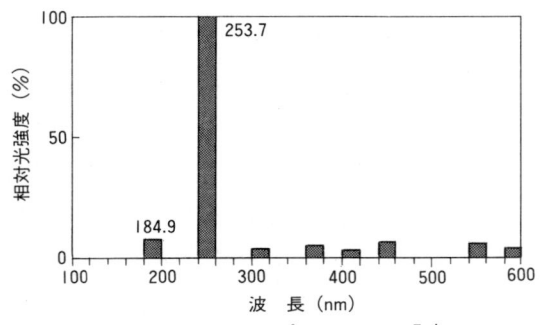

① 低圧水銀ランプのスペクトル分布

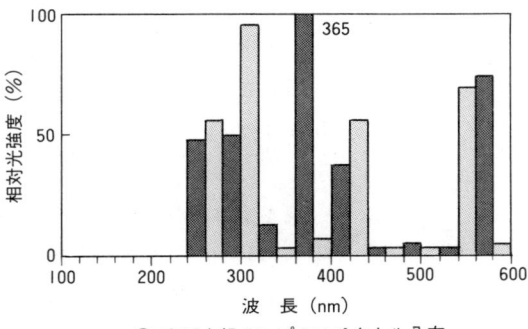

② 高圧水銀ランプのスペクトル分布

【図4.23】 水銀ランプのスペクトル分布

$$O_3 + h\mu\,(\lambda<310\text{nm}) \longrightarrow [O] + O_2 \quad\cdots\cdots\cdots(4.10)$$
$$[O] + H_2O \longrightarrow 2HO\cdot \quad\cdots\cdots\cdots(4.11)$$

一例として，TOC成分の一つとして知られるアルコールがヒドロキシルラジカルにより酸化されて，アルデヒドや酸となる反応は，式4.12，式4.13のように考えられる．

$$RCH_2OH + 2HO\cdot \longrightarrow RCHO + 2H_2O \quad\cdots\cdots\cdots(4.12)$$
$$RCHO + 2HO\cdot \longrightarrow RCOOH + H_2O \quad\cdots\cdots\cdots(4.13)$$

アルデヒドは最終的にCO_2とH_2Oに分解すると考えられる．

$$RCHO + [O] \longrightarrow RCOOH + [O] \longrightarrow CO_2 + H_2O\cdots\cdots\cdots(4.14)$$
$$(R = H の場合)$$

図4.24[1]に紫外線照射併用オゾン酸化によるエチアルコール溶液の処理結

---
1) 前掲 p.98 脚注1) 参照．

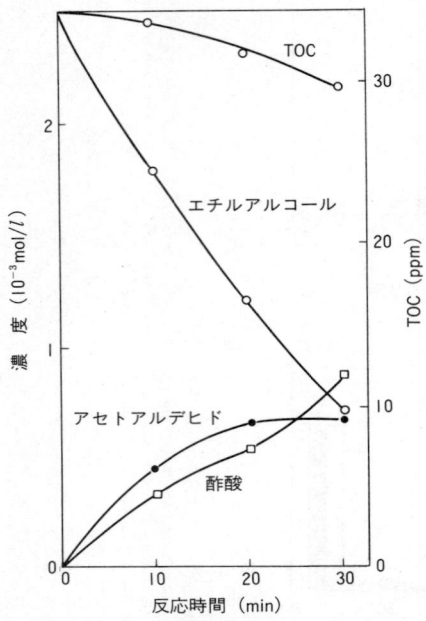

【図4.24】 紫外線照射オゾン処理によるエチルアルコール溶液の処理

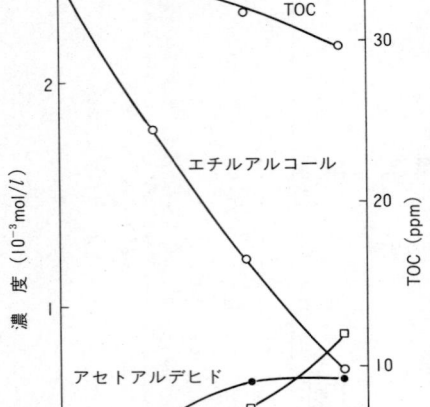

果例を示す．

酸化の過程は過酸化水素添加オゾン酸化のときと同様に，エチルアルコール→アセトアルデヒド→酢酸を経て分解される．TOCの減少は酢酸の生成とほぼ同時に始まる．

図4.25[1]は染料水溶液の紫外線照射併用オゾン酸化におけるオゾン濃度の影響について示したものである．オゾン単独酸化に比べて，紫外線照射を併用すると，TOC除去に必要なオゾン量が1/10ですむことを示している．

表4.7は各種有機化合物の紫外線照射併用オゾン酸化におけるTOC除去率を比較したものである．各化合物とも反応時間20分，60分では

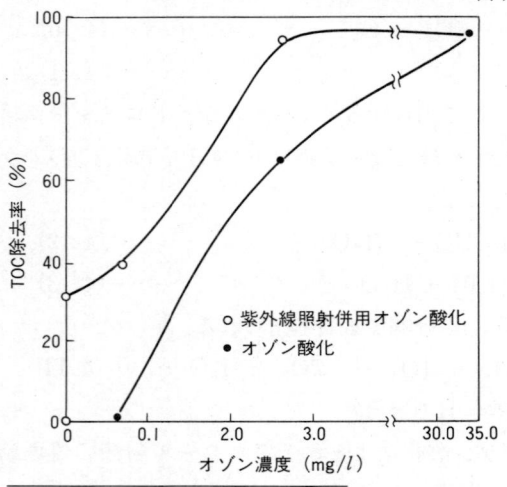

【図4.25】 紫外線照射併用オゾン酸化におけるオゾン濃度の影響

---

1) 堀川邦彦, 若生彦治, 佐藤栄一：工業用水, 第214号 (1976)

【表4.7】 紫外線照射併用オゾン酸化におけるTOC除去率の比較

試　料	反応時間 全有機炭素 (mg/l)				全有機炭素除去率 (120分) (%)
	0 分	20 分	60 分	120 分	
D-グルコース	108	106	105	100	7
殿　粉	103	103	101	100	2
ピリジン	104	99	97	56	46
ヘキサメチレンテトラミン	79	79	58	8	89
D-グルタミン酸	75	75	54	5	93
EDTA	34	29	17	5	85
コハク酸	77	75	44	2	97
シュウ酸	65	25	3	2	96
n-酪酸	94	94	91	47	50
酢酸ナトリウム	26	13	6	6	76
スルファニル酸	72	72	51	6	91
ドデシルベンゼンスルフォン酸ナトリウム	109	103	100	61	44
安息香酸ナトリウム	99	78	50	7	92
サリチル酸	76	58	38	10	86

ほとんど分解されていないが，120分反応させると，グルタミン酸，コハク酸，シュウ酸，スルファニル酸および安息香酸ナトリウムなどは分解される．これに対して，殿粉，グルコースなどの炭水化物はほとんど分解されない．

　過酸化水素併用または紫外線照射併用オゾン酸化は，ほとんどの有機物を酸化できる長所があるが，以下の短所もある．

① 炭酸イオン（CO_3^{2-}）や炭酸水素イオン（HCO_3^-）はHO・ラジカルと反応するので，HO・ラジカルを無効に消費する．したがって高濃度の有機物含有水を対象に処理すると，反応末期には炭酸イオンが多く副生するので，HO・ラジカルを有効に活用できなくなるという欠点が派生する．

② 紫外線照射併用オゾン酸化では，対象液に濁りがあると光が透過しなくなるので，HO・ラジカルの生成率が低下し，酸化効果が悪くなる．図4.26 [1]（次ページ）に各種液体の紫外線透過率の一例を示す．

③ 過酸化水素併用オゾン酸化では，オゾンと過酸化水素の反応がpHに依

---

1) 石山栄一：食品機械装置，Vol.30, No.8（1993）

存するので，実用 pH は 6〜8 の狭い範囲に限定される．

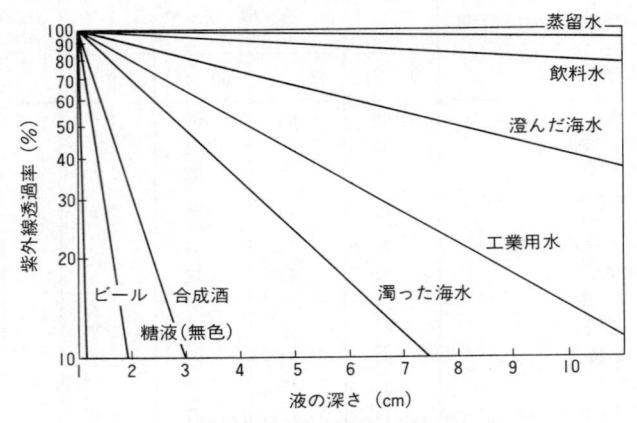

【図4.26】 各種液体の紫外線透過率の例

4.3 フェントン酸化

過酸化水素は，分解生成物が水と酸素であるから，処理水中に溶解塩類が増加したり，塩素化合物副生の懸念がない．

過酸化水素は，アルカリ性下では不安定で酸化力が弱い．酸性下では安定で酸化力を発揮しないが，鉄イオン（Fe^{2+}）が共存するとフェントン反応に基づくヒドロキシルラジカル（HO・）を生成し，強い酸化作用を発揮する．

$$Fe^{2+} + H_2O_2 \longrightarrow Fe^{3+} + OH^- + HO・ \qquad (4.14)$$
$$Fe^{3+} + H_2O_2 \longrightarrow Fe^{2+} + HO_2・ + H^+ \qquad (4.15)$$

すなわち，Fe^{2+}の場合は式 4.14 に従い[1]，Fe^{3+}の場合は，式 4.15 および式 4.14 の二段階を経てヒドロキシルラジカル（HO・）が生成される[2]．

このヒドロキシルラジカルは，水溶液中でほとんどの有機物や還元性物質を酸化する．

---

1) Barb, W.G., Baxendale, J. H., George, P., Hargrave, K.R.：*Trans. Faraday soc.*, Vol. 47, pp. 462-500（1951）
2) Barb, W.G., Baxendale, J.H., George, P., Hargrave, K.R.：*Trans. Faraday soc.*, Vol. 47, pp. 591-616（1951）

一例として、アルコール類（R・CH$_2$OH）はヒドロキシルラジカル（HO・）と作用してアルデヒド（RCHO）や酸（RCOOH）に分解する．

$$RCH_2OH + 2HO\cdot \longrightarrow RCHO + 2H_2O \quad \cdots\cdots (4.16)$$
$$RCHO + 2HO\cdot \longrightarrow RCOOH + H_2O \quad \cdots\cdots (4.17)$$

酸化反応が進と、アルデヒドは最終的に式4.18のようにCO$_2$とH$_2$Oに分解すると考えられる．

$$RCHO + [O] \longrightarrow RCOOH + [O] \longrightarrow CO_2 + H_2O \cdots\cdots (4.18)$$
（R = Hの場合）

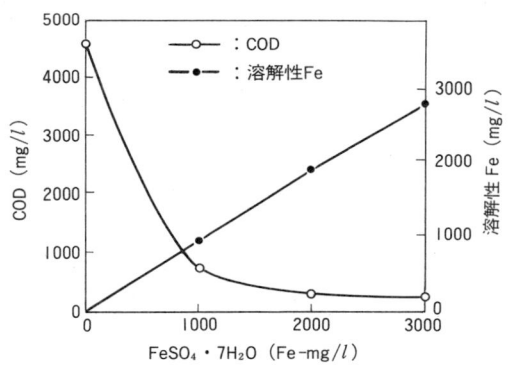

【図4.27】 硫酸第一鉄触媒によるCOD成分の過酸化水素酸化

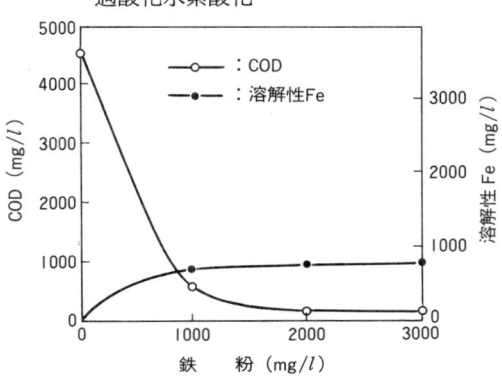

【図4.28】 鉄粉触媒によるCOD成分の過酸化水素酸化

図4.27は難分解性COD成分含有排水をpH 2に調整し、硫酸第一鉄を触媒に用いて過酸化水素を6750mg（O）/l添加して4時間フェントン酸化を行った後、5％水酸化カルシウム溶液でpH 8に中和した処理水のCOD値である[1]．

硫酸第一鉄をFe^{2+}イオンとして2,000mg/l添加すれば、4,500mg/lのCOD値は240mg/lとなる．

図4.28は同一の試料を用いて、触媒に鋳鉄粉を用いて同様の処理をしたものである．

1） 和田洋六，直井利之，本間隆夫：水環境学会誌，Vol. **16**, No12 (1993)

鋳鉄粉触媒を 2,000mg/l 加えて酸化を行うと，COD値は 160mg/l 以下となる．鋳鉄粉を触媒に用いたときは溶解鉄イオンは 800mg/l で，硫酸第一鉄を触媒に用いたときの溶解鉄イオンは 1,800mg/l となり，鋳鉄粉触媒の方が溶解鉄量が少ない．

このことは，中和後に発生する水酸化第二鉄〔$Fe(OH)_3$〕スラッジの量が約 1/2 であることを示しており，廃棄物としての脱水スラッジ量が減量化できることを示している．

酸性側における鉄粉と過酸化水素の反応は，式 4.19〜式 4.22 によりヒドロキシルラジカルを生成すると考えられる[1]．

$$Fe \longrightarrow Fe^{2+} + 2e^- \qquad \cdots\cdots (4.19)$$
$$2e^- + 2H^+ + 1/2\,O_2 \longrightarrow H_2O \qquad \cdots\cdots (4.20)$$
$$Fe^{2+} + H_2O_2 \longrightarrow Fe^{3+} + HO\cdot + OH^- \qquad \cdots\cdots (4.21)$$
$$\overline{Fe + 2H^+ + 1/2O_2 + H_2O_2 \longrightarrow Fe^{3+} + HO\cdot + OH^- + H_2O}$$
$$\cdots\cdots (4.22)$$

このようにフェントン反応に基づく過酸化水素反応を行うと，難分解性の有機性排水でも効率良く酸化できる．

フェントン反応は，かなり高濃度の有機性排水も処理できるが，鉄イオン（Fe^{2+}）を触媒に使用するので，廃棄物としての水酸化第二鉄スラッジの発生を伴うことが短所である．

---

1) 竹村洋三，向井達夫，妹尾健吾，鈴木基之：化学工学論文集，Vol. 21, No. 1 (1995)

5．活性炭吸着

　水処理における活性炭は，吸着，精製，触媒および脱色などのプロセスで広く用いられている．

　図5.1[1]固体吸着剤の表面および細孔の分類を示す．固体吸着剤の表面は外部表面と細孔の内壁からなる内部表面に分類される．

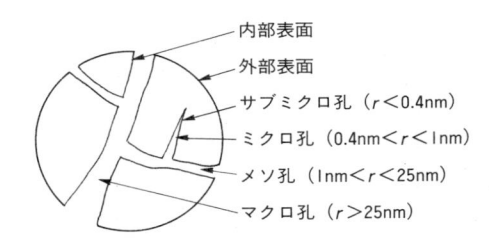

【図5.1】　固体吸着剤の表面および細孔の分類

　この細孔の分類は，1972年に国際的に定められたものであり，細孔直径は次の①〜④に分けられる．

① マクロ孔（Macropore）：細孔直径500Å以上
② メソ孔（Mesopore）：細孔直径20〜500Å
③ ミクロ孔（Micropore）：細孔直径8〜20Å
④ サブミクロ孔（Sub-micropore）：細孔直径8Å以下

　活性炭は多孔性炭素吸着剤であり，表5.1[2]（次ページ）に示すように細孔が広範囲に分布している．

　活性炭の比表面積はいずれも大きく，1グラムの活性炭は800〜1,400m^2の面積を有する．

1）　"IUPAC-Manual of Symbols and Terminology for Pysicochemical Quantities and Units",(Butterworths, London) 1972.
2）　堤　和男："活性炭の構造，活性炭",(講談社サイエンティフィック) 1992.

【表5.1】 測定結果一覧表

試料		A	B	C	D
細孔容積	Inkleyの方法による200Å(d)までの孔容積 (ml/g)	0.4408	0.6684	0.6886	0.6938
	メソ孔(200〜15Å) (ml/g)	0.1576	0.2217	0.2590	0.2573
	ミクロおよびサブミクロ孔(15Å以下) (ml/g)	0.2832	0.4467	0.4296	0.4365
	ミクロ〜サブ・ミクロ孔平均径(Å)	8.1	7.7	7.3	7.1
比表面積	全比表面積 (m²/g)	812	1469	1400	1315
	外部比表面積(m²/g)	108	294	130	93
	内部比表面積(m²/g)	704	1175	1270	1222
比表面積(N_2吸着-BET) (m²/g)		1020	1695	1880	1840
水銀圧入法による200Å(d)以上の孔容積 (ml/g)		0.08	0.56	0.37	0.37

活性炭の細孔分布曲線の一例を図5.2[1)]に示す．ヤシガラ炭は微小孔のみが多いので，吸着速度が遅く，フミン酸のような分子量の大きい有機物の除去には適さない．しかしあまり大きい細孔ばかりでも吸着量が少なくなるので，直径3〜20nm(30〜200Å)程度の細孔の多い石炭原料の活性炭が適していると思われる．

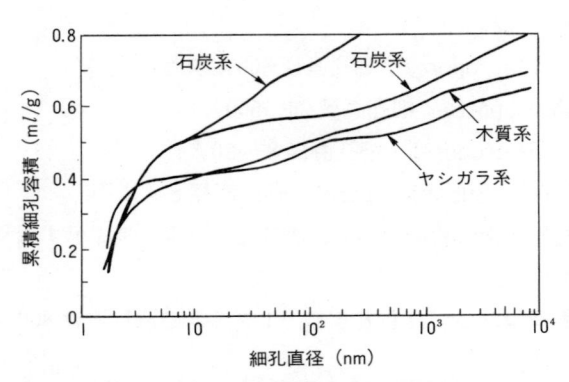

【図5.2】 活性炭の細孔分布曲線の例

1) 浦野紘平：表面，Vol. 13, pp.738〜745 (1975)

活性炭表面の構造モデルを図5.3[1]に示す。

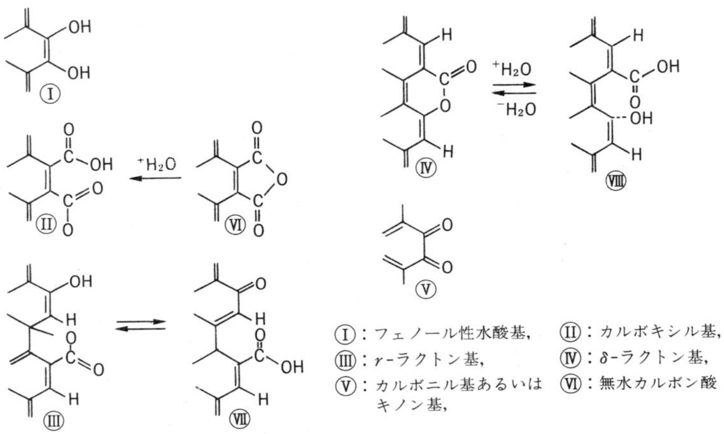

【図5.3】 固体炭素の表面酸化物の構造モデル

Ⅰ：フェノール性水酸基, Ⅱ：カルボキシル基,
Ⅲ：γ-ラクトン基, Ⅳ：δ-ラクトン基,
Ⅴ：カルボニル基あるいはキノン基, Ⅵ：無水カルボン酸

活性炭にはかなりの量の炭素以外の元素が検出され，多環芳香族環の端に水酸基，カルボキシル基，キノン基などが結合するか配位していると考えられる。

一般に芳香族化合物は，脂肪族化合物に比較して活性炭によく吸着される。一例として，ベンズアルデヒド[注1]（MW＝106.1）の吸着量は，アセトアルデヒド[注2]（MW＝44.1）の9倍で，安息香酸[注3]（MW＝122.1）は酢酸[注4]（MW＝60.1）の4倍程度の活性炭吸着量である。

表5.2[2]に各種有機化合物の吸着特性を示す。図5.4[3]にアルコールの吸着量と分子量の関係を示す。アルコールは分子量が大きくなるに従って吸着量が増加する。また側鎖をもつものより直鎖のものの方が吸着量が多い。これは細孔への侵入に対する分子の立体的効果の違いによるものと考えられる。

---

1) 萩原茂示："改訂炭素材料入門"，(炭素材料学会) 1984.

注1) ベンズアルデヒド： (MW＝106.1)　注2) アセトアルデヒド：$CH_3-C{\lessgtr}^O_H$ (MW＝44.1)

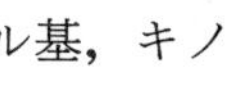

注3) 安息香酸： (MW＝122.1)　注4) 酢酸：$CH_3-C{\lessgtr}^O_{OH}$ (MW＝60.1)

2) Giusti, D.M., Conway, R.A, and Lowson, C.T.: *Jr. W.P.C.F.*, **46**, No.5 (1974)
3) Lawson. C.T., *et al.*: *Jr. W.P.C.F.*, **46**, 953 (1974)

108 5. 活性炭吸着

【表5.2】 各種有機化合物の吸着特性

	化合物	分子量	溶解度(%)	濃度 (mg/l) 原水濃度	濃度 (mg/l) 残留濃度	吸着能 g/g 活性炭*	吸着能 除去率
アルコール類	メタノール	32.0	∞	1000	964	0.007	3.6
	エタノール	46.1	∞	1000	901	0.020	10.0
	プロパノール	60.1	∞	1000	811	0.038	18.9
	ブタノール	74.1	7.7	1000	466	0.107	53.4
	n-アミルアルコール	88.2	1.7	1000	282	0.155	71.8
	n-ヘキサノール	102.2	0.58	1000	45	0.191	95.5
	イソプロパノール	60.2	∞	1000	874	0.025	12.6
	アリルアルコール	58.1	∞	1010	789	0.024	21.9
	イソブタノール	74.1	8.5	1000	581	0.084	41.9
	t-ブタノール	74.1	∞	1000	705	0.059	29.5
	2-エチルブタノール	102.2	0.43	1000	145	0.170	85.5
	2-エチルヘキサノール	130.2	0.07	700	10	0.138	98.5
アルデヒド類	ホルムアルデヒド	30.0	∞	1000	908	0.018	9.2
	アセトアルデヒド	44.1	∞	1000	881	0.022	11.9
	プロピオンアルデヒド	58.1	22	1000	723	0.057	27.7
	ブチルアルデヒド	72.1	7.1	1000	472	0.106	52.8
	アクロレイン	56.1	20.6	1000	694	0.061	30.6
	クロトンアルデヒド	70.1	15.1	1000	544	0.092	45.6
	ベンズアルデヒド	106.1	0.33	1000	60	0.188	94.0
	パーアルデヒド	132.2	10.5	1000	261	0.148	73.9
有機酸	ギ酸	46.0	∞	1000	765	0.047	23.5
	酢酸	60.1	∞	1000	760	0.048	24.0
	プロピオン酸	74.1	∞	1000	674	0.065	32.6
	酪酸	88.1	∞	1000	405	0.119	59.5
	吉草酸	102.1	2.4	1000	203	0.159	79.7
	カプロン酸	116.2	1.1	1000	30	0.194	97.0
	アクリル酸	72.1	∞	1000	355	0.129	64.5
	安息香酸	122.1	0.29	1000	89	0.183	91.1
芳香族	ベンゼン	78.1	0.07	416	21	0.080	95.0
	トルエン	92.1	0.047	317	66	0.050	79.2
	エチルベンゼン	106.2	0.02	115	18	0.019	84.3
	フェノール	94	6.7	1000	194	0.161	80.6
	ハイドロキノン	110.1	6.0	1000	167	0.167	83.3
	アニリン	93.1	3.4	1000	251	0.150	74.9
	スチレン	104.2	0.03	180	18	0.028	88.8
	ニトロベンゼン	123.1	0.19	1023	44	0.196	95.6

5. 活性炭吸着

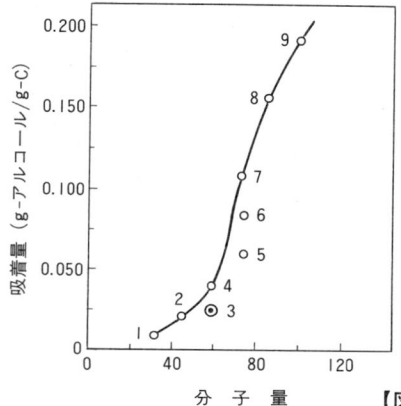

1：メタノール，2：エタノール，3：イソプロパノール，
4：1-プロパノール，5：t-ブタノール，
6：イソブタノール，7：1-ブタノール，
8：1-アミルアルコール，9：1-ヘキサノール

【図5.4】 アルコールの吸着量と分子量の関係

【図5.5】 活性炭吸着の模式図

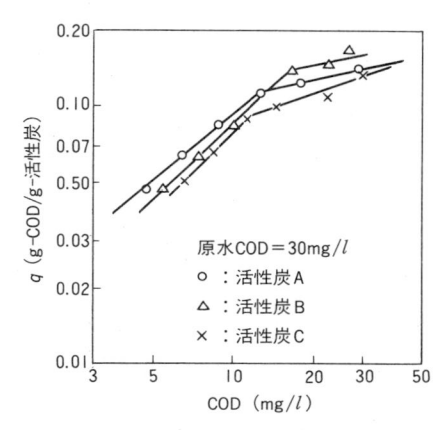

原水COD＝30mg/l
○：活性炭A
△：活性炭B
×：活性炭C

【図5.6】 屎尿2次処理水の吸着等温線

図5.5[1]に示すように水に溶解している分子量1,000以下の有機物は，活性炭の細孔（1～10nm）に侵入して吸着されるが，分子量1,500以上のものは，細孔の入口で侵入を阻止されるので吸着しにくくなる．したがって分子量の大きい有機物は凝集沈殿，生物処理，オゾン酸化などの前処理を行い，低分子化を図ってから，仕上げの処理として活性炭吸着を行えば吸着効果があがる．

図5.6[2]は屎尿処理場の二次処理水を凝集沈殿，砂沪過処理をし，この処理水（COD30mg/l）を活性炭A，B，Cの3種類に通水し，COD成分に対する吸着等温線を示したものである．

---

1) 和田洋六："水のリサイクル（応用編）"．(地人書館) 1994.
2) 林 芳郎，安武重雄：ケミカルエンジニアリング，Vol. 27, No. 6 (1982)

吸着等温線を Freundlich 式で整理すると，ほとんどが途中で折れ曲った直線式となる．これは，原水中にこの屈折点で二分される吸着しやすいCOD成分と，吸着しにくいCOD成分が共存しているためと考えられる．

実際の活性炭処理で，有機物濃度のあまり高い水を処理すると，活性炭塔内に微生物が多量に増殖し，処理水が停滞すると，塔内が嫌気性となり，硫酸還元バクテリアによって，式5.1，式5.2のように硫化水素が発生し，悪臭や鉄素材部の腐食が発生する[注]．

硫化水素は酸化されて，式5.3のように遊離イオウを生成し，処理水が白濁することもある．

$$SO_4^{2-} + 10H^+ \longrightarrow H_2S + 4H_2O \qquad \cdots\cdots (5.1)$$
$$Fe + H_2S \longrightarrow FeS + H_2 \qquad \cdots\cdots (5.2)$$
$$H_2S + 1/2\,O_2 \longrightarrow H_2O + S \qquad \cdots\cdots (5.3)$$

5.1 活性炭による上水道処理

現在，標準化されている浄水処理プロセスは，清浄な水を原水とし，凝集沈殿と沪過により除濁の後，塩素消毒するというものである．しかし，人口の都市近郊への集中化，工業の発展に伴う産業排水の増加などにより，水道水源の汚濁が進行し，すべての水が安全な取水源という状況でなくなった．

このような水質汚濁の状況では，従来からの標準的な浄水処理では，安全でおいしい水を供給することが困難となり，オゾン処理や活性炭処理を導入した「高度処理」が行われるようになった．

高度処理の目的は，有機物を主とした溶解性汚濁物質の除去であり，この目的には活性炭処理が有効である．

水道水源の水質を悪化させている有機物質は，主にトリハロメタン前駆物質のフミン質，カビ臭の原因物質である2メチルイソボルネオールやジオスミンおよび下水処理水中の生物代謝高分子有機物などである．

フミン酸，フルボ酸などのフミン質および下水処理水中の生物代謝高分子物

注）用排水処理に用いる活性炭充填塔は，これらの理由からゴムライニングやSUS製等の耐腐食性材料を使用する．

は，塩素と反応してトリハロメタンを生成する．フミン酸などの高分子物質は，分子量が数千〜数万と大きいので，アルミニウムや鉄系凝集剤を用いて凝集を行えば除去できるが，分子量一万以下のフルボ酸は凝集処理では除去できない．したがって，フルボ酸の除去は，凝集処理後に活性炭処理を付加する必要がある．

図5.7[1)]に各種の上水処理プロセスを示す．No.1は従来からの標準的な処理方法であり，活性炭は使用していない．この方法は非溶解性の懸濁物を除去し，消毒するための最も簡単な方法であり，溶解性有機物は除去できない．し

各種の上水処理プロセス

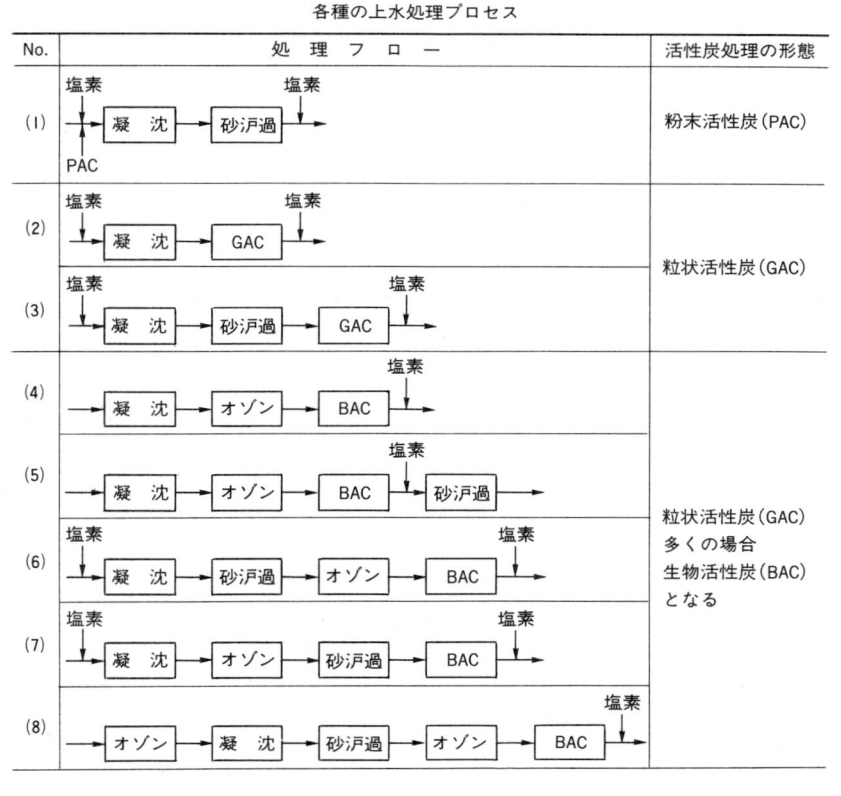

No.	処 理 フ ロ ー	活性炭処理の形態
(1)	塩素↓→凝沈→砂沪過→塩素↓　　PAC↑	粉末活性炭（PAC）
(2)	塩素↓→凝沈→GAC→塩素↓	粒状活性炭（GAC）
(3)	塩素↓→凝沈→砂沪過→GAC→塩素↓	
(4)	→凝沈→オゾン→BAC→塩素↓	粒状活性炭（GAC）多くの場合生物活性炭（BAC）となる
(5)	→凝沈→オゾン→BAC→砂沪過→塩素↓	
(6)	塩素↓→凝沈→砂沪過→オゾン→BAC→塩素↓	
(7)	塩素↓→凝沈→オゾン→砂沪過→BAC→塩素↓	
(8)	→オゾン→凝沈→砂沪過→オゾン→BAC→塩素↓	

【図5.7】 各種の上水処理プロセス

1) 牧　豊：用水と廃水，Vol.30, No.11 (1988), 井出基行：公害と対策，Vol.25, No.3 (1989)

かし，夏期の一時期に臭気物質やトリハロメタン前駆物質濃度が高くなった場合に，応急処置として粉末活性炭を注入することがある．

No.2はNo.1の砂沪過を活性炭処理に代えたもので，前塩素処理で生成したトリハロメタンの除去を目的にしているが，活性炭層が沪過層も兼ねているので目詰まりが生ずる．

No.3は活性炭処理の前段で砂沪過を行うので，懸濁物質が活性炭層に侵入することはなく，活性炭塔の目詰まりはない．

No.4〜No.8は前塩素処理をやめ，その代わりにオゾン処理を行った後，粒状活性炭を用いた生物活性炭処理を導入している．

オゾン処理では，残留オゾンの分解または有機物とオゾンの反応で生成するアルデヒド，過酸化物などの除去のために後段には，必ず活性炭処理工程を設ける必要がある．　図5.8[1)]は粉末活性炭注入量と臭気濃度またはトリハロメタン生成能除去の関係を示したものである．

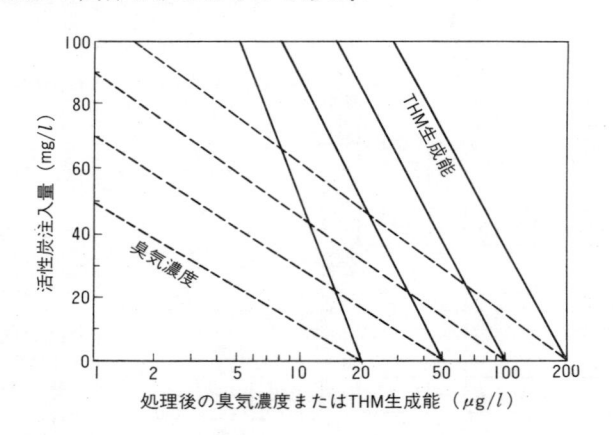

【図5.8】 処理水質と粉末炭の必要注入量の関係例

粉末活性炭の長所は，粒状活性炭に比べて吸着速度が速く，大がかりな設備を必要としないので，原水水質が悪いときだけの間欠的処理に適している．一般的には粉末活性炭 $1\,mg/l$ を注入すると，$0.4〜2.0\,\mu g/l$ 程度のトリハロメタン生成能が除去されると考えられる．

---

1)　浦野紘平：“活性炭処理，水道とトリハロメタン"（技報堂）1983．

前塩素処理を行う場合は，粉末活性炭が1 mg/l あたりの約0.2 mg/l の塩素を消費するので，粉末炭の注入位置には注意を要する．活性炭処理後に残留塩素を保持したい場合は，塩素注入量を増加するか，活性炭処理後改めて塩素を添加する．

フミン酸などのトリハロメタン前駆物質の除去を行うには，SV値をあまり大きくすると活性炭塔をリークする．しかし，SV値が小さいと装置が大型化する．

図5.9[1]はトリハロメタン前駆物質を粒状活性炭で除去した例である．この場合は$SV=6.2$で処理すれば，トリハロメタン前駆物質の60％以上を除去できる．

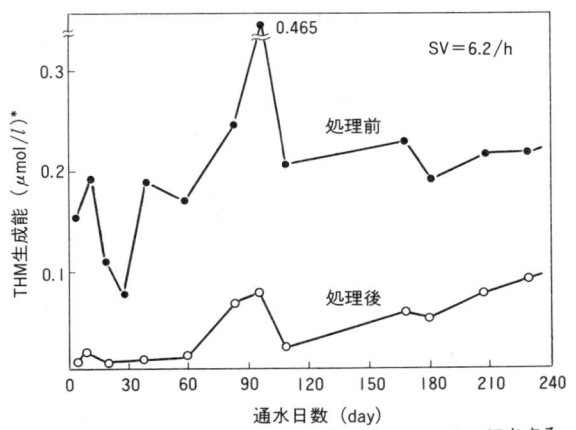

【図5.9】 河川水中THM前駆物質の粒状炭処理試験例
(淀川表流水，大阪市データ)

＊THM 1 μmol/l はクロロホルム換算で約11.9 μg/l に相当する．

図5.10[1]は前塩素 → 凝集沈殿 → 粒状活性炭沪過で河川水を処理して，トリハロメタン生成能の減少効果を調査した結果である．

前塩素処理を行って$SV=5.2$で活性炭処理すれば，トリハロメタン生成能は60日程度まで除去率50％以下である．

---
1) 土木学会：公共用水域における有機塩素化合物の発生メカニズムとその除去に関する報告（1980，1981，1982）

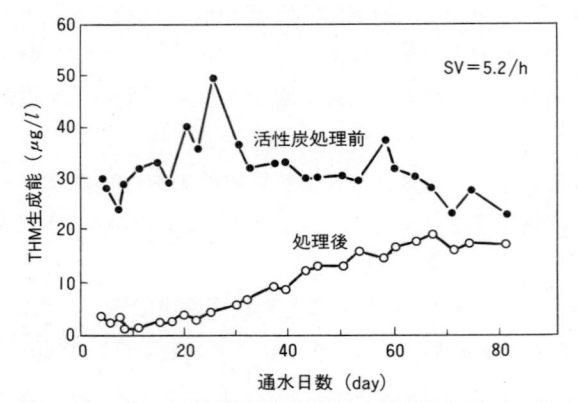

【図 5.10】 河川水の前塩素,凝沈後の粒状炭沪過試験例
(相模川表流水,横浜市データ)

図 5.11[1] は凝集沈殿 → 中塩素処理 → 砂沪過後に粒状活性炭処理した結果例である.

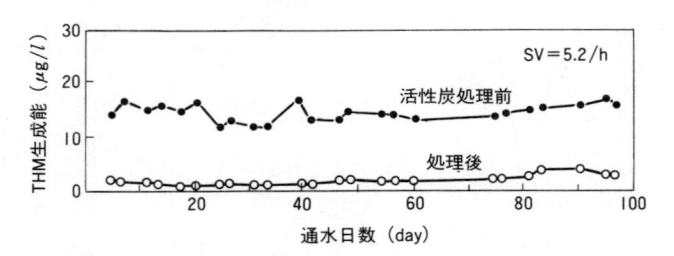

【図 5.11】 河川水の凝沈,中塩素,砂沪過後の粒状炭処理試験例
(相模川表流水,横浜市データ)

中塩素処理,砂沪過の後,の活性炭処理を行うと 90 日を超えてもトリハロメタン生成能除去率は高い.

5.2 オゾン酸化併用活性炭処理

粒状活性炭を用いた水処理で,活性炭層内に残留塩素が存在しない処理方法を適用すると,活性炭層内に微生物が繁殖して生物活性炭層となる.

---
1) 前掲 p.113 脚注 1)参照.

生物活性炭層内の微生物の作用により，溶存有機物の直接的な生物分解と活性炭に吸着した有機物の生物分解の両方が進行し，通常の活性炭処理よりも吸着時間が大幅に長くなることが確認されている．

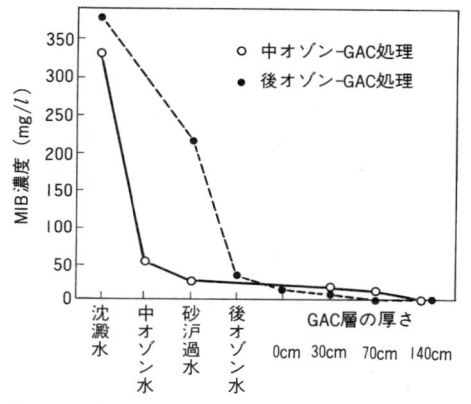

活性炭処理の前段にオゾン処理工程を入れると，難分解性有機物の低分子化が進み，活性炭への吸着量が増すと同時に活性炭層への十分な酸素供給が行われるので，生物活性炭処理効果が向上する．

図 5.12[1] は臭気物質である 2-メチルイソボルネオール（MIB）の除去におけるオゾン＋生物活性

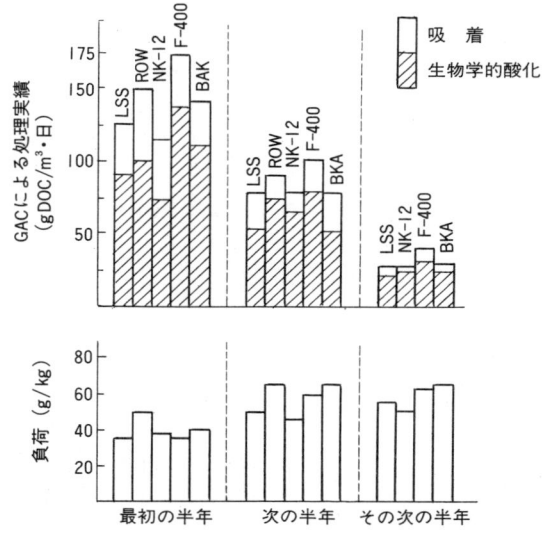

【図 5.12】 オゾン＋生物活性炭処理における 2-メチルイソボルネオール（MIB）の除去

LSS, ROM, NK-12, F-44, BKAは活性炭の種類を示す．
【図 5.13】 粒状活性炭吸着処理の負荷と実績

---

1) 藤原啓助：水道協会誌, Vol.56, No.8 (1987)

炭処理の効果を示したものである．

　生物活性炭処理前のオゾン処理の位置に関係なく，前処理でMIBの90％程度が除去され，残りが生物活性炭層でほぼ完全に除去されている．オゾン処理は臭気物質の除去には極めて有効であり，活性炭処理の併用は処理を確実なものとする．

　図5.13はドイツのDohne浄水場における前オゾン処理後の粒状活性炭処理の負荷実績である．前オゾン処理後の活性炭処理における溶解性有機物の処理量は約75％が生物学的酸化，残りの25％が吸着によるもので，時間が経過するにつれて生物学的酸化の比率が高くなっている．このように活性炭処理の前段に前オゾン処理を付加することによって，粒状活性炭のライフは4倍にのびている[1]．

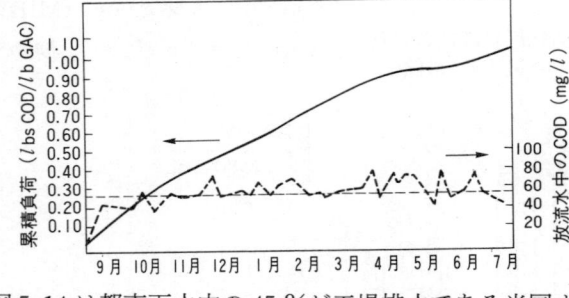

【図5.14】オハイオ州クリーブランドWesterly処理場でのGACへの累積COD負荷と排水のGAC処理水中のCOD濃度

図5.14は都市下水中の45％が工場排水である米国オハイオ洲クリーブランド

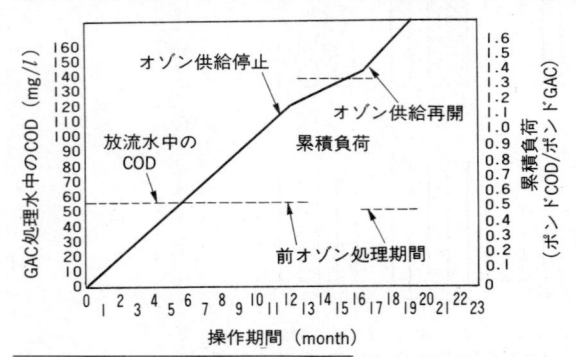

【図5.15】前オゾン処理を行った場合，行わない場合のGACパイロットプラントの実績

---

1) Rice, Rip G., Robson, C.M.：Biological Activated Carbon-Enhaned Aerobic Biological Activity in GAC System, *ANN Arbor Science*. (1900)

Westerly処理場における処理水を，前オゾン処理－活性炭処理した実験結果例である．

前オゾン処理を付加することにより，活性炭塔への流入水CODは150～200 mg/lであるが，放流水は11カ月にわたり40～70mg/lと安定しており，活性炭へのCOD累積負荷量は約1.05kg-COD/kg-GACまで増加している[1]．

通常，粒状活性炭1kgが吸着するCOD成分は約0.1kgであるから，この実験結果は活性炭の使用有効期間を10倍に延ばしていることを示している．

図5.15は前オゾン処理を行った場合と，オゾン処理を中断した場合のCOD除去効果を示したものである．

前オゾン処理を行った処理水を活性炭塔へ通水した場合は，原水COD 130 mg/lがCOD 55mg/lとなり，12カ月後にオゾン供給を停止すると，活性炭塔出口水は原水と同じくCOD 130mg/lとなる．16カ月目に再びオゾン供給を再開すると，活性炭塔出口水はCOD 55mg/lとなり，活性炭への累積COD負荷量は約1.6kg-COD/kg-GACに達しても，まだ活性炭再生の必要がなかったと報告されている[1]．

水道水源となる湖沼，河川水の水質悪化に伴い，今後ますます高度処理の必要性が増すと思われる．これに対して，オゾンと活性炭を併用した工学的研究や生物活性炭処理法などの新しい研究開発も行われており，今後の進展が期待される．

---

[1] 前掲p.116 脚注1)参照．

6. イオン交換

希薄な塩化ナトリウム（NaCl）溶液をH型の陽イオン交換樹脂（$R-SO_3H$）に通水すると，式6.1のようにNa^+とH^+がイオン交換し，酸性の水（HCl）が流出する．この酸性水をOH型陰イオン交換樹脂（$R-N\cdot OH$）に通水すると，式6.2のようにCl^-とOH^-イオンが交換し，純水な水（H_2O）が得られる．

$$R-SO_3H + NaCl \longrightarrow RSO_3Na + HCl \qquad \cdots\cdots (6.1)$$
$$R-N\cdot OH + HCl \longrightarrow R-N\cdot Cl + H_2O \qquad \cdots\cdots (6.2)$$

これがイオン交換樹脂による脱イオンの原理である．

上の式からわかるように，一定量のイオン交換樹脂のもっている交換基（$R-SO_3H$のH，$R-N\cdot OH$のOH）は有限であるから，反応が平衡に達すると，式は右へ進まなくなる[注]．この場合は，陽イオン交換樹脂には酸（H^+）を，陰イオン交換樹脂にはアルカリ（OH^-）を接触させれば，式6.1，式6.2の反応が逆方向の左へ進む．

$$R-SO_3Na + HCl \longrightarrow R-SO_3H + NaCl \qquad \cdots\cdots (6.3)$$
$$R-N\cdot Cl + NaOH \longrightarrow R-N\cdot OH + NaCl \qquad \cdots\cdots (6.4)$$

すなわち，イオン交換樹脂はそれぞれもとの形（$R-SO_3H$，$R-N\cdot OH$）に戻ることになる．これがイオン交換樹脂再生の原理である．実際のイオン交換樹脂の脱イオンと再生のサイクルは，一般に図6.1に示す手順で行われる．

① 逆　　洗：脱イオンと逆方向に通水し，樹脂層をほぐしながら沈殿物，異物などを塔外へ洗い出す．
② 再　　生：再生溶液を塔の上から下へ流す．これにより交換基は元の形に戻る．

注）イオン交換処理は，塩濃度の高い対象液を処理するのは不経済で，希薄溶液の脱イオンに適している．一つの目安として，溶解塩類（NaCl）濃度 1000mg/l 以下が適当である．

120　6.イオン交換

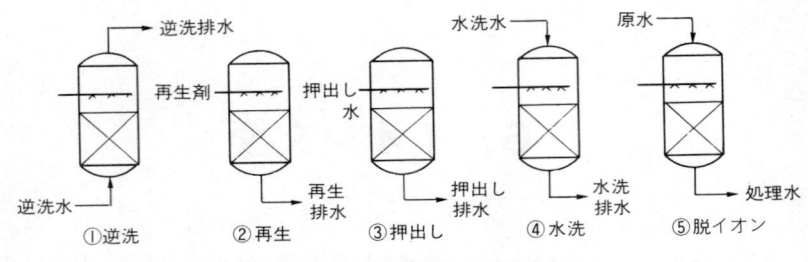

【図6.1】 イオン交換搭の再生手順

①逆洗　②再生　③押出し　④水洗　⑤脱イオン

③　押し出し：未反応の再生剤を再生時と同じ流速で押し出す．水量は樹脂容量の約2倍である．
④　水　　洗：押し出し工程の延長で，脱イオンとほぼ同じ流速に上げて再生溶液を洗浄する．
⑤　脱イオン：所定の水質に達した時点から採水を始める．

高純度の脱イオン水を得るには，陽イオン交換樹脂と陰イオン交換樹脂を混合した混床式が用いられる．混床式では式6.1と式6.2の反応が多段数にわたって繰り返されると考えられるので，脱イオン水の純度は単床塔に比べて向上する[注]．

6.1　イオン交換樹脂の種類と反応

イオン交換樹脂は，陽イオン交換樹脂と陰イオン交換樹脂に大別される．陽イオン交換樹脂は，強酸性陽イオン交換樹脂と弱塩性陰イオン交換樹脂に，陰

```
            ┌ 陽イオン交換樹脂 ┌ 強酸性陽イオン交換樹脂
            │                  └ 弱酸性陽イオン交換樹脂
イオン交換樹脂┤
            │                  ┌ 強塩基性陰イオン交換樹脂 ┌ Ⅰ型
            └ 陰イオン交換樹脂 ┤                           └ Ⅱ型
                               └ 弱塩基性陰イオン交換樹脂
```

イオン交換樹脂は，強塩基性陰イオン交換樹脂と弱塩基性陰イオン交換樹脂に

注）　混床塔の脱イオン水の電気伝導率は$1\mu s/cm$以下，単床塔の脱イオン水の電気電導率は$10\mu s/cm$程度である．

分類される．更に，強塩基性陰イオン交換樹脂は I 型と II 型に細分化される．

(1) 強酸性陽イオン交換樹脂

スチレンとジビニルベンゼン（Di-Vinyl Benzen：以下DVB）の共重合体に強塩基としてのスルホン基を導入した樹脂球である．

図 6.2 に強酸性陽イオン交換樹脂（ダイヤイオン：SK-1B）の構造を示す．

強酸性樹脂の交換基は，強電解質で式 6.5 のように解離し，解離したH^+イオンが他の陽イオンと置換される．

【図6.2】 強酸性陽イオン交換樹脂

$$R\text{-}SO_3H \longrightarrow R\text{-}SO_3^- + H^+ \qquad \cdots\cdots\cdots (6.5)$$

H^+イオンが放出されるので，強酸性陽イオン交換水は常に酸性を示す．
図 6.3[1]に強酸性陽イオン交換樹脂（H型）の模式図を示す．

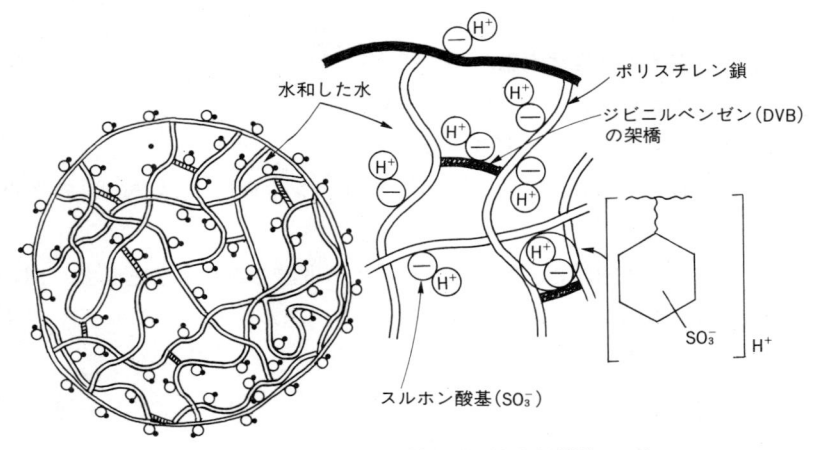

【図6.3】 陽イオン交換樹脂（強酸性樹脂H型）

---

1) Strauss, Sheldon D., Kunin, Robert：*Power*, Vol.124, No.9 (1980)

NaClなどの中性塩をH型陽イオン交換樹脂塔に通水すると，Na^+とCl^-に分解すると同時にH^+とNa^+がイオン交換し，鉱酸（HCl）を遊離する．鉱酸（HCl）は式6.1を右から左へ進めるので可逆反応となり，交換反応は完結しない．その結果，流出液中には中性塩のNaClが微量含まれる．

$$R-SO_3H + NaCl \rightleftarrows R-SO_3Na + HCl \qquad \cdots\cdots (6.6)$$

NaOHをH型陽イオン交換樹脂塔に通水すると，式6.7のようにNa^+は樹脂に捕捉され，反応は左から右へ進むのでNa^+のリークはない．

$$R-SO_3H + NaOH \longrightarrow R-SO_3Na + H_2O \qquad \cdots\cdots (6.7)$$

図6.4に強酸性陽イオン交換樹脂の再生レベル[注]と，交換容量の関係例を示す．

イオン交換樹脂の再生は，再生レベルを大きくすれば当然交換容量も増すがこれでは薬品使用量が増えて経済性に欠ける．そこで実際の用途では，完全再生はしないで，一例として図6.4では120kg-HCl/l-R程度の再生レベルとし，再生率は約75％とする．

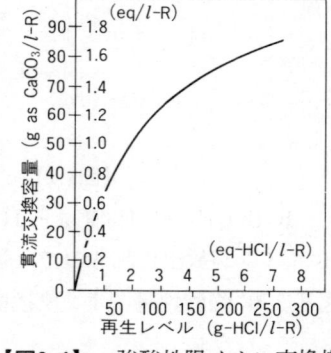

【図6.4】 強酸性陽イオン交換樹脂（ダイヤイオンSK1B）の再生レベルと交換容量

(2) 弱酸性陽イオン交換樹脂

アクリル酸またはメタアクリル酸とDVBを共重合させたもので，COOH基が交換基である．

図6.5に弱酸性陽イオン交換樹脂（ダイヤイオン：WK-10, WK-20）の構造を示す．

弱酸性樹脂のCOOH基は，有機酸に相当する弱酸である．被処理水のpHが酸性の場合は，解離せず交換性を示さないが，pHが中性～アルカリ性の溶液では，式6.8のように解離してイオン交換する．

$$R-COOH \longrightarrow R-COO^- + H^+ \qquad \cdots\cdots (6.8)$$

注） 再生レベル：イオン交換樹脂1lを再生するのに要する純薬品量．例えば50mlの樹脂の再生に6グラムの塩酸を使用したとすれば，再生レベルは6g-HCl/50ml-R＝120g-HCl/l-Rとなる．

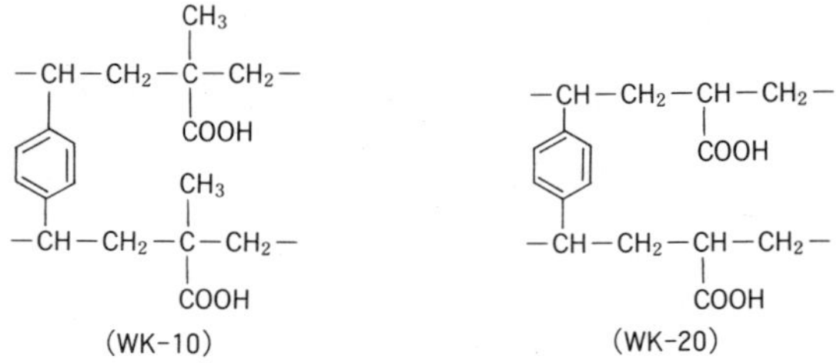

【図6.5】 弱酸性陽イオン交換樹脂

このように弱酸性樹脂はアルカリ性の溶液に対して有効であるから，NaOHやCa(HCO$_3$)$_2$などはイオン交換するが，NaClのような中性塩の分解はしないのでイオン交換できない．

試みに，H型弱酸性樹脂に中性塩のNaClとアルカリ性のNaOHの混合液を通水すると，式6.9，式6.10のようにNaOHのみがイオン交換され，NaClはそのままリークする．

$$\text{R-COOH} + \text{NaCl} \longrightarrow \text{R-COOH} + \text{NaCl} \qquad \cdots\cdots\cdots (6.9)$$

$$\text{R-COOH} + \text{NaOH} \longrightarrow \text{R-COONa} + \text{H}_2\text{O} \qquad \cdots\cdots\cdots (6.10)$$

(3) 強塩基性陰イオン交換樹脂

スチレンとDVB共重合体に4級アンモニウム基を導入させたもので，塩基性の強弱によってⅠ型とⅡ型がある[注]．

図6.6に強塩基性陰イオン交換樹脂（ダイヤイオン：SA-10A, SA-20A）の構造を示す．図6.7[1]に強塩基性陰イオン交換樹脂の模式図を示す．

強塩基性陰イオン交換樹脂のOH型のものは溶液のpHに関係なく，式6.11のように解離して他の陰イオンと交換反応を行う．

$$\text{R-N}\cdot\text{OH} \longrightarrow \text{R-N}^+ + \text{OH}^- \qquad \cdots\cdots\cdots (6.11)$$

式6.11ではイオン交換反応の結果，OH$^-$が放出されるので，処理水はアルカリ性を示す．

鉱酸（HCl），ケイ酸（H$_2$SiO$_3$），および中性塩（NaCl）も分解しイオン交換

注) Ⅰ型は化学的に安定である．Ⅱ型は化学的安定性に欠けるが，Ⅰ型に比べて再生効率が高い．
1) 前掲p.121 脚注1）参照

① I型：化学的に安定

(SA-10A)

② II型：化学的安定性は弱いが再生効率がよい．

(SA-20A)

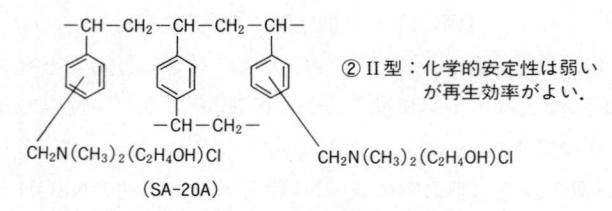

【図6.6】 強塩基性陰イオン交換樹脂

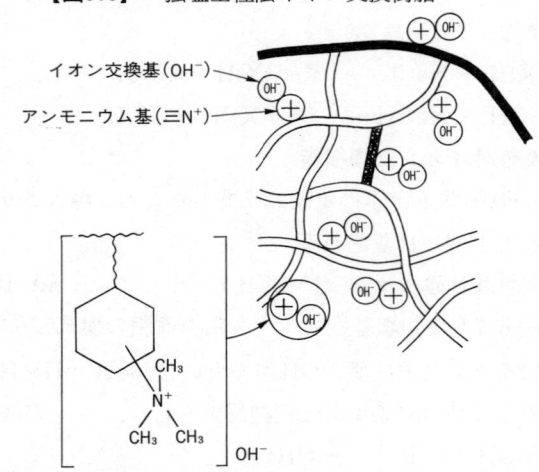

【図6.7】 陰イオン交換樹脂(強塩素性樹脂OH型)

できる．

$$R\text{-}N \cdot OH + HCl \longrightarrow R\text{-}N \cdot Cl + H_2O \quad \cdots\cdots (6.12)$$

$$R\text{-}N \cdot OH + H_2SiO_3 \longrightarrow R\text{-}N \cdot HSiO_3 + H_2O \quad \cdots\cdots (6.13)$$

$$R\text{-}N \cdot OH + NaCl \rightleftharpoons R\text{-}N \cdot Cl + NaOH \quad \cdots\cdots (6.14)$$

式6.14はわずかにNaOHを生成するので，反応は右から左へも進み，微量のNaClがリークする．強塩基性陰イオン交換樹脂は塩基度が高く，イオンのリークは少ないが再生しにくく，化学当量的に多量の再生剤（NaOHなど）が必要である．

図6.8に強塩基性陰イオン交換樹脂（ダイヤイオン：SA-10A，SA-20A）の再生レベルと交換容量を示す．

塩基性樹脂は酸性樹脂に比べて不安定で，分解して弱塩基や交換性のない樹脂に変化しやすい．I型に比べてII型のほうが不安定であるが再生効率は高い．温度に対する安定性はI型の60℃に対してII型は40℃である．

陰イオン交換樹脂は，低分子化された有機物や有機酸を吸着しやすく，交換障害を起こしやすい．

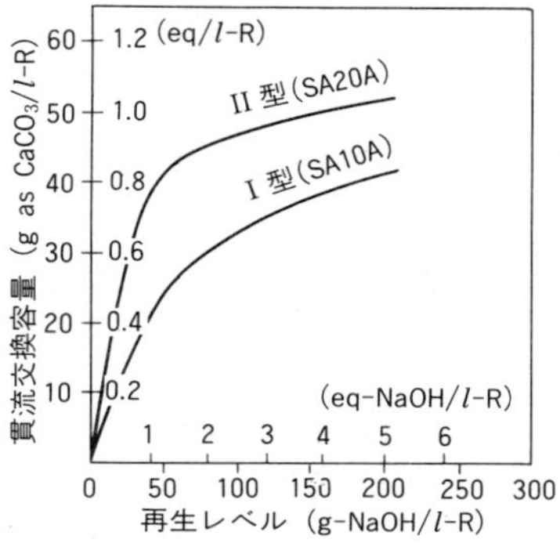

【図6.8】 強塩基性陰イオン交換樹脂（ダイヤイオンSA-10A，20A）の再生レベルと交換容量

(4) 弱塩基性陰イオン交換樹脂

スチレンとDVBの共重合体に1，2，3級アミンを結合したもので，図6.9の構造である．

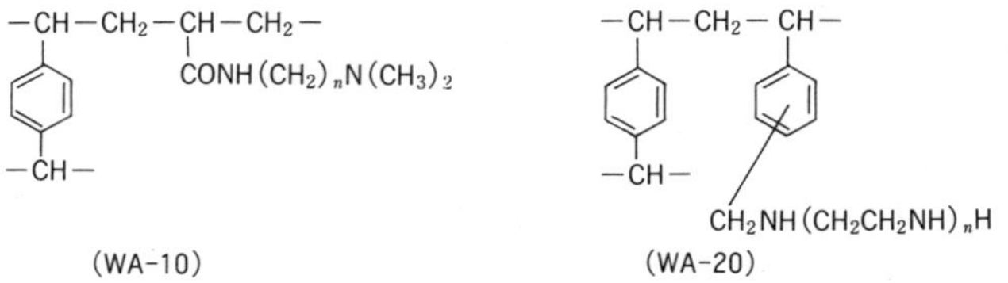

【図6.9】 弱塩基性陰イオン交換樹脂

高pH溶液では解離せず，イオン交換性はないが，中性～酸性溶液中では式6.15のように解離してOH^-イオンが他の陰イオンと交換反応する．

$$R\text{-}NH_2 + H_2O \longrightarrow R\text{-}NH_3OH \longrightarrow R\text{-}NH_3^+ + OH^- \cdots\cdots (6.15)$$

弱塩基性陰イオン交換樹脂は，鉱酸（HCl）または鉱酸と弱塩基から生成した

NH_4Cl のような塩は交換するが，ケイ酸や炭酸のような弱酸，$NaCl$ のような中性塩は交換できない．

$$R\text{-}NH_3OH + HCl \longrightarrow R\text{-}NH_3Cl + H_2O \quad \cdots\cdots (6.16)$$
$$R\text{-}NH_3OH + NH_4Cl \longrightarrow R\text{-}NH_3Cl + NH_4OH \quad \cdots\cdots (6.17)$$

弱塩基性樹脂は，再生しやすく化学当量的に再生できるが，水洗性が悪い場合は，$NaOH$ よりも水洗性のよい NH_4OH や Na_2CO_3 で再生を行うとよい．

表6.1に主なイオン交換樹脂の種類と反応例を，表6.2にイオン交換樹脂の種類と代表的な樹脂メーカーの商品名を示す．

【表6.1】 イオン交換樹脂の種類と反応例

陽イオン交換樹脂	**強酸性陽イオン交換樹脂（交換基-SO_3X）** ① $R\text{-}SO_3H + NaCl \rightleftarrows R\text{-}SO_3Na + HCl$（中性塩分解反応） ② $R\text{-}SO_3H + NaOH \longrightarrow R\text{-}SO_3Na + H_2O$（中和反応） ③ $2R\text{-}SO_3Na + CaCl_2 \rightleftarrows (R\text{-}SO_3)_2Ca + 2NaCl$（中性塩分解反応） ④ $R\text{-}(SO_3Na)_2 + ZnSO_4 \rightleftarrows R(\text{-}SO_3)_2Zn + Na_2SO_4$（複分解反応） **弱酸性陽イオン交換樹脂（交換基-$COOX$）** ⑤ $R\text{-}COOH + NaCl \rightleftarrows R\text{-}COONa + HCl$（中性塩分解反応） ⑥ $R\text{-}COOH + NaOH \rightleftarrows R\text{-}COONa + H_2O$（中和反応） ⑦ $2R\text{-}COONa + CaCl_2 \rightleftarrows (R\text{-}COO)_2Ca + 2NaCl$（中性塩分解反応） ⑧ $R\text{-}(COOH)_2 + NiSO_4 \rightleftarrows R(\text{-}COO)_2Ni + H_2SO_4$（中性塩分解反応）
陰イオン交換樹脂	**強塩基性陰イオン交換樹脂** $\begin{cases} \text{I 型交換基-}N\text{-}(CH_3)_3 \\ \qquad\qquad\quad X \\ \text{II 型交換基-}N\begin{cases}(CH_3)_2 \\ X \quad C_2H_4OH\end{cases} \end{cases}$ ① $R\text{-}N\cdot OH + NaCl \rightleftarrows R\text{-}N\cdot Cl + NaOH$（中性塩分解反応） ② $R\text{-}N\cdot OH + HCl \longrightarrow R\text{-}N\cdot Cl + H_2O$（中和反応） ③ $2R\text{-}N\cdot Cl + Na_2SO_4 \rightleftarrows (R\text{-}N)_2SO_4 + 2NaCl$（複分解反応） ④ $R\text{-}N\cdot OH + H_2SiO_3 \rightleftarrows R\text{-}N\cdot HSiO_3 + H_2O$（中和反応） **弱塩基性陰イオン交換樹脂（交換基-NH_2）** ⑤ $R\text{-}NH_3\cdot OH + NaCl \rightleftarrows R\text{-}NH_3Cl + NaOH$（中性塩分解反応） ⑥ $R\text{-}NH_3\cdot OH + HCl \rightleftarrows R\text{-}NH_3Cl + H_2O$（中和反応） ⑦ $2R\text{-}NH_3\cdot Cl + Na_2SO_4 \rightleftarrows (R\text{-}NH_3)_2SO_4 + 2NaCl$（複分解反応） ⑧ $R\text{-}NH_3\cdot OH + H_2SiO_3 \longrightarrow X$（反応しない）

[表6.2] イオン交換樹脂

種類		官能基		商品例				
				Amberlite	Duolite	ダイヤイオン	Dowex	Lewatit
陽イオン交換樹脂	強酸性	$-SO_3$	ゲル型	IR 116, 120 B, 122, 124	C 20	SK 1 B, 102, 106, 116	50 W	S 100, 115
			MP型	200 C, 252	C 25 D, ES 26	PK 208, 212, 220, 228	88, MSC-1	SP 120
	弱酸性	$-COOH$	ゲル型	IRC 84		WA 10, 11	CCR-2	
			MP型	IRC 50,	CC 3, ES 63	WK 10, 11, 20	MWC-1	CNP
陰イオン交換樹脂	強塩基性 I 型	$-N(CH_3)_3Cl$	ゲル型	IRA 400, 430, 458		SA 10 A〜12 A	1, SBR 11, SBR-P	M 500
			MP型		A 101 D, ES 109	PA 306, 308, 312, 315	MSA-1	MP 500
	強塩基性 II 型	$-N\diagup^{(CH_3)_2Cl}_{\diagdown CH_2OH}$	ゲル型	IRA 410, 411		SA 20 A, 21 A	2, SAR	M 600
			MP型	IRA 910	A 102 D	PA 406, 412, 416, 418	MSA-2	MP 600
	弱塩基性	$-NH_2, -N(CH_3)_2$	ゲル型	IRA 68, 45	A 30 B, 57, 43 B	WA 10, 11		
		$-N(CH_3)_2$	MP型	IRA 35, 93	A 7	WA 20, 21, 30	66, MWA-1	MP 62

(注) MP型：[多孔性（マクロポーラス）樹脂]

6.2 水中の溶解イオン除去

天然の水中に含まれる溶解性イオンには，陽イオンのMg^{2+}, Ca^{2+}, Na^+および陰イオンのCl^-, SO_4^-, HCO_3^-, SiO_2($HSiO_3^-$)などがある．これらは電気的に中和された状態で混在しており，模式的に表6.3のように表わすことができる．

【表6.3】 水中の溶解イオン

Mg^{2+} Ca^{2+}	HCO_3^-
Na^+	Cl^- SO_4^{2-}
SiO_2	

イオン交換樹脂を用いて，天然水中のイオンを除去する順序を模式的に表わすと，一例として表6.4のような ① → ② → ③ → ④ の組み合わせとなる．

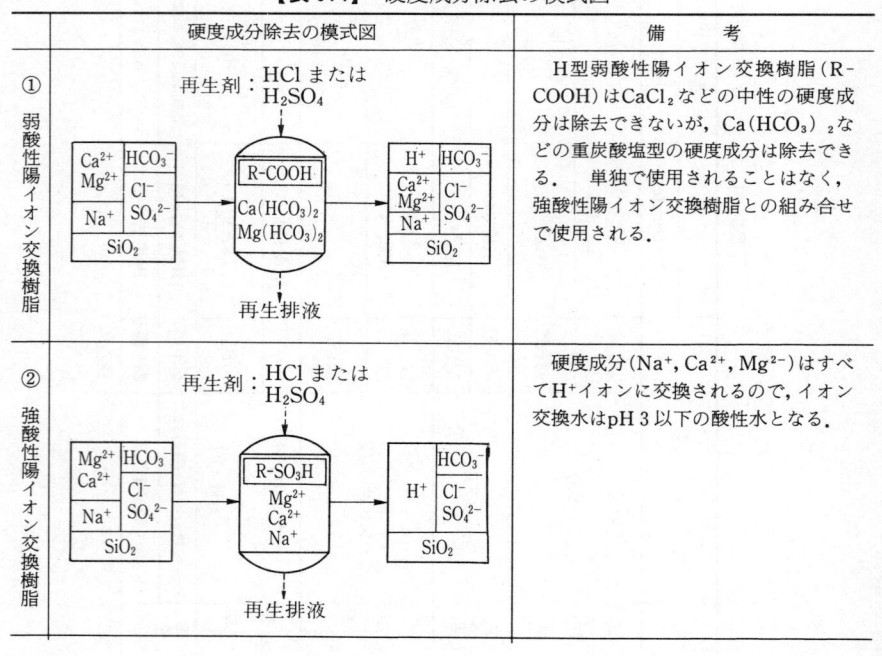

【表6.4】 硬度成分除去の模式図

	硬度成分除去の模式図	備　考
① 弱酸性陽イオン交換樹脂	再生剤：HClまたはH_2SO_4 入力：Ca^{2+}, Mg^{2+}, Na^+, HCO_3^-, Cl^-, SO_4^{2-}, SiO_2 → R-COOH ($Ca(HCO_3)_2$, $Mg(HCO_3)_2$) → 出力：H^+, Ca^{2+}, Mg^{2+}, Na^+, HCO_3^-, Cl^-, SO_4^{2-}, SiO_2 再生排液	H型弱酸性陽イオン交換樹脂（R-COOH）は$CaCl_2$などの中性の硬度成分は除去できないが，$Ca(HCO_3)_2$などの重炭酸塩型の硬度成分は除去できる．単独で使用されることはなく，強酸性陽イオン交換樹脂との組み合せで使用される．
② 強酸性陽イオン交換樹脂	再生剤：HClまたはH_2SO_4 入力：Mg^{2+}, Ca^{2+}, Na^+, HCO_3^-, Cl^-, SO_4^{2-}, SiO_2 → R-SO$_3$H (Mg^{2+}, Ca^{2+}, Na^+) → 出力：H^+, HCO_3^-, Cl^-, SO_4^{2-}, SiO_2 再生排液	硬度成分（Na^+, Ca^{2+}, Mg^{2-}）はすべてH^+イオンに交換されるので，イオン交換水はpH 3以下の酸性水となる．

(表6.4 硬度成分除去の模式図 つづき)

③ 弱塩基性陰イオン交換樹脂	再生剤：NaOH 原水: H^+, HCO_3^-, Cl^-, SO_4^{2-}, SiO_2 → $R\equiv N\cdot OH$ 樹脂塔 (Cl^-, SO_4^{2-}) → 処理水: H^+, HCO_3^-, SiO_2 再生排液	OH型弱酸性陰イオン交換樹脂（$R\equiv N\cdot OH$）は，Cl^-，SO_4^{2-} は除去できるが，HCO_3^- と SiO_2 が除去できないので，強塩基性陰イオン交換樹脂との組み合せで使用される．
④ 強塩基性陰イオン交換樹脂	再生剤：NaOH 原水: H^+, HCO_3^-, Cl^-, SO_4^{2-}, SiO_2 → $R\equiv N\cdot OH$ 樹脂塔 (HCO_3^-, Cl^-, SO_4^{2-}, SiO_2) → 処理水: H_2O 再生排液	SiO_2 を含めた陰イオンはすべて除去できるので，処理水は純水となる．

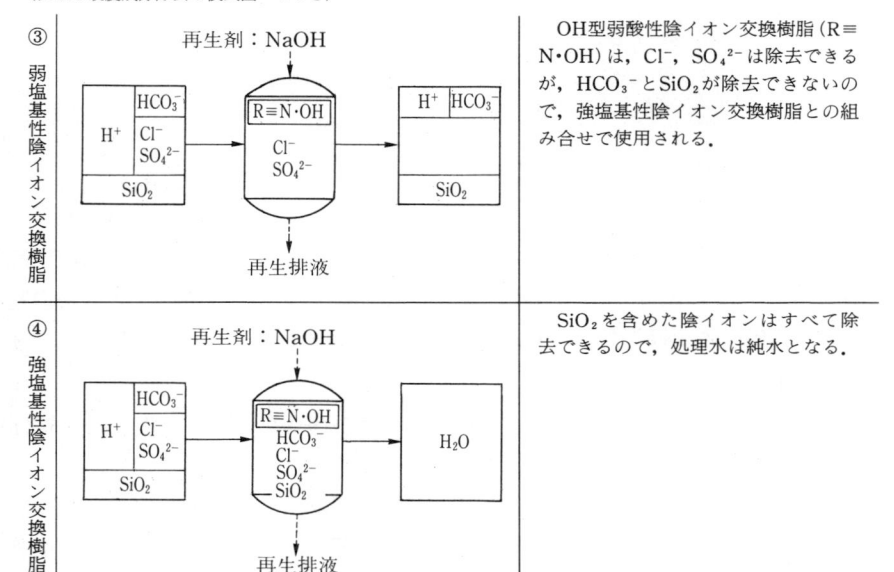

表6.4のうち，②の強酸性陽イオン交換樹脂と④の強塩基性陰イオン交換樹脂の組み合わせを用いることもできる．

イオン交換樹脂をカラムに充塡し，原水を通液したときにカラム内の樹脂が溶液中のイオンを捕捉していく様子を示したのが図6.10 である．

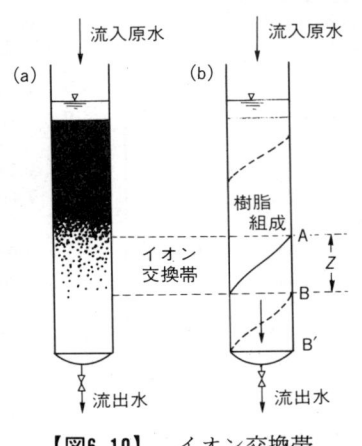

カラム内の樹脂は上から順にイオン交換される．図6.10 (b) のAから上はイオン交換が終了し，B以下の層では流出水と樹脂組成が平衡を保っている．A－B間の領域区ではイオン交換帯と呼ばれる．BがB'の点に達すると処理水中に原水のイオンがリークし始め，流出液濃度は図6.11 の P（貫流点）以降のように急に上昇する．

【図6.10】 イオン交換帯

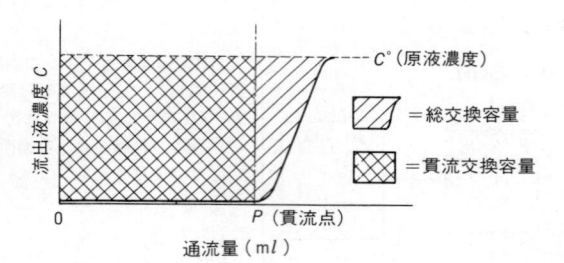

【図6.11】 イオン交換樹脂の漏出曲線

P点は貫流点（B・T・P：Break Through Point）と呼ばれ，最後には流出液濃度（C）は原液濃度（$°C$）と等しくなる．この時点でカラム内のイオン交換基はすべての反応を終了しており，図の斜線部の面積がイオン交換樹脂の総交換容量に相当する．

実際のイオン交換装置では，Pの貫流点で通水操作を停止し，次の再生操作に入るので，総交換容量は実用的な数値ではない．

イオン交換量を表わしたものにイオン交換容量がある．イオン交換容量を個別のイオン量で表わすと，それぞれのイオンが異なる数値を示して表現が煩雑であるから，これを当量[注]に換算して表わすと便利である．

$CaCO_3$は分子量が100で当量は1/2の50であるから計算上都合がよい．$CaCO_3$への換算係数を表6.5に示す．

【表6.5】 イオン，塩類ならびに気体の当量および$CaCO_3$への換算係数

化学式	当量	換算係数	化学式	当量	換算係数	化学式	当量	換算係数
H^+	1.0	50.0	HCl	36.5	1.370	$MgSO_4 \cdot 7H_2O$	123.3	0.405
Na^+	23.0	2.174	H_2SO_4	49.0	1.020	$Mg_3(PO_4)_2$	43.8	1.142
K^+	39.1	1.279	CO_2	44.0	1.136	CaO	28.0	1.786
			（1価）					
NH_4^+	18.0	2.78				$Ca(OH)_2$	37.1	1.348
Mg^{2+}	12.2	4.10		22.0	(2.27)	$CaCO_3$	50.0	1.000
			（2価）					
Ca^{2+}	20.0	2.50	Cl_2	35.5	1.409	$Ca(HCO_3)_2$	81.1	0.616
Mn^{2+}	27.5	1.818	SiO_2	60.0	0.833	$CaCl_2$	5.55	0.901
			（1価）					
Fe^{2+}	27.9	1.792				$CaSO_4$	68.1	0.734
Fe^{3+}	18.6	2.69		30.0	(1.667)	$CaSO_4 \cdot 2H_2O$	86.1	0.581
			（2価）					

(つづく)

注）　当量：1グラムイオンの重さをイオンの価数で除したものを1グラム当量という．
　　例えば，Ca^{2+}は1グラムイオンが40であり，価数は2であるから，1グラム当量は40/2＝20である．

(表6.5 イオン，塩類ならびに気体の当量およびCaCO₃への換算係数 つづき)

Al^{3+}	9.0	5.56	Na_2O	31.0	1.613	$Ca_3(PO_4)_2$	51.7	0.967
$\dfrac{Al^{3+}+Fe^{2+}}{2}$	18.5	2.71	$NaOH$	40.0	1.250	$Mn(OH)_2$	44.4	1.126
			Na_2CO_3	53.0	0.943	Fe_2O_3 (2価)	39.9	1.252
OH^-	17.0	2.94	$NaCl$	58.5	0.855			
Cl^-	35.5	1.409	Na_2SO_4	71.0	0.704	(3価)	26.6	(1.880)
F^-	19.0	2.632	K_2O	47.1	1.062	$Fe(OH)_3$	35.6	1.404
NO_3^-	62.0	0.807	NH_3	17.0	2.94	$Fe(HCO_3)_2$	88.9	0.562
HCO_3^-	61.0	0.820	N_2O_5	54.0	0.926	$FeSO_4$	76.0	0.658
CO_3^{2-}	30.0	1.667	MgO	20.0	2.48	$Fe_2(SO_4)_3$	66.7	0.750
SO_3^{2-}	40.0	1.250	$Mg(OH)_2$	29.2	1.712	Al_2O_3	17.0	2.94
SO_4^{2-}	48.0	1.042	$MgCO_3$	42.2	1.185	$Al_2(OH)_3$	26.0	1.923
PO_4^{3-}	31.7	1.577	$Mg(HCO_3)_2$	73.2	0.683	$Al_2(SO_4)_3$	57.0	0.877
HPO_4^{2-}	48.0	1.042	$MgCl_2$	47.6	1.050	$Al_2(SO_4)_3 \cdot 18H_2O$	111.0	0.450
$H_2PO_4^-$	97.0	0.516	$MgCl_2 \cdot H_2O$	56.7	0.883	$\dfrac{Al_2O_3+Fe_2O_3}{2}$	28.5	1.757
			$MgSO_4$	60.2	0.831			
			$MgSO_4 \cdot H_2O$	69.2	0.723			

(注) 換算係数（ ）内の係数はイオン交換樹脂の場合には使用しない

　イオン交換樹脂の再生を完全に行うには，化学当量的に過剰の再生剤を必要とする．したがって，工業的には樹脂のもつ総交換容量の50～80％程度の再生率で再生するのが一般的な手法である．

　図6.12に再生率と再生レベルの関係例を示す．ここでは再生レベル120g-HCl/l-Rのときに再生率は80％であり，20％は未再生部である．イオン交換処理では，脱イオン工程は容易であるが，工業的にいかに低い再生レベルで高い再生率を得るかが重要で，そのために各種のイオン塔が工夫され開発されている．

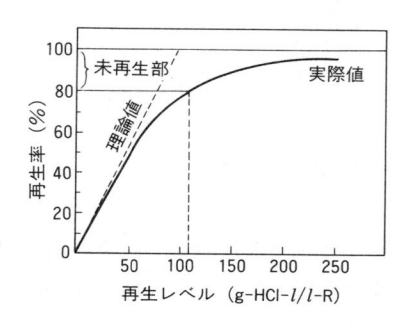

【図6.12】 再生率と再生レベルの関係

6.3 イオン交換樹脂の選択性

イオン交換樹脂のイオン選択性は，一般に次のようにいわれている．
① 低濃度，常温ではイオン交換樹脂の選択性は，イオン価数の大きいほど大きい．イオン価数が同じ場合は，原子番号が大きいほど選択性が大きい．
② イオン価数は低くてもイオン濃度が高いと選択性の差は縮まり，価数の大きいイオンと逆転することもある．

一般にいわれている陽イオンの選択性を以下に示す．

Cr^{3+}、$Al^{3+}>Ba^{2+}>Pb^{2+}>Ca^{2+}>Ni^{2+}>Cu^{2+}>Zn^{2+}>Ag^+>K^+>NH_4^+>Na^+>Li^+$

〔強酸性陽イオン交換樹脂の場合〕

$Ca^{2+}>Mg^{2+}>K^+>NH_4^+>Na^+>H^+$

〔弱酸性陽イオン交換樹脂の場合〕

$H^+>Ca^{2+}>Mg^{2+}>K^+>Na^+$

陰イオンの一般的な選択性を以下に示す．

$PO_4^{3-}>SO_4^{2-}>I^->NO_3^->CrO_4^{2-}>CN^->Cl^->CH_3COO^->F^-$

〔強塩基性陰イオン交換樹脂の場合〕

$SO_4^{2-}>NO_3^->Cl^->HCO_3^->F^->HSiO_3^->OH^-$

〔弱塩基性陰イオン交換樹脂の場合〕

$OH^->SO_4^{2-}>Cl^->F^->CH_3COO^->HCO_3^-$

6.4 イオン交換塔の配列

イオン交換塔には，陽イオン交換樹脂と陰イオン交換樹脂をそれぞれ別々の塔に充填する単床塔方式，および陽イオン交換樹脂と陰イオン交換樹脂の両方を混合して一つの塔に充填する混床方式がある．

以下にイオン交換塔の代表的な配列例を示す．図中のSK，WK，SA，WAはそれぞれ下記の樹脂を表わす．

SK ：H型強酸性陽イオン交換樹脂
WK：H型弱酸性陽イオン交換樹脂
SA ：OH型強塩基性イオン交換樹脂
WA：OH型弱塩基性イオン交換樹脂

(1) **2床2塔式**

陽イオン交換樹脂塔と陰イオン交換樹脂塔を直列に接続する．図6.13のように陽イオン交換樹脂塔と陰イオン交換樹脂塔が2床で塔が2塔あるので，2床2塔と呼ぶ．小型の装置に多く用いられ，わずかにカチオンリーク(Na^+, K^+)があるので，処理水はわずかにアルカリ性を示す[注]．

原水の電気伝導率150μs/cm程度の上水を2床2塔式で処理すると，

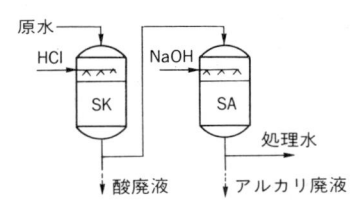

pH：8.0〜8.5
SiO_2：0.05〜0.1mg/l
電気伝導率：5〜10μs/cm

程度の処理水となる．

【図6.13】 2床2塔概念図

(2) **2床3塔式**

2床2塔式の中間に脱炭酸塔を設けたもので，図6.14に示す配列である．

陽イオン交換樹脂塔の処理水はpH3以下の酸性であるから，炭酸イオン(HCO_3^-)は，ほぼ100%炭酸(H_2CO_3)に変化している．

水中に溶解しているH_2CO_3は，曝気すればCO_2ガスとして大気放散することができる．

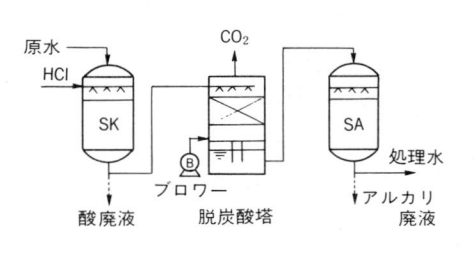

【図6.14】 2床3塔概念図

$$H_2CO_3 \longrightarrow CO_2\uparrow + H_2O \qquad \cdots\cdots (6.18)$$

H_2CO_3をCO_2として大気放散することで，陰イオン交換樹脂への負荷を軽減

注) 強酸性樹脂塔：R-SO_3H+NaCl⇄R-SO_3Na+HClの右→左への反応で，微量のNaClがリークする．
強塩基性樹脂塔：R-N・OH+NaCl⇄R-N・Cl+NaOHの左→右への反応で，微量のNaOHがリークして微アルカリ性を示す．

することができる．原水中のアルカリ度[注]が20～30mg/l以上のときは，脱炭酸塔を設けたほうが経済的である．

脱炭酸塔には曝気型と真空型がある．一例として曝気型と真空型の残留CO_2量を示す．

　　曝気型：残留CO_2 8 mg/l
　　真空型：原水CO_2 50mg/l以下のとき……残留CO_2 3 mg/l
　　　　　：原水CO_2 50mg/l以上のとき……残留CO_2 5 mg/l

(3) 4床5塔式

図6.15に示す配列で，4床5塔の組み合わせである．

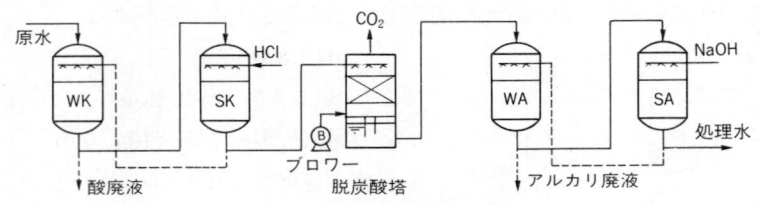

【図6.15】 4床5塔概念図

強酸性陽イオン交換樹脂塔の前に弱酸性陽イオン交換塔を設置し，強塩基性陰イオン交換樹脂塔の前に弱塩基性陰イオン交換樹脂塔を設置する．強酸，強塩基樹脂塔の前に弱酸，弱塩基樹脂塔を設置し，除けるイオンは前段の樹脂塔で除去しておこうとするもので，水中の塩類濃度が多い場合に用いられる．

再生は強酸性樹脂塔 → 弱酸性樹脂塔，強塩基樹脂塔 → 弱塩基樹脂塔のように後段から前段に向けて再生剤を流し，再生剤の有効利用を図っている．

(4) 混床式

図6.16に示すように，1塔の中に陽イオン交換樹脂，陰イオン交換樹脂を混合して充填したものである．単床塔式に比べると，塔内では陽イオン，陰イオン交換樹脂が無限段ともいうべき数で隣合わせに存在しているので，混床塔では高純度の処理水を得ることができる．

注）アルカリ度には中和点が4.8のM-アルカリ度と，9.0のP-アルカリ度がある．一般の河川水や地下水のpHは7.0であるから，P-アルカリ度は検出されない．M-アルカリ度の主成分は炭酸水素塩で，中性の河川水にはHCO_3^-イオンが30～50mg/l存在する．HCO_3^- (mg/l) ×0.82≒Mアルカリ度 (mg/l) ($CaCO_3$) である．

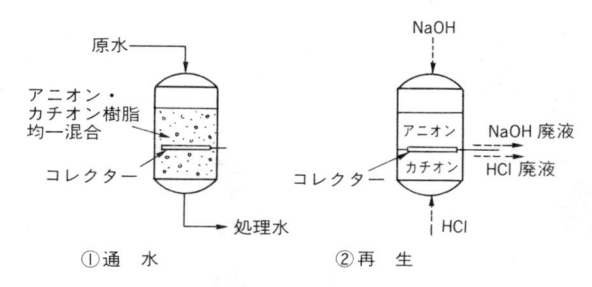

【図6.16】 混床式概念図

一例として，上水道の電気伝導率 $150\mu s/cm$，SiO_2 $25mg/l$ として，これを混床塔で処理すると電気伝導率 $1.0\mu s/cm$ 以下，SiO_2 $0.05mg/l$ 以下，pH7.0 の処理水が得られる．

混床塔では図6.16②のように再生を一つの塔の中で行う．塔中央に位置するコレクター付近では酸やアルカリが集中するので，水中に HCO_3^- や $HSiO_3^-$ イオンが多いと再生時や水洗時に陽，陰両樹脂の分離界面に炭酸カルシウムやシリカを主成分とした白色結晶が析出することがある．したがって，混床塔は汚染した原水や大型の装置には適していない．

6.5 並流再生と向流再生

イオン交換処理における操作のポイントは，脱イオン水を得る工程よりも再生効率の向上にある．再生の方法には，大別して並流再生と向流再生がある．

図6.17に並流再生と向流再生の比較を示す．

並流再生は，原水と再生剤の通水方向が同一の再生方式の総称である．図6.17の並流再生は原水を塔上部から下部へ向かって流し，再生剤も同様に上部から下部に向けて流す．

この方法は，塔の内部構造が単純で，運転操作が容易なので，装置のコストは安価である．

並流再生は，再生終了時でも塔下部の一部には未再生の樹脂層が残っており，通水再開時にはどうしてもこれら未再生部の成分がリークする．電気伝導

136　6.イオン交換

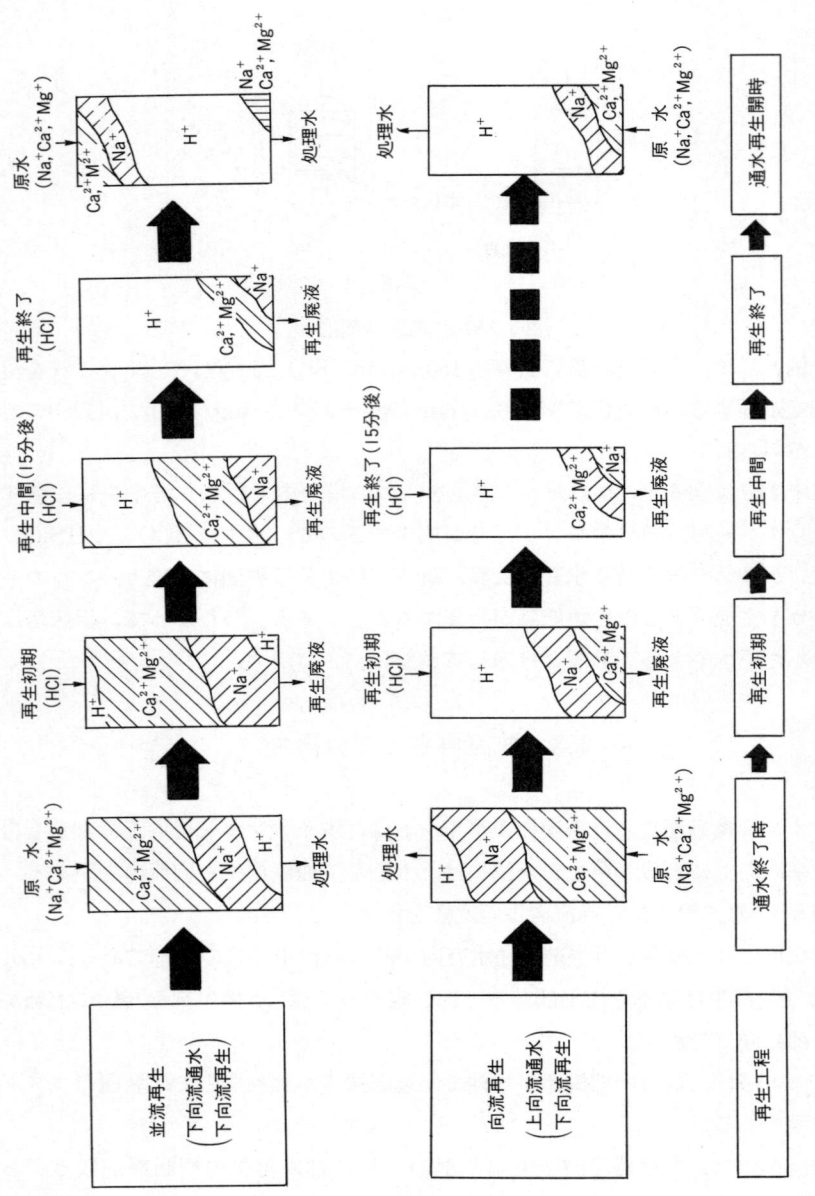

【図6.17】 並流再生と向流再生

率150μs/cm 程度の上水を処理したときの処理水質は電気伝導率 10～20μs/cm, SiO_2 0.1～2.0mg/l 程度である.

再生効率は 50 % 程度で未再生樹脂層を減らそうとすれば多量の再生剤が必要となり, 排液量も増えてランニングコストがかかるという欠点がある.

向流再生は原水と再生剤の通水方向が向かい合う再生方式の総称である. 図 6.17 に示すように再生剤を処理水の出口側から押し込むような形で送液するので, 再生効率が高く, 並流再生の中間点で大半の再生は終わる. これは再生剤の使用量が半分で済み, 再生時間も短くてすむことを示している.

通水再開時には処理水側に未再生部分が残らないので, 水質の純度が高い. 電気伝導率 150μs/cm の市水を処理したときの処理水水質は, 電気伝導率 0.2～5.0μs/cm, SiO_2 0.05mg/l 以下で再生効率は 80 % 程度となる.

6.6 イオン交換塔の操作

イオン交換反応では, 通常の化学反応と同様に平衡関係が成立する. イオン交換樹脂の内部にイオンが拡散, 浸透するには一定の時間を要するので, 水中にイオン交換樹脂が浮遊していると, 樹脂周辺の溶液と樹脂表面が平衡に達し, イオン交換反応が進行しない.

平衡をずらせて効率のよいイオン交換を行うためには, 樹脂層を固定床とし, 原水や再生剤を流動, 通水させる方法を採用する.

(1) **単 床 塔 (並流再生)** (図 6.1 参照)

単床塔の操作 (並流再生) 要領の概要はすでに図 6.1 に示してあるが, もう少し詳細に説明する.

① 逆　　洗：樹脂層高が 50～70 % 増加するような流速で逆洗し, 樹脂層をほぐすと同時に異物を排出する. 逆洗展開率は水温によって大きく異なるが, 強酸性樹脂は, 20 ℃のとき 20m/h, 強塩基性樹脂は 7 m/h 程度である. 図 6.18 に強塩性樹脂 (ダイヤイオンSK-1B) の逆洗展開率, 図 6.19 に強塩基樹脂 (ダイヤイオンSA-10A) の逆洗展開率を示す.

② 再　　生：5～10%の塩酸または水酸化ナトリウム溶液をSV 3 程度の

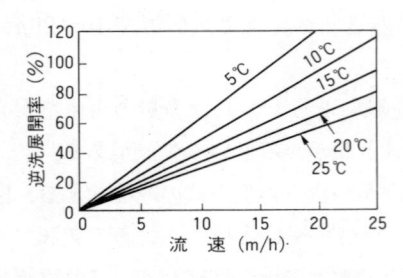

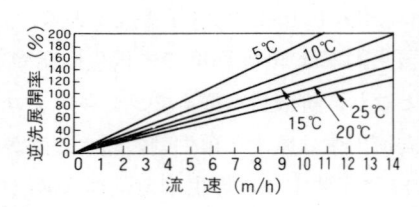

【図6.18】 ダイヤイオンSK1Bの逆流展開率，温度と流速

【図6.19】 ダイヤイオンSA10Aの逆洗展開率，温度と流速

ゆっくりした速度で塔上部から下部へ流す．再生剤は流し始めたら一定流速を保ち続け，中断してはならない．

シリカ成分の多い原水を処理する樹脂塔において，陰イオン交換樹脂のⅠ型は50℃，Ⅱ型樹脂では35℃程度に加温した水酸化ナトリウムを使用すると再生効率が良くなる．

③ 押し出し：樹脂容量の2倍以上の水を用い，再生時と同じ流速で再生剤を押し出す．押し出しは再生の延長と考えられるから，押し出しの途中で通水を止めてはならない．

④ 水　　洗：脱イオンと同じ流速（$LV=15〜20m/h$）で，目標の水質になるまで原水または脱イオン水を通して水洗する．一例として再生，押し出し後に陽，陰両樹脂の水洗に要する水量は下記程度である[注]．

　　陽イオン交換樹脂：8〜10倍（30分程度）
　　陰イオン交換樹脂：12〜15倍（60分程度）

⑤ 脱イオン：原水を$SV10〜20$で通水し所定の水質に達したら採水に入る．

(2) 混床塔（図6.20参照）

① 逆　　洗：混床塔では逆洗と同時に陰イオン交換樹脂（比重≒1.15）と陽イオン交換樹脂（比重≒1.40）の比重差を利用して樹脂の分離も行う．

② 再　　生：図6.20②アニオン再生，④カチオン再生のように，水酸化ナトリウムまたは塩酸溶液を通液する．アニオン樹脂再生時にはカチオン樹脂側

注）塩酸（HCl）の水洗性は，水酸化ナトリウム（NaOH）に比べてよいので，使用水量の比は，HCl：NaOH≒1.0：1.5である．

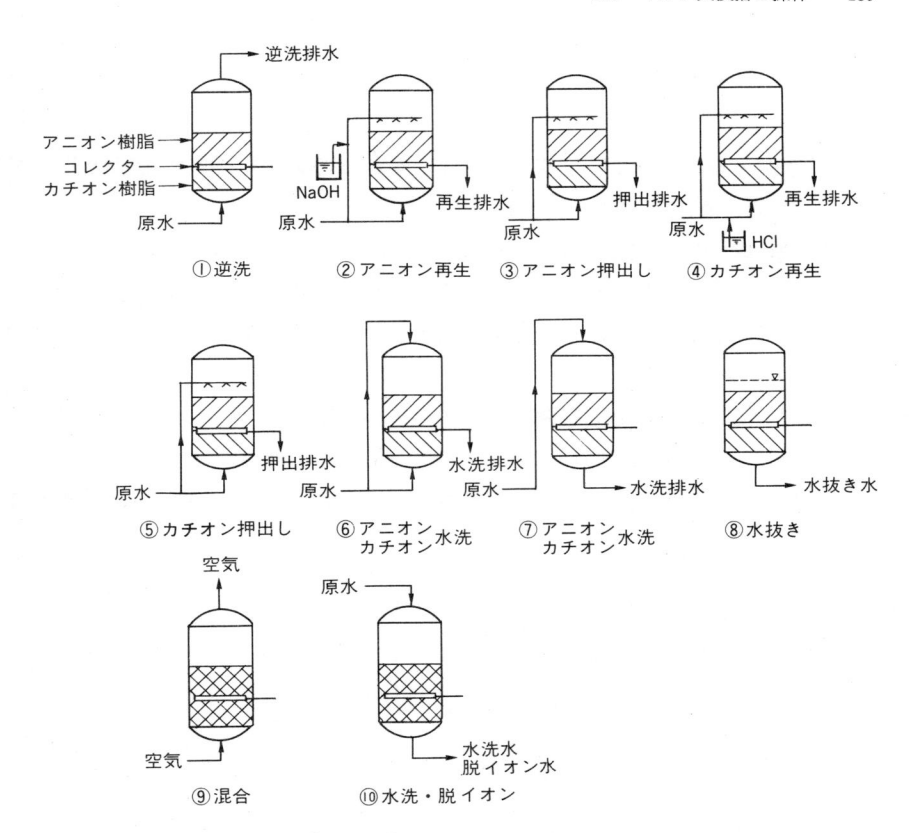

【図6.20】 混床塔の運転操作

に，カチオン樹脂再生時には，アニオン側に原水または脱イオン水を圧縮水として，圧入しながら再生を行う．再生剤の濃度，流速は単床塔に準ずる．

③ 押し出し：図6.20③アニオン押し出し，⑤カチオン押し出しも再生と同じ要領で押し出し水を送る．

④ 水　洗：再生剤の拡散，混合を防ぐ目的で，図6.20⑥のように上下向流で陰イオン樹脂，陽イオン樹脂の水洗を行い，次いで，⑦のように下向流水洗を行う．

⑤ 水 抜 き：樹脂層上部の水を抜く．水抜きは樹脂面上5cm程度がよい．こ

れより水が多いと次工程で樹脂の混合を行っても再び分離してしまう．
⑥ 混　　合：塔下部から空気を吹き込み，カチオン樹脂，アニオン樹脂を混合する[注]．
⑦ 水洗・脱イオン：塔上部から下部に向かって原水を通水し，目標水質に達したら，$LV20$〜30 で採水する．

(3) 単 床 塔（向流再生）（図 6.21 ⓐ上向流再生下向流通水参照）
① 逆　　洗：樹脂塔下部より上向流で通水し，樹脂層の逆洗を行う．
② 再　　生：塔上部から圧縮水を注入しながら，搭下部よりコレクターに向けて再生剤を通液する．
③ 押し出し：再生と同じ要領で再生剤を押し出す．
④ 洗　　浄：洗浄用の脱イオン水を塔上部から下部に向けて流す．
⑤ 脱イオン：塔上部より下部に向けて原水を流し（$LV=20$〜30），目標水質

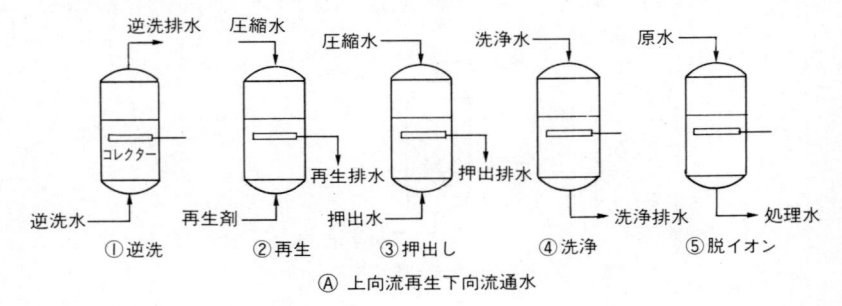

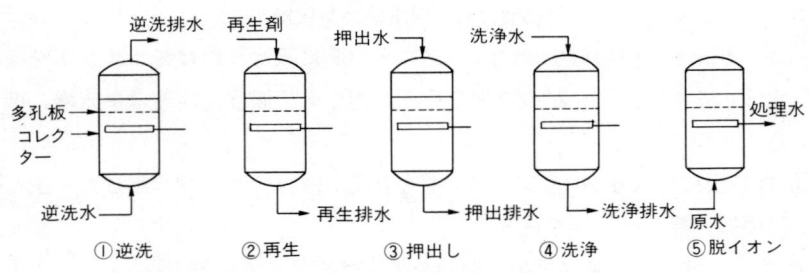

【図6.21】 向流再生法の運転操作

注) 混床塔における混合工程は重要で，混合が不十分の場合は，脱イオン水の水質が上がらないことがある．

に達したら採水を行う．

(4) 単床塔（向流再生）（図6.21 ⑧下向流再生上向流通水参照）

① 逆　　洗：塔下部より上部に向かって逆洗水を通水する．逆洗展開率は50～70％とする．

② 再　　生：塔上部より下部へ向けて再生剤を$SV=3$程度で通液する．陽イオン塔は15分，陰イオン塔は20分程度で通液を終了する．

③ 押し出し：樹脂量の1.5～2.0倍の水で再生剤の押し出しを行う．流速は再生時と同じ$SV=3$とする．

④ 洗　　浄：原水または脱イオン水を用いて$SV=3～5$で洗浄を行う．洗浄に要する水量は，並流再生のおよそ半分である．

④ 脱イオン：$LV=20～30$で原水を上向流で通水し脱イオンを行う[注1]．

6.7　イオン交換塔の構造

イオン交換塔の構造で重要な点は，以下の①～④である．
① 再生剤や原水の分散が均一に行われ，集水が完全にできること．
② 液だまりがなく，水抜きが完全であること．
③ 塔に付帯する薬注配管に酸やアルカリの滞留部分がないこと．
④ 内部点検がしやすく，樹脂の出し入れが容易であること．

(1) 並流再生塔

並流再生塔の構造例を図6.22（次ページ）に示す．
内部構造は単純で，樹脂の層高は通常600～2,000mm程度であるが，少なくとも600mmは必要である[注2]．樹脂層上部は樹脂層高の75～100％の逆洗展開用空間が必要である．

(2) 混床塔

混床塔の構造例を図6.23（次ページ）に示す．混床塔は塔中央や下部にコレ

注1）　6.6節で説明したイオン塔の操作は，一見煩雑であるが，原理はどれも同じで装置の操作手順は自動化されているので，使用方法は容易である．

注2）　樹脂層層高は，高いほどイオンリークが少ない．しかし樹脂層層高が高いと圧力損失が大きくなるので，経験上600mmをリークのない最低樹脂層層高としている．

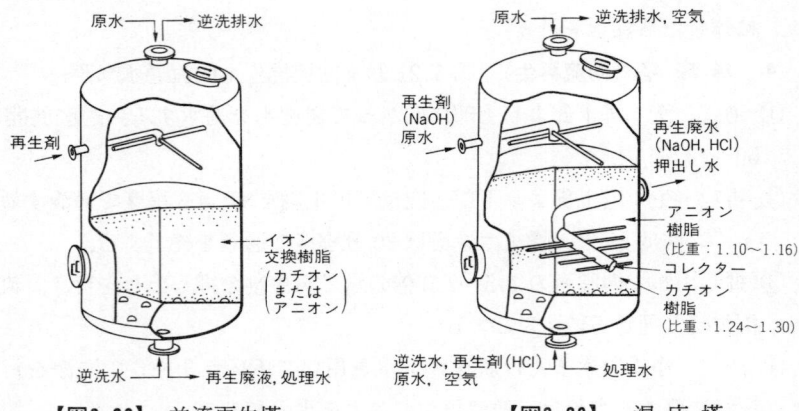

【図6.22】 並流再生塔　　　　【図6.23】 混床塔

クターを設ける[注1]．混床塔は一つの塔内で水酸化ナトリウムや塩酸溶液を用いるので，急激な中和反応による発熱が起こる場合がある．従って，コレクターまわりの材質は耐熱，耐腐食性のものが要求される．コレクター付近では，水の硬度成分やシリカ成分にも由来する結晶析出や沈殿物生成のおそれがあるので，定期的な点検が必要である．

(3) 向流再生塔

上向流再生塔と下向流再生塔の構造例を図6.24, 図6.25に示す(次ページ)．向流再生の逆洗は，いずれも上向流で行うので，樹脂粒は塔下部が大で，塔上部に行くに従って順次小さくなる．したがって，図6.25の上向流通水で採水するタイプは，圧力損失が緩やかで逆洗の回数や時間が短縮できる．図6.25では上向流通時の樹脂層の浮遊防止目的で，コレクターのわずか上に多孔板を設けている．多孔板上部に充填された200～300mmのイオン交換樹脂(リンス層と呼ぶ)は，水洗のときに水洗水中の陽イオンまたは陰イオンを事前に除去する[注2]ので，多孔板より下部の樹脂は脱イオン水で水洗されたことになり，再生効率が向上する．

注1) コレクターの位置は，アニオン樹脂とカチオン樹脂の境界面に設けるが，この位置が境界面とずれると再生不良となる．
注2) 脱イオン水となるので，水洗水に原水を用いることができ，脱イオン水を使用しなくてすむ．

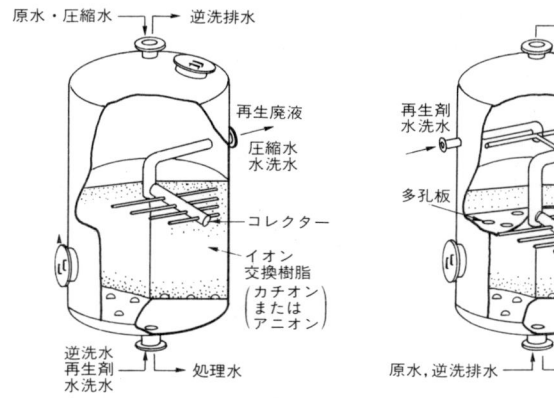

【図6.24】 向流再生塔（上向流再生） 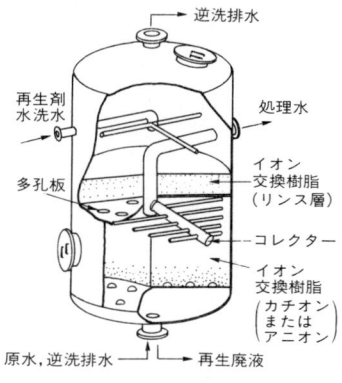　　【図6.25】 向流再生塔（下向流再生）

7. 鉄およびマンガンの除去

　鉄・マンガンは，人体に必要な成分であるが，一定量を超えると水に金属味を与えたり，赤水や黒水の原因となる．この場合，鉄が多いと赤カッ色，マンガンが多いと黒カッ色を呈する．これらの水は飲用に不適であり，食品製造，製氷，清涼飲料，醸造，クリーニングおよび染色などの産業に障害となる．

　我が国では，従来，鉄，マンガンとも規制値は $0.3\mathrm{mg}/l$ であったが，1992年の改正で鉄 $0.3\mathrm{mg}/l$，マンガン $0.05\mathrm{mg}/l$ となった．

　マンガンの基準値がこのように厳しくなったのは，微量のマンガンでも塩素消毒によって酸化され，不溶化して配管に付着したり，飲料水に黒水となって混入するからである．

　配管流路に付着したマンガン（$MnO_2 \cdot nH_2O$）は水流の急変や水圧のショックにより剝離し，用水中に混入する．

　水中の鉄やマンガンはもともと岩石や土壌から溶解したものである．鉄はヘマタイト（Fe_2O_3），マグネタイト（Fe_3O_4），シデライト（$FeCO_3$）などの化合物として存在し，マンガンはピロルサイト（MnO_2），マンガナイト（$MnOH$），ロドクロサイト（$MnCO_3$）などの化合物として存在する．

　これらの化合物は，還元されると Fe^{2+} や Mn^{2+} として水に溶出する．例えば地表水が地下に浸透する際に土壌中の有機物によって酸素が奪われて二酸化炭素が生成した結果，鉄酸化物は還元されて，$Fe_2O_3 \longrightarrow FeCO_3 \longrightarrow FeHCO_3$ と変化し，水に溶解する．

　地下水や停滞期の湖沼水中の鉄，マンガンもこのような還元のメカニズムで水に溶出するものと考えられる．

　水中の鉄，マンガンは炭酸水素塩として溶解しているもの，フミン酸などの有機物と錯体を形成しているもの，水酸化物としてコロイド状で存在するもの

およびシリカ($HSiO_3^-$, SiO_2)やアンモニアと共存しているものがあり, その形態は複雑である.

7.1 水中の鉄・マンガンの形態

水中の鉄やマンガンは酸化, 還元状態と水の環境条件に応じて色々な形態を示し, 複雑な挙動を示すので, 除去方法は簡単なようでかなり難しい[注].

用水処理において除鉄や除マンガンが問題となるのは, 水源が無酸素状態か還元状態の地下水である場合がほとんどである. 酸素の多い河川表流水のFe^{2+}には十分なエアレーションが行われており, $Fe^{2+} \longrightarrow Fe^{3+}$の酸化が完全に進む結果, 水酸化鉄〔$Fe(OH)_3$〕として析出し, Fe^{2+}が水中に溶存していることはほとんどない.

一方, マンガンは標準酸化還元電位が鉄よりかなり高く, 中性では酸素による酸化析出はほとんど起こらないため, 河川水中にMn^{2+}イオンがあれば, そのままの状態で溶存している.

地下水や貯水池の底水層は, 停滞すると無酸素状態で嫌気性となるので, 鉄もマンガンも還元されてFe^{2+}やMn^{2+}イオンとして溶解しているうえ, 水質的な多様性も関与して安定な状態を保っている.

表7.1に水中における鉄, マンガンの酸化還元状態について示す.

【表7.1】 水中における鉄, マンガンの酸化還元状態

	還元型 $\rightleftarrows$ 酸化型	
Fe	II価 Fe^{2+}	III価 1. 無定形水酸化鉄 2. オキシ水酸化鉄 FeOOH
Mn	II価 Mn^{2+}	IV価 水和2酸化マンガン $MnO_2 \cdot nH_2O$

還元状態で安定している地下水や貯水池や底層水を地表にくみ上げて上水道

注) 除鉄, 除マンガンの実験は, 実験者が現地に出向いて試料水採水後, 直ちに実験するのが必須条件である. 試料水を採取して長時間かけて実験室に移動しても, その間に空気酸化されてしまい, 現場の状況とは実態が異なってしまう.

や工業用水道として利用する場合，Fe^{2+}は酸化してFe^{3+}の無定形水酸化鉄〔$Fe(OH)_3$〕，水和酸化鉄（$Fe_2O_3 \cdot nH_2O$），オキシ水酸化鉄（$FeOOH$）などになる．ここで注意すべき点はマンガン（Mn^{2+}）は空気で酸化されないことである．しかし，水中のマンガン（Mn^{2+}）は殺菌用の塩素（Cl_2）と反応して水和二酸化マンガン（$MnO_2 \cdot nH_2O$）となり，長時間かかって配管経路に蓄積する．表7.2に，鉄（Fe^{2+}），マンガン（Mn^{2+}）と，溶存酸素，塩素との反応性を示す．

【表7.2】 Fe^{2+}, Mn^{2+}と溶存酸素，塩素との反応性

酸化剤 イオン	溶 存 酸 素	塩　　　　素
Fe^{2+}	○（$FeOOH$）	×（無定形水酸化鉄）
Mn^{2+}	×（ほとんど反応せず）	○（$MnO_2 \cdot nH_2O$）

（注）カッコ内は反応生成物

表7.2で生ずるオキシ水酸化鉄（$FeOOH$）や，水和二酸化マンガン（$MnO_2 \cdot nH_2O$）は，水配管や冷却水系統に沈着し，次第に多く付着して水流や水圧の変動に伴って剥離し，赤水（Fe^{3+}）や黒水（Mn^{4+}）の障害として現われ，場合によっては配管が閉塞することもある．

従って，用水中に鉄がある場合は溶存酸素を断ち，マンガンがある場合は塩素剤が混入しないようにすれば，これらの障害は発生しなくなる．

7.2　空気酸化による除鉄

地中の有機物は，腐敗，発酵，分解等により水中の溶存酸素を消費し，代わりに二酸化炭素（CO_2）を放出する．その結果，地下水中の酸化鉄（FeO, Fe_2O_3など）は式7.1，式7.2のようにCO_2，H_2Oをとり込んで$Fe(HCO_3)_2$などの形で水中に溶存していると考えられる．

$$FeO + CO_2 \longrightarrow FeCO_3 \quad \cdots\cdots\cdots (7.1)$$
$$FeCO_3 + CO_2 + H_2O \longrightarrow Fe(HCO_3)_2 \quad \cdots\cdots\cdots (7.2)$$

図7.1，図7.2に水酸化第一鉄〔$Fe(OH)_2$〕と水酸化第二鉄〔$Fe(OH)_3$〕の溶解度とpHの関係を示す[1]．

---
1) Charlot：“定性分析化学（II）”，（田中元治，曽根興三訳，共立全書 No.513），1974.

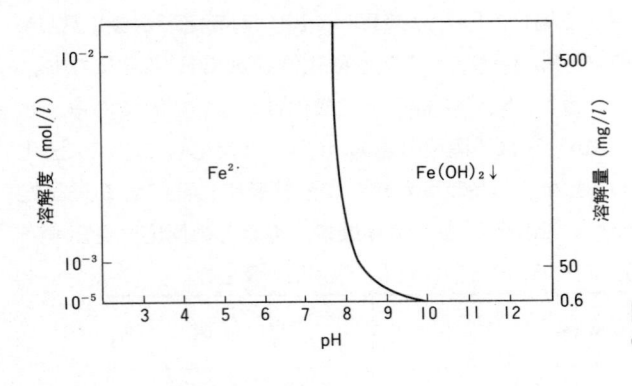

【図7.1】 水酸化第1鉄の溶解度とpH

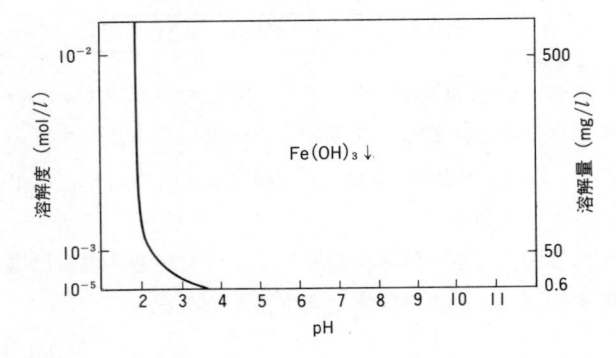

【図7.2】 水酸化第2鉄の溶解度とpH

　図7.1より，Fe^{2+}は中性付近では水酸化物を形成しないが，pH 8 を超えると，$Fe(OH)_2$ を生成しはじめ，pH10 で溶解度 0.6mg/l 程度の濃度になる．図7.2より，Fe^{3+}はpH 2 を超えると$Fe(OH)_3$となり，pH 4 で溶解度 0.6mg/l となる．このことは中性付近でFe^{2+}をFe^{3+}に酸化すれば，鉄イオンの不溶化が可能であることを示している．Fe^{2+}イオンの空気酸化は，非常に複雑な反応と思われるが，一例として式7.3が考えられる．

$$4Fe^{2+} + O_2 + 10H_2O \longrightarrow 4Fe(OH)_3 + 8H^+ \qquad \cdots\cdots\cdots(7.3)$$

　式 7.3 より 1 mgの酸素は，6.97mgのFe^{2+}イオンを酸化する[注]．これは，水中に約 7 mg/lの酸素が溶解していれば，49mg/l のFe^{2+}イオンを酸化できることを示している．しかし実際の処理ではそう単純に反応しない．

注) $4Fe/O_2 = 223/32 = 6.97$.

Fe^{2+}イオンを含む地下水は，式7.1，式7.2のように二酸化炭素をわずかに含み，強酸性を示すことが多い．

図7.3にFe^{2+}イオンの空気酸化とpHの関係を示す．

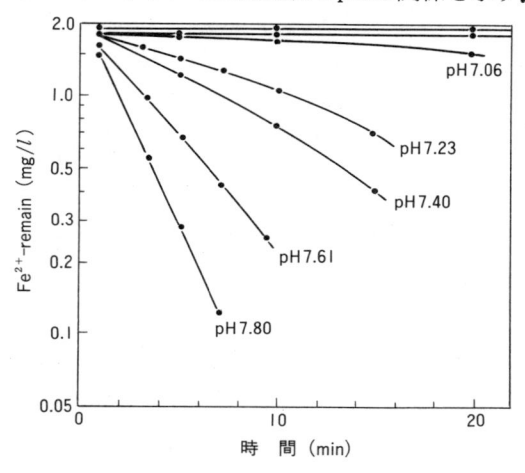

【図7.3】 第1鉄の空気化とpH

図7.3よりFe^{2+}イオンを空気酸化するには，pH 7以下では長時間を要し，Fe^{2+}を15分以内で0.3mg/l以下とするにはpH 7.4以上が必要である．

二酸化炭素を含む水に空気を吹き込むと，二酸化炭素が除去されるので，pH値はやや上昇し，Fe^{2+}の空気酸化に都合の良い条件となる．

式7.3よりFe^{2+}が酸化されるとH$^+$を生成するが，水中にHCO$_3^-$が含まれていれば生成したH$^+$は，式7.4のようにHCO$_3^-$と反応してCO$_2$となる．

$$HCO_3^- + H^+ \longrightarrow CO_2 + H_2O \qquad \cdots\cdots(7.4)$$

このように空気の曝気は水に酸素を補給するだけでなく，CO$_2$ガスを追い出して水のpHを高める作用もする．

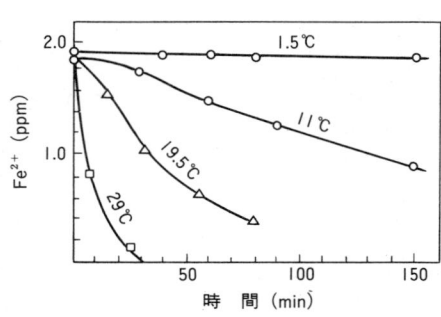

【図7.4】 Fe^{2+}の空気酸化に対する温度の影響 pH6.95（酢酸-酢酸ナトリウム）O$_2$ 7ppm

Fe^{2+}イオンの空気酸化速度は，温度によっても影響を受ける．図7.4

にFe^{2+}イオンの空気酸化に対する温度の影響について示す[1].

pH6.95で約1.9mg/lのFe^{2+}イオンを空気酸化した場合,11℃で150分酸化しても1.0mg/l程までの処理であるが,29℃では30分程度の酸化でFe^{2+}は完全に酸化できる[注].

Fe^{2+}イオンの空気酸化が確実に行われても原水中にシリカ(SiO_2)が溶解していると水酸化鉄〔$Fe(OH)_3$〕の粒子が小さくなったり,乳白色のコロイド状物質が析出して凝集しにくくなることが知られている[2].一般的にはシリカ濃度が50mg/l以上になると凝集しにくくなるといわれている.したがって溶解性シリカの多い水中の鉄イオンを空気酸化のみで除去するのは困難と思われる.また,水中にフミン酸,硫化物およびアンモニアが共存する場合も空気によるFe^{2+}イオンの酸化が難かしい.

これらの場合は塩素酸化など,別の処理方法を検討したほうがよい.

図7.5に空気酸化方式を用いた除鉄方法のフローシート例を示す.Fe^{2+}イオンの空気酸化が確実でも,凝集沈殿処理では凝集のためのPACや水酸化ナトリウム等の凝固剤添加は必要である.

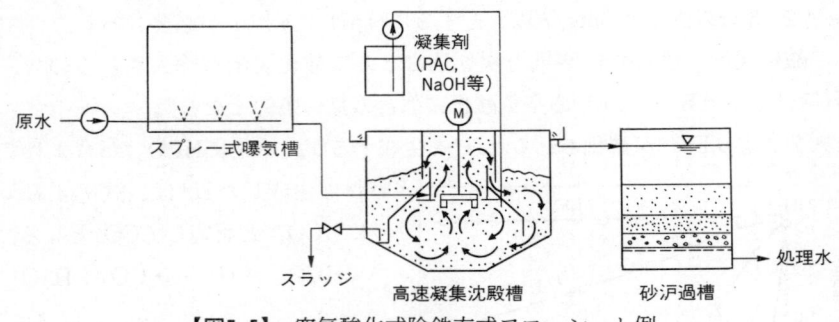

【図7.5】 空気酸化式除鉄方式フローシート例

---

1) 大蔵 武,後藤克己:用水と廃水,Vol.13, p.803 (1961)
注) 溶存酸素と鉄分を含んだ温水配管や,冷却水配管に酸化鉄スケールが多く付着するのはこの原因によることが多い.
2) "用水廃水便覧", p.566 (丸善) 1990.

7.3 塩素酸化による除鉄

空気酸化法も後述の接触沪過法も水質によっては除鉄できないが、塩素酸化法は適用範囲が広い。

塩素によるFe^{2+}イオンの酸化は、式7.5のように進み、瞬時に反応する。

$$2Fe^{2+} + Cl_2 + 6H_2O \longrightarrow 2Fe(OH)_3 + 6H^+ + 2Cl^- \quad \cdots\cdots (7.5)$$

炭酸水素鉄〔$Fe(HCO_3)_2$〕の場合は、式7.6のように反応する。

$$2Fe(HCO_3)_2 + Cl_2 + 2H_2O \longrightarrow Fe_2O_3 \cdot 3H_2O + 4CO_2 + 2HCl \quad \cdots\cdots (7.6)$$

式7.5、式7.6から、Fe^{2+} 1 mgを酸化するのに必要なCl_2は0.64mgである[注]。

表7.3にいくつかの酸化剤による鉄イオン(Fe^{2+})の酸化反応例を示す。

【表7.3】 鉄イオンの酸化反応

酸化剤	反応式	理論比 (酸化剤/Fe^{2+})
酸素	$4Fe^{2+} + O_2 + 10H_2O \longrightarrow 4Fe(OH)_3 + 8H^+$	0.14
塩素	$2Fe^{2+} + Cl_2 + 6H_2O \longrightarrow 2Fe(OH)_3 + 6H^+ + 2Cl^-$	0.64
過マンガン酸カリウム	$3Fe^{2+} + KMnO_4 + 7H_2O \longrightarrow 3Fe(OH)_3 + MnO_2 + K^+ + 5H^+$	0.94
オゾン	$2Fe^{2+} + O_3 + 5H_2O \longrightarrow 2Fe(OH)_3 + O_2 + 4H^+$	0.43

塩素は酸素よりはるかに強い酸化剤で、低pH値でもFe^{2+}を速やかに酸化する。pH 7付近で用水中の鉄イオン(Fe^{2+})を酸化するには、

$Fe^{2+} : Cl_2 = 1 : 1$の比率で塩素を作用させるのが一つの目安である。

原水中にフミン質などの有機物や硫化物などの塩素を消費する成分が含まれていると、更に多くの塩素が必要になるが、過剰の塩素注入はトリハロメタンを副生するので好ましくない。

図7.6に塩素酸化による除鉄法のフローシートを示す。

注) $Cl_2 / 2Fe = 71/111.6 = 0.64$.

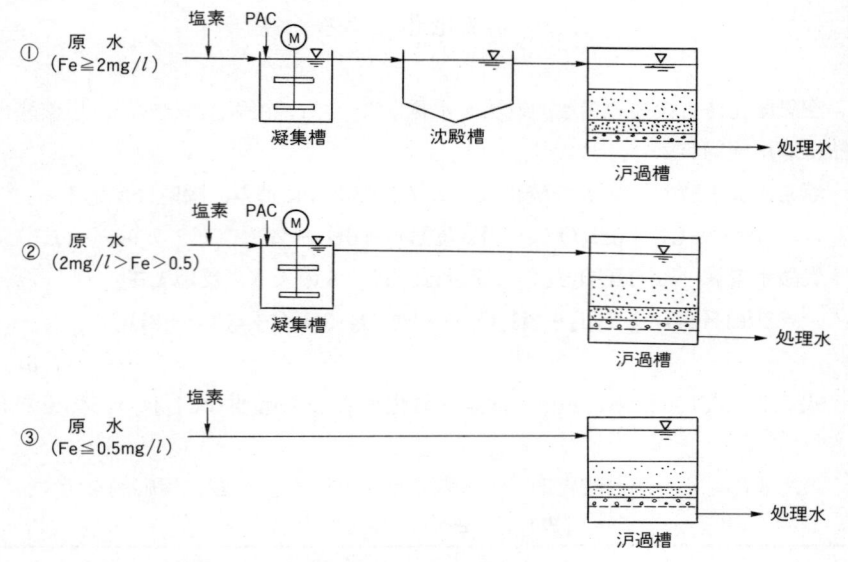

【図7.6】 塩素酸化による除鉄法フローシート

原水中の鉄分が 2 mg/l 以上ある場合は，塩素添加後 PAC 等の凝集剤を加えて凝集処理し，沈殿後フロックを分離して砂沪過を行って処理水とする．

鉄分が 0.5～2.0mg/l の場合は，沈殿槽を省略して直接沪過する．沪過槽で捕捉されたフロックは沪過槽の逆洗により排出する．

鉄分が 0.5mg/l 以下の場合は，塩素処理のみで直接沪過して処理水を得ることができる．

7.4 直接沪過除マンガン法

マンガンは，鉄と共に無色のイオン状で水中に溶解している．その溶解度は鉄より少なく，一般に鉄の約 1/10 である．

中性付近の水中におけるマンガンの形態を表 7.4 に示す

表 7.4 の(3)は原子価が＋7で高い酸化状態にあり，天然水中には存在しない．除マンガンの対象とされるのは， Mn^{2+} イオンとしての $Mn(HCO_3)_2$ である．Mn^{4+} イオンとしてのマンガンには二酸化鉄マンガン（MnO_2），水和二酸

【表7.4】 中性付近の水中におけるマンガンの形態

	(1)	$\xrightleftharpoons[\text{還元}]{\text{酸化}}$	(2)	$\xrightleftharpoons[\text{還元}]{\text{酸化}}$	(3)
原子価	+2		+4		+7
代表的な存在形態	$Mn(HCO_3)_2$ $MnSO_4$		$MnO_2 \cdot nH_2O$		$KMnO_4$

化マンガン($MnO_2 \cdot nH_2O_2$)が存在する．

二酸化マンガンは，イオン状ではなく固体で水中に存在するので，分離方法としては懸濁物質としての取扱いが適切と考えられる．

溶存酸素のみでMn^{2+}を酸化するのは事実上不可能である．

Mn^{2+}を含む水に塩素を必要量加え，水和二酸化マンガン（$MnO_2 \cdot H_2O$）を担持させたマンガン砂の層に原水を通水すると，Mn^{2+}は$MnO_2 \cdot H_2O$を触媒として塩素で速やかに酸化されて$MnO_2 \cdot H_2O$となり，既存の$MnO_2 \cdot H_2O$表面に結合する．ここで新たに生成した$MnO_2 \cdot H_2O$は同様の触媒作用をもち，次のMn^{2+}イオン酸化の触媒として働く[注]．以上の反応を式7.7に示す．

$$Mn^{2+}+MnO_2 \cdot H_2O+Cl_2+3H_2O \longrightarrow 2MnO_2 \cdot H_2O+4H^++2Cl^- \quad \cdots\cdots(7.7)$$

式7.7を除マンガン反応と沪材再生反応にわけて考えると式7.8，式7.9となる．

〔除マンガン反応〕

$$Mn(HCO_3)_2+MnO_2 \cdot H_2O \longrightarrow MnO_2 \cdot MnO+2H_2O+2CO_2 \quad \cdots\cdots(7.8)$$

〔再生反応〕

$$MnO_2 \cdot MnO+H_2O+Cl_2 \longrightarrow 2MnO_2+2HCl \quad \cdots\cdots(7.9)$$

式7.8と式7.9を加えると，

$$Mn(HCO_3)_2+MnO_2 \cdot H_2O+Cl_2 \longrightarrow 2MnO_2+H_2O+2HCl+2CO_2 \quad \cdots\cdots(7.10)$$

となり，基本反応式7.7と本質的に同じである[注]．

注） マンガン砂は，除マンガン処理に使えば使うほど，表面の水和二酸化マンガン（$MnO_2 \cdot H_2O$）は増加して色調は真黒色となり，除マンガン能力も増大する．

参考にマンガン砂の製法例を以下に示す．

① 急速沪過用の砂 $1\,m^3$ に対し，3%の塩化マンガン（$MnCl_2 \cdot 4H_2O$）水溶液 $150\,l$ を加えてよく混合する．

② 3%過マンガン酸カリウム（$KMnO_4$）水溶液 $75\,l$ を加えてよく混合する．これにより式 7.11 の反応が起こり，砂の表面に $MnO_2 \cdot nH_2O$ が付着する．

$$3Mn^{2+} + 2KMnO_4 + 7H_2O \longrightarrow 5MnO_2 \cdot H_2O + 4H^+ + 2K^+ \qquad \cdots\cdots (7.11)$$

反応後残液を抜き，同様の処理を更に2回くり返し，最後に水洗する．

薬品処理を1回終了するたびに生乾き程度の風乾を行う．この段階での外観色は茶褐色であるが，実際に使用を続けると次第に黒色に変わる．

鉄とマンガンは共存することが多く，特に地下水にはこの傾向が強い．また，地域によっては硫化水素やアンモニアが溶存しているときもある．

上記の水に対しては，曝気で硫化水素を除き，アンモニアは不連続点塩素処理法で処理後，鉄，マンガンの除去を行う．

アンモニア・硫化水素共存時の除鉄・除マンガン装置のフローシート例を図 7.7 に示す．処理水は必要に応じて活性炭処理を行い，次に残留塩素 $0.4\,mg/l$

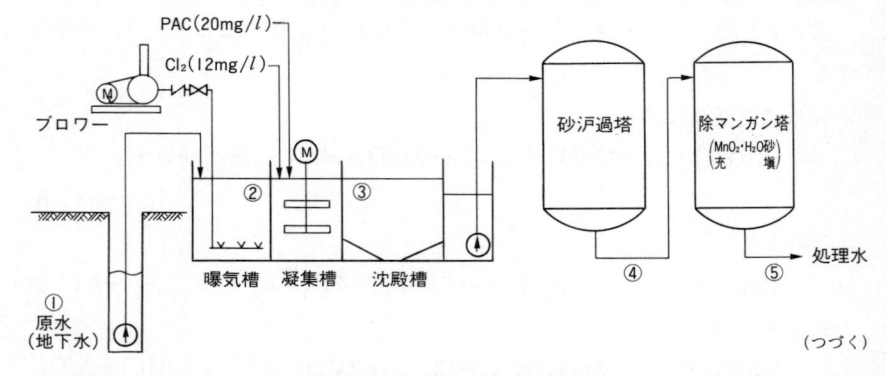

【図7.7】 アンモニア・硫化水素共存時の除鉄・除マンガン装置フロート例

注）式 7.10 からマンガン除去量と塩素必要量を計算すると，$Cl_2/Mn = 71/55 \fallingdotseq 1.29$ となる．

(図7.7 つづき)

	① 原水	② 曝気5分後	③ 塩素処理後	④ 砂沪過後	⑤ 除マンガン塔後
pH	6.4	6.3	6.1	6.1	6.1
NH_4-N (mg/l)	1.2	1.0	0.0	0.0	0.0
Fe (mg/l)	2.8	1.3	0.6	0.0	0.0
Mn (mg/l)	0.5	0.5	0.4	0.4	0.0
備　考	H_2S臭あり	H_2S臭なし	注入塩素(Cl_2) 12mg/l	砂沪過層800mm $LV \fallingdotseq$ 4m/h	マンガン砂層800mm $LV \fallingdotseq$ 4m/h

となるように塩素注入すれば飲用可能となる．

7.5　オゾン酸化による除鉄・除マンガン

Fe^{2+}イオンは，式7.12，式7.13のようにオゾン酸化され，Fe^{3+}となり，水和，凝集，沈殿する．

$$Fe^{2+} + O_3 + H_2O \longrightarrow Fe^{3+} + O_2 + 2OH^- \quad \cdots\cdots(7.12)$$
$$Fe^{3+} + 3H_2O \longrightarrow Fe(OH)_3 + 3H^+ \quad \cdots\cdots(7.13)$$

Mn^{2+}イオンもオゾンにより酸化され，Mn^{4+}となり不溶性の二酸化マンガン(MnO_2)となる．

$$Mn^{2+} + O_3 + H_2O \longrightarrow Mn^{4+} + O_2 + OH^- \quad \cdots\cdots(7.13)$$
$$Mn^{4+} + 4OH^- \longrightarrow Mn(OH)_4 \longrightarrow MnO_2 + H_2O \quad \cdots\cdots(7.15)$$

鉄およびマンガンのオゾン酸化は，pH，水温の影響が少ないので処理効率が高い．

地下水中のFe^{2+}イオンとMn^{2+}イオンのオゾン酸化例を図7.8に示す[1]．

Fe^{2+}イオンとMn^{2+}イオンが共存すると，まずFe^{2+}イオンが先に酸化された後にMn^{2+}イオンが酸化される．酸化終了後の処理水はPAC等の凝集剤を加えて凝集処理し，続いて砂沪過を行い処理水とする．

---

1) Kaiga, N., Iyasu, K., Kaneko, M., Takechi, T. : Ozonation for order control in water purification plants, 7th Ozone world congress, International Ozone Association p.264　(1985)

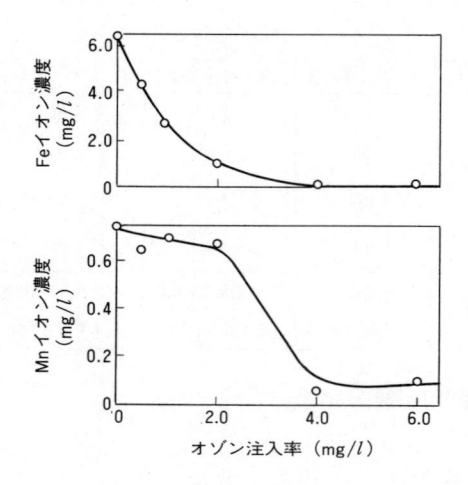

【図7.8】 地下水のオゾン酸化による水質変化

表7.5はpH6.85, 鉄イオン6.80mg/l, マンガンイオン0.68mg/lの原水を塩素酸化, 空気酸化およびオゾン酸化したときの各イオン除去率を示したものである.

表7.5より, 鉄の酸化は塩素注入4 mg/lでも10 mg/lでもほぼ99%の

【表7.5】 塩素処理との比較

	注入率 (mg/l)	pH	鉄イオン 濃度 (mg/l)	鉄イオン 除去率 (%)	マンガンイオン 濃度 (mg/l)	マンガンイオン 除去率 (%)
原 水	—	6.85	6.80	—	0.68	—
塩 素	4	6.98	0.07	99.0	0.33	51.5
塩 素	10	7.04	0.10	98.5	0.10	85.3
空 気	—	7.08	5.30	22.1	0.68	0
オゾン	4	6.98	0.06	99.1	0.03	95.6

除去率であるが, マンガンの酸化は塩素注入10 mg/lのほうが85.3%と高い除去率を示す.

空気酸化では鉄の除去率は22.1%と低く, マンガンは全く除去できない.

オゾン酸化では, 鉄99.1%の除去率, マンガンは95.6%の除去率を示し, 塩素より高い除去効果がある.

7.5 オゾン酸化による除鉄・除マンガン

表7.6にマンガンイオンの酸化反応式を示す.

塩素,過マンガン酸カリウムおよびオゾンはマンガン(Mn^{2+})を酸化し,二酸化マンガンとする.マンガン(Mn^{2+})の酸化に要する必要オゾン量は0.87($O_3/Mn = 48/55 = 0.87$)である.

【表7.6】 マンガンイオンの酸化反応

酸化剤	反応式	理論比 (酸化剤/Fe^{2+})
塩素	$Mn^{2+} + MnO_2 \cdot H_2O + Cl_2 + 3H_2O \longrightarrow 2MnO_2 \cdot H_2O + 4H^+ + 2Cl^-$	1.29
過マンガン酸カリウム	$3Mn^{2+} + 2KMnO_4 + 2H_2O \longrightarrow 5MnO_2 + 2K^+ + 4H^+$	1.92
オゾン	$Mn^{2+} + O_3 + H_2O \longrightarrow MnO_2 + O_2 + 2H^+$	0.87

8. 脱酸素処理

8.1 水中における鋼の腐食

　同一条件の水溶液に複数の金属が混在した時に，どちらが先にイオンになりやすいかを比較したものが金属のイオン化傾向である．金属のイオン化傾向と反応性を表8.1[1]に示す．

【表8.1】 金属のイオン化傾向と反応性

イオン化列	K Ca Na Mg Al Zn Fe Ni Sn Pb Cu Hg Ag Pt Au
空気中の酸素との反応	直ちに酸化 / 徐々に酸化 / 酸化されにくい
水との反応	冷水と反応 / 高温で反応 / 反応しない
酸との反応	普通の酸と反応 / 酸化作用のある酸と反応 / 王水と反応

　表8.1のイオン化列で左側に位置するものほど活性が高く，イオンになりやすい．
　一例として，硫酸銅（$CuSO_4$）溶液に鉄片（Fe^0）を浸すと，鉄片の表面に銅（Cu^0）が析出する．

$$Fe^0 + Cu^{2+} + \longrightarrow Fe^{2+} + Cu^0 \qquad \cdots\cdots (8.1)$$
$$Fe^0 \longrightarrow Fe^{2+} + 2e^- \qquad \cdots\cdots (8.2)$$
$$2e^- + Cu^{2+} \longrightarrow Cu^0 \qquad \cdots\cdots (8.3)$$

　これは，上式のように鉄が酸化してイオン化（腐食）し，銅イオンが還元されて金属銅（Cu^0）に変ったことによるものである．
　このように2種類の金属が共存するとき，イオン化しやすい金属鉄の方をイ

---
1) 渡辺慶一，堀　一男："解明化学 I"，（文英堂）1979．

オン化傾向の大きい金属という．この現象は銅合金と鋼を用いた熱交換器や，これに付帯する水系配管でよく観察される．

一般に金属の腐食に影響をおよぼす因子としては，pH，溶存ガス（酸素，二酸化炭素など），溶解塩類，温度などがある．給水系統，熱交換器およびボイラ等において最も腐食反応に影響をおよぼすのは，pHと溶存ガスである．給水のpHが中性かアルカリ性でも水中に溶存酸素があれば，鉄はFe^{2+}イオンとなって溶解する．

$$Fe^0 + Fe^{2+} + 2e^- \quad\quad\quad\quad\quad\quad\quad\quad\quad\quad (8.4)$$

$$H_2O + 1/2\,O_2 + 2e^- \longrightarrow 2OH^- \quad\quad\quad\quad (8.5)$$

$$Fe^{2+} \quad + \quad 2OH \longrightarrow Fe(OH)_2 \quad\quad\quad\quad (8.6)$$

式8.6で生成した水酸化鉄（II）〔$Fe(OH)_2$〕は，溶存酸素と式8.7のように反応して水酸化鉄（III）〔$Fe(OH)_3$〕となる．

$$4Fe(OH)_2 + O_2 + 2H_2O \longrightarrow 4Fe(OH)_3 \quad\quad\quad\quad (8.7)$$

同一材質の鋼表面でも，素材の不均一や表面状態の違いなどにより電位差を生じ，陽極部が腐食されるという現象が起こる．これは極部電池による腐食と呼ばれている．図8.1に極部電池による腐食の模式図を示す．

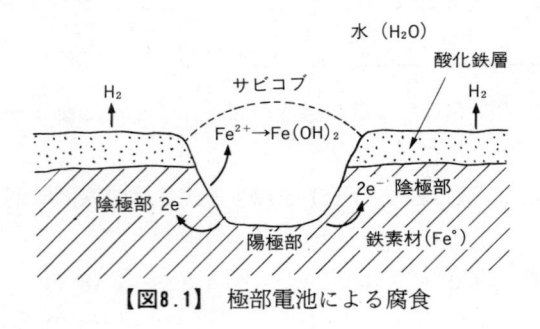

【図8.1】 極部電池による腐食

鋼表面の酸化鉄層が部分的に剝がれると，その部分が陽極となって鉄（Fe^0）が溶け出し（Fe^{2+}となる），水中のOH^-と作用して$Fe(OH)_2$となり，周囲に沈殿する．水中に溶存酸素があれば，$Fe(OH)_2$は更に$Fe(OH)_3$となり腐食が進行する[注]．

鋼の腐食に対する温度の影響を図8.2[1]に示す．温水の給水タンクや配管な

注）極部電池は，金属表面の凸凹や溶存酸素により，水中で半球状のコブ（通称サビコブと呼ぶ）を生成する．サビコブの下部は，母材の鋼が半球状に腐食される．更に腐食が進行すると鋼管に穴があくことがある．
1) Spller, F.N.:"*Corrosion, Causes and prevention*", (McGraw-Hill) p.168, 1951.

どの開放系では 80 ℃までは温度の上昇と共に侵食度が増加するが，80 ℃以上になると低下する．

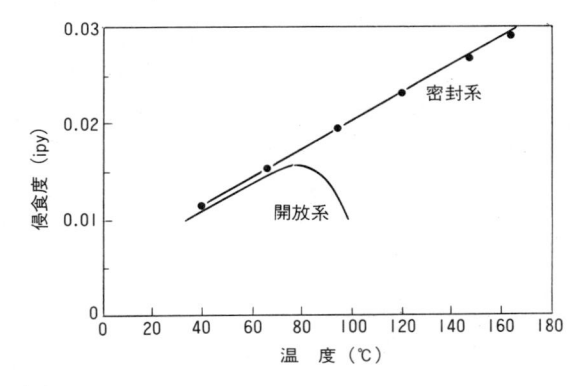

【図8.2】 溶存酸素を含む水中での鋼の腐食に対する温度の影響

密閉系の給水系統や配管で温度を上げると，温度の上昇に比例して侵食度も増加する．

図8.3[1]に汚れの下部での炭素鋼の孔食発生機構を示す．鋼の表面にスライムや腐食によるスケール等の汚れが付着すると，溶存酸素が拡散しにくい汚れの下部が局部陽極となり，溶存酸素との接触部が陰極となって，汚れ下部で局部腐食（孔食）が発生することがある．

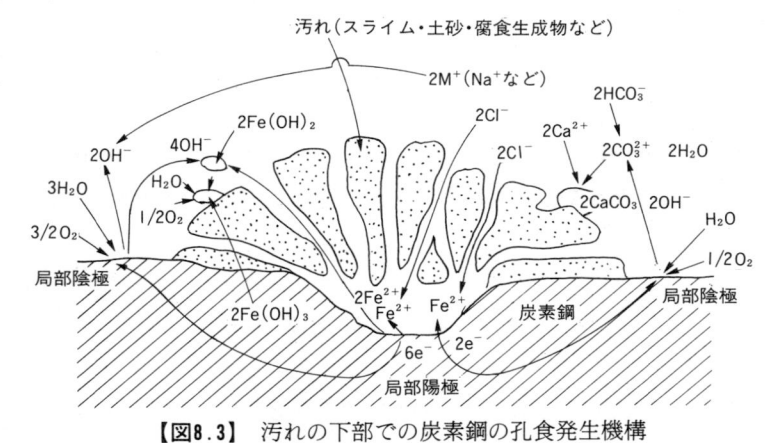

【図8.3】 汚れの下部での炭素鋼の孔食発生機構

---

1) 鈴木 隆：ペトロテック，Vol.2, No.6 (1979)

陰イオンの中では，比較的拡散速度の大きい塩化物イオン（Cl^-）が孔食部で濃縮されやすい．このような汚れの下部で発生する孔食は，ステンレス鋼，銅および銅合金などの耐食材料でも起こることがある．

塩化物イオン（Cl^-）や硫酸イオン（SO_4^{2-}）などの陰イオンが酸素と共にボイラ水中に共存すると図8.4[1]のように鋼（SB-49）の腐食を促進させる．同じ条件でも酸素がなければ腐食しない．したがって，塩化物イオンや硫酸イオンが共存する水中では脱酸素処理が防食上重要である．

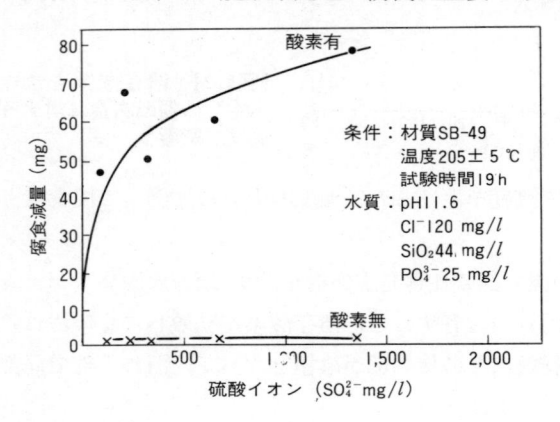

【図8.4】 腐食に与える硫酸イオンの影響

条件：材質SB-49
温度205±5℃
試験時間19h
水質：pH11.6
　　　Cl^- 120 mg/l
　　　SiO_2 44 mg/l
　　　PO_4^{3-} 25 mg/l

このように，水に接する金属は異種金属の接触，金属表面の不均一，液中の酸素濃度の濃淡，汚れおよび塩化物イオンなどにより電気的に腐食する．特に鋼の場合は，液中に酸素があると腐食が一層促進される．

鋼と接触する水の純度が高く，空気（酸素）が遮断されていれば鋼の腐食は進行しない．したがって，水中の酸素を除去することは，鋼の腐食防止対策上重要である．

8.2 脱酸素の方法

水中の酸素を除去する方法には，物理的な方法と化学的な方法があり，更に次のように細分化される．

---

1) 金子一郎：配管技術（増刊号），Vol.23, No.10 (1981)

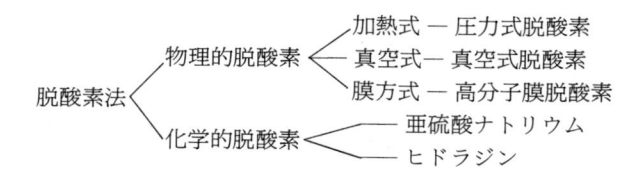

脱酸素法 ─┬─ 物理的脱酸素 ─┬─ 加熱式 ── 圧力式脱酸素
　　　　　│　　　　　　　　├─ 真空式 ── 真空式脱酸素
　　　　　│　　　　　　　　└─ 膜方式 ── 高分子膜脱酸素
　　　　　└─ 化学的脱酸素 ─┬─ 亜硫酸ナトリウム
　　　　　　　　　　　　　 └─ ヒドラジン

8.2.1　物理的脱酸素

　物理的脱酸素の原理は，大気圧前後の圧力下でヘンリーの法則およびダルトンの分圧の法則を利用したものである．

　図8.5に各温度における酸素，チッ素および空気の水に対する溶解度を示す．

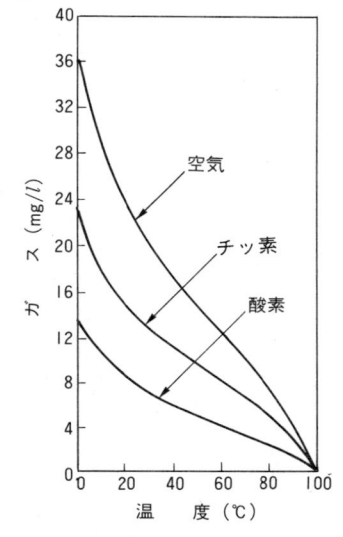

【図8.5】　気体の水に対する溶解度

　酸素の水に対する溶解度は，温度が高いほど，また圧力が低いほど低くなり，沸点の100℃で溶解度ゼロとなる．

　物理的脱酸素には，次の基本的考え方が必要である．

① 気体分圧の減少：酸素を溶解している水の酸素分圧を低くすれば，水に対する酸素の溶解度は減少し，酸素を多く除去できる．

② 加熱：ほとんどの気体は，水の温度を上昇させれば，溶解度を低くすることができる．

③ 水の微粒子化：水滴を小さくすると，水の表面積が大きくなり，酸素が水の中を移動する距離が小さくなるので，脱酸素を容易にする．

④ 沸騰と拡散：減圧または加熱によって水滴表面で激しい沸騰をさせる．また，棚段，充塡材およびスクラバーなどによって，水滴を細かく分散させ，溶存酸素を空気中に移りやすくする．

物理的脱酸素には通常，①加熱式，②真空式および③膜による方法が実用化されている．

(1) 加熱式脱気法

大気圧および加圧式脱酸素装置に必要な条件は次の①～④である．
① 酸素の溶解度を小さくするために，脱気器内の圧力に相当する飽和温度まで水を加熱する．
② 水に接触する気相中の酸素の分圧をゼロに近づけるために，酸素を含まない水蒸気やチッ素ガスと接触させる．
③ 溶存酸素が水中から拡散して放出され易くするために，水滴を細かくする機構とし，水蒸気やチッ素との接触時間が充分であること．
④ 水から分離した酸素を速やかに小量の水蒸気とともに器外へ放出できる構造であること．

図8.6[1]にスプレートレイ型脱気器の一例を示す．

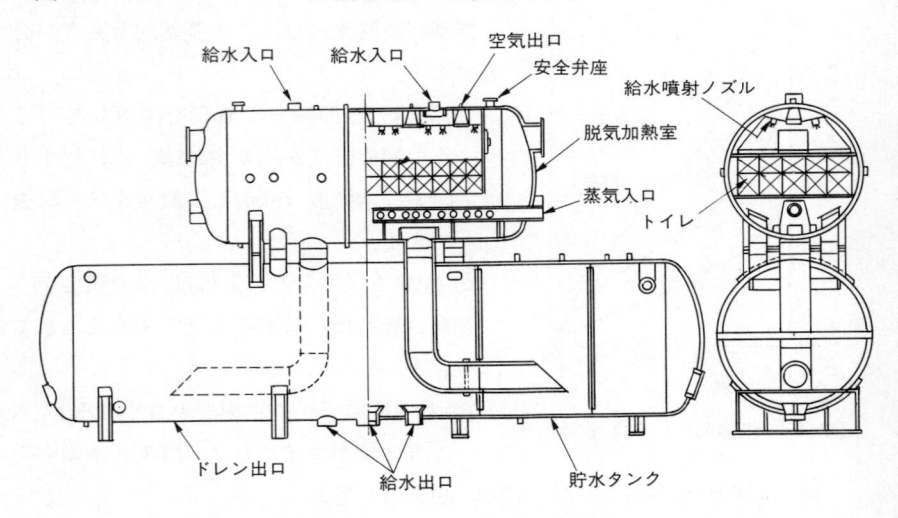

【図8.6】 スプレートレイ型脱気器

---

1) 樋口英雄：火力原子力発電，Vol.25, No.5 (1974)

水は加熱室上部のノズルから噴射され，トレイ上部の分配皿に落下し，順次下段のトレイへ膜状に落下する．このときトレイ下部から蒸気を吹き込み，向流接触により脱気する．分離したガスは蒸気の一部と共に外部へ放出される．処理水中の酸素濃度は通常，0.5mg/l 程度まで除去されるが，ゼロにはならない．

(2) **真空脱気法**

常温または冷水を物理的に脱気する場合は，真空脱気法を用いる．
図 8.7[2)] に真空脱気器の一例を示す．

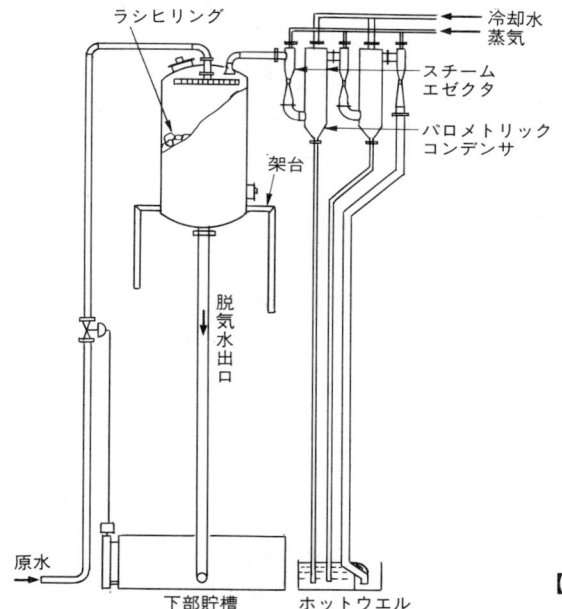

【図8.7】 真空脱気器

内部構造は，脱気槽の中にラシヒリングまたは多孔板の棚を入れ，上部から水を散水して槽内の水の表面を大きくするようにしてある．その一方で，スチームエゼクターまたは真空ポンプ等の真空用機器により，槽内を高い真空状態にして，常温下でも水が沸騰しやすいようにし，原水中のガスを槽外へ排出

---

2) 氷上克一：気曝と脱気，"用水廃水便覧"，(丸善) 1973.

する．脱気水中の酸素濃度は 0.2〜0.5mg/l 程度である．

(3) 膜による脱気法

物質が膜を透過するのは膜の両側で，濃度差，圧力差，静水圧差および電気ポテンシャル差のあることが必要である．

膜による水中の脱酸素は，膜の片側に酸素を含んだ水を供給し，もう片側を減圧にして透過物質を除去する方法である．

図 8.8 に膜による脱気法の原理を示す．

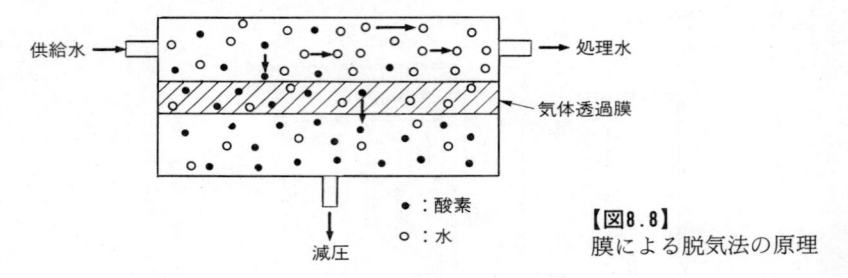

【図8.8】 膜による脱気法の原理

最近，各種の気体分離膜が開発されている．代表的なものは，水素分離膜，二酸化炭素分離膜，酸素・チッ素分離膜，炭化水素分離膜およびフェノール分離膜などがある．

脱酸素を目的にした膜の一つにポリプロピレン製中空糸多孔膜がある．

ポリプロピレンは疏水性が強く，気体透過性を有する．脱酸素の方法は，酸素を含んだ原水を中空糸膜内部に供給し，中空糸外側を真空ポンプ等により減圧排気するだけの単純な機構である．

中空糸脱気モジュールの形状例を図 8.9（次ページ）に示す．

中空糸脱気モジュールを用いた脱気水製造装置フローシート例を図 8.10（次ページ）に示す．

泸過水（FI値 5 以下が望ましい）は 1〜3 kgf/cm² 程度の圧力[注]で脱気モジュールに供給され，同時に膜モジュールの二次側から真空ポンプ（水封式ポ

注）供給水温 50℃以下のときは，最大供給水圧力 3.0kgf/cm² 以下，供給水温 50〜60℃のとき，最大供給水圧力 1.0kgf/cm² 以下とする．

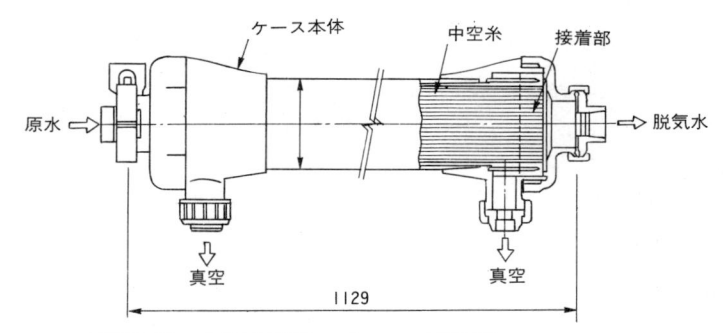

【図8.9】 中空糸脱気モジュール形状例（ダイセル）

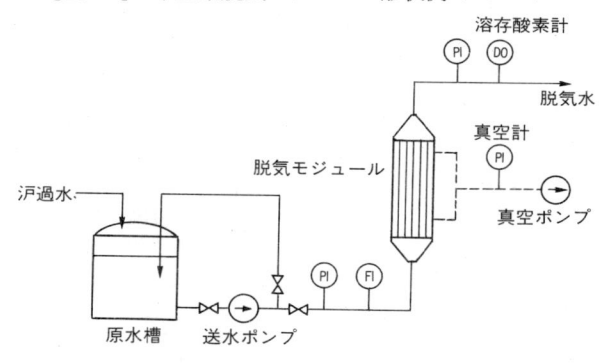

【図8.10】 脱気水製造装置フローシート

ンプ[注1]が良い）などを用いて減圧する．

中空糸脱気膜モジュールによる真空度と，脱気性能の関係例を図8.11に示す[注2]．

真空度50Torr，処理水量1000l/hの場合は処理水の溶存酸素は約0.8mg/lで，供給水溶存酸素濃度の1/10となる．

供給水温と脱気性能の関係を図8.12[注2]に示す．給水温度25℃，真空度40Torrで処理水の溶存酸素は約0.7mg/lである．同一真空度で供給水温度が高くなればなるほど処理水の溶存酸素濃度は低下する．

注1) 水封式真空ポンプは，湿った水滴のあるガス吸引に適しており，真空度10Torr(mmHg)程度のポンプを使用する．

注2) ダイセル化学工業㈱製「FH10型」：内径/外径＝0.24/0.30mm，膜面積（内径基準33m^2），モジュール寸法（89mmϕ×1129mm）

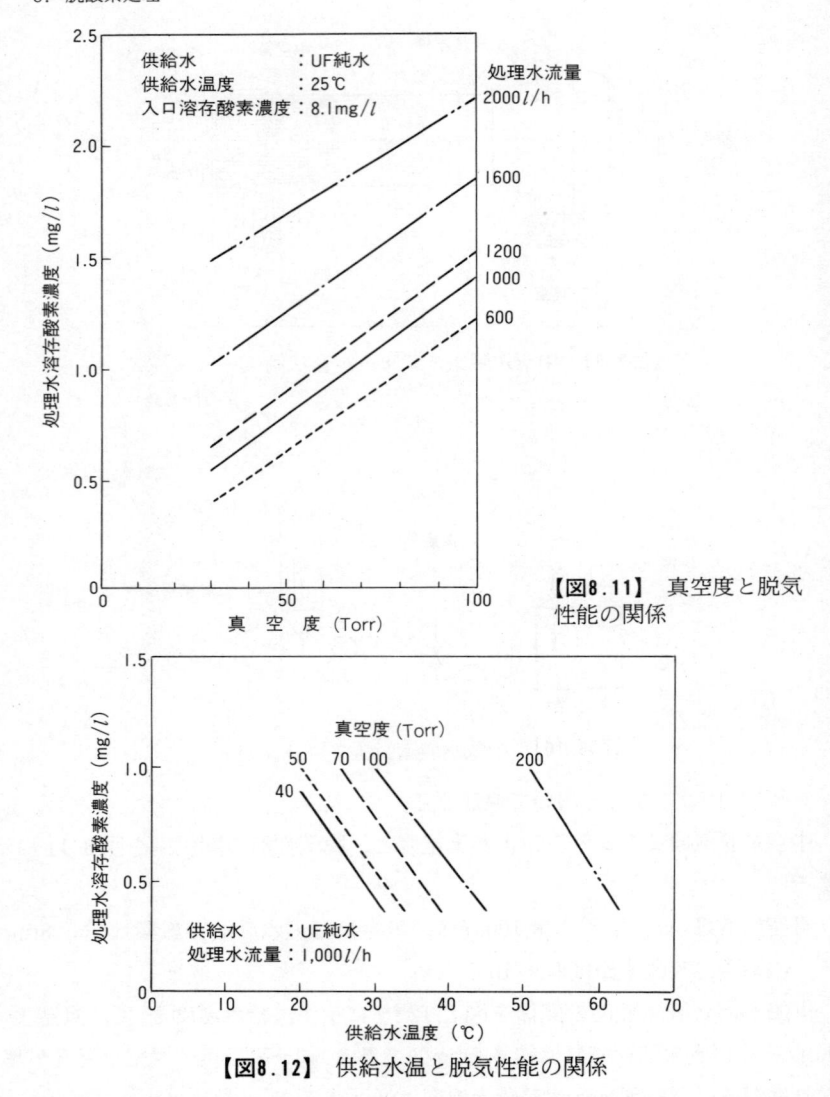

【図8.11】 真空度と脱気性能の関係

【図8.12】 供給水温と脱気性能の関係

供給水温と圧力損失の関係を図8.13[注]に示す.処理水温度25℃(処理水流量1000l/h)における圧力損失温度換算係数を1.0とすれば,処理水温10℃では約1.5,60℃では約0.5となる.

注) 前掲 p.167 脚注2)参照.

8.2 脱酸素の方法

処理水温度が低いときは，圧力損失が高く，処理水温度が高くなると，圧力損失が低くなるのは，水の粘度の影響によるものと考えられる．

脱気膜による水中の酸素は，0.5mg/l程度まで脱気できるので，各種の小型水処理装置への適用が考えられる．

現在実用化されているものは，小型ボイラの給水用脱酸素[注1]，超純水の脱酸素，冷却水の脱酸素，食品用水の脱酸素および分析用水の脱気などである．

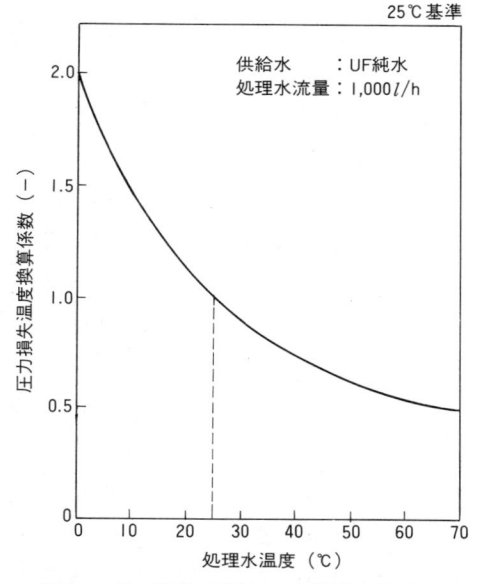

【図8.13】 供給水温と圧力損失の関係

8.2.2 化学的脱酸素

物理的脱酸素では，水中の大半の酸素を除去できるが完全なものではなく，0.2～0.7mg/l 程度が残留している．

化学的脱酸素法では，この残りの酸素をほぼ完全に除去できる．このために還元性の強い亜硫酸ナトリウム（Na_2SO_3）や水加ヒドラジン（$N_2H_4 \cdot H_2O$）が用いられる．

(1) 亜硫酸ナトリウム

亜硫酸ナトリウムは，中低圧ボイラや冷却水の脱酸素に用いられる．

$$Na_2SO_3 + 1/2O_2 \longrightarrow Na_2SO_4 \qquad \cdots\cdots\cdots (8.8)$$

式8.8より，1mg/lの酸素を除去するには8mg/lの亜硫酸ナトリウムが必要となる．[注2]

注1) 丸ボイラや水管ボイラ（圧力20kgf/cm²以下）の給水溶存酸素は，"低く保つ"か"0.5ppm以下"とされているから，これらの小型ボイラには膜脱気水が利用できる．
注2) $Na_2SO_3/1/2O_2 = 126/16 ≒ 8$

実際には不純物，熱による自己分解などの損失が考えられるので，計算量の2〜3倍量を加える．

図8.14[1]に亜硫酸ナトリウムの酸素除去率とpHの関係を示す．20℃における酸素除去率は，弱酸性のpH5.5付近で極大値を示すが，50℃の場合はpH9〜12の範囲でも除去率は高い．

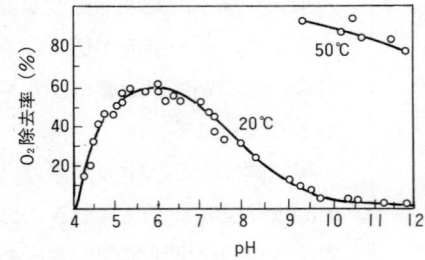

【図8.14】 亜硫酸ナトリウムによる酸素除去率（2分間放置）

ボイラ給水の脱酸素に亜硫酸ナトリウムを用いる場合は，亜硫酸ナトリウム自体と反応生成物の硫酸ナトリウムが固形物であるため，ボイラ水中の全溶解固形分を増加させる．

亜硫酸ナトリウムはボイラ水中で，式8.9，式8.10のように熱分解するので，ボイラ水のブローによる希釈や溶存酸素がなくても徐々に減少する．

$$4Na_2SO_3 + 2H_2O \rightleftarrows H_2S + 3Na_2SO_4 + 2NaOH \cdots\cdots (8.9)$$
$$Na_2SO_3 + H_2O \rightleftarrows 2NaOH + SO_2 \cdots\cdots (8.10)$$

発生したH_2S，SO_2はボイラの蒸気や復水のpHを低下させる原因となるので，亜硫酸ナトリウムは大型ボイラ（130kgf/cm²以上）には用いられない．

(2) **ヒドラジン**

ヒドラジンは，式8.11のように酸素と反応する．

$$N_2H_4 + O_2 \rightleftarrows 2H_2O + N_2 \cdots\cdots (8.11)$$

式8.11より酸素1mg/lを除去するには，1mg/lのヒドラジンが必要である[注]．

ヒドラジン自体は気体であるが，通常，水加ヒドラジン（$N_2H_4 \cdot H_2O$）が使用される．

図8.15[2]にヒドラジンの脱酸素におけるpHの影響について示す．

ヒドラジンはpH10のとき，酸素との反応が最も速い．

---

1) David, : *JAWWA*, p.1121 (1947)
注) $N_2H_4/O_2 = 32/32 = 1.0$
2) Harshman, : *Transaction of the ASME*, Aug., p.869 (1955)

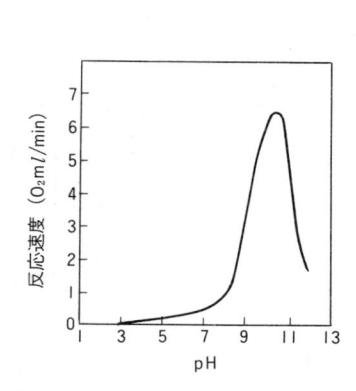

【図8.15】 ヒドラジンの脱酸素反応におけるpHの影響

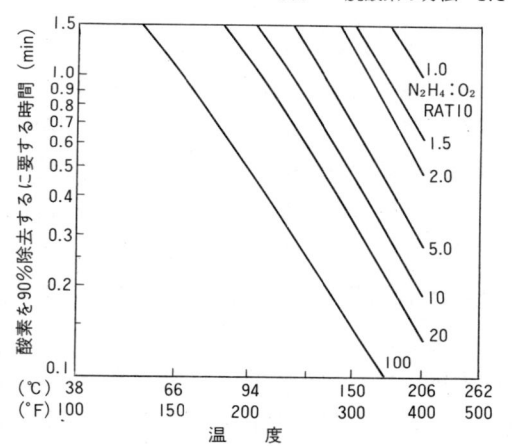

【図8.16】 ヒドラジンの脱酸素反応における温度の影響

図8.16[1]にヒドラジンの脱酸素における温度の影響について示した.

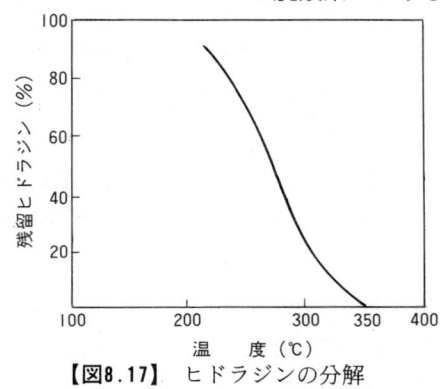

94℃(200°F)で酸素の100倍量のヒドラジンを添加した場合は,酸素を90%除去するのに要する時間は約0.5分,20倍添加の場合は約1.2分である.過剰のヒドラジンや未反応のヒドラジンは,ボイラなどの圧力容器内で式8.12のようにアンモニアとチッ素に自己分解する.

【図8.17】 ヒドラジンの分解

$$2N_2H_4 \longrightarrow 2NH_3 + N_2 + H_2 \qquad \cdots\cdots\cdots (8.12)$$

この分解は,図8.17[2]のように350°付近では完全に行われる.

ヒドラジンの極く一部は水中に残留し,銅,鉄などの金属酸化物を還元する.

---
1) Stones,: *Proc. Amer. Power cont.*, Vol.**19**, p.692 (1957)
2) 西島 力,中山晴雄:燃料と燃焼, Vol.**28**, No.5 (1961)

$$2\text{CuO} + \text{N}_2\text{H}_4 \rightleftarrows 2\text{Cu} + \text{N}_2 + 2\text{H}_2\text{O} \quad \cdots\cdots\cdots\cdots\cdots\cdots \quad (8.13)$$

$$6\text{Fe}_2\text{O}_3 + \text{N}_2\text{H}_4 \rightleftarrows \text{Fe}_3\text{O}_4 + \text{N}_2 + 2\text{H}_2\text{O} \quad \cdots\cdots\cdots\cdots\cdots \quad (8.14)$$

亜硫酸ナトリウムやヒドラジンによる脱酸素は，酸素濃度が低くなければ，ほぼ完全に行われる．したがって，化学的脱酸素法は物理的脱酸素処理後の水に対して用いられることが多い．化学的脱酸素にもいくつかの短所がある．亜硫酸ナトリウムの使用は，全溶解固形分によるスケール析出，H_2S，SO_2 副生によるボイラ蒸気や復水 pH 低下の問題がある．

ヒドラジンは，自己分解したアンモニアによる銅合金の溶解腐食および溶解した銅イオンの鉄素材への析出などの問題がある．

このように化学薬品を用いた脱酸素では，処理薬品に由来する障害を伴うので，薬品の濃度管理が重要である．

8.3 防食の方法

工業用水の純度を上げ，溶存酸素を除去し，pH 調整をすれば，鋼材を用いた水系配管や槽の腐食を防ぐことができる．これに防食剤を加えれば，更に，腐食反応を抑制することができる．

防食剤はそれ自身は水に溶解するが，難溶性の皮膜を形成して，金属イオンの水和または溶存酸素による還元反応を妨げることによって，腐食反応を抑制する．

表 8.2[1] に防食皮膜の特性による防食剤の分類を示す．

酸化皮膜型のクロム酸塩や亜硝酸塩類は，不働態化剤とも呼ばれ，炭素鋼の電位を高電位域に移行させることによって，生成した第一鉄イオン（Fe^{2+}）を急速に酸化して，不溶性の $\gamma\text{-Fe}_2\text{O}_3$ を主とする酸化皮膜を炭素鋼の表面に形成して防食する．

一般に酸化皮膜型の防食剤は,優れた防食効果を示す．しかし,クロム酸塩類は毒性が強いので,環境対策上問題がある．また,亜硝酸塩は開放系では,亜硝酸塩酸化細菌によって容易に酸化され，防食効果のない硝酸塩に変化するなど，

---

1) 鈴木　隆：石油学会誌，Vol.15, No.7 (1972)

実用上の問題点がある.

【表8.2】 防食皮膜の特性による防食剤の分類

防食剤の分類		代表的な防食剤名	防食皮膜の模式図	防食皮膜の特徴
酸化皮膜型 (不動態皮膜型)		クロム酸塩 亜硝酸塩 モリブデン酸塩	酸化皮膜 (ex. γ-Fe_2O_3) 素地金属	緻密 薄膜 (30～200Å) 素地金属との密着性大 防食性良好
沈殿皮膜型	水中イオン型 (水中のカルシウムイオンなど と不溶性の塩を生成するもの)	重合リン酸塩 正リン酸塩 ホスホン酸塩 亜鉛塩	沈殿皮膜 ex. 正リン酸 カルシウム +重合リン酸 カルシウム 素地金属	比較的多孔質 比較的厚膜 素地金属との密着性やや不良 防食効果やや不良
	金属イオン型 (防食対象となる金属のイオン と不溶性の塩を生成するもの)	メルカプトベンゾチアゾール ベンゾトリアゾール トリルトリアゾール	沈殿皮膜 (ex. 銅-ベンゾ トリアゾール錯塩) 素地金属	かなり緻密 かなり薄膜 防食性かなり良好
吸着皮膜型		アミン類 界面活性剤類	吸着皮膜 ox.アミノ基 炭化水素鎖 素地金属	酸液・非水溶液中など, 金属表面が清浄な状態において, 良好な吸着層が形成される. 淡水中の炭素鋼表面のような非清浄面では吸着層は形成されにくい.

沈殿皮膜型防食剤の代表的なものに重合リン酸塩類がある. 重合リン酸は, 水中のカルシウムイオンや防食剤として添加した亜鉛イオンと結合して不溶性の塩を炭素鋼表面に形成して防食作用を発揮する[注].

沈殿皮膜型防食剤は, 酸化皮膜型防食剤に比べて, 皮膜が多孔質なので防食効果が劣る. 防食効果を上げようとして添加量を増やすと, 防食皮膜が厚くなり過ぎてスケールとなる. したがって沈殿皮膜を形成する防食剤の適用には, 徹底した濃度管理が重要である.

銅および銅合金には, メルカプトベンゾチアゾールやベンゾトリアゾールが優れた防食効果を示す. これらの防食剤は, 過剰に添加しても皮膜の成長が適切な段階で停止し, 防食剤自身がスケール化することはない.

注) 沈殿皮膜型防食剤である重合リン酸塩は, 亜鉛などの二価金属塩を併用するのが一般的である.

吸着皮膜型防食剤の代表はアミン類である．この種の防食剤は同一分子内に金属面に吸着する極性基と疎水基をもった有機化合物が多い．これらの防食剤は清浄な金属表面に極性基が吸着し，疎水基で水や溶存酸素などが金属表面へ拡散するのを防いで，腐食反応を抑制する．

9. 生 物 処 理

微生物を用いて,汚濁水を処理する代表的なものに活性汚泥法がある.

活性汚泥法は,1914年にイギリスで開発され,1917年にアメリカで実用化されて以来,世界に広く普及した.活性汚泥法は,好気性微生物の代謝作用を利用した省資源,省エネルギーの排水処理方法で,処理効率が高く経済的であることから,現在でも世界各国で多く使われている.

微生物の力を利用した処理方法は,活性汚泥法以外にも生物膜法や嫌気性処理法などがあり,水処理の分野で広く実用化されている.

9.1 活性汚泥法

活性汚泥処理法の基本となるフローシートを図9.1[1]に示す.

〔スクリーン・沈砂池〕
・夾雑物の除去
・土砂の除去

〔調整槽・沈殿池〕
・流入量の均一化
・濃度の均一化
・腐敗防止
・浮遊物の除去

〔曝気槽〕
・排水と活性汚泥の混合
・酸素の供給
・活性汚泥による吸着,酸化

〔沈殿池〕
・活性汚泥と処理水の分離
・処理水の越流
・沈殿汚泥の返送

〔消毒槽〕
・処理水の消毒

〔汚泥処理設備〕
・濃縮,貯留
・脱水,乾燥,焼却

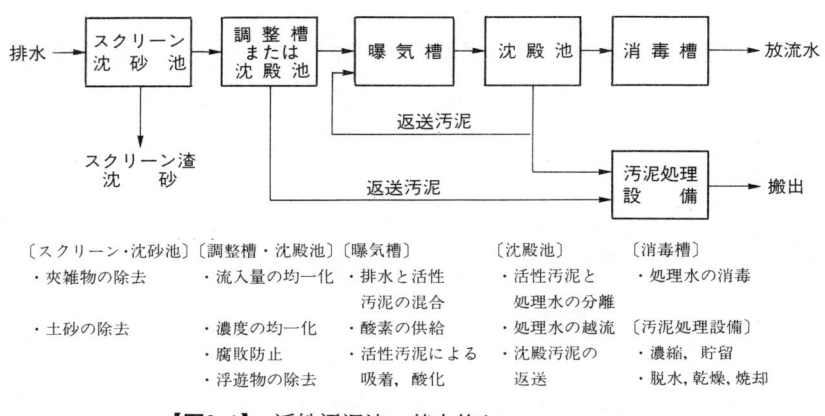

【図9.1】 活性汚泥法の基本的なフローシート

---

1) 須藤隆一,桜井敏郎,星野芳生:〝活性汚泥法と維持管理″,(産業用水調査会) 1991.

活性汚泥法は，汚濁水と微生物の集合体である活性汚泥を混合して曝気し，溶解性有機物や懸濁物質を生物化学的に吸着・酸化・同化して沈殿しやすい汚泥に変換させ，排水中から汚濁物質を除去する方法である．

処理の基本は，① 夾雑物や砂などを除くスクリーンおよび沈砂地，② 流量を定常化するための調整槽または懸濁物を除く沈殿池，③ 生物化学的反応を行う曝気槽，④ 活性汚泥と処理水を分離する沈殿池，⑤ 処理水の消毒をする消毒槽，⑥ 沈殿汚泥を固液分離する汚泥処理設備で構成される．

以下に各部分の働きと，設計概要を述べる．

(1) **スクリーン・沈砂池**

スクリーンは通常2～3段にわけて目幅を小さくする．荒目スクリーンは50mm幅，細目スクリーンは15～25mm幅，微細目スクリーンは5～15mm幅で，自動かき上げ式のスリット型が多く用いられる．スクリーンの材質は，SUS製のものがよく，付属のモーターは耐水性で冠水型のものが多く用いられる．

(2) **沈 殿 池**

複数の沈殿池のうち，前段に位置する沈殿池はスクリーンで除去しきれなかった微細な砂などの粒子状の物質を除去する．懸濁物の性質により多少異なるが，水面積負荷は$8\sim40\mathrm{m^3/m^2d}$（$LV=0.3\sim1.7\mathrm{m/h}$）である．

(3) **調 整 槽**

活性汚泥処理装置に流入する排水量は，常に一定ではない．これに対して，生物処理では活性汚泥にかける負荷を一定にするため24時間均等に排水が流入するほうがよい．この目的のために調整槽を設け，水量，濃度，組成の均一化を図る．[注]

一例として，$200\mathrm{m^3/d}$の排水が10時間かかって排出されているときに，調整槽以降を24時間均等に流すために必要な調整槽の容量は式9.1より算出される．

$$\left(\frac{200\mathrm{m^3/h}}{8\mathrm{h}}-\frac{200\mathrm{m^3/h}}{24\mathrm{h}}\right)\times10=(25-8.3)\times10$$
$$=167\mathrm{m^3} \quad\cdots\cdots\cdots(9.1)$$

調整槽の水は，腐敗防止と攪拌を兼ねて緩やかに空気攪拌する．攪拌の強度

注) 活性汚泥法では，流量調整以降，1日の排水が24時間平均して曝気槽に移流するのが必須条件である．

は，水量1m³あたり0.5〜1.0m³/h，の空気を曝気する．167m³の排水が貯留されているとすれば，少なくとも以下の空気量が必要となる．

$$167 m^3 \times 0.5 m^3/h = 83.5 m^3/h \qquad \cdots\cdots\cdots (9.2)$$

空気の送入には，ブロワーを用いる．調整槽の水位は，常に一定ではなく変動することが多い．図9.2に調整槽と曝気槽ブロワーの関係を示す．

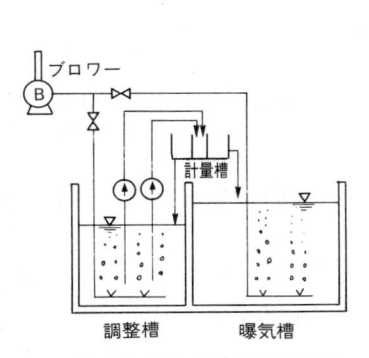

① 改善前

Ⓐ 1台のブロワーで水深の異なる槽に送気すると，浅い槽（調整槽）へ多く送気される．
Ⓑ 調整槽のポンプに自吸式陸上ポンプを用いると空気を吸い込んで送水できなくなる時がある．

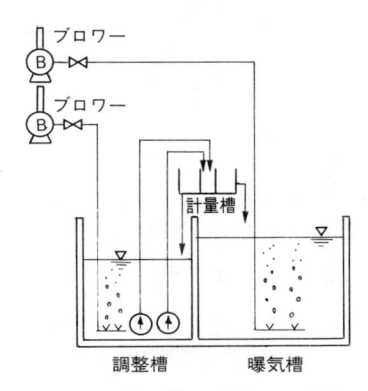

② 改善後

Ⓐ 水深の異なる槽に送気するには各槽に独立したブロワーを設置する．
Ⓑ 調整槽ポンプは水中式とし，汚濁物質の混入に備えて配管に弁は設けない．

【図9.2】 調整槽と曝気槽ブロワーの関係

図9.2①の改善前では，水深の浅い調整槽と水深の深い曝気槽を同一のブロワーで曝気しているが，これでは水深の浅い調整槽へ優先して空気が流れ，曝気槽へは送気されない．また，調整槽には自吸式の陸上ポンプを使用しているが，これではポンプの吸込側に空気が混入して自吸能力がなくなり，調整槽の水をくみあげなくなる場合がある．

これに対して図9.2②の改善後は，各槽に独立したブロワーを設け，ポンプを水中式としている．これにより上記の不都合は解消される．調整槽のポンプ出口配管に逆止弁や調整弁を設けると，異物が詰ったりするので，一台のポン

プに一本の配管のまま計量槽に送水する．流量調整は図9.3[1]に示す水位調整式計量槽で行えば異物の詰りなどの障害がない．

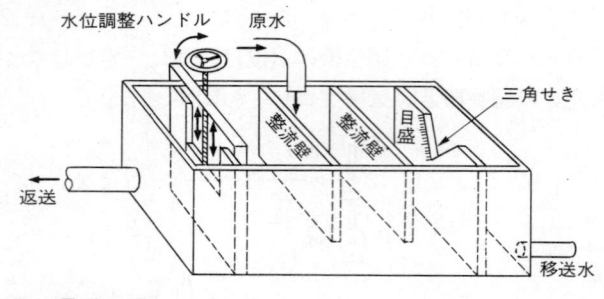

【図9.3】 水位調整式計量槽

(4) 曝気槽

曝気槽の容量は曝気時間，BOD汚泥負荷，BOD容積負荷などから算出する．

① 曝気時間による算出

$$V = \frac{t\,Q}{24} \qquad \cdots\cdots (9.3)$$

ただし：V＝曝気槽容量（m³），t＝曝気時間（h），
　　　　Q＝流入排水量（m³/d）

② BOD汚泥負荷による算出

原水BOD 250mg/l，排水量200m³/d，BOD汚泥負荷 0.3kg-BOD/kg-MLSS・d，MLSS[注]濃度 3000mg/l の場合を試算してみよう．

上記排水のBOD処理に必要な活性汚泥（MLSS）の総量（kg）は，

$$\frac{0.25\text{kg}/\text{m}^3 \times 200\text{m}^3/\text{d}}{0.3\text{kg-BOD/kg-mlss}\cdot\text{d}} = \frac{50}{0.3} = 167 \text{ (kg)}$$

これをMLSS濃度で除して曝気槽の有効容積（m³）を得る．

$$167\text{kg} \times \frac{1}{3.0\text{kg/m}^3} \fallingdotseq 56 \text{ (m}^3\text{)} \qquad \cdots\cdots (9.4)$$

図9.4[2]（次ページ）に汚泥負荷とBOD除去率の関係を示す．排水中の成分によって特有の傾向があるが，汚泥負荷が0.3kg-BOD/kg-MLSS・d程度であればBODは90％除去される．

1） "屎尿浄化槽の構造基準・同解説"，（日本建築センター）1984．
注） MLSS : Mixed Liquor Suspended Solid, 活性汚泥．
2） 武藤暢夫 : "排水処理実務マニュアル"，（オーム社）1976．

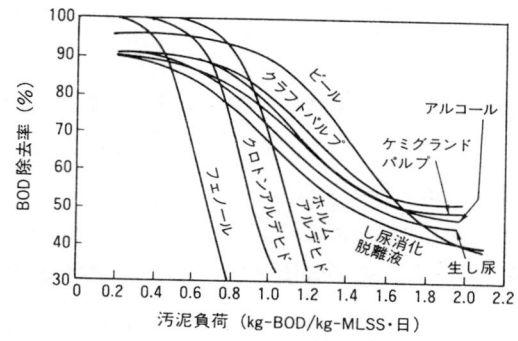

【図9.4】 汚泥負荷とBOD除去率との関係（各種有機性排水）

図9.5[1]に下水道におけるBOD-MLSS負荷量と処理水水質の関係を示す。BOD-MLSS負荷を0.3kg/kg・dに保つと処理水BOD値は約15mg/lとなることを示している。

③ BOD容積負荷による算出

BOD容積負荷は，通常0.2〜1.5kg-BOD/m³・dが用いられる。

原水BOD250mg/l，排水量200m³/d，BOD容積負荷0.8kg-BOD/m³・dの場合を試算してみよう。

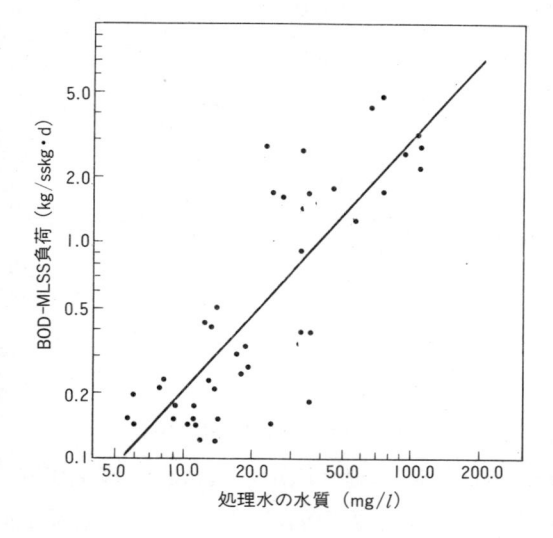

【図9.5】 BOD負荷と処理水の水質との関係

---
1) "下水道施設設計指針と解説"，（日本下水道協会）1984．

$$\frac{0.25\text{kg/m}^3 \times 200\text{m}^3/\text{d}}{0.8\text{kg-BOD/m}^3\cdot\text{d}} = \frac{50}{0.8} = 63 \ (\text{m}^3) \qquad \cdots\cdots(9.5)$$

容積負荷から算出した曝気槽容量は，汚泥濃度や汚泥負荷量を考慮した数値ではないので，容量決定としては二次的なものである．したがって曝気槽の容量計算は，BOD汚泥負荷による算出法を優先する．

曝気槽の構造は，原水の短絡を防止するために二室以上に区分し，直列に配置する．二室にした場合は，第一室と第二室の容積比を6:4とし，汚濁負荷の高い部分を第一室に負わせる．

曝気に必要な空気量は，次式から算出する．

$$O_2 = a\cdot Lr + b\cdot Sa \qquad \cdots\cdots(9.6)$$

ただし，O_2：酸素の必要量 (kg/d)，Lr：除去BOD量 (kg/d)，Sa：曝気槽内MLSS量(kg)，a：BOD酸化に要する酸素量率($0.35\sim0.60$)，b：内生呼吸による自己酸化率 ($0.06\sim0.14$)

式9.6のa, bは汚泥日齢(sludge age)または汚泥滞留時間(sludge retention time)に影響されるが，多くの知見から，aは$0.31\sim0.77$，bは，$0.05\sim0.18$程度とされる．図9.6に必要酸素量推定のための係数a, b決定例を示す．

表9.1 (次ページ)に式9.6中の係数a, bの一例を示す．

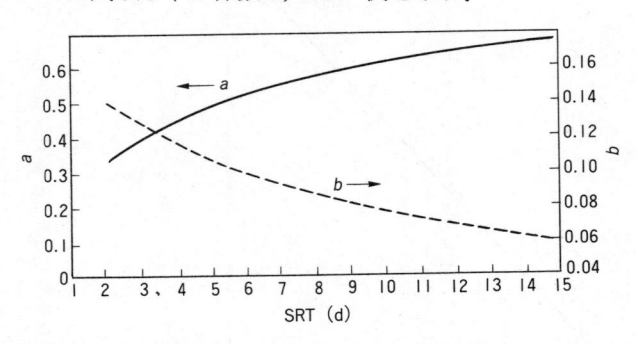

【図9.6】 必要酸素量推定のための係数a, bの決定例 (洞沢1980)

原水BOD値 250mg/l，排水量 200m³/d，処理水BOD値 25mg/l，曝気槽内MLSS濃度，3,000mg/l，$a=0.7$，$b=0.07$，曝気槽容量 83m³として，必要空

【表9.1】 式（9.6）中の係数 a, b 例

排水の種類	a	b
家庭下水	0.73	0.075
石油精製排水	0.49〜0.62	0.10〜0.16
化学及び石油化学排水	0.31〜0.72	0.05〜0.18
製薬工場排水	0.72〜0.77	—
クラフトパルプ・漂白排水	0.5	0.08

(Eckenfelder, 1970)

気量を算出してみよう．

式9.6より

$$O_2 = 0.7 \times (0.25 - 0.025 \text{kg/m}^3 \times 200 \text{m}^3/\text{d}) + 0.07 \ (3 \text{kg/m}^3 \times 83 \text{m}^3)$$
$$= 31.5 + 17.4$$
$$= 48.9 \text{kg-O}_2 \qquad \cdots\cdots (9.7)$$

計算式9.7より，必要酸素量は48.9kgとなる．酸素（O_2）1kg当たりの空気は，およそ3.57m³であるから，これに酸素利用効率を5％[注1]として必要空気量を算出すると，

$$\text{必要空気量} = 48.9 \text{kg/d} \times 3.57 \text{m}^3 \times 100/5$$
$$= 3491 \text{m}^3/\text{d}$$
$$= 145 \text{m}^3/\text{h} \qquad \cdots\cdots (9.8)$$

となる[注2]．

① うね溝式　② 旋回流式　③ 旋回流式（じゃま板付）

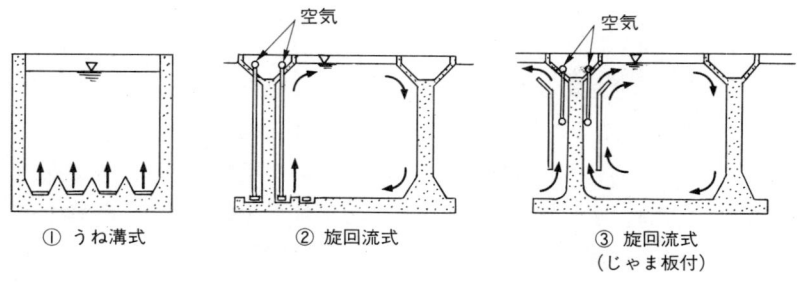

【図9.7】 曝気方式

注1) 酸素利用効率は曝気装置の種類や槽の深さにより異なるが，3〜15％である．これに対して，純酸素曝気や超深層曝気の場合は，更に高い利用効率が得られる．

注2) 送気量145m³/hにおける曝気槽実容量は83m³としているから，送気量と曝気槽容の比は，145/83≒1.75となり，実用上もこの程度の比率で空気を送入している．

図9.7[1]に曝気方式例を示した。曝気方式は大別して，① うね溝式，② 旋回流式および③ じゃま板付旋回流式に分けられる。

図9.7の散気部分に用いる散気管類の形状例を図9.8に示す。

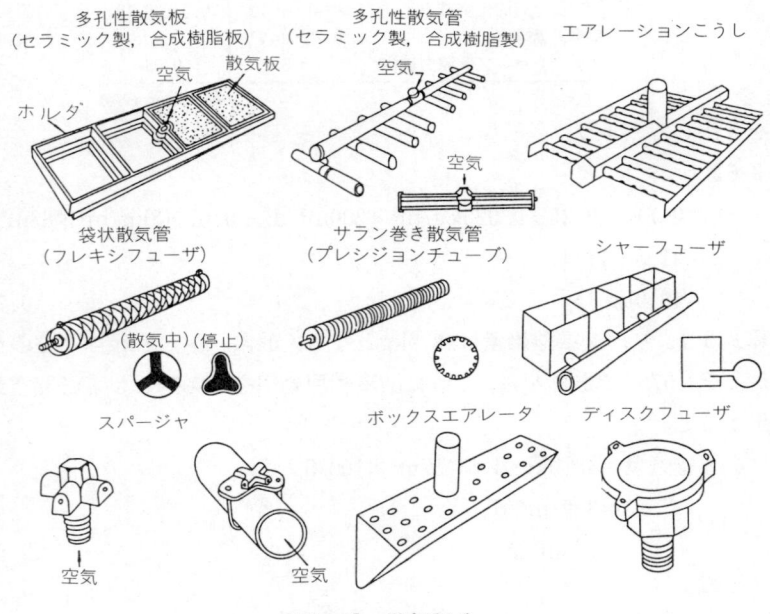

【図9.8】 散気部分

(下水道施設設計指針と解説：日本下水道協会より引用)

活性汚泥法で処理対象とする有機物には，たん白質，脂肪，炭水化物などがある。これらが好気性下，嫌気性下で分解する過程は図9.9[2]のように考えられている。いずれの物質も有機酸を経て一部は二酸化炭素と水に分解する。

活性汚泥法では，曝気槽の一端から排水と活性汚泥を混合し，曝気を続けると図9.10[3]のように曝気時間の経過と共に有機物(BOD)量が減少する。汚泥の消長は，① 対数増殖期，② 減衰増殖期および③ 内性呼吸期に分けられる。

---

1) "公害防止の技術と法規（水質編）"，四訂（産業公害防止協会）1990.
2) 前掲 p.175 脚注1) 参照.
3) 武藤暢夫編："排水処理実務マニュアル"，(オーム社) 1976.

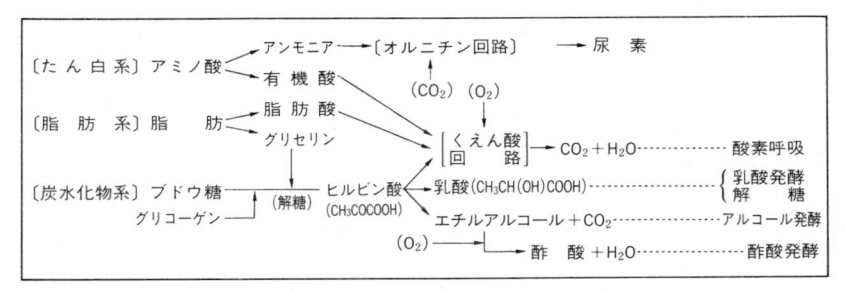

【図9.9】 好気性・嫌気性状態下における有機物の分解

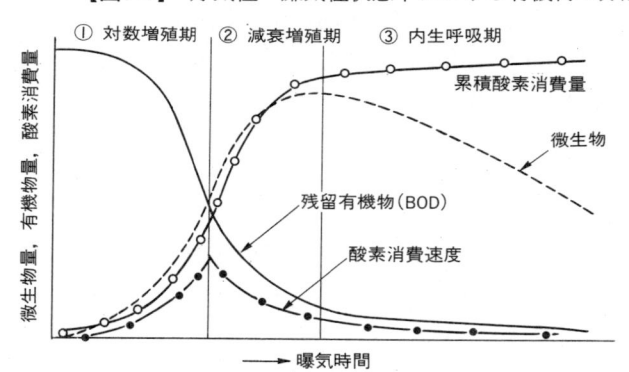

【図9.10】 有機物の分解と微生物の増殖

① 対数増殖期

有機物濃度が高く，活性汚泥量が多いときは，汚泥のエネルギーレベルが高く，汚泥中の微生物は対数的に増殖し，有機物(BOD)は速やかに分解される．この時期の増殖は，汚泥の活性微生物量に影響され，微生物はフロックを形成しないで分散する傾向にある．

② 減衰増殖期

有機物濃度が低下すると，微生物の増殖がゆっくりとなり，汚泥の増加は止まるが，次第に微生物はフロックを形成しはじめる．

対数増殖期と減衰増殖期の変換点の少し前で，微生物の酸素消費速度は最大となり，有機物の酸化速度も最大となる．

③ 内生呼吸期

有機物濃度が低くなり，微生物の増殖が減衰すると微生物の内生呼吸が著しくなり，有機物は酸化されてフロックの形成能が高くなる．この時期は長時間の曝気を必要とするが，酸素消費速度は遅いので，汚泥の沈降性は優れている．

(5) 沈 殿 池

排水と活性汚泥の混合した液を固液分離し，上澄水は放流または再利用する．活性汚泥の大半は曝気槽へ返送し，一部は余剰汚泥として汚泥処理施設に送られる．

この沈殿池での懸濁物質は，最初沈殿池に比べて比重が小さいので，水面積負荷は $15m^3/m^2 \cdot d$ （$LV=0.6m/h$）を超えないことが望ましい．

中小規模の装置における汚泥の汲み上げには，図9.11に示すエアリフトポンプが用いられる．これは空気を吹き込むだけで，汚泥層の汚泥を移送できるの

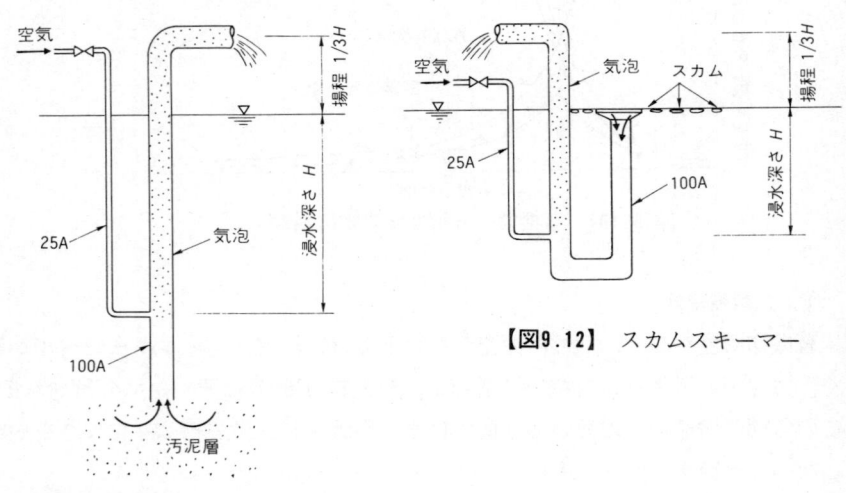

【図9.11】　エアリフトポンプ

【図9.12】　スカムスキーマー

で，省エネルギーで故障がないという長所がある．同じ理由から図9.12のスカムスキーマーにもエアリフトポンプ方式が採用される．

必要空気量の目安は，「 $1m^3$ の汚泥に対して $1.5m^3$ 以上の送気量」を目標にすればよい．

エアリフトでくみ上げた汚泥は，図9.3に示した計量槽を用いて余剰汚泥を分別すると共に返送汚泥流量を設定する．

(6) 汚泥処理施設

余剰汚泥発生量は，一般に式9.9で表わされる．

$$\Delta S = a \cdot Lr - b \cdot \text{MLSS} \qquad \cdots\cdots (9.9)$$

ただし，ΔS：汚泥増加量（kg/d），Lr：BOD除去量（kg/d），MLSS：曝気槽内のMLSS(kg)，a, b：係数

実用的には $a = 0.2 \sim 0.8$，$b = 0.08 \sim 0.10$ の値を用いることが多い．式9.9は実用上は更に簡略化したものを用い，式9.10を採用している．

$$\Delta S = a \cdot Lr \qquad \cdots\cdots (9.10)$$

原水BOD 250mg/l，排水量200m³/d，処理水BOD 20mg/l，$a = 0.5$ とすれば，余剰汚泥発生量は

$$\Delta S = 0.5 \times [(0.25\text{kg/m}^3 - 0.020\text{kg/m}^3) \times 200\text{m}^3]$$
$$= 23\text{kg/d} \qquad \cdots\cdots (9.11)$$

となる．汚泥の含水率は通常99.2%程度であるから，そのときの重量は，

$$23 \times \frac{100}{100-92} = 2875\text{kg} \qquad \cdots\cdots (9.12)$$

となる．汚泥濃縮槽を設けると，汚泥は更に濃縮され，含水率98.5％程度となり，重量と容積は減る．

$$2875 \times \frac{100-99.2}{100-98.5} = 1533\text{kg} \qquad \cdots\cdots (9.13)$$

汚泥濃縮槽で濃縮された汚泥は，図9.13に示す幾つかの脱水機を用いて脱水する．

真空沪過は凝集剤を添加すれば，含水率70～85％に脱水できる．加圧沪過は脱水効率が高く，ダイアフラム式の場合は含水率65～70％に脱水される．ベルトプレス型脱水は，予め薬剤を添加した汚泥を沪布の間に送り，上下からロールで圧搾して脱水する方式で，注入汚泥は重力脱水ゾーン，加圧脱水ゾーン，プレスゾーンを通過して脱水され，含水率70～80％となる．

遠心分離は回転数3,000～4.000 rpmの高速で回転すると，汚泥粒子が回転体の壁面にそって濃縮し，粒子間の水は次第に上方向に押し上げられて脱水汚泥となる．脱水汚泥の含水率は75～80％程度である．

【図9.13】 汚泥の脱水機と操作概要

	概　念　図	操　　作
真空濾過（ベルトフィルター）①	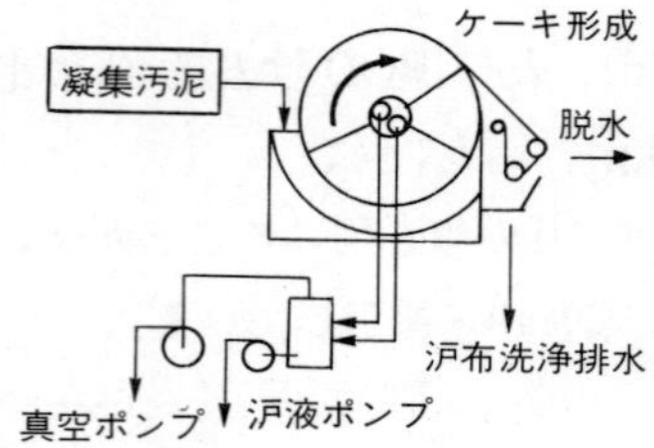	ドラム表面の各濾室をドラム中心部の自動バルブに配管接続し，真空ポンプの吸引作用によりドラム外面の濾布上にケーキを形成させ脱水する． 連続してケーキを排出し，ケーキはく離後の濾布は水洗する．
加圧濾過（フィルタープレス）②		濾枠は油圧シリンダーで開閉し，濾布は各濾室に走行するように取り付ける． 各濾室の濾布の間に凝集汚泥を圧入しケーキを形成させ，圧力水によりダイヤフラムを介して圧搾脱水する． 濾液はケーキの両面より排出．
ベルトプレス型脱水（ベルトプレスフィルター）③	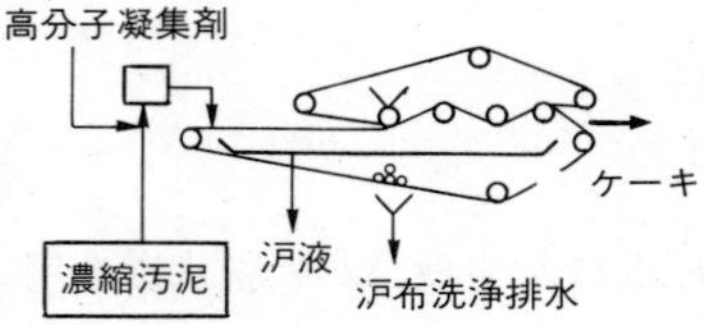	凝集汚泥を濾布上に供給して重力で間隙水を濾過する． これにより形成されたケーキを上下の濾布で圧搾脱水し，さらに加圧および濾布の張力による力で脱水する．
遠心分離（デカンター）④	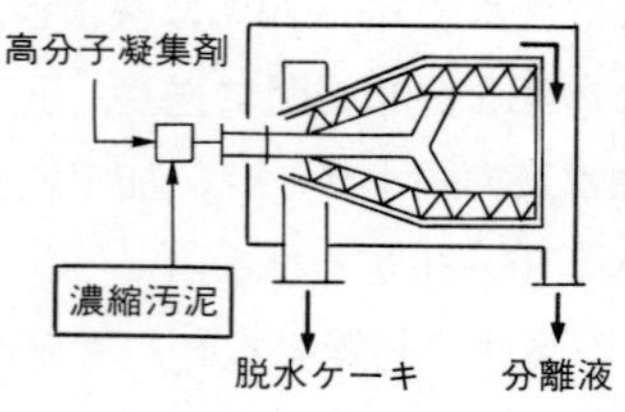	わずかに差速のあるボールとスクリューを高速で回転させ，この中に凝集汚泥を供給することによりフロックを遠心沈降させる．この沈降したフロックをスクリューにより連続的に排出して脱水ケーキとする．

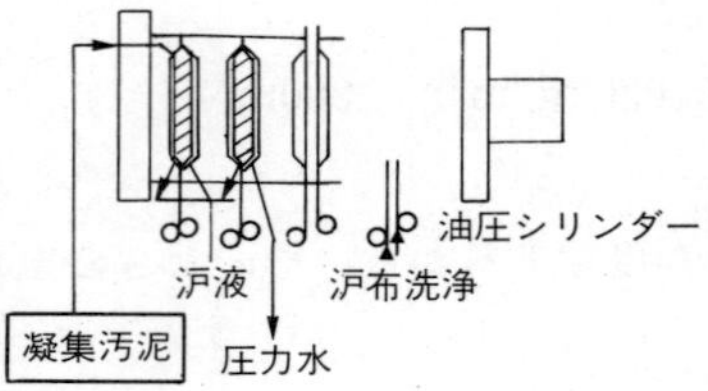

活性汚泥法の処理フローシート例を図9.14に示す．

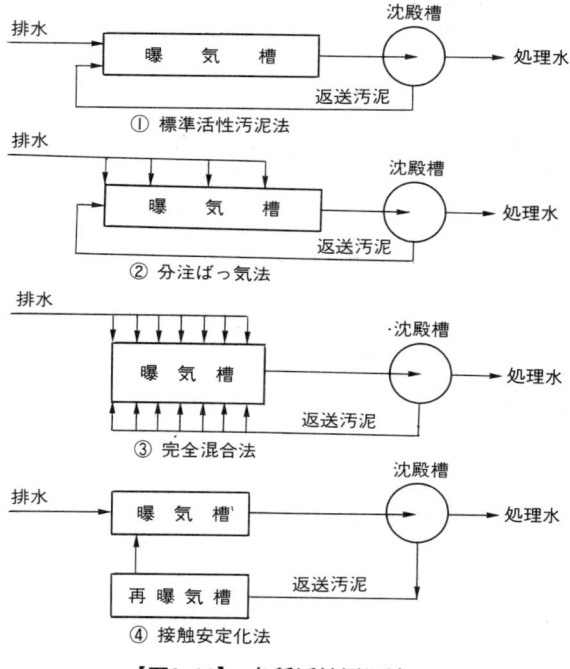

【図9.14】 各種活性汚泥法

① 標準活性汚泥法
② 分注ばっ気法
③ 完全混合法
④ 接触安定化法

(1) 標準活性汚泥法

標準活性汚泥法は，現在最も広く用いられており，生物処理法の基本となっている．

この方法は，排水と返送汚泥を曝気槽の流入部で混合し，順次流下させる押し流れ方式を採用している．

微生物に対する有機物量を減衰増殖期になるように調節するので，曝気槽流出部における有機物量は少なくて汚泥の凝集性がよく，処理水質も良好である．曝気時間は6～8時間である．

(2) 分注曝気法

排水を曝気槽の数カ所に分散して注入し，返送汚泥は曝気槽流入部一カ所に戻す方法である．本方法は標準法に比べて以下の利点がある．

① 分割注入の上流の水量を多くし，下流側で少なくする．曝気量も上流側で多くし，下流側で減らせば活性汚泥の酸素要求量に見合った運転ができる．
② 沈殿槽に流下する混合液の汚泥濃度が低くなるので，沈殿槽に対する固形物負荷が小さくなり，沈殿効率が向上する．
③ 曝気槽に対する負荷を分割注入により調整できるので，水量や水質の負荷変動に対応しやすい．曝気時間は4〜6時間である．

(3) 完全混合法

完全混合法は，排水と返送汚泥を曝気槽全面に分散させて注入する方法である．曝気槽のすべての部分で生物反応は一定となり，酸素呼吸効率も一定となる．従って比較的高濃度排水にも適用できる．

短所は短絡流の可能性があるので，曝気槽の型，原水の注入方法，曝気方式に制限があることである．

(4) 接触安定化法

接触安定化法は，汚泥再曝気法とも呼ばれる．活性汚泥法では，活性汚泥による有機物の吸着が最初に起こり，次に酸化分解が行われる．ここでの曝気槽は吸着作用を主体としているので，活性汚泥(MLSS)濃度を$2,500〜6,300$mg$/l$と高く保持して単位容積あたりの有機物吸着量を多くしている．沈殿槽で分離した汚泥は，再曝気槽で曝気して吸着した有機物を分解して安定化した後[注1]，再び曝気槽へ返送する．

本法の長所は曝気槽の滞留時間が短く，再曝気槽では返送汚泥だけに曝気するので，全体として装置の容積が小さくてすむ点にある．

表9.2[1] (次ページ)は接触安定化法の処理結果例を示したものである．各槽での滞留時間は，接触槽（曝気槽）では$0.3〜1.5$時間，安定化槽（再曝気槽）では$1.0〜5.5$時間である[注2]．

注1) 活性汚泥法における曝気は，活性汚泥に対して行うのが主目的で，水に対する曝気は二次的なものである．従って，濃縮された汚泥に対して，集中的に曝気する本法は処理効率が高い．
1) W. W. Eckenfelder (1961)
注2) 再曝気槽での滞留時間が長いので，槽の大きさは曝気槽より大きいと思うが，再曝気槽へ流入する返送汚泥は，固液分離した濃縮水であるから，排水流量の1/5〜1/2程度に減っており，再曝気槽容量は，曝気槽と同等かそれ以下である．

【表9.2】 接触安定化法の成績

排　水	BOD (mg/l)	滞留時間 (h) 接触	滞留時間 (h) 安定化	浮遊物質濃度 (mg/l) 接触	浮遊物質濃度 (mg/l) 安定化	返送率 (%)	BOD除去率 (%)
下　　水	264	0.24	1.60	3,251	5,218	100	92.5
〃	108	1.30	4.25	2,239	8,629	44	88.0
〃	210	0.18	1.00	2,500	4,500	100	90.0
下水と繊維工場排水	225	0.60	5.50	2,950	6,950	67	77.0
〃	320	1.10	3.30	3,200	7,900	71	86.0
製紙・パルプ工場排水	249	0.50	3.70	6,360	—	25	72.0
〃	191	1.00	4.0	4,642	—	100	87.0
〃	218	2.00	2.0	5,980	—	25	93.0
トマトかん詰工場排水	412	0.80	1.6	2,250	3,600	100	85.0
〃	450	0.35	1.65	2,250	4,500	125	84.0
トマト・りんごかん詰工場排水	492	1.00	2.00	2,500	4,400	100	89.7
桃・トマトかん詰工場排水	740	0.65	1.30	3,600	5,900	100	58.0

活性汚泥 (MLSS) 濃度は接触槽 (曝気槽) で2200～6300mg/l, 安定化槽 (再曝気槽) で4500～8600mg/lである. 下水における BOD 除去率は90%程度であるが, 産業排水では, 58～93%と差がある.

(5) **長時間曝気法**

活性汚泥法の短所は, 余剰汚泥の発生量が多いことである. この汚泥は濃縮率が悪く, 脱水が難しい上に, 処分場の確保など幾つかの問題をかかえている.

長時間曝気法は標準法と同じフローシートである. 曝気時間を16～24時間と長くして, 曝気槽内でのBOD-MLSS負荷を小さくし, 微生物の増殖条件を内生呼吸期にして余剰汚泥の発生量を少なくするようにした方法である[注].

実装置では, 返送汚泥量を標準法の20～30%に対して, 50～150%と多くして曝気槽内のMLSS濃度を高め, 排水を長時間滞留させて曝気量を増やすことにより, 微生物を内生呼吸状態に保っている.

長時間曝気法は, MLSS 3,000～6,000mg/l, BOD-MLSS負荷 0.03～0.05 kg/kg・d の範囲で運転することが多い. 曝気時間は, 16～24時間と標準法よりは長いが, 長ければよいというものではない. 長すぎると排水中の成分によ

注) 同一水量に対して長時間曝気を行うことは, 曝気槽がそれだけ大型化することを意味する. したがって長時間曝気法は, 排水量の少ない小規模の活性汚泥処理施設に適用される.

っては，硝化作用が進んでNO$_2$，NO$_3$の生成により，pHが低下したり，沈殿槽で汚泥が浮上したりすることがあるので，維持管理は慎重に行う．

表9.3にこれまでに述べた活性汚泥法の操作基準を示す．

【表9.3】 活性汚泥法の操作基準

項　目	説　明	標準活性汚泥法	分注曝気法	接触安定化法	モディファイト曝気法	長時間曝気法
曝気時間(時)	曝気槽有効容量(m³) / 流入排水量	6〜8	4〜6	5以上	1.5〜2.5	16〜24
MLSS mg/l	曝気槽内の流入排水と返送汚泥の混合液の平均浮遊物濃度	1,500〜2,000	2,000〜3,000	2,000〜8,000	400〜800	3,000〜6,000
返送汚泥率(%)	返送汚泥量(m³/時) / 流入排水量(m³/時) ×100	20〜30	20〜30	50〜100	5〜10	50〜150
BOD容積負荷(kg/m³・日)	流入排水のBOD(kg/m³) ×流入排水量(m³/日) / 曝気槽有効容量(m³)	0.3〜0.8	0.4〜1.4	0.8〜1.4	0.6〜2.4	0.15〜0.25
BOD-MLSS (kg/MLSSkg・日)	BOD容積負荷(kg/m³・日) / 曝気槽混合液浮遊物濃度(kg/m³)	0.2〜0.4	0.2〜0.4	0.2〜0.4	1.5〜3.0	0.03〜0.05
送気量(m³/m³流入排水)	送気量(m³/日) / 流入水量(m³/日)	3〜7	3〜7	12以上	2〜4	15以上
汚泥日令(日)	曝気槽混合浮遊物濃度(mg/l) ×曝気槽有効容量(m³/日) / 流入排水の浮遊物濃度(mg/l) ×流入排水量(m³/日)	2〜4	2〜4	4	0.3〜0.5	15〜30
BOD除去率(%)	流入排水BOD(mg/l) －流出排水BOD(mg/l) / 流入排水BOD(mg/l) ×100	95	95	90	70	75〜90

(日本下水道協会，1979)

9.2 生物膜法

　生物膜法は，表面積の多い担体に微生物を付着させ，その微生物の代謝作用を利用して汚濁水を浄化する方法の総称である．

　生物膜法の原理を生かして実用化されている方法に接触曝気法，回転板接触酸化法および生物膜沪過法等があるが，ここでは実際に多く使われている接触曝気法について述べる．

活性汚泥法は，微生物の集合体である活性汚泥と汚水が曝気槽内を流動しながら汚水を浄化する．これに対し，接触曝気法は接触材(充填材)を曝気槽内に固定し，これに微生物を付着させ，汚水を循環流動することにより浄化する．

接触曝気法におけるBOD除去，硝化および脱チッ素のモデルを図 9.15 に示す．

接触曝気法の長所は

① MLSSの濃度調整および返送汚泥が不要なため，維持管理が容易．
② BODの負荷変動に対して，処理水質が安定している．
③ 余剰汚泥の発生量が少ない．
④ 曝気槽におけるバルキング現象[注]が少ない．
⑤ 好気性膜の下に嫌気性膜が形成されるので，ある程度の脱チッ素効果が期待できる．

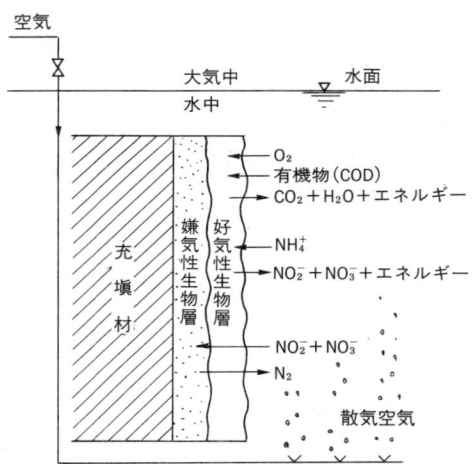

【図9.15】 接触曝気法におけるBOD除去，硝化および脱チッ素モデル

一方，短所としては，

① MLSS量は接触材の容量や表面積で決まってしまい，維持管理面での調整がしにくい．
② 設計時に比べて，高濃度の汚水を処理すると接触材が閉塞することがある．
③ 接触材の充填方法，曝気方法を誤ると水流がスムーズに行なわれず，処理効果が悪くなる．

(1) **接触材の種類と形状**

接触材の形状には，次のようなものがある．

① 波　　　板：プラスチック製の波板

注) Bulking：〝かさばる〟ことでMLSS濃度が同じでもSVI（汚泥容積指標）が200以上となり，汚泥の沈降性が悪くなった時の状況をいう．一度バルキングを起こすと回復に一カ月以上かかる．

② ハニカム：ハチの巣状のチューブ，横穴付ハニカムチューブ
③ 有 孔 体：多孔性筒，プラスチック発泡体セラミック製有孔体
④ 成 形 品：ラシヒリング，テラレット
⑤ ひ も 状：多環紐，リボン状ひも
⑥ 粒 状 品：砂，活性炭，プラスチック粒

上記の接触材のうち，よく使用される波板状とハニカム状接触材の形状例を図9.16に示す．

接触材は，計算上では表面積(m^2/m^3)の大きいものを用いれば，それだけ生物の付着量が多くなるので，処理効率が高まるが，あまり密度の高い接触材を使用すると，微生物の肥厚により流路が閉塞して逆効果になるので，運転経験に基づいた設計が必要である．

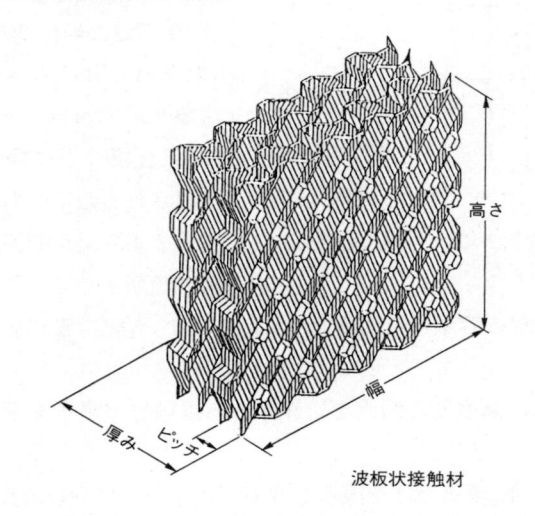

波板状接触材

製品記号	ピッチ(mm)	表面積(m^2/m^3)	自重(kg/m³)	寸法(mm)
BM- 56	56	60	10	厚み×幅×高さ 500T×1000W×1000H
BM- 83	83	40	8.5	
BM-100	100	35	8.5	

【図9.16】 接触材の形状例

(つづく)

9.2 生物膜法

(図9.16つづき)

ハニカム状接触材

製品記号	セルサイズ (mm)	表面積 (m^2/m^3)	自重 (kg/m^3)	寸法 (mm)
TK 1310V	13	320	29	
TK 2010V	20	220	19	
TK 3018V	30	140	23	幅×長さ×高さ
TK 4523V	45	94	19	500W ×1000L×1000H
TK 5025V	50	84	19	
TK 8040V	80	55	19	
TK10040V	100	45	19	

(2) 曝気の方法

接触曝気における曝気方式を図9.17に示す．

いずれの方法も接触材を固定した曝気槽内の水が曝気空気により，効率よく循環されることが重要である．接触材の固定法や曝気方法では以下の事項に注

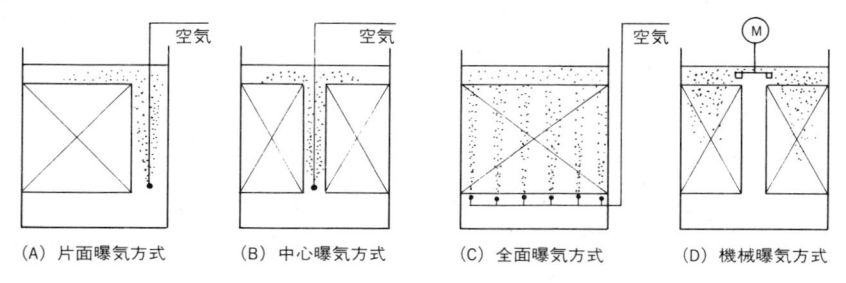

(A) 片面曝気方式　(B) 中心曝気方式　(C) 全面曝気方式　(D) 機械曝気方式

【図9.17】 接触曝気における曝気方式

意する．

片面曝気方式と中心曝気方式では，接触材の積み方と曝気の方法に制約がある．全面曝気方式では曝気強度を余り大きくすると，接触材表面の生物膜が剝離することがある．

機械曝気方式は，水表面積の大きさと水深に制限がある．

(3) 接触材の充塡方法と槽の構造

接触材の充塡方法と，曝気槽の構造は槽内の水循環に大きな影響を与える．

片面曝気と中心曝気における曝気槽の形状と接触材の充塡方法例を図9.18に示す．

接触材の充塡は図9.18のように横(W)と接触材高さ(H)の比を $W \leq 0.3 \sim 1.0H$ とする．

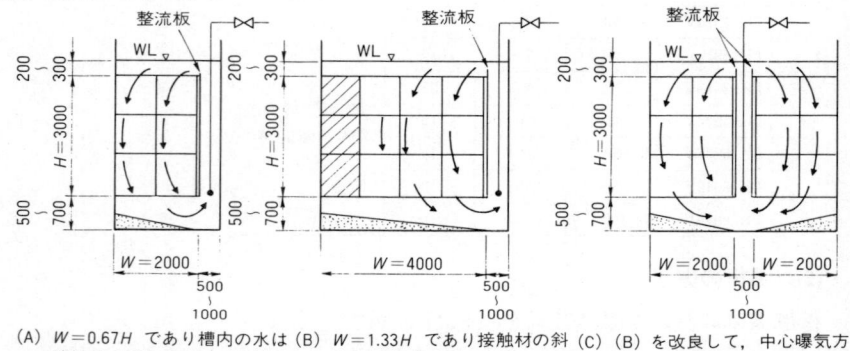

(A) $W=0.67H$ であり槽内の水は接触材の間をスムーズに循環できる．
(B) $W=1.33H$ であり接触材の斜線部は水が循環できずデッドスペースになる．
(C) (B)を改良して，中心曝気方式にすると $W=0.67H$ となり，槽内の水は接触材の間をスムーズに循環する．

【図9.18】 曝気槽の形状と接触材の充塡方法

片面曝気で横(W)を大きくとりすぎると，(B)のように水の旋回流が全面に均等に行きわたらなくなり，デッドスペース部は閉塞現象を起こす．

曝気水路の上層流速は，空気量を増やすと速くなるが，比例関係ではなくある量以上に増加すると，図9.19[1]のように逆に流速が遅くなる．

図9.19より，循環流速を0.35m/secとした場合は，空気量 2 m³/m³・hが必要となる．

---
1) ㈳営繕協会："排水再利用・雨水利用システム設計基準・同解説"，1991．

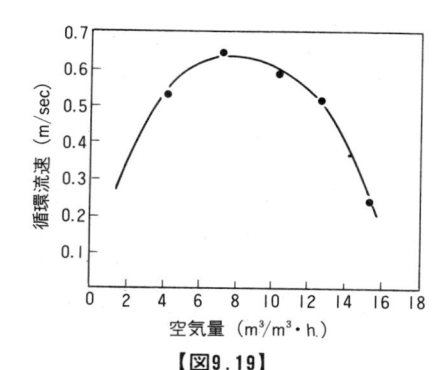

【図9.19】 曝気槽の注入空気量と槽内の循環流速の例
（曝気水深2.4m，微細気泡曝気の例）

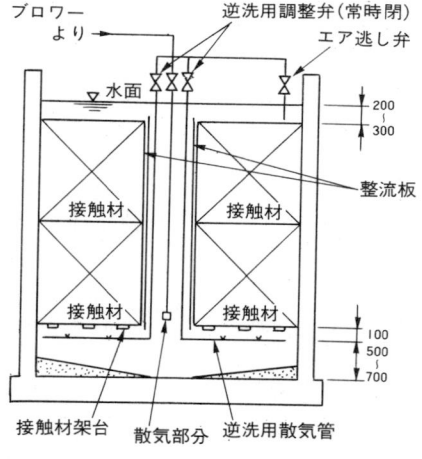

【図9.20】 接触曝気槽の内部構造例

中心曝気方式による接触曝気槽の内部構造例を図9.20に示す．

ブロワーから供給される空気は，通常，全量が散気部分から散気される．接触材に生物膜が肥厚して付着したときは，曝気を一時停止して逆洗用散気管から散気して接触材を空気逆洗する．

空気量の調節でブロワーに負荷をかける場合があれば，エアー逃し弁を設けて空気調節するとよい．槽の底部は剝離汚泥が中央部に集まり易いように傾斜をつける．充塡材上部の水かぶりは，200～300mmとする．

(4) 接触曝気法におけるBOD負荷量

表9.4[1]に排水の運転負荷条件と，接触材への付着汚泥量の関係を示す．

生活系排水の流入BOD 250g/m³を例にとれば，1m³の接触材（33mm間隙）に付着する湿汚泥（含水率96％）は，120kg/m³であるから付着MLSSは4.8kgとなる．

曝気槽容量を一例として100m³とし，接触材の充塡率を55％とすれば，曝気槽内MLSS濃度は

$$4.8 \text{kg/m}^3 \times 55/100\text{m}^3 \times 10^3 = 2640 \text{kg}-\text{MLSS/m}^3 \quad \cdots\cdots (9.14)$$

となり，標準的な活性汚泥法のMLSS濃度とほぼ一致した濃度となる．

接触材に付着する微生物の肥厚が進行すると，接触材を閉塞させるので，原

---
1) 中川正雄：用水と廃水，Vol.**23**，No.4（1981）

水BOD濃度が高い汚水は，前段で標準活性汚泥処理または嫌気性処理を行い，その後，接触曝気法を行うなどの組み合わせ方式を採用するとよい．

【表9.4】 運転負荷条件と接触材への付着汚泥量の関係および諸事項

対象排水性状	水量濃度		運転BOD負荷		接触材付着汚泥量		供給酸素量	接触材の間隔
	流入水BOD濃度 (g/m^3)	処理水BOD濃度 (g/m^3)	流入水負荷量(kgBOD/m^3・日)	除去負荷量(kgBOD/m^3・日)	湿量汚泥量 (kg/m^3)	汚泥含水率 (%)	(kgO_2/m^3・日)	(mm)
製あん系排水	2,500	50>	1.25	1.23	300	98	1.98	40
〃	2,500	30>	1.00	0.99	250	98	1.58	40
〃	2,000	20>	0.95	0.94	250	98	1.52	40
製菓系排水	2,000	20>	0.90	0.89	230	98	1.50	40
〃	1,800	20>	0.95	0.94	250	98	1.56	40
〃	1,000	20>	1.00	0.98	250	98	1.50	40
染色系排水	1,000	30>	0.80	0.78	138	96	1.24	33
〃	950	30>	0.80	0.77	125	96	1.16	33
〃	800	20>	0.80	0.78	125	96	1.20	33
乳業系排水	1,000	20>	1.0	0.98	135	97	1.57	33
〃	800	20>	0.95	0.93	130	97	1.50	33
〃	650	20>	1.0	0.97	130	97	1.55	33
生活系排水	600	20>	1.25	1.21	135	97	1.80	33
〃	500	20>	0.95	0.91	135	97	1.45	33
〃	250	20>	0.60	0.55	120	96	1.00	33
〃	200	20>	0.50	0.45	100	96	0.90	33
〃	150	20>	0.50	0.43	100	96	0.85	33
〃	100	20>	0.40	0.32	100	95	0.70	33
〃	30	10>	0.3	0.20	50	95	0.65	27

波形接触材のピッチ間隔（P）とBOD濃度に厳密な決まりはないが，閉塞しにくい組み合わせとして，経験的に以下が参考となろう．

BOD　500mg/l 以上　　……… P=100mm
BOD　500〜250mg/l　……… P= 80mm
BOD　250〜100mg/l　……… P= 50mm
BOD　100mg/l 以下　　……… P=30 mm

活性汚泥法も生物膜法も微生物の代謝作用を利用した汚濁水処理法で，省資源，省エネルギーの観点から優れた水処理技術である．生物処理における水浄化の主役は，細菌や原生動物であるから，装置設計と同様に生物の維持管理も重要である．

9.3 脱チッ素・脱リン処理

湖沼，内湾などの閉鎖水域に有機物，チッ素およびリンなどが大量に過度に流入して停滞すると，富栄養化現象を起こし，図9.21[1]に示すような被害を発生する．

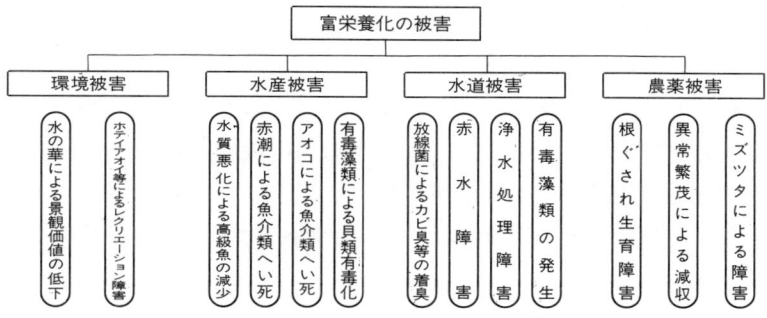

【図9.21】 富栄養化に伴う被害例

富栄養化は，水道水のカビ臭，沪過障害などを始め，環境被害，水産被害，農業被害等，広範囲にわたっての水質障害を伴うので，大きな社会問題となっている．したがって，富栄養化の主な原因物質であるチッ素，リンの除去は重要である．

9.3.1 チッ素の除去[注]

生物学的処理における脱チッ素は，まず有機性チッ素やアンモニア性チッ素が，硝酸性チッ素（NO_3-N）に酸化される．次にこの処理水を無酸素状態にすると，脱チッ素菌が水中の酸素の代わりにNO_2やNO_3の酸素を呼吸に消費することにより，NO_2やNO_3がチッ素ガスに還元され，脱チッ素反応が進行する．

$$NH_4 + 1.5\,O_2 \longrightarrow NO_2 + H_2O + 2H^+ \quad \cdots\cdots\cdots (9.15)$$

---

[1] 東京都公害局水質保全部水質規制課：“チッ素・リンの処理方法調査報告書”，1979．

[注] チッ素の除去には，①生物学的脱チッ素，②アンモニアストリッピング，③不連続点塩素処理，④イオン交換法がある．②，③，④はアンモニア性チッ素（NH_4-N）の除去はできるが，有機性チッ素の除去は不可能．これに対して，①はすべてのチッ素化合物の除去ができる．

式9.15では，H^+が液中に放出されるので，液のpHは低下する．次に，硝酸菌（主にNitrobacter）によりNO_3-Nまで硝化される．

$$NO_2 + 0.5O_2 \longrightarrow NO_3^- \qquad\qquad (9.16)$$

式9.15，式9.16より

$$NH_4 + 2O_2 \longrightarrow NO_3 + H_2O + 2H^+ \qquad\qquad (9.17)$$

式9.17より，1gのNH_4-Nを硝化するには4.57gもの酸素が必要である[注]．これは閉鎖水域にNH_4-Nが多量に流入すると，水中の溶存酸素が多く消費され，酸欠状態を発生する原因の一つである．

アンモニア性チッ素の除去では，図9.22のように硝化槽（曝気槽）内の溶存酸素は2mg/l以上が必要である．硝化速度はpHの影響も受けやすく，図9.23のようにpH8.5付近が最も硝化効率が高い．

硝化菌の増殖速度は，BOD酸化菌や脱チッ素菌に比べて，1/10程度と極めて

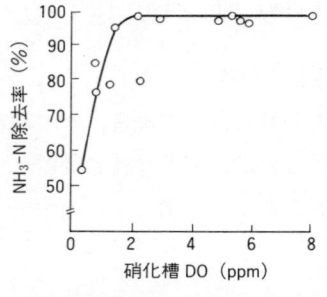

【図9.22】 硝化と溶存酸素

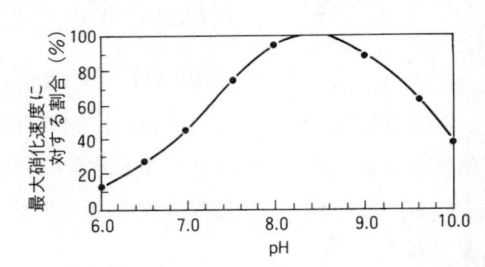

【図9.23】 一定温度（20℃）におけるpHの変化に対する硝化速度の変化

遅いので，BOD源があれば，BOD酸化菌の増殖が優先して硝化反応はほとんど進まない．ところが，BODが30mg/l程度まで低下してくると硝化菌の働きが活発になりはじめ，式9.17の反応が急速に進み，処理水のBODが10mg/l程度になるとNH_4-Nの90%程度は硝化される．

図9.24[1]（次ページ）に硝化におよぼすBOD濃度の影響を示す．

注) $2O_2/N = 64/14 = 4.57$

1) Antonie, R.L.：Factors Affecting BOD Removal and Nitrificationin the Bio-Disc Prosess, Water Pollution Control Association Annual Meeting (1972)

表9.5[1]に硝化を阻害する物質と濃度を示す．硝化に影響をおよぼす物質がどのように作用するかは不明であるが，産業排水中に含まれる化学物質は，生物学的な硝化反応を阻害するようである．

硝化菌の働きによりNO_2-N，NO_3-Nとなったチッ素成分は，嫌気性条件下で脱チッ素菌によりチッ素（N_2）に還元されて大気に放散される．脱チッ素反応は還元反応であるから，NO_2，NO_3の酸素受容体と脱チッ素菌の増殖源としての有機体炭素（栄養源）が必要である．

脱チッ素菌は酸素の代わりにNO_2やNO_3の中の酸素を利用している点では，

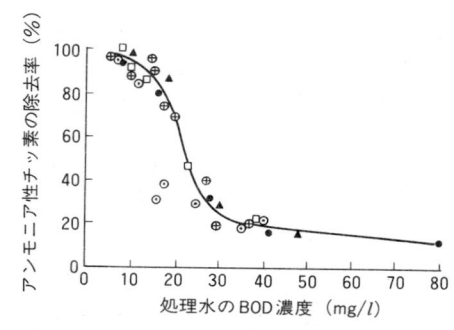

【図9.24】 硝化に及ぼすBOD濃度の影響

【表9.5】 硝化阻害物質

物質名	阻害濃度 (mg/l)	物質名	阻害濃度 (mg/l)
アセトン	2,000	8-ヒドロキシキノリン	72.5
アリルアルコール	19.5	メルカプトベンゾチアゾール	3.0
アリルクロライド	180	塩酸メチルアミン	1,550
アリルイソチオシアネート	1.9	メチルイソチオシアネート	0.8
二硫化ベンゾチアゾール	38	硫酸メチルチウロニウム	6.5
二硫化炭素	35	フェノール	5.6
クロロホルム	18	チオシアン酸カリウム	>300
O-クレゾール	12.5	スカトール	7
ジアリルエーテル	100	ジメチルジチオカルバミン酸ナトリウム	13.6
ジシアンジアミド	250	メチルジチオカルバミン酸ナトリウム	0.9
ジグアニド	50	テトラメチルチウラムジサルファイド	30
2,4ジニトロフェノール	460	チオアセトアミド	0.53
ジチオオキサミド	1.1	チオセミカルバジット	0.18
エタノール	2,400	チオ尿素	0.076
グアニジンカーボネート	16.5	トリメチルアミン	118
ヒドラジン	58		

注）阻害濃度は，硝化活性を約75%阻害する濃度．

1) Tomlison, T. G. *et.al* : Inhibition of Nitrification in the Activated Sludge Process of Sewage Disposal, *Journal of Applied Bacteriology*, Vol.**29**, p.p.266-291 (1966)

通常の好気性微生物処理の酸素消費と同じで，使用する酸素が水中の溶存酸素なのか，NO_2やNO_3中の酸素なのかが異なるだけである．したがって水中に酸素があると，硝酸呼吸よりも酸素呼吸が優先して起こるので，脱チッ素反応が進まない．脱チッ素反応が起こるには，反応槽内のORP値が$-200\sim-300$mV程度であることが必要である．あまり低くなりすぎると，リン(P)の再溶出など好ましくない現象が見られる．

一般に，有機炭素源としてはメチルアルコールやブドウ糖が用いられるが，最近は省資源の観点から，汚水中の有機物(BOD)成分を炭素源として利用することも試みられている．

$$5CH_3OH + 6NO_3^- + 6H^+ \longrightarrow 5CO_2 + 3N_2 + 13H_2O \cdots\cdots (9.18)$$

$$5C_6H_{12}O_6 + 24NO_3^- \longrightarrow 30CO_2 + 18H_2O + 24OH^- + 12N_2 + (5\times570\text{kcal}) \cdots\cdots (9.19)$$

$$C_6H_{12}O_6 + 6O_2 \longrightarrow 6CO_2 + 6H_2O + 686\text{kcal} \cdots\cdots (9.20)$$

式9.19と式9.20のブドウ糖($C_6H_{12}O_6$)1モル当りの分解に要するエネルギーは，嫌気条件下のほうが好気条件下より116kcal/mol($686-570=116$)少ない．この差が好気条件下では，脱チッ素反応が進まない理由である．

脱チッ素における有機炭素源(CH_3OH)と，NO_3^--Nの比を式9.18から求めると，

$$5CH_3OH/6N = 160/84 = 1.90 \cdots\cdots (9.21)$$

同様に$C_6H_{12}O_6$とNO_3-Nの比は，式9.19より

$$5C_6H_{12}O_6/24N = 900/336 = 2.68 \cdots\cdots (9.22)$$

となる．

このようにして算出したNO_3-Nに対する有機炭素源(水素供与体)必要量を表9.6(次ページ)に示す．

図9.25[1](次ページ)は，メチルアルコールをNO_3-Nの2.5倍以上添加すれば，95%程度の脱チッ素が可能であることを示している．

(1) 硝化・脱チッ素処理システム

---

1) 回転円板技術研究会編：〝回転円板法による汚水処理技術〟，(山海堂) 1978．

9.3 脱チッ素・脱リン処理

【表9.6】 水素供与体とその効果

水素供与体	加水分解反応	kg必要量/kg-H_2	kg必要量/kg-NO_3-N
メタノール	$CH_3OH + H_2O \rightarrow CO_2 + 3(H_2)$	5.34	1.91
酢酸	$CH_3COOH + 2H_2O \rightarrow 2CO_2 + 4(H_2)$	7.50	2.68
エタノール	$C_3H_5OH + 3H_2O \rightarrow 2CO_2 + 6(H_2)$	3.83	1.37
アセトン	$(CH_3)_2CO + 5H_2O \rightarrow 3CO_2 + 11(H_2)$	2.64	0.94
グルコース	$C_6H_{12}O_6 + 6H_2O \rightarrow 6CO_2 + 12(H_2)$	7.50	2.68
メチル・エチルケトン	$CH_3COC_2H_5 + 9H_2O \rightarrow 5CO_2 + 13(H_2)$	3.00	1.07
イソプロピルアルコール	$(CH_3)_2CHOH + 5H_2O \rightarrow 3CO_2 + 9(H_2)$	3.34	1.21

硝化・脱チッ素の基本となる処理方式を図9.26〜図9.29に示す．

① **Bringman方式**（図9.26）

硝化反応槽では，原水中の有機物が酸化されると同時にNH_4-NがNO_3-Nに硝化される．

脱チッ素槽では，有機炭素源としてメチルアルコールなどを添加するが，過剰の有機炭素源を加えるとそのまま流出してBODとして計測されるおそれがある．

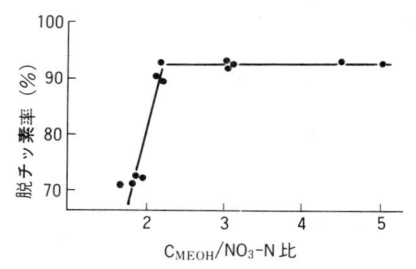

【図9.25】 C_{MEOH}/N比と脱チッ素率の関係

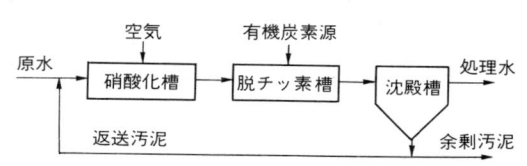

【図9.26】 Bringman方式

② **再曝気方式**（図9.27）

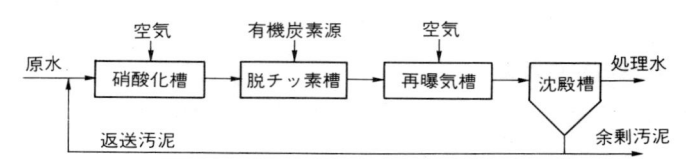

【図9.27】 再曝気方式

Bringman方式に再曝気槽を追加したもので，過剰に添加した有機炭素源によるBOD漏出を防ぐことができる．

BOD除去率，脱チッ素率とも高く，安定した処理ができる．

③ **循環方式**（図9.28）

脱チッ素に必要な有機炭素源を原水中の有機物から得る方法である．

原水中のNH_4-Nは第一脱チッ素槽を素通りして硝酸化槽でNO_3-Nに酸化される．この硝化液は，前段の第一脱チッ素槽に戻し(流入原水量の3～7倍)原水と混合され，原水中の有機物を水素供与体として脱チッ素が行われる．わずかに漏出したNO_3-Nは，第二脱チッ素槽で新たな有機炭素源を加えて更に脱チッ素処理される．

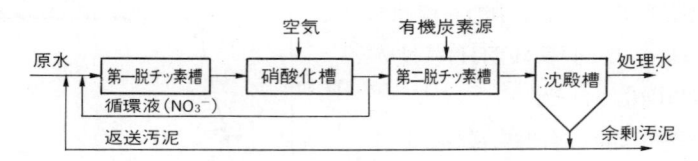

【図9.28】 循環方式

④ **循環再曝気方式**（図9.29）

循環方式の第二脱チッ素槽の後に再曝気槽を付加したものである．これにより，第二脱チッ素槽から漏出した余剰の有機炭素源は再曝気槽で除去され，BOD除去率，脱チッ素率ともに安定化する．

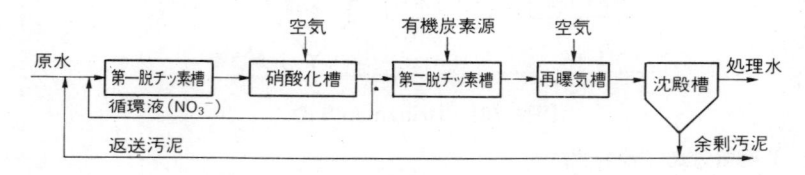

【図9.29】 循環再曝気方式

(2) **脱チッ素槽の容量計算**

NO_3-NおよびNO_2-Nの還元量は，次式9.23[1]で表わされる．

$$\Delta N = k \cdot S_a \cdot V \qquad \cdots\cdots\cdots (9.23)$$

1) 遠矢泰典：下水道協会誌，Vol.7, No.74～78 (1970)

ただし，ΔN：NO_3-Nの還元量（kg-N/d）
k：脱チッ素速度定数（kg-N/kg-MLSS・h）
S_a：MLSS濃度（kg-MLSS/m³）
V：脱チッ素槽の容量（m³）

式9.23を変形すると式，9.24になる．

$$V = \frac{\Delta N}{k \cdot S_a}$$
  ………（9.24）

脱チッ素速度定数kは図9.30[1]のように，水温によって影響を受ける．

一例として，図9.30の脱チッ素速度定数と温度の関係を用いて，脱チッ素槽の容量を試算してみよう．

排水量1000m³/d，MLSS3000mg/l，水温15℃とし，NO_3-N 30mg/l を 5mg/l で処理するとすれば，必要な脱チッ素槽の容量は，式9.24と図9.30より算出できる．

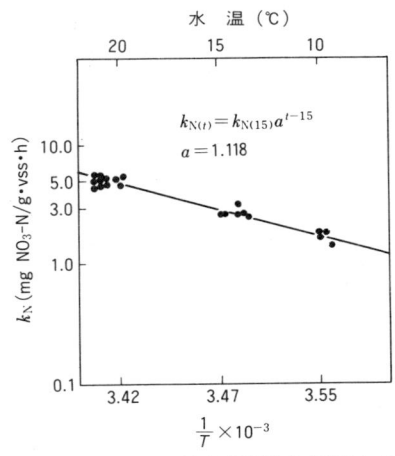

【図9.30】 脱チッ素速度定数と温度との関係（回分試験，メタノール添加）

グラフ中：$k_{N(t)} = k_{N(15)} a^{t-15}$, $a = 1.118$

脱チッ素速度定数：$k = 3.0 \times 10^{-3}$kg-N/kg・MLVSS[注]・d
  $= 3.0 \times 10^{-3} \times 24$ kg-N/kg・MLVSS・d
  $= 0.072$ kg-N/kg・MLVSS・d

還元NO_3-N量：$\Delta N = 1000$m³/d $\times (30-5) \times 10^{-3}$
  $= 25$ kg-N/d

所要脱チッ素槽容量：$V = \Delta N / k \cdot S_a$
  $= 25/0.072 \times 3.0$
  $= 116$m³

滞留時間：$T = 116/1000 \times 24$
  $= 2.8$ h

---

1) 遠矢泰典，松尾吉高，鈴木隆幸：用水と廃水，vol.15，No.9（1973）
注）MLVSS：Mixed Liquor Volatile Suspended Solids，MLSS中の有機物質量（強熱減量）で，MLSSより生物量に近い指標として利用される．

9.3.2 リンの除去

生物学的脱リン法は，活性汚泥の特殊なリン代謝反応を利用したものである．活性汚泥は，好気的条件下ではリンを過剰に摂取し，嫌気的条件下で放出することが 1965 年に Levin, Shapiro らによって指摘された．

図 9.31 に嫌気・好気工程におけるリン（PO_4-P），BOD，CODの変化を示す．

嫌気工程では，汚泥内のポリリン酸が分解されて汚泥からリン（PO_4-P）が放出される．ポリリン酸分解時のエネルギーは，排水中の BOD, COD 成分が汚泥に吸収される時に利用される．

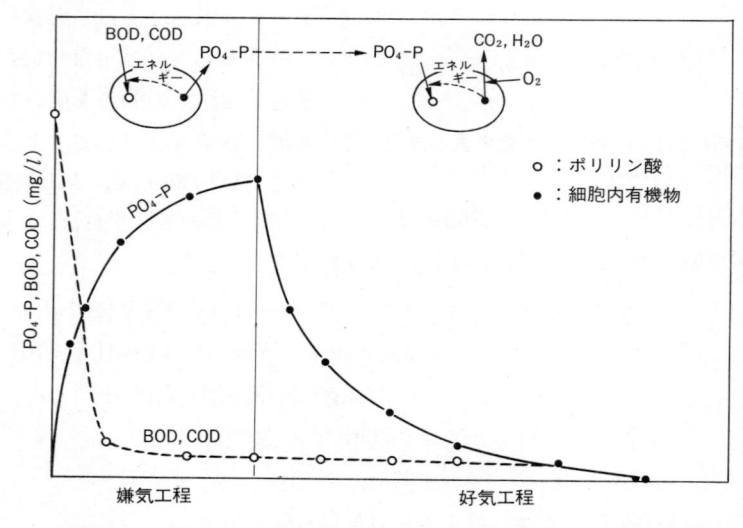

【図9.31】 嫌気・好気工程におけるPO_4-P, BOD, CODの変化

好気工程では，嫌気工程で体内に取り込んだ有機物の分解を行うとともに，そのときに生じるエネルギーを利用して細胞外に存在するリン（嫌気工程で放出したリン）および原水中のリンを吸収し，ポリリン酸として体内に蓄積する．

好気工程でリンを過剰に蓄積した汚泥は，余剰汚泥として系外に引き抜くことによってリン除去が行われる．

9.3 脱チッ素・脱リン処理

図9.32[1]に嫌気・好気法におけるリンおよびCOD除去実験結果例を示す。嫌気工程におけるリン（PO_4-P）は10mg/lから40mg/lに増加しているが、好気処理では急速に減少し、5時間処理（嫌気2時間、好気3時間）でリンはゼロとなる。原水のCOD値は、500mg/lであるが、2時間の嫌気処理で約20mg/lまで低下し、それ以降3時間好気処理しても変化しない。

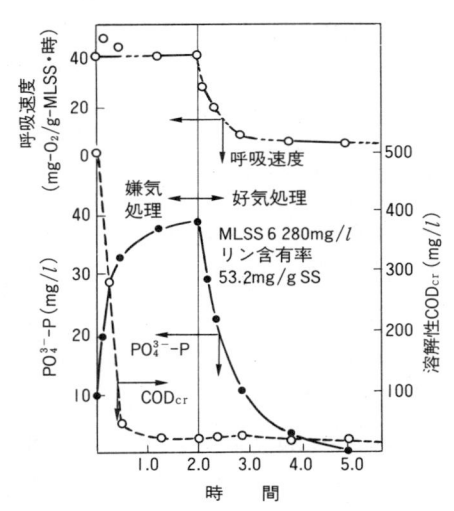

【図9.32】 嫌気・好気法におけるリン及びCOD処理実験結果例

生物学的脱リン法は、図9.33のように好気槽の前段に嫌気槽を設けるだけで有機物（BOD）とリンの同時除去ができる。通常、活性汚泥処理の余剰汚泥には2.3%程度のリンが含まれるが、生物学的脱リン法を採用したときの汚泥中のリンは5～6%となる。

生物学的脱リン法は、処理薬品を全く使用しない点でランニングコストがかからず優れた処理方法であるが、下記①②の問題点がある。

① 汚泥のリン含有率には上限があるので、P/BOD比が高い場合は、処理水中にリンが残る。
② 最終沈殿槽や汚泥処理系において、汚泥が嫌気的条件におかれると、摂取したリンを再放出するおそれがあるので、汚泥管理および汚泥処理に注意を要する。

---
1) 宮　晶子ほか：下水道協会誌，Vol.**22**, p.39（1985）

9. 生物処理

脱リン標準フローシート

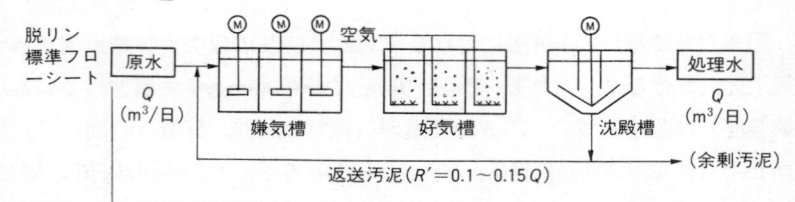

	原水	嫌気槽	好気槽	沈殿槽	処理水
滞留時間(h)		1.5～3.0	3.0～5.0	3.0～4.0	
BOD (mg/l)	100～120	20～30	<10	<10	<10
T.P (mg/l)	3～6	10～20	<1	<1	<1
T.N (mg/l)	30～40	25～35	25～35	25～35	25～35

【図9.33】 脱リン標準フローシート

　これまで説明した方法は，リンの除去はできてもチッ素の除去は不可能である．ところが嫌気処理と好気処理を効果的に組み合わせれば，脱リンと脱チッ素を同時に行うことができる．

　図9.34は嫌気槽と好気槽の間に脱チッ素槽を設け，好気槽流出部の硝化液を脱チッ素槽に循環することで，脱リンと脱チッ素処理が可能となる．この方法によれば，原水のT-P 3～5 mg/l が処理水で1 mg/l 以下，原水のT-N 20～30 mg/l が20 mg/l 以下となる．しかし，図9.34のチッ素除去率は30％程度である．

　図9.35（次ページ）は図9.34の好気槽の後に再脱チッ素槽と再曝気槽を設けたものである．

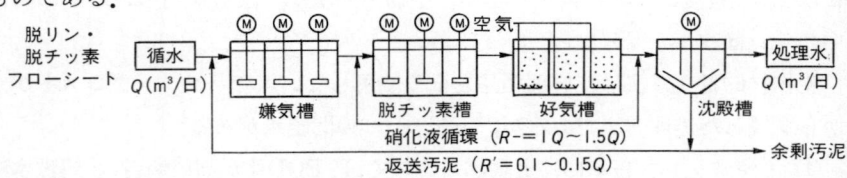

脱リン・脱チッ素フローシート

	原水	嫌気槽	脱チッ素槽	好気槽	沈殿槽	処理水
滞留時間(h)		1.～3.0	2.0～4.0	3.0～5.0	3.0～4.0	
BOD (mg/l)	120～140					<10
T.P (mg/l)	3～5					<1
T.N (mg/l)	20～30					15～20

【図9.34】 脱リン・脱チッ素フローシート

9.3 脱チッ素・脱リン処理

脱リン・脱チッ素再曝気法フローシート

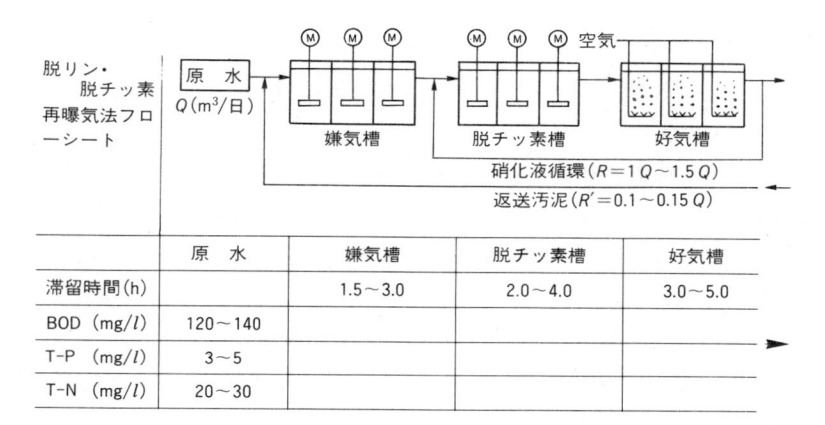

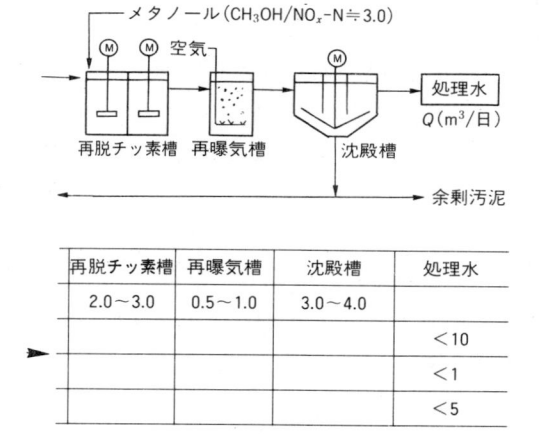

	原　水	嫌気槽	脱チッ素槽	好気槽
滞留時間(h)		1.5～3.0	2.0～4.0	3.0～5.0
BOD (mg/l)	120～140			
T-P (mg/l)	3～5			
T-N (mg/l)	20～30			

再脱チッ素槽	再曝気槽	沈殿槽	処理水
2.0～3.0	0.5～1.0	3.0～4.0	
			<10
			<1
			<5

【図9.35】 脱リン・脱チッ素・再曝気法フローシート

　これによれば，原水T-P 3～5 mg/l が処理水で 1 mg/l 以下，T-N 20～30 mg/l が 5 mg/l 以下となる．

　生物学的脱リン法における汚泥の引き抜きは重要で，小型装置であっても汚泥かき寄せ機付の沈殿槽とし，汚泥が長時間滞留して嫌気となり，リン再溶出が起こらないように配慮することが重要である．

9.4 高負荷嫌気性処理

活性汚泥法に代表される好気性処理は，都市下水から産業排水処理に至るまで幅広く適用されている．これらの好気性処理は，曝気動力としての電気エネルギーを必要とし，多量の汚泥発生を伴うので，省エネルギー，廃棄物処理の観点からは課題が残る．

これに対して，嫌気性処理による有機性排水処理は，
① 曝気が不要なため，処理設備の運転動力は活性汚泥法の30～50%である．
② 汚泥発生量は活性汚泥法の 20～50%である．
③ 高濃度の有機性排水の処理に対応できる．
④ メタンガスが回収可能で，投入されたエネルギーの大部分が汚泥でなく，エネルギー価値のあるメタンに転換できる．
⑤ 活性汚泥に比べて，容積負荷を大きくとれるので，設備と設置スペースが小さい．
⑥ 運転管理が容易である．

などの長所があるが，下記の短所もある．
① 汚泥の増殖速度が遅く（立ちあげ時間が長い）処理水質はあまりよくないので，そのままの放流は困難である．
② 加温，pH調整が必要な場合が多い．
③ 単独処理では，チッ素，リンの除去は不可能．
④ 硫化水素等による悪臭，腐食発生がある．
⑤ 硫酸塩があると，硫酸還元菌により硫化水素となる．これはメタンを生成する水素資化菌と水素に対して，競合関係にあるためメタン生成量の減少となる．

9.4.1 嫌気性処理の概要

従来の嫌気性処理は，反応槽内に高濃度の嫌気性細菌を保持することが困難であった．

これを改善するために，嫌気性細菌を反応槽内に固定して保持する方法が考案された．

図 9.36 に嫌気性反応槽の概要を示す．

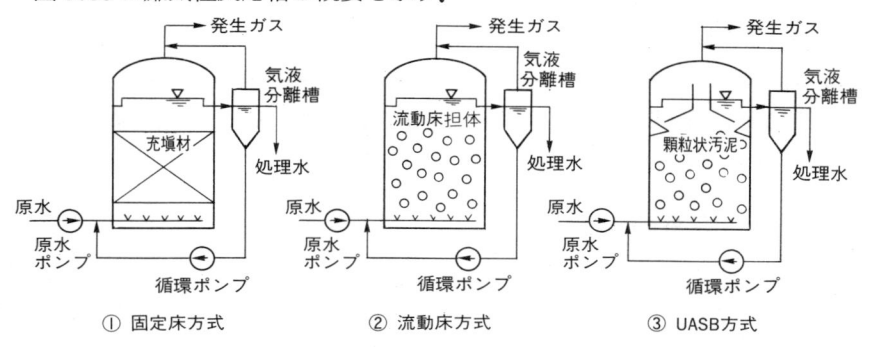

【図9.36】 嫌気性反応槽の概略

① 固定床方式　② 流動床方式　③ UASB方式

① 固定床方式

固定床方式は，接触曝気法で用いるものと同様のプラスチック製やセラミック製の充塡材を反応槽内に固定し，その表面に嫌気性細菌を付着させて，汚水を浄化する方法である．

この方法は，充塡材表面に細菌が付着し過ぎて肥厚すると部分的に閉塞し，水流に偏流を生じて，処理効果が低下するなどの問題がある．

これらの閉塞を防止するには，反応槽底部に逆洗用ガスを噴出させる配管を設置し，定期的な逆洗を行うとよい．

図 9.36 の原水はいずれも反応槽底部から流入し，反応槽上部のトラフから越流する．越流水は気液分離槽でガスを分離し，循環ポンプにより一部を反応槽入口に返送し，反応槽内の上向流速を最適値に保っている．

② 流動床方式

プラスチックやゼオライトなどの小粒径の流動性担体を反応槽内に充塡し，原水を反応槽底部から上向流で流す．排水は担体表面の微生物膜と接触しながら上昇し，反応槽上部のトラフから越流する．

この方式は，閉塞は起こりにくいが担体の流動，展開のためのポンプ動力が必要である．小型の装置では，反応槽内に攪拌機を設け，機械的に流動床を攪

拌する方法もある．

③ UASB法

UASB (Upflow Anaerobic Sludge Blanket) 法はオランダの Lettinga らによって開発された技術[注]で，1980年代初期から実用化され，世界的に普及した．

この方法は，メタン生成菌を主体とした嫌気性細菌を粒径 0.5～3.0mm 程度の顆粒状に自己造粒させ，原水を上向流で反応槽に通水し，反応槽内部にスラッジブランケット層を形成させ，汚水を浄化するものである．

9.4.2 分解経路と影響因子

嫌気性条件下における高分子有機物は図 9.37[1] に示すように低分子有機物→有機酸の経路を経て，最終的にメタンと二酸化炭素に分解される．

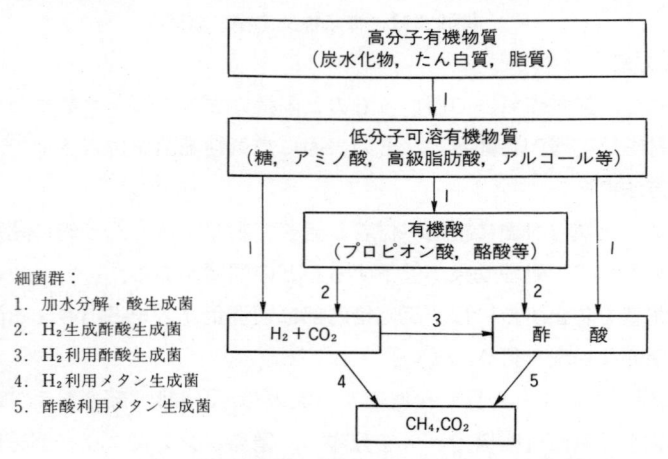

細菌群：
1. 加水分解・酸生成菌
2. H_2 生成酢酸生成菌
3. H_2 利用酢酸生成菌
4. H_2 利用メタン生成菌
5. 酢酸利用メタン生成菌

【図9.37】 嫌気性処理における有機物分解経路

嫌気性処理の性能に影響を与える因子の主なものは，次の ①～④ である．

① 温度，pH，ORP

メタン生成菌の活性は温度依存性が高く，30℃から40℃で活性が最大となる

注) Lettinga ら (Wageningen にある農業大学の) は，1971年に甜菜糖排水等の嫌気性沪床法による処理で，その処理が沪床に付着した菌体よりも，沪床の間隙や底部に堆積したフロック状または自己造粒した顆粒状の汚泥によるものではないか，との疑問をいだき沪床を省いた形の処理方式を開発したといわれる．
1) Perkin, G. F., etal, : Jour. Env. Eng., ASCE, 112, pp.867-920 (1986)

嫌気性菌を中温菌，50°Cから60°Cで活性が最大となる細菌を高温菌と呼んでいる．メタン生成活性は35°Cを標準の1.0とすると30°Cで0.80～0.85，25°Cで0.50～0.55，20°Cで0.30～0.35，10°Cで0.10～0.15と温度の低下と共に下がる[1]．

pHの最適範囲は，通常6.5～8.0で6.2以下は避ける．有機酸の一時的な発生を緩衝するには充分なアルカリ度が必要で，場合によっては，反応槽内のpHを調整する中和装置が必要である．

酸化還元電位（ORP）は，一般に－300mV以下のとき，メタン生成が進行する．

② 栄養源

嫌気性細菌の栄養源は，活性汚泥と大差ないが菌体への転換率が小さいので，チッ素，リンの必要量は活性汚泥法の1/5程度で充分である．

鉄，コバルト，ニッケル等はメタン生成菌の必須金属なので，良好なスタートアップには欠かすことができない．

③ 有害物質

嫌気性細菌に有害な物質や毒性物質は，活性汚泥とほぼ同じである．

表9.7[2]は嫌気性処理に阻害を及ぼす無機物質濃度を示したものである．有機物ではアルデヒド基，二重結合，ベンゼン環をもつ化合物および塩素置換基などを持った化合物が強い毒性を示す．特にクロロホルムやメチレンクロライドなどの有機塩素化合物は，低濃度でも影響が大きい．

【表9.7】 嫌気性処理に阻害を及ぼす無機物質濃度

物　質	濃　度　(mg/l)	
	やや阻害	強く阻害
Na	3,500～5,500	8,000
K	2,500～4,500	12,000
Ca	2,500～4,500	8,000
Mg	1,000～1,500	3,000
アンモニア性窒素	1,500～3,000	3,000
硫化水素	200	200
Cu	—	0.5(soluble)
		50～70(total)
Cr(VI)	—	3.0(soluble)
		200～260(total)
Cr(III)	—	180～420(total)
Ni	—	2.0(soluble)
		30(total)
Zn	—	1.0(soluble)

---

1) Henze, M., *et al.* : *Wat. Sci. Tech.*, **15**, 8/9, 1-101 (1983)
2) 戸塚春雄：産業と環境，No.9, pp.97-99 (1992)

嫌気性菌の中では，メタン生成菌が有害物に対して抵抗力がないので，阻害をやわらげるには，馴養化するか代謝する時間を得るために，SRT (Sludge Retention Time：汚泥滞留時間) を長くとることが有効と考えられる．

産業排水の場合は，生産工程から消毒剤，殺菌剤および有害薬品が混入しないように，排水の区分を明確にすることが大切である．

9.4.3 UASB処理プロセスの設計

嫌気性処理法のCOD容積負荷は $10〜30 kg\,COD/m^3 \cdot d$ と高いので，処理槽はそれだけ小型化でき，装置全体がコンパクトになる．

表9.8[1]に代表的な嫌気性処理プロセスの比較を示す．

【表9.8】 代表的な嫌気性処理プロセスの比較

形式	汚泥保持の原理	有機物負荷 $(kgCOD_{cr}/m^3 \cdot 日)$	汚泥濃度 $(kgVSS/m^3)$	特徴
UASB	グラニュール化	〜30	〜60 (ベッド部)	・担体が不要 ・装置が単純で，運転が容易 ・立ち上げ時間短い〜長い[注]
固定床	充填材への付着あるいは捕捉	〜15	〜20	・変動に対して安定 ・充填材閉塞の問題あり
流動床	粒状担体への付着	〜20	〜30	・液循環動力がかかる ・大規模には不向き ・低濃度排水の処理効率高い
嫌気性活性汚泥	浮遊汚泥の沈殿返送	〜6	10前後	・プロセスとして単純 ・汚泥沈降性の影響あり ・固形排水を処理可能

注) 種汚泥として，グラニュールを使用すると短く (2〜3週間)，消化汚泥を使用すると長い (3〜6カ月)．

表9.8の中でも，UASB法は有機物負荷量が高い点に特長がある．

嫌気性消化汚泥における立ち上げ方法の一例を以下に示す．

① 種汚泥 ($6〜15 kg\text{-}VSS/m^3$) と原水流入濃度 ($5\,kg\text{-}COD_{cr}/m^3$ 以下) を調整し，段階的に負荷を上げる．

② 嫌気性菌は，細胞外ポリマーの力で互いに付着し始める．このとき生成する小さなフロックを核として，糸状のメタン生成菌が毛玉状に絡み合って増殖し，それが集合して顆粒状となる．

③ 糸状のメタン菌の基質である酢酸を適量加えると，沈降性のよい顆粒がで

---

1) 前掲 p.211 脚注2) 参照．

きる[1]．また，スタートアップ時に少量の顆粒汚泥を植種すると，立ち上げ期間が短くなるといわれている．

Lettingaらにより，甜菜糖製造排水処理実験に用いられたUASB装置の基本構造を図9.38[2]に示す．

これは内容積6 m³程度のパイロットプラントであるが，フルスケール装置でも構造的には同じで，内部は単純である．

反応槽のおおまかな設計ガイドラインは，次のように提示されている[3]．

① 沈殿室の傾斜板は，45°〜50°の角度とする．

② 沈殿室の水面積負荷は，0.7m/h以下とする．

③ ガスコレクター部と沈殿室間の流速は，2 m/h以下とする．

フルスケールプラントにおける反応槽高さは，流量負荷と水面積負荷によって決まるが，おおむね4.5〜6.5mである．

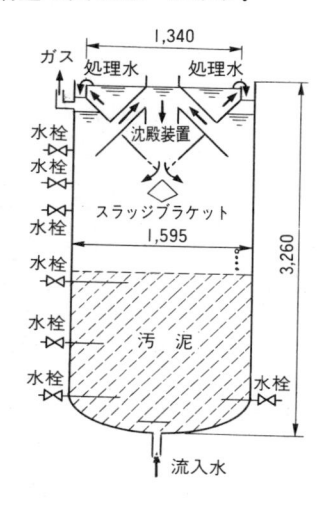

【図9.38】 嫌気性スラッジブランケット（UASB）装置の概要

9.4.4 UASB法の処理性能

表9.9 [4,5]に甜菜糖排水のUASB処理に関する実験プラントと，実プラントの処理特性を示す．処理方法および処理結果の概要を①〜⑦に示す．

① 処理温度：30〜35℃

---

1) 高村義郎：産業と環境，No.9，pp.85-87（1992）
2) van der Meer, R. R.：Anaerobic Treatment of Wastewater Containing Fatty Acids in Upflow Reactors, Dr. Thesis, Delft Univ. of Technology, The Newtherland（1979）
3) Lettinga, G., Hobma, S.W., *et al.*：Design Operation and Economy of Anaerobic Treatment, *Water Sci. and Technol.*, Vol. **15**, pp.177-195（1983）
4) Pette, K., versprille, A. I.：Application of the UASB-concept for Wastewater Treatment, Proc. 2nd Int'l symp. on Anaerobic Digestion, pp.121-133（1981）
5) Pette, K., de Vletter, R. *et al.*：Full Scale Anaerobic Treatment of Beet sugar Wastewater, Proc. 35 th Ind. Waste conf. Purdue Univ., pp.635-642（1980）

② 滞留時間：2.6〜7.1時間
③ 流入COD：1,850〜4,000mg/l
④ 容積負荷：11〜32kg-COD/m^3・d
⑤ ガス生成速度：3.0〜5.0m^3/m^3・d
⑥ メタン含有率：76〜90%
⑦ COD除去率：63〜90%

【表9.9】 甜菜糖排水のUASBパイロット，フルプラント処理性能[1,2]

発酵槽容量(m^3) 建造年	6 [1]	30 [1]	200 [1]	800 [1]	1,300 [2]	1,425 [2]
	'75	'76	'77	'78	'80	'79
処理温度(°C)	32	30	30	30〜35	30〜35	30〜35
流量(m^3/時)	2.3	6.8	28	200	275	250
HRT(時)	2.6	4.4	7.1	4.0	4.8	5.7
流入COD(mg/l)	3,600	2,000	4,200	1,850	2,400	4,000
容積負荷 (kgCOD/m^3・日)	32	11	14	12	12	16.5
COD除去率(%)	75	63	90	85	85	85
ガス生成速度(m^3/m^3・日)	—	3.0	4.7	3.6	3.7	5.0
メタン含有率(%)	90	90	83	82	82	76

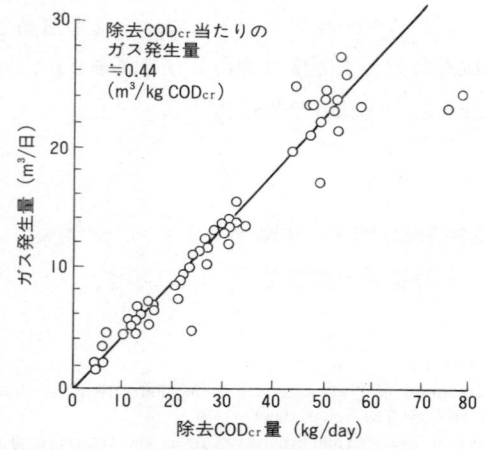

【図9.39】 メタン発酵槽における除去COD$_{cr}$量とガス発生量との関係

このように甜菜糖類の排水処理効率は良好であるが，浮遊物質，たん白質および脂質の多い水では，汚泥の粒状化が起こりにくく，現在のところ適用可能な排水種が限られている．

図9.39[1]にUASB法によるビール工場排水処理の除去COD量とガス発生量の関係を示す．図9.39より，1kgのCOD$_{cr}$除去あたり0.44m^{3}の

1) 米田 豊，吉田 稔，三田 新，中村寿実：用水と廃水，Vol. 30, No. 12 (1988)
2) 依田元之，山内英世，北川幹夫：用水と廃水，Vol. 31, No. 1 (1989)

ガスが発生する．

UASB法の成否は沈降性がよく，活性の高い生物をいかに高濃度に反応槽内に蓄積させるかにかかっている．

実装置ではスタートアップに6カ月～1年という長期間を要し，その基本となる粒状汚泥の生成機構が十分に解明されておらず，実用性，信頼性の面で問題が残る．

スタートアップ時期を短縮するために100ミクロン程度の微小なキャリアを反応槽内に充填してグラニュールを生成したという報告[1]がある．その培養過程は以下の通りである．

① 反応槽（0.25m³×2mH）に粒径100ミクロン程度の微小キャリアを充填する．
② 植種源として，下水の嫌気性硝化汚泥をVSS[注]として3,800mg/l程度加える．
③ 反応槽上部の液を加温槽へ導き，35℃程度に加温し，反応槽の下部へ注入して循環する．
④ 反応槽内の上昇流速を段階的に1～3m/hとする．
⑤ 廃糖蜜を基質として用い，COD_{cr}濃度2,000～3,000mg/lとなるように水で希釈して連続通水する．
⑥ COD負荷量は，0.5kg/m³・dから始め，処理水のCOD_{cr}が600mg/lを超えない程度に管理しながら負荷を増大させ，約3カ月で20kg/m³・dとする．

この方法によれば，反応初期は植種源による浮遊物質がほとんどであるが，キャリア表面に生物膜が生成するに従い，キャリアの会合が起こり，グラニュール化が進行する．

9.4.5 嫌気性処理と好気性処理の比較

1日の排水量100m³/d，COD 2,000mg/l，BOD 10,000mg/lの排水を嫌気性処理と好気性処理で処理する場合の装置の大きさの比較を行ってみよう．

1） 前掲p.214脚注2）参照．
注） VSS：Volatile Suspended Solid，有機性浮遊物．

嫌気性反応槽における容積負荷は15kg-COD/m³・dとする．好気性反応槽における容積負荷は0.8kg-BOD/m³・dとする．

嫌気性処理におけるCODとBODの除去率は90%とするが，これではまだ水質が改善されないので，後段に好気処理を付加するものとする．好気性処理におけるCOD，BOD除去率は95%とする．

上記の仮定に基づいて嫌気性反応槽と好気性反応槽（曝気槽）の容量計算を行う．

① **嫌気性反応槽容量**

$$100\text{m}^3 \times 20\text{kg-COD/m}^3 \times 1/15\text{kg-COD/m}^3\cdot\text{d} = 125\text{m}^3$$

$$\cdots\cdots\cdots (9.25)$$

嫌気性処理した処理水を好気性処理する曝気槽容量

$$100\text{m}^3 \times (10\text{kg-BOD/m}^3 \times \frac{100-90}{100}) \times 1/0.8\text{kg-BOD/m}^3\cdot\text{d} = 125\text{m}^3$$

$$\cdots\cdots\cdots (9.26)$$

② **好気性反応槽容量**

$$100\text{m}^3 \times 10\text{kg-BOD/m}^3 \times 1/0.8\text{kg-BOD/m}^3\cdot\text{d} = 1250\text{m}^3 \cdots\cdots\cdots (9.27)$$

上記①②の試算結果をもとに処理フローシートを比較すると，図9.40（次ページ）のようになる．

好気処理単独の場合は，1,250m³のもの曝気槽を必要とするうえに，処理水のCOD値は，1,000mg/l，BOD値は500mg/lである．1,250m³の曝気槽におけるブロワーの大きさは，送気量を1.5m³/m³・hとすれば，1,250m³×1.5m³/m³・h=1,875m³/hとなり，約37kW/hの電力を消費する．

これに対して，嫌気処理＋好気処理では，125m³の嫌気反応槽と，125m³の曝気槽で済み，処理水の水質もCOD 100mg/l，BOD 50mg/lとなり，槽容量は1/5になる．125m³の曝気槽におけるブロワーの大きさは，好気処理単独の1/10で済むから電力消費量は約3.7kW/hに軽減できる．

このようにCOD_{cr}換算で2,000mg/lを超える高濃度の有機性排水処理には，設置スペースやランニングコストの面からも，嫌気性処理と好気性処理の組み合わせが適していると考えられる．

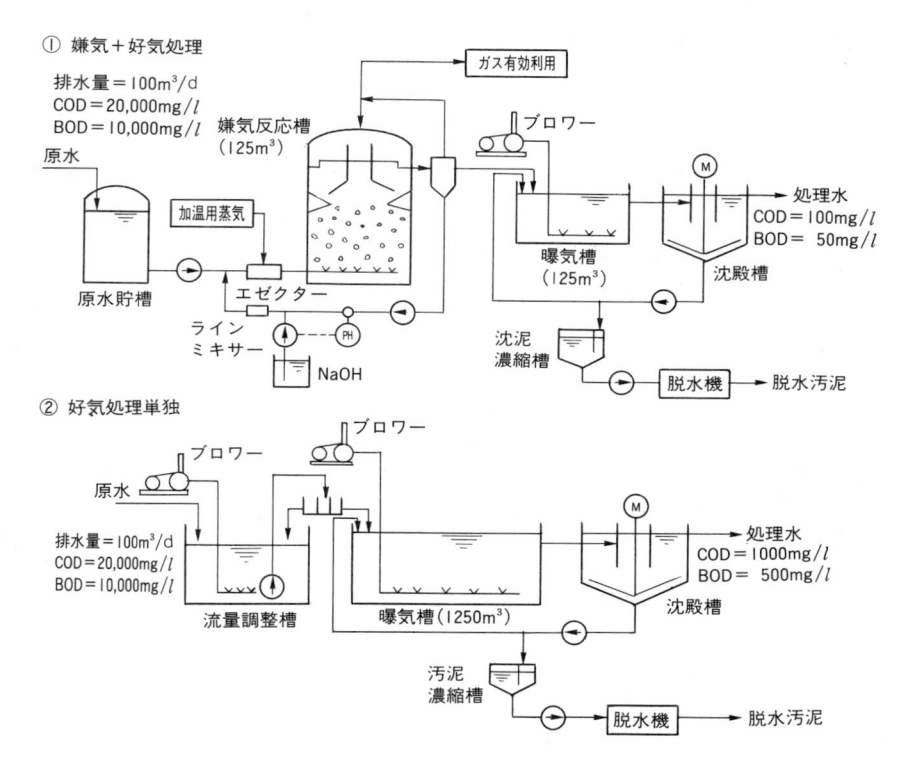

【図9.40】 嫌気・好気処理システムおよび好気単独処理フローシートの比較

　UASB法を始めとした嫌気性処理法が今後，より安定性，信頼性，融通性のある処理技術として発展するには，解決すべきいくつかの課題が残されているが，省スペース，省エネルギー，廃棄物減量化の観点からは優れた処理システムである．

10. 生活用水

　生活用水は，飲料水を始め雑用水（散水用水，修景・親水用水，洗車用水，トイレ水洗水など）および冷却用水など多岐にわたる．
　ここでは生活用水のうち，飲料水，海水淡水化および雨水の利用について述べる．

10.1 飲料水

　飲料水は人が飲用することを目的にしているので，安全性が第一に要求される．
　上水道における浄水処理方法選定の目安を表10.1[1]（次ページ）に示す．
　浄水方法は，以下の①〜④に大別される．
　① 塩素消毒だけの方式
　② 緩速沪過方式
　③ 急速沪過方式
　④ 特殊処理を含む方式

　これらのうち①の塩素消毒だけで飲用水となる水は，一般細菌が $1\,ml$ 中に500以下，大腸菌群は$100\,ml$ 中にMPN[注]50以下で，人の生活排水や産業排水による汚濁の影響を受けていない山間地の河川や地下水などである．
　④の特殊処理を必要とする水はかなり汚濁の進んだ水で，通常の浄水処理法である急速沪過や緩速沪過では対応しきれず，汚濁成分に見合った前処理が必要である．

　1）　㈳日本水道協会：〝水道施設設計指針・解説〟，1982．
　注）　MPN：大腸菌群最確数

【表10.1】 浄水方法選定の目安

浄水方法	原水の水質	処理法および摘要		
塩素消毒だけの方式	① 大腸菌群(100ml/MPN) 50 以下 ② 一般細菌(1 ml) 500以下 ③ 他の項目は水質基準に常に適合する.	消毒設備のみとすることができる.		
緩速沪過方式	① 大腸菌群(100ml/MPN)1,000 以下 ② 生物化学的酸素要求量(BOD)2ppm以下 ③ 年平均濁度10度以下	緩速沪過池	沈殿池不要	年平均濁度 10 度以下
			普通沈殿池	年平均濁度 10〜30 度
			薬品処理可能な沈殿池	年平均濁度 30 度以上
急速沪過方式	上記以外	急速沪過池	薬品沈殿池 高速凝集沈殿池	① 濁度最低10前後, 最高約1,000度以下, 変動の幅が極端に大きくないこと. ② 処理水量の変動が少ないこと.
特殊処理を含む方法	侵食性遊離炭酸	エアレーション, アルカリ処理		
	pH調整(pH低く侵食性)	アルカリ処理		
	鉄	前塩素処理, エアレーション, pH調整, 鉄バクテリア法		
	マンガン	①〔酸化〕+〔凝集沈殿〕+〔砂沪過〕, 前塩素処理, 過マンガン酸カリウム処理, オゾン処理 ② 接触沪過法, マンガン砂沪過, 二段ろ過 ③ 鉄バクテリア法		
	生物	薬品〔硫酸銅, 塩素, 塩化銅〕処理, 二段ろ過, マイクロストレーナ		
	臭味	発生原因生物除去, エアレーション, 活性炭処理, 塩素処理, オゾン処理		
	陰イオン活性剤・フェノール等	活性炭処理, オゾン処理		
	色度	凝集沈殿, 活性炭処理, オゾン処理		
	フッ素	活性アルミナ法, 骨炭処理, 電解法		

　ここでは実際に広く適用されている緩速沪過法と, 急速沪過法による浄水方法について述べる.

10.1.1 緩速沪過法による浄水

緩速沪過は処理薬品を全く使用せず，砂層表面に付着，増殖した微生物群の生物学的作用，沪層による沪過・沈殿作用により水を浄化する．したがって汚濁した原水の浄化には不適で，年平均濁度10度以下，大腸菌群は$100ml$中にMPN1,000以下である．

水源が清浄であった時代は，緩速沪過装置が良好に機能していたが，最近の水質汚濁の進行は緩速沪過法の適用を困難にしている．

(1) 緩速沪過の原理

緩速沪過では，生物学的作用，沪過・沈殿作用，酸化作用などが複合して作用し，水を浄化する．

① **生物学的作用**　砂層の表面や層内の砂間隙に増殖した細菌や，真菌などの微生物群から構成される薄い好気性の粘質膜に汚濁成分や溶解性有機物が吸着した後，生物学的に分解される．

② **沪過・沈殿作用**　砂層表面で懸濁物質は捕捉される．砂層表面を通過した微細な粒子は砂層隙間で衝突，沈殿などを繰り返しながらフロックを形成し，砂粒子表面に吸着される．

③ **酸化作用**　砂層表面の微生物沪過膜中に藻類が繁殖し，炭酸同化作用による酸素補給が行われ，膜内の好気性細菌の活性を高め，微生物による酸化効果を促進させる．

(2) 緩速沪過池の構造

緩速沪過池は砂層表面や，砂層内に増殖した微生物群が水浄化の主体であるから逆洗浄は行わない．

砂層表面の清掃や砂の交換作業は，人手に頼ることが多く，1〜2カ月に1回程度行う砂層の清掃作業は大変な手間がかかる．

図10.1[1]に緩速沪過池の構造略図を示す．

緩速沪過池の主な諸元は，以下のとおりである．

① 形状は長方形とし，予備を含めて2池以上とする．

---

1) 前掲 p.219 脚注1) 参照．

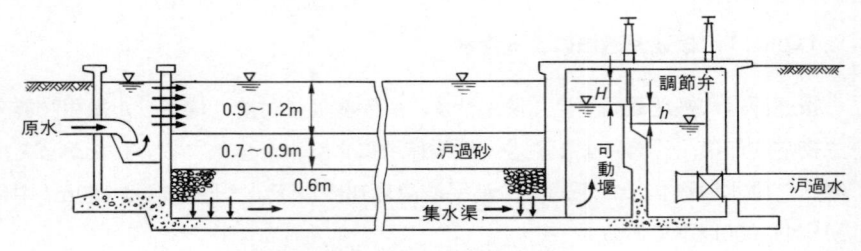

【図10.1】 緩速沪過池構造略図

② 砂層厚は 0.7～0.9m とする．
③ 深さは下部集水装置，砂利層，砂層，砂面上水深および余裕高の和で，2.5～3.5m とする．
④ 沪過速度は 4～5 m/d とする．
⑤ 沪過池面積は，浄水量を沪過速度で除して決定する．1池の大きさは 50～5,000m² とする．
⑥ 沪過水量を調節し，沪過速度を一定に保つために流量調節装置を設ける．
⑦ 沪過砂の品質は外観良好で石英質の多い砂で，有効径0.3～0.45mm，均等係数[注]2.0以下，比重2.55～2.65とする．

(3) 緩速沪過池の操作と管理

沪過水頭を調節弁で調整し，沪過速度を 4～5 m/d に保つ．沪過膜の損傷は処理水質を低下させるので注意し，沪過水面を砂面以下にしない．

沪過を継続できる日数は30～60日程度で，汚染した砂のかき取り厚さは 1～2cm である．

10.1.2 急速沪過法による浄水

急速沪過で対象とする原水の水質は，年平均濁度 10 度以上，BOD 2 mg/l 以上，大腸菌群（100ml MPN）1,000以上である．

(1) 急速沪過の原理

急速沪過法は，高濁度の水に対しても十分に浄化機能を発揮する．浄化は凝

注）均等係数：砂の粒度分布が10％（粒径0.3mmとする）と60％（粒径0.45mmとする）に達したときのそれぞれの粒径の比（0.45/0.3＝1.5）を表わし，ここでは1.5となる．

集剤を加えてコロイド粒子や懸濁物質を凝集処理後，沈殿，沪過により徐濁する．沪過水は塩素により殺菌して飲料水とする．

急速沪過による水の浄化は，物理化学的な作用によって行われるので，沪過水の水質は緩速沪過水より劣る．沪過速度は120m/d[注]が標準として多くの浄水場で用いられている．

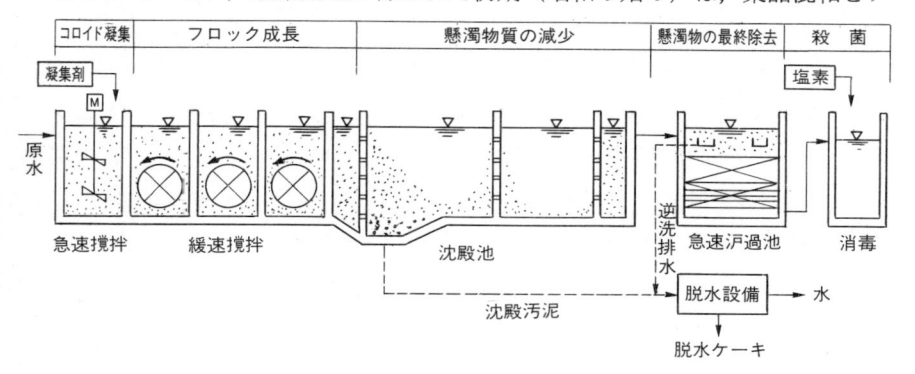

(2) 急速沪過システム

急速沪過システム例を図10.2に示す．

現在は図10.2のように急速攪拌と緩速攪拌の組み合わせにより，凝集処理が行われているが，凝集処理が行われた初期（昭和の始め）は，薬品混和とフ

【図10.2】 急速沪過システム例

ロック形成の区別がなく，沈殿促進のためのフロック形成という概念に乏しかった．当時は一般に20分程度の滞留時間を有する上下または左右迂流式水路が用いられた．その後，緩速な攪拌に先立って凝集剤を加えて急速に混和すると，良好なフロックが形成されることが明らかとなり，昭和30年ごろからは，急速攪拌と緩速攪拌の組み合わせが採用されるようになり，現在に至っている．

① **急速攪拌** ポリ塩化アルミニウムなどの凝集剤を加えて急速に攪拌，混和して濁質を小さなフロックとする．急速攪拌・混和時間は1～5分程度，水平または上下迂流方式の流速は1.5m/sec以上，機械攪拌の周辺速度は1.5m/

注) 急速沪過の120m/dは，緩速沪過の5 m/dの24倍の沪過速度であるから，沪過水量を同一とすれば，沪過面積は1/24となる．

sec以上とする．図10.3に攪拌装置の一例を示す．

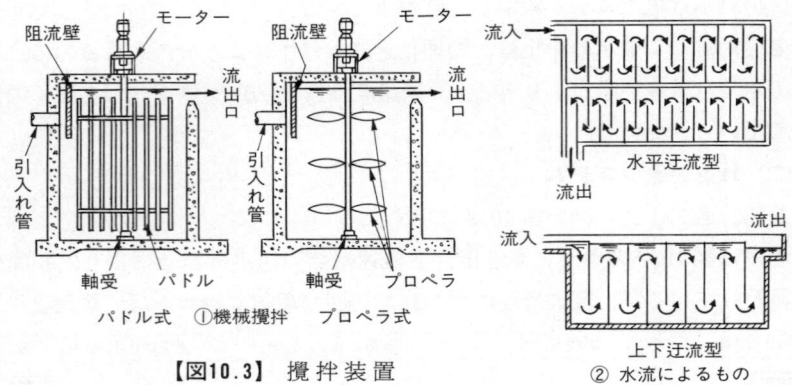

【図10.3】 攪拌装置

① 機械攪拌　パドル式　プロペラ式

② 水流によるもの　水平迂流型　上下迂流型

② 緩速攪拌　急速攪拌で形成した微小フロックを緩速攪拌で大きなフロックとする．緩速攪拌時間は20〜40分程度とし，フロキュレーター方式の攪拌強さは，周辺速度15〜80cm/sec，迂流水方式の平均流速は15〜30cm/secとする．

③ 沈殿池　沈殿池は原則として2池以上とする．

形状は長方形とし，長さは幅の3〜8倍とし，滞留時間は3〜5時間とする．有効水深は3〜4mとし，汚泥堆積深さとして30cm以上を見込む．池内平均流速は0.4m/min以下とし，池底には排泥のために排出口に向けて勾配をつける．

流入，流出部に整流壁や阻流壁を設ける．整流壁の孔の総面積は，流入断面積の6％程度とする．図10.4[1]に整流壁，阻流壁の設置方法例を示す．

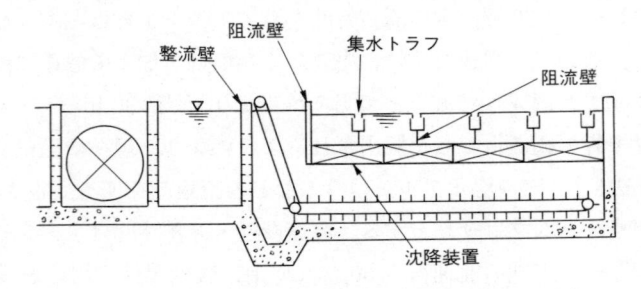

【図10.4】 整流壁・阻流壁の設置方法

---

1) ㈳日本水道協会：〝水道施設設計指針・解説〟，1990．

沈殿池では一般にリンクベルト式，走行ミーダー式等の汚泥かき寄せ機を設ける．

④ 急速沪過池　急速沪過は天然ケイ砂を沪材とし，下向流で沪過を行う．逆洗では表面洗浄と逆流洗浄を行う．

形状は長方形とし，予備を含めて2池以上とする．1池の面積は150m²以下とし，沪過速度は120～150m/dを標準とする．砂層の厚さは60～70cmを標準とする．沪過砂は外観良好で，石英質の多い砂とする．有効径は0.45～0.7mm，均等係数1.70以下，比重2.55～2.65とする．下部集水装置はストレーナー型，有孔ブロックなどの効果的な沪過と逆洗ができるものとする．

洗浄方式は，表面洗浄と逆流洗浄を組み合わせた方式を標準とする．

⑤ 消毒設備　水道水は，衛生的に安全でなければならない．急速沪過法では除濁はできるが，細菌の除去ができないので，消毒設備で消毒し，細菌類による水の汚染を防ぐ．水道水の消毒は塩素によって行う．塩素剤は液化塩素，次亜塩素酸ナトリウム，次亜塩素酸カルシウムなどが用いられる．

塩素注入量は，給水栓における遊離塩素で0.1mg/l以上，結合残留塩素[注]で0.4mg/l以上の濃度が保持できるように注入率を決める．

表10.2[1]に緩速沪過法と急速沪過法の特徴を示す．

【表10.2】　緩速沪過法と急速沪過法の比較

項　　目	事　　項	緩 速 沪 過 法	急 速 沪 過 法
原水の水質	大腸菌群 BOD 年平均濁度	100ml/MPN 1,000以下 2 ppm 以下 10度以下	1,000以上 2 ppm以上 10度以上
水質に対する 有効性	細　菌 色　度 濁　度 浮遊物質 NH_4^+-N 味	大 中 大 大 大(硝化される) 良　好	大 大 大 大 小 ―

(つづく)

注)　結合残留塩素：水中にアンモニア化合物があると塩素はクロラミンを生じる．クロラミンは水のpHによってモノクロラミン(NH_2Cl)，ジクロラミン($NHCl_2$)およびトリクロラミン(NCl_3)となる．このうち，モノクロラミンとジクロラミンを結合残留塩素という．

1)　中村玄正："入門上水道"，(工学図書) 1988．

(表10.2 緩速沪過法と急速沪過法の比較 つづき)

システム	前処理	普通沈殿池	(前塩素処理) 薬品凝集池 薬品沈殿池
沪過作用	微生物による 　　作　用 　　吸　着 　　沪　別	大 (吸着, 酸化, 光合成, O_2供給) 大 (粘着性生物膜) 大	なし 大 (物理化学的引力) 大
維　持 管　理 その他	沪過速度 敷地面積 薬　品 発生汚泥量 洗浄作業 建設費 維持費 管理技術	4〜6 m/日 大 不　要 小 時間と労力大 20日〜60日に1回 大 小 中	120m/日 小 要 大 自動洗浄 0.5日〜2日に1回 小 大 高　度

10.1.3 おいしい水

不純物を含まない脱イオン水は飲んでもおいしくはない．水の味は水中に含まれる成分で決まり，そのバランスも人により微妙に変わる．

表10.3に厚生省おいしい水研究会がまとめたおいしい水の条件を示す．

水のおいしさに関係のある水質成分には，味を良くする成分と反対に味を悪くする成分がある[1]．

(1) 水をおいしくする成分

① ミネラル　水の味を良くする成分にミネラルがある．ミネラルは硬度成分であるカルシウム，マグネシウムを始め，カリウム，鉄，マンガンなどの鉱物質の総量のことで，この量が水の味を左右する．

ミネラルが30〜200mg/l，中でも100mg/l程度含む水がまろやかな味がするといわれている．

② 硬　度　硬度[注]とは，カルシウムとマグネシウムの合計量である．硬度成分の中では，特にカルシウムが重要で，これがマグネシウムより多いと味

---
1) 小島貞男：″おいしい水の探求″ (日本放送出版協会) 1988.

【表10.3】 おいしい水の要件

水質項目	おいしい水の要件	摘　　　要
蒸発残留物	30〜200mg/l	主にミネラルの含有量を示し、量が多いと苦味、渋味とが増し、適度に含まれると、こくのあるまろやかな味がする。
硬　度	10〜100mg/l	ミネラルのなかで量的に多いカルシウム、マグネシウムの含有量を示し、硬度の低い水は癖がなく、高いと好き嫌いがでる。カルシウムに比べて、マグネシウムの多い水は苦味を増す。
遊離炭酸	3〜30mg/l	水にさわやかな味を与えるが、多いと刺激が強くなる。
過マンガン酸カリウム消費量	3mg/l 以下	有機物量を示し、多いと渋味をつけ、多量に含むと塩素の消費量に影響して水の味を損う。
臭気度	3以下	水源の状況により、さまざまな臭いがつくと不快な味がする。
残留塩素	0.4mg/l 以下	水にカルキ臭を与え、濃度が高いと水の味をまずくする。
水温	最高20℃以下	夏に水温が高くなると、あまりおいしくないと感じられる。 冷やすことによりおいしく飲める。

厚生省「おいしい水研究会」(昭和60年4月24日) による.

が良く、反対にマグネシウムが多過ぎると苦味を増すといわれている。

軟水に慣れた日本人が硬水を飲むとよく下痢をする。これはマグネシウムが硫酸マグネシウムとして溶けている場合に起こる。硫酸マグネシウム($MgSO_4$)は、昔から硫苦、シャリ塩などと呼ばれる下剤である。

外国旅行で硫酸マグネシウムの多いなま水を飲んで下痢をするのは、下剤を薄めて飲むようなものであるから、下痢を起こすのは当然である。

東南アジアの水は、一般に軟水で、硬度の点では心配ないが、処理不十分なため下痢を起こすことがある。これは病原菌混入によるもので、殺菌不十分なために起こるので、衛生面での管理が必要である。

注) ヨーロッパや中国大陸の水は、通常硬度が200〜500mg/lもある。この水でたん白質を含んだ豆や肉を煮ると硬くなるので、この水を経験的に硬水と呼んでいた。フランス料理や中華料理のスープでは、牛や豚の骨を煮てコラーゲンやゼラチン質を溶かし出し、Ca^{2+}やMg^{2+}と反応させ、"アク"として除去し、硬水を軟水として料理している。これに対し、日本の水は硬度が50mg/l程度であるから、そのまま吸物や煮物に利用でき、異なったスープ調理法が確立された。

③ **炭酸ガス（遊離炭酸）**　炭酸ガスは地下水や湧水に含まれているが，これが十分に溶けていると新鮮でさわやかな味がする．炭酸ガスは $3\sim30\,\mathrm{m}l/l$ 程度が適量とされ，少ないと気の抜けたような味がし，あまり多いとソーダ水のように舌を刺激してまろやかさを失う．

④ **酸　　素**　酸素のない水は新鮮味がなく，場合によると鉄や硫化水素など，いやな味や臭いをもつので，味を一層悪くする．酸素は少なくとも $5\,\mathrm{mg}/l$ 以上が望ましい．

(2) **水をまずくする成分**

① **過マンガン酸カリウム消費量**　過マンガン酸カリウム消費量は，水中の有機物や還元性物質などの量を示す値と考えてよい．この値の大きい水は，生活排水や産業排水で汚染された水やフミン質の多い泥炭地の水などに見られる．

有機物の多い水は渋味があり，消毒用のために多量の塩素を添加するので，水の味は悪くなる．そこで過マンガン酸カリウム消費量は $3\,\mathrm{mg}/l$ 以下となっている．

② **いやな臭いをつける物質**　味が薄い水のおいしさは，臭いの影響が大きい．特に味の薄い日本料理では，臭いによってうまさが決まるといってもよい．

水の味を損なう臭気の限度は，臭気度3以下となっている．

いやな臭いとなる原因物質には，フェノール類，カビ臭物質[注]（ジオスミン，2メチルイソボルネオール），硫化水素，残留塩素，および重金属イオン（鉄，銅，亜鉛）などがある．

注）カビ臭物質は，富栄養化した水源の放線菌や藍藻類などの微生物の代謝物質として生成されるもので，5月～9月の間に出現することが多い．

10.2 海水淡水化

海水淡水化法には，蒸発法，電気透析法，逆浸透膜法などがある．

海水淡水化は，降雨量が少なく水道水源の乏しいアラビア湾岸諸国，沖縄地区および離れ島などで多く実施されている．

表 10.4 にわが国の飲用水用淡水化プラントの設置状況を示す．

このうち，逆浸透膜法は，省エネルギー型の淡水化技術で，造水コストも安くてすむことから，我が国でも大型装置の導入が始まっている．特に，沖縄県では我が国最大規模の 40,000 m³/d の逆浸透膜方式による海水淡水化装置の建設が進められており，今後もこの傾向が続くと思われる．

【表10.4】 わが国の飲料水用淡水化プラントの例　(平成 6 年 3 月現在)

運転開始年	設置場所	所属都県	淡水化方式	造水能力 (m³/日)	原　水
昭和42	池　島	長　崎	MSF	2,650	海水
47	大　島	東　京	ED	1,000	かん水
49	〃	〃	〃	1,000	〃
〃	福　島	長　崎	RO	400	〃
51	日振島	愛　媛	ME・VC	200	海水
52	福　島	長　崎	RO	720	かん水(炭鉱湧水)
〃	弓削島	愛　媛	〃	150	かん水
54	津和地島	〃	〃	75	海水
55	小値賀島	長　崎	〃	585	かん水
〃	佐柳島	香　川	〃	50	海水
56	伯方島	愛　媛	〃	300	〃
〃	高見島	香　川	ED	10	〃
〃	〃	〃	ME	10	〃
57	大　島	東　京	ED	300	かん水
〃	対　馬	長　崎	RO	27.5	〃
59	北大東島	沖　縄	〃	240	海水
60	藍　島	福　岡	〃	50	〃
〃	野忽那島	愛　媛	〃	20	〃
61	渡名喜島	沖　縄	〃	240	〃
〃	粟国島	〃	〃	400	かん水
〃	黄　島	長　崎	ED	10	海水
平成元	波照間島	沖　縄	RO	240	かん水

(つづく)

(表10.4 わが国の飲料水用淡水化プラントの例 つづき)

2	大 島	東 京	ED	2,500	〃	
〃	小宝島	鹿児島	RO	10	海水	
〃	福江島	長 崎	ED	200	かん水	
〃	南大東島	沖 縄	RO	300	海水	
〃	波照間島	〃	〃	70	〃	
3	硫黄島	東 京	〃	100	〃	
〃	小呂島	福 岡	〃	20	〃	
4	佐世保市	長 崎	〃	1,000	〃	
〃	石垣島	沖 縄	〃	600	かん水	
〃	伊奈町	茨 城	〃	150	〃	
5	硫黄島	東 京	〃	200	海水	
〃	六 島	長 崎	〃	30	〃	
〃	金砂郷村	茨 城	〃	300	かん水	
6	大 島	東 京	ED	1,500	〃	
〃	南鳥島	東 京	RO	16	海水	
〃	度 島	長 崎	〃	175	〃	(訂正)

(注) 1) 淡水化方式
　　　MSF：多段フラッシュ法　ME：多重効用法　VC：蒸気圧縮法
　　　RO ：逆浸透法　　　　　ED：電気透析法
　　2) 現在使用中のプラントのみを示す（廃止及び撤去したものを除く）．
　　3) 造水能力 10m³/日 以上
　　4) 工事用は除外する．

表 10.5 に世界の海水主成分[注]と濃度を示す．

日本近海の海水は，全溶解固形分が 34,000mg/l で，その大半は塩化ナトリウムである．塩化ナトリウム 1％あたりの浸透圧は約 7 kgf/cm² であるから海

【表10.5】 世界の海水主成分と濃度

		日本近海	紅　海	アラビア湾
pH		8.3	8.0	8.0
電気電導率	μS/cm	44,000	56,000	63,000
全溶解固形物	mg/l	34,000	43,000	49,000
塩素イオン	mg/l	19,000	23,000	26,000
硫酸イオン	mg/l	2,700	3,100	3,600
臭　素	mg/l	60	75	90
カルシウムイオン	mg/l	400	450	500
マグネシウムイオン	mg/l	1,300	1,500	1,800
ナトリウムイオン	mg/l	11,000	13,000	15,000
カリウムイオン	mg/l	400	500	500

注）　陸上の河川水や湖沼水には，シリカ（SiO_2）が通常10〜50mg/l 含まれるが，海水中では 0.3mg/l 以下でほとんどない．これはシリカを含んだ河川水が海へ流入すると，シリカが藻類にとり込まれるためと考えられる．

水の浸透圧は約24kgf/cm²となる．

逆浸透膜処理では，浸透圧の約2倍の逆浸透圧をかけて処理するので，海水淡水化処理では少なくとも50kgf/cm²で加圧処理をする．

10.2.1 逆浸透膜装置の構成

海水淡水化用の逆浸透膜装置は，基本的に前処理部分，逆浸透膜部分および後処理部分の3部分より構成される．

次ページの図10.5に大型海水淡水化逆浸透膜処理装置のフローシート例と図10.6に小型装置のフローシート例を示す．

逆浸透膜モジュールは流路が狭く，緻密な構造にできているから，少しでも汚濁した海水を通水すると膜面は汚染されて閉塞し，水質低下や透過水量の低下となって現われる．したがって，FI値は4.0以下とし所定の濃度まで濃縮しても膜面に溶質が析出しないことが必須条件である．汚濁した海水の淡水化処理では，前処理工程における水処理の結果が海水淡水化処理の成否を決める．

(1) 大型の海水淡水化処理装置（図10.5）

前処理部分では，海水に次亜塩素酸ナトリウム（NaOCl）と塩化第二鉄（$FeCl_2$）を注入し，直ちに砂沪過を行うマイクロフロック法を採用している．

砂沪過で清浄になった処理水中には，塩素（Cl_2）が残留しているので，これを除去するための還元剤として，亜硫酸水素ナトリウム（$NaHSO_3$）を注入し，pH6.0，ORP＋100mV程度とする．この処理水は，供給ポンプ，保安フィルターを経て高圧ポンプに送られ，約60kgf/cm²の圧力で，逆浸透膜モジュールに送られる．

最近はエネルギー回収装置付の高圧タービンポンプが開発されたので，大型海水淡水化装置の場合は，この方式が採用されている．これにより高圧ポンプ単独の場合よりも20～40％も少ない動力で運転することが可能となった．

透過水は通常，回収率40％以下とするので，濃縮海水中の全溶解固形物は原水の1.7倍に濃縮され約57,000mg/l[注]となる．

注）$34,000\text{mg}/l \times \dfrac{100}{100-40} \fallingdotseq 57,000\text{mg}/l$（TDS）

232　10. 生活用水

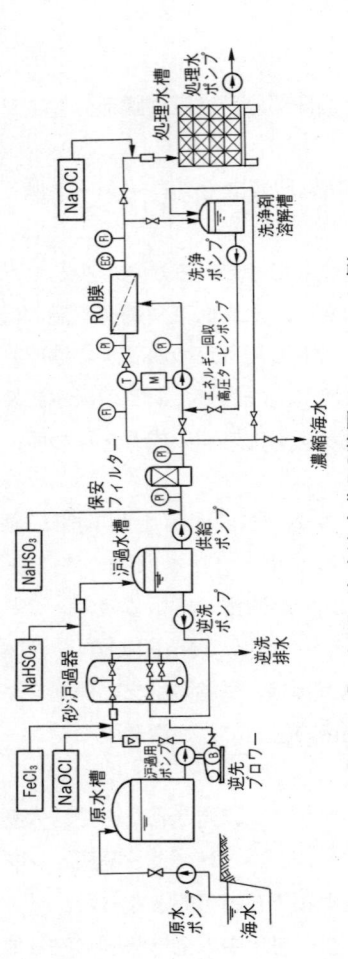

【図10.5】 大型の海水淡水化RO装置フローシート例

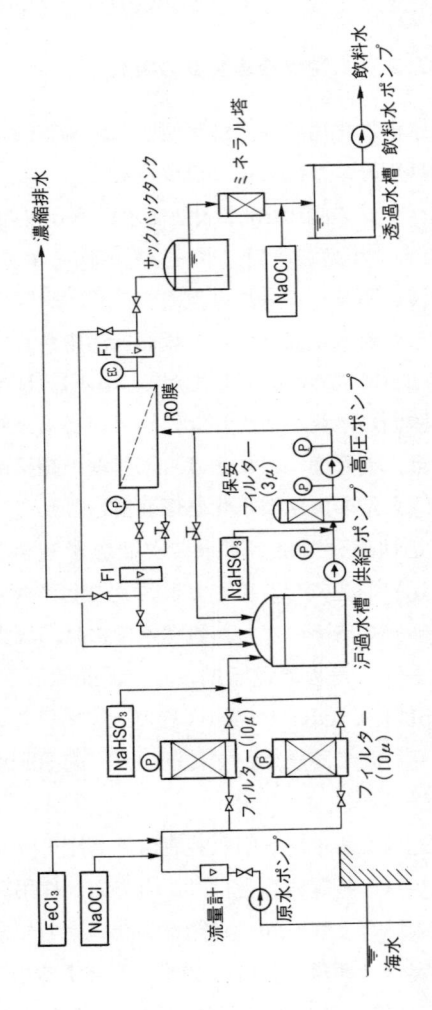

【図10.6】 小型の海水供給ポンプ淡水化RO装置フローシート例

海水中に400mg/l含まれるカルシウムイオンも同様に1.7倍に濃縮されるので、逆浸透膜の濃縮水側のカルシウム濃度は680mg/l[注]となる。

図3.22（p.59）より，pH6におけるカルシウムスケール生成濃度は，約660mg/lであり，この数値以上に濃縮すると膜面にカルシウムスケールが生成し，析出する可能性が高くなる。したがって，スケール析出の懸念がある場合は，回収率を40％以下にするか，原水にキレート剤などを添加する必要がある。

清浄な海水を処理する場合の膜面はあまり汚染しないが，汚濁した海水を処理する場合はいくら慎重に前処理をしても膜面は汚染する。このような場合に備えて図10.5に示したような膜を洗浄することができる回路を設けておくことが必要である。

透過水には殺菌のための次亜塩素酸ナトリウム（NaOCl）を残留塩素0.4mg/l以下となるように添加して飲料水とする。

(2) **小型の海水淡水化処理装置**（図10.6）

1日の採水量が50m³以下の小型装置では砂沪過装置の代わりに小型のカートリッジ式メンブレンフィルター（MF）を適用することができる。

原水pH8.7，COD_{Mn}6.3mg/l，全溶解固形分35,000mg/l，FI値6.67の汚濁した海水に次亜塩素酸ナトリウム0.5mg/l（Cl_2として），塩化第二鉄（$FeCl_3$）1.0mg/l（Fe^{3+}として）を添加し，砂沪過処理した結果を図10.7[1]，メンブレン

【図10.7】 砂沪過における差圧とFI値の変化

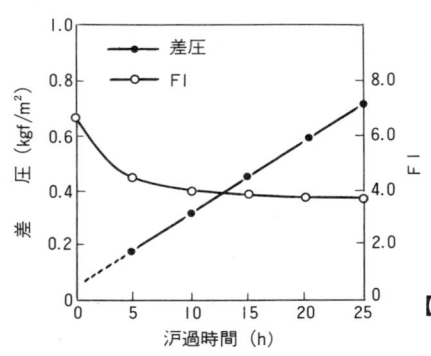

① 沪過塔：800φ×2000H，
通水量4m³/h（$LV=8$）
沪材：アンスラサイト0.9mmφ×600H，
砂：0.45mmφ×400H，均等係数1.4
② 薬注量：NaOCl 0.5mg/l（as Cl_2）
$FeCl_3$ 1.0mg/l（as Fe^{3+}）

注) $400mg/l \times \dfrac{100}{100-40} \div 680mg/l$（$Ca^{2+}$）

1) 和田洋六，直井利之，本間隆夫：安全工学，Vol.33，No.1（1994）

フィルターで沪過した結果を図10.8[1]に示す．

図10.7の砂沪過では沪過開始後2時間程度でFI値は6.67から5以下となり，25時間後には3.5となる．FI値の低下に伴い沪過器の入口，出口の差圧は上昇し，沪過開始直後の0.1kgf/cm²から25時間後には0.7kgf/cm²となる．逆洗はこの時点で行えばよく，1日1回程度の逆洗で対応できる．

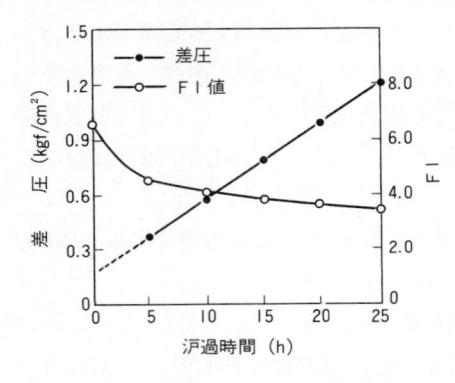

MFフィルター：$10\mu m \times 250mml$
（膜面積：0.37㎠）
初期透過流束：$324l/m^2 \cdot h$
薬注量：NaOCl 0.5mg/l （as Cl_2）
　　　　FeCl₃ 1.0mg/l （as Fe^{3+}）

【図10.8】 MF沪過における差圧とFI値の変化

図10.8のMF沪過では，初期透過流束を$324l/m^2 \cdot h$としている．砂沪過塔における透過流束$8 m^3/m^2 \cdot h$の1/25の流束にすることで，沪過開始後2時間程度でFI値は6.67から5以下となる．FI値の低下に伴い沪過器の入口，出口の差圧は上昇し，沪過開始直後の0.15kgf/cm²から25時間後には1.2kgf/cm²となる．

MF沪過時間の経過に伴い沪過水量も低下し，図10.9に示すように沪過開始

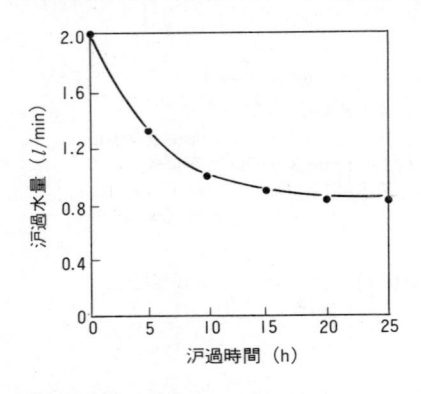

MFフィルター：$10\mu m \times 250mml$
（膜面積：0.37㎡）
薬注量：NaOCl 0.5mg/l （as Cl_2）
　　　　FeCl₃ 1.0mg/l （as Fe^{3+}）

【図10.9】 MF沪過における沪過時間と沪過水量の関係

1） 前掲p.233 脚注1）参照．

直後の2.0 l/min(透過流束324 $l/m^2 \cdot h$)から25時間後には0.8 l/min(透過流束130 $l/m^2 \cdot h$)に低下する.

図10.6の実装置におけるフィルターは,図10.9の小型フィルター36本分に相当する面積(合計膜面積13.3 m^2)を使用し,広い膜面積全体で懸濁物質を捕捉している.このMF膜による沪過方法は,採水量が少ない沪過装置に適用できるので,大型で重量のある砂沪過器が不要となる.小型MF膜沪過装置を採用することにより,軽量で持ち運びが容易な海水淡水化装置の実用化が可能となった.

逆浸透膜を透過した脱塩水はサックバックタンク,ミネラル塔を通過し,殺菌のための塩素を添加したのち透過水槽に貯留される.

逆浸透膜装置は24時間連続運転が基本的考え方である.図10.6の装置では,10ミクロンのMFフィルターを2基設置し,交互に使用している.フィルターエレメントに堆積したスラッジは,1〜2 kgf/cm^2 の水ジェット洗浄で簡単に除去でき,繰り返し利用が可能である.

フィルターエレメントの交換などで,一時的に運転を中断する時があるが,この時,膜の一次側が高濃度なので浸透圧作用により,膜の二次側の水が逆流する現象が起こる.

この対策として,図10.6のようにサックバックタンクを設けておくと,タンクにたまった脱塩水が膜の一次側へ逆流するので,膜面は常に水に浸漬された状態で,膜が最もきらう空気接触を防ぐことができる.ミネラル塔には,炭酸カルシウムを主成分としたミネラル石が充填されており,脱塩した水に改めてミネラル成分を加えて水の味を改善するように工夫してある.

図10.6の逆浸透膜装置で処理した海水の原水と,処理水の水質を次ページ表10.6[1]に示す.

電気伝導率は,原水44,000 μS/cmから透過水160 μS/cmまで脱塩されており[注],塩分濃度としては水道水と同等かそれ以上の水質にまで改善されている.

---

1) 前掲 p.233脚注1)参照.
注) ここでのRO膜は,東レ(株)製のPEC-1000膜を用いた.同じ装置で東レ(株)製のSU-820膜を用いて処理すると,電気伝導率は300 μS/cm程度となる.

【表10.6】 原水と処理水の水質

測定項目	原水	処理水		
		沪過水	膜透過水	飲料水
pH	8.7	6.4	6.1	6.5
電気伝導率 (μS/cm)	44 000	44 050	145	160
全溶解固形物 (mg/l)	35 000	35 020	120	125
Cl$^-$ (mg/l)	19 000	19 010	68	69
Ca^{2+} (mg/l)	400	400	1.2	3.9
Mg^{2+} (mg/l)	1 300	1 300	2.0	2.0
DO (mg/l)	7.2	0.3	3.8	6.8
COD$_{Mn}$ (mg/l)	6.3	2.9	0.9	0.8
Cl$_2$ (mg/l)	0	0	0	0.3
FI値	6.67	4.1	1.5	3.0

10.2.2 海水淡水化用逆浸透膜

現在実用化されている海水淡水化用逆浸透膜の仕様を表10.7に示す.

【表10.7】 海水淡水化用の商用ROモジュール

膜メーカー	日東電工	東レ	フィルムテック	東洋紡
モジュールのタイプ	スパイラル	スパイラル	スパイラル	中空糸
型式	NTR-70SWC-S8	SU-820	SW30HR-8040	HM9255FI
膜材質	ポリアミド/ポリスルホン	ポリアミド/ポリスルホン	ポリアミド/ポリスルホン	酢酸セルロース
除塩率 (%) 平均	99.5以上	99.4	99.4	公称99.4
透過流束 (m³/日)	18.9	16.0	15	35
測定条件				
NaCl原水濃度	32,000	35,000	32,000	35,000
圧力 (kgf/cm²)	56	56	56	55
回収率 (%)	7	10	8	30
pH	6〜7	6.5	8	
運転条件				
Max 水温 (℃)	45	40	45	40
標準エレメント配列	6又は7	6	6	2
標準モジュール寸法(M)	6.2又は7.3	6.2	6.2	2.7
Max. 圧力(kgf/cm²)	70	70	69.3	65
Max. SDI	4	5	5	4
Cl$_2$(mg/l)	Max. 0.1	0	Max. 0.1	0.1〜1.0
pH	2〜11	2〜12	2〜11	3〜8

いずれも塩排除率は99.4%以上あるので，原水の塩化ナトリウムが3.5%あっても透過水の水質は塩化ナトリウム 210mg/l 以下となり，飲用に支障のない水となる．

逆浸透膜に要求される性能には，
① 分離性能（一段脱塩可能で99.4%以上）
② 耐圧密化（透過水量の経時変化が少ない）
③ 耐熱性（45℃までの温度に耐える）
④ 耐pH性（広いpH範囲で性能変化がない）
⑤ 耐薬品性（有機溶剤などで劣化しない）
⑥ 耐汚染性（汚濁物質を吸着しない）
⑦ 耐酸化性（塩素，溶存酸素に耐える）
などがある．

東レではSU-820と同じサイズでポリエーテル系複合膜のPEC-1000も製作している．PEC-1000膜は耐酸化性がなく，溶存酸素の除去まで行う必要があるが，塩除去率は99.7%と高効率を示す．PEC-1000透過流速はSU-820の16.0m³/dに比べて9.0m³/dとなり，44%程度低下する．

10.3 雨水の利用

雨水は不純物が少ないので，簡単な沪過程度の処理をした後，雑用水として利用することができる．雑用水としてはトイレ水洗水，散水用水，修景用水，冷房・冷却用水および洗車用などがある．生活環境面では親水公園の用水，プール用水などがあり，雨水の有効利用は今後も拡大する傾向にある．

10.3.1 雨水の水質

表10.8[1]に降雨初期の雨水流出水の水質変化例を示す．
表10.8より初期降雨流出開始より流出量2mmまでは，集水面の汚れ成分を

---

1) ㈳営繕協会：〝排水再利用・雨水再利用システム設計基準・同解説〟，1991．

【表10.8】 雨水流出水の水質例

分取採水 (mm)	pH (—)	濁度 (度)	電気伝導率 (μS/cm)	KMnO$_4$ 消費量 (mg/l)	硝酸性窒素 (mg/l)	全硬度 (mg/l)
0〜0.5mm	7.20	22	463	9.46	6.0	191.2
0.5〜1.0mm	7.45	7	111	2.58	1.7	37.4
1.0〜1.5mm	7.59	8	112	3.16	1.7	41.4
1.5〜2.0mm	7.78	2	29	0.00	0.3	19.4
2.0〜2.5mm	7.51	2	22	0.00	0.2	7.4
2.5〜3.0mm	7.35	1	19	0.50	0.2	5.4

(注) 1) 採水：1986年9月2日，東京都港区
2) 無降雨時間：261時間

洗い流すので，濁度，電気伝導率，KMnO$_4$消費量および全硬度が高く，かなり汚濁している．これに対し，2mm以降の流出雨水の水質は，電気伝導率30μS/cm以下で水道水の水質（電気伝導率100〜300μS/cm）以上となる．

図10.10[1]に雨水流出水の電気伝導率実測例を示す．図10.10の実測値は表10.8の結果とほぼ一致しており，降水量2mm以上の雨水の電気伝導率は100

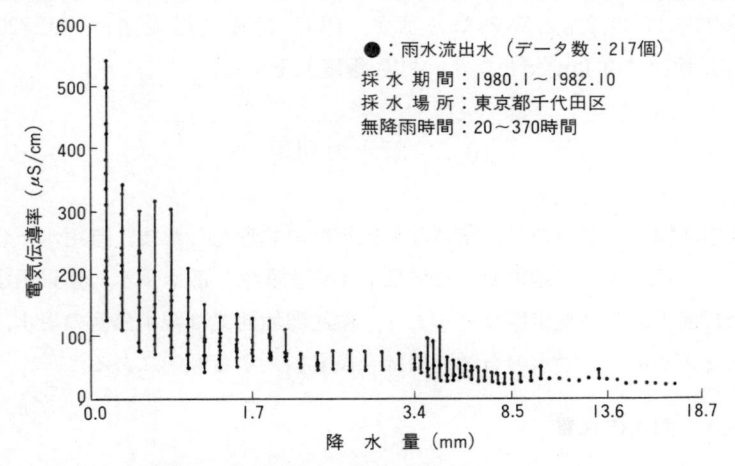

(注) 水道水の電気伝導率は100〜300μS/cm程度

【図10.10】 雨水流出水の電気伝導率実測例

---

1) 前掲 p.237 脚注 1) 参照．
2) (財)造水促進センター："造水技術ハンドブック"，1993

【表10.9】 代表的雨水の水質と用途別水質基準

項目	単位	代表的雨水の水質[1]			利用[2]	雑用水の目標値[3]			冷却水[4]
		平均	最大	最小	雨水	便所	散水	池・噴水	補給水
pH		5.2	6.2	4.4	8.4	6.5〜9.0	6.5〜9.0	6.5〜9.0	6.0〜8.0
色度	度	3.5	7.0	1.0	2	不快でない	<30	<30	
濁度	度	4.0	23.0	0.4	1.2	<30	<5	<5	
電気伝導率	μS/cm	23	54	7	220				<200
総硬度（$CaCO_3$）	mg/l	7.0	15.7	0.0	74	<400	<300	<300	<50
過マンガン酸カリウム消費量	mg/l	8.5	22.7	1.0	2.86	COD<40	COD<20	COD<20	
アンモニア性窒素（N）	mg/l	0.8	4.0	0.2	0.03	<20	<10	<10	不検出
塩素イオン（Cl）	mg/l	3.0	6.6	0.26	33	<400	<300	<300	<50
硫酸イオン（SO_4）	mg/l								<50
鉄（Fe）	mg/l	0.23	1.64	0.0	0.17	合計<1	合計<1	合計<1	<0.3
マンガン（Mn）	mg/l	0.01	0.14	0.0	0.01				
シリカ（SiO_2）	mg/l				11.2				<30

(注) 1) 東京都中央区内ビル屋上雨水
2) 新国技館60年6月12日
3) 首都圏整備局「水の循環利用適合性予備調査報告書」昭和54年
4) 日本冷凍空調工業会「冷却水の適正な水質管理基準」

μS/cm以下である．

　表10.9[2]は雨水水質と用途別水質基準である．雑用水の目標値と雨水の水質を比較すると，雨水のほうがはるかに良好な水質であることがわかる．

　これらのことから初期降雨流出量2mmまでは廃棄し，2mm以降の雨水を回収し，簡単な処理をすれば，雨水の有効利用ができる．

　図10.11は初期雨水排除装置の一例である．

　図10.11①は雨量計と電動弁を連動させて汚染した初期降雨を排除している．②は初期雨水を口径の太い管に貯留，満水になったらオーバーフローさせ，この水を利用する．

③も同様に初期雨水は地下貯槽に受け，満水になったらオーバーフローさせ，処理系に移流させている．

　雨水は大気中で二酸化炭素（CO_2）を吸収してpH5.6程度の酸性を示す．科

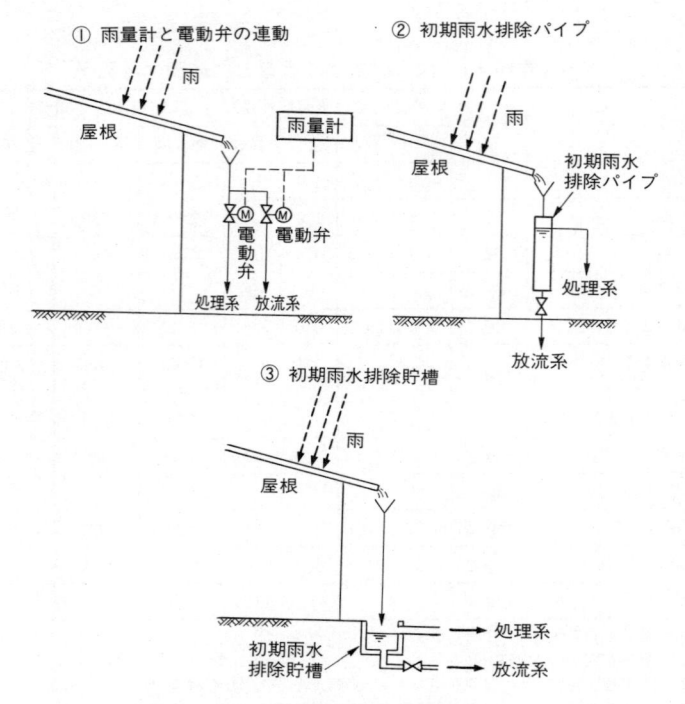

【図10.11】 初期雨水排除装置例

学的にはpHが5.6以下になると酸性雨といわれているが，実際に酸性雨が問題となるのはpH5.0以下で，場合によってはpH3.0以下となるときもある．

酸性雨発生のメカニズムを図10.12[1]（次ページ）に示す．

酸性雨は火山の噴煙などの自然現象や工場，火力発電所，自動車および航空機などから人工的に排出されるイオウ酸化物（SO_x）やチッ素酸化物（NO_x）などの大気汚染物質が原因で発生すると考えられる．

SO_xやNO_xは，大気中で移流し，拡散する間に紫外線，オゾンおよび酸素等によって酸化され，硫酸塩（SO_4^{2-}，H_2SO_4），硝酸塩（NO_3^-，HNO_3）等に変わり，これらの酸性微粒子が雲粒の核となって，降下中の雨滴に取り込まれて強い酸性を示す酸性雨になるといわれている．

1) 杉戸大作：水道協会雑誌，Vol.55, No.5 (1986)

10.3 雨水の利用 241

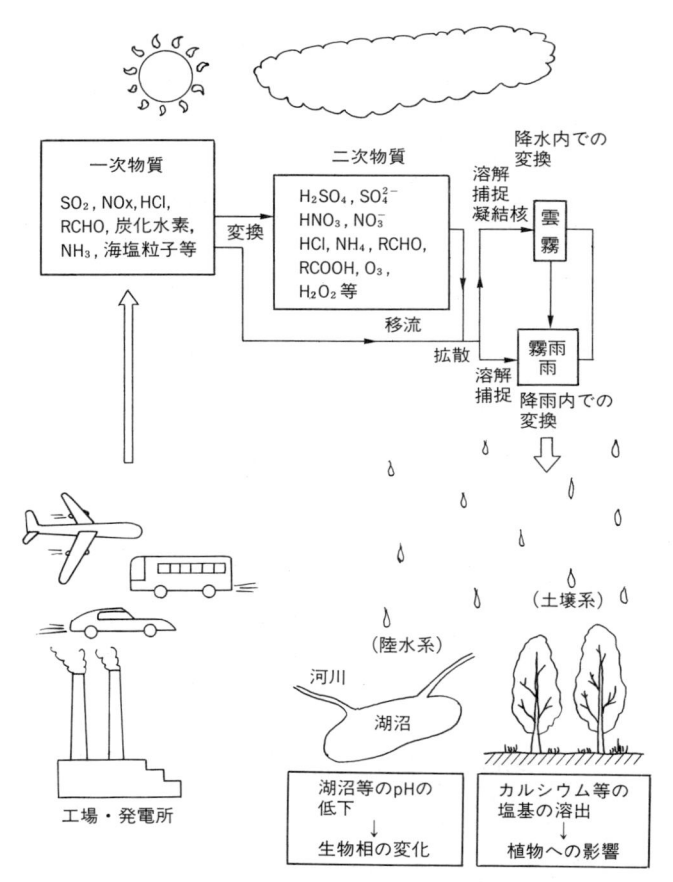

【図10.12】 酸性雨のメカニズム

　酸性雨は石造りの建築物を腐食したり溶解し，森林や農作物も枯らす．湖の魚が死滅することもある．酸性雨が降ると，土壌からはカルシウムやナトリウムが溶けて中和されるが，この緩衝作用が失われると植物の根に悪影響を与えるアルミニウムなどが溶け出す．日本は欧米の土壌に比べて，緩衝能力があるので，土壌の酸性化にはかなり耐性があるといわれている[注]．

注）土壌のアルミニウムが溶け出すには，まだ30〜50年かかるとの見通しもあるが，長期的な影響はわかっていない．

10.3.2　雨水槽の位置

雨水槽の設置は現行法の飲料用水槽の適用を受けない．しかし，今後多くの雨水利用施設が設置されたときに，汚染事故などの問題が発生するおそれがあるので，浄化槽や汚水槽に隣接して設置する場合は注意を要する．

図 10.13[1] に示すように，汚水槽に隣接して雨水貯留槽を設けるのは好ましくなく，雨水貯留槽と汚水槽を切り離して設置し，その間に点検スペースを設けるなどの対策を立てる必要がある．また，設置には高低差を設け，雨水貯留槽を上部に，汚水槽を下部に設置するなどの配慮が必要である．

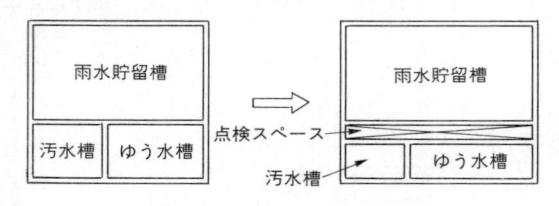

【図10.13】 平面配置上の制約

雨水貯留槽の設置場所による分類を表 10.10[2] に示す．表 10.10 ④ はオーバーフロー水が自然排水できないので，大量降雨時の安全対策が必要である．

【表10.10】 雨水貯留槽の設置場所による分類

設置場所による分類	モデル	適用建物	備　考
① 屋上設置形		住　宅 小規模事務所	1) 省エネルギー，給水するのに動力が不要． 2) 維持管理が容易． 3) 荷重を計算に入れる．
② 地上設置形		住　宅 事　務　所	1) 維持管理が容易． 2) 給水するのに動力が必要． （つづく）

---

1) 佐藤　清：空気調和・衛生工学，Vol. 59, No.2 (1985)　　2) 前掲 p.237 脚注 1) 参照．

(表10.10 雨水貯留槽の設置場所による分類つづき)

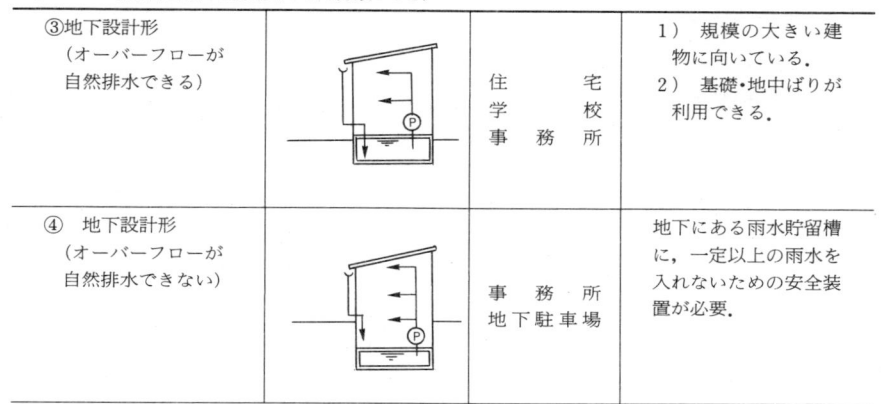

③地下設計形 （オーバーフローが 自然排水できる）		住　　　宅 学　　　校 事　務　所	1）規模の大きい建物に向いている． 2）基礎・地中ばりが利用できる．
④ 地下設計形 （オーバーフローが 自然排水できない）		事　務　所 地下駐車場	地下にある雨水貯留槽に，一定以上の雨水を入れないための安全装置が必要．

10.3.3 雨水処理方式

雨水は降り始めの2mmを除き，水質が極めて良好であるから浄化のための特別な処理は不要で，スクリーン，沈殿，沪過程度の単純な処理で対応できる．表10.11[1]に雨水の標準処理フローシートを示す．表10.11の主な装置はス

【表10.11】 雨水の標準処理フローシート

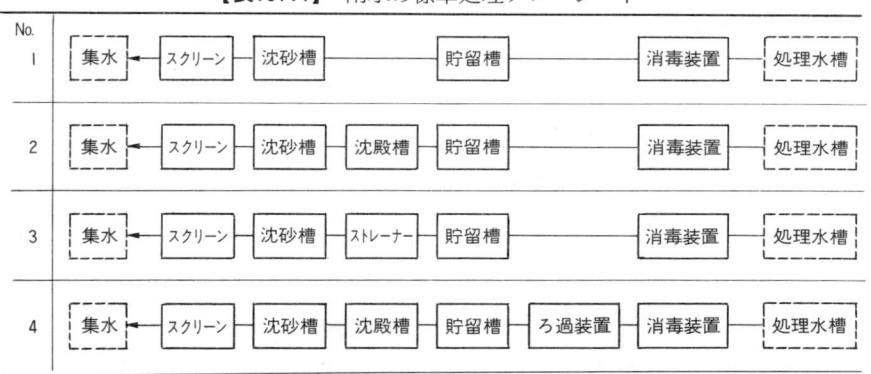

No.							
1	集水 → スクリーン → 沈砂槽 → 貯留槽 → 消毒装置 → 処理水槽						
2	集水 → スクリーン → 沈砂槽 → 沈殿槽 → 貯留槽 → 消毒装置 → 処理水槽						
3	集水 → スクリーン → 沈砂槽 → ストレーナー → 貯留槽 → 消毒装置 → 処理水槽						
4	集水 → スクリーン → 沈砂槽 → 沈殿槽 → 貯留槽 → ろ過装置 → 消毒装置 → 処理水槽						

(注) 雨水の集水から使用に至る過程において，汚染，腐敗等のおそれがなく，かつ，充分な維持管理を行うことができる場合には，消毒装置を省略することができる．

---

1) 前掲 p.237 脚注1) 参照.

クリーン，沈砂槽，沈殿槽，ストレーナーおよび消毒装置で構成されている．

(1) **スクリーン**

雨水中のごみ，紙屑，落葉などの比較的大きな夾雑物を除去するもので，後段に続く処理装置の機能維持のために必要である．

夾雑物除去装置例を図10.14[1]に示す．

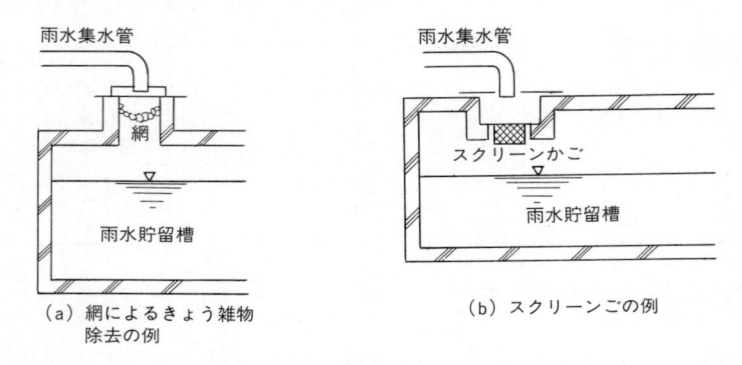

【図10.14】 夾雑物除去の例

(a) 網によるきょう雑物除去の例

(b) スクリーンごの例

建物の周囲が緑化されていたり，集水面近くに植栽などがある場合は，これらの夾雑物除去装置の前にスクリーン（網かご）を設置するとよい．

(2) **沈 砂 槽**

雨水に含まれる土砂や粗い浮遊物質を自然沈降により分離除去する．滞留時間は，1〜2分である．沈砂槽の設計例を図10.15[1]に示す．

(3) **ストレーナー**

金属，プラスチックおよび布製のストレーナーで，雨水中の粗砂，細砂等を除去する．

ストレーナーの目開きの程度（0.03〜5.0mm）によって，細砂レベルの浮遊物の除去ができる．マイクロストレーナーの構造例を図10.16に示す．

マイクロストレーナーは，原水をマイクロ網筒の内側から外側に向けて流し，水中の粒子を捕捉する．洗浄は沪過水をマイクロ網筒の外側にある洗浄ノズルから噴出させ，内側のホッパーに受け洗浄排水を排水管より排出する．

---

1) 井端和人：空気調和・衛生工学，Vol. 67，No.1 (1993)

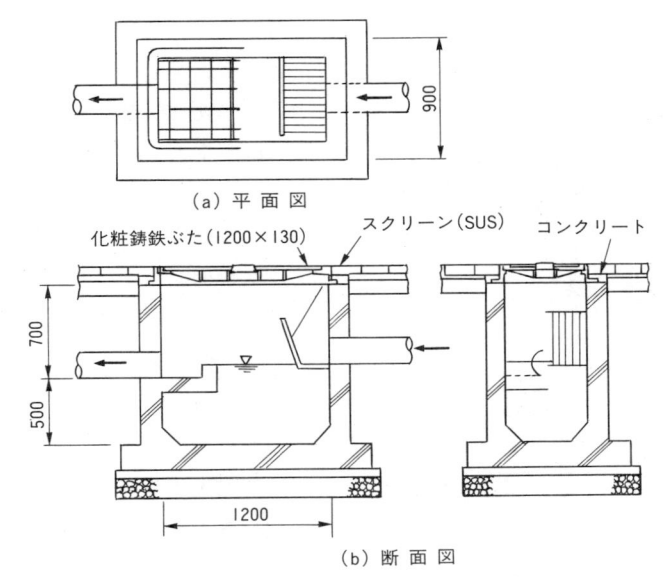

【図10.15】 沈砂槽の設計例

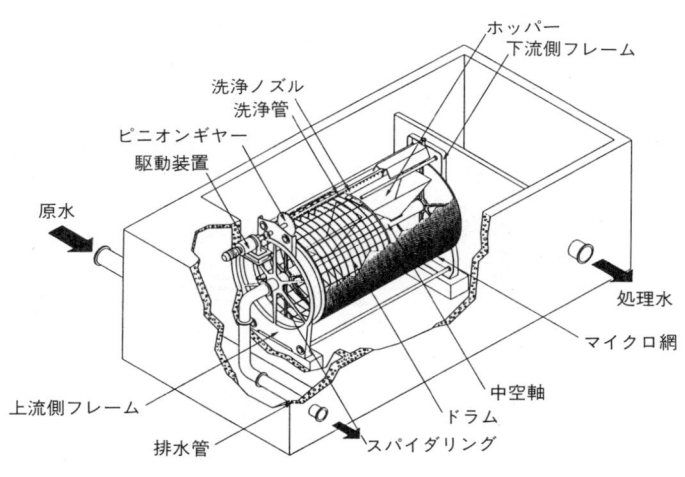

【図10.16】 マイクロストレーナーの例

回転ストレーナーの構造例を図10.17に示す．回転ストレーナーは原水をストレーナーの外側から内側へ向けて流し沪過を行う．逆洗は原水の流入を一時

停止して，逆洗水をストレーナーの内側から外側に噴射して行う．

(4) 沈殿槽

雨水中の微細な砂や有機性浮遊物を自然沈降により除去する．滞留時間は1〜3時間である．図10.18[1)]のように沈殿槽の1部に砕石沪過槽やフィルターを設置することもある．

(5) 沪過装置

沪過装置[注1)]は砂，アンスラサイト等の沪材を用いて雨水中の微細な浮遊物質を除去するもので，処理効果は確実である．

(6) 消 毒

消毒装置は，処理水中の有害な細菌類を殺菌し，衛生的な水にするための

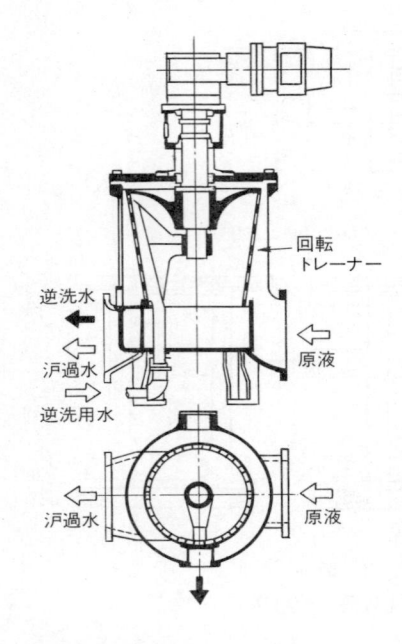

【図10.17】 回転ストレーナーの例ものである．

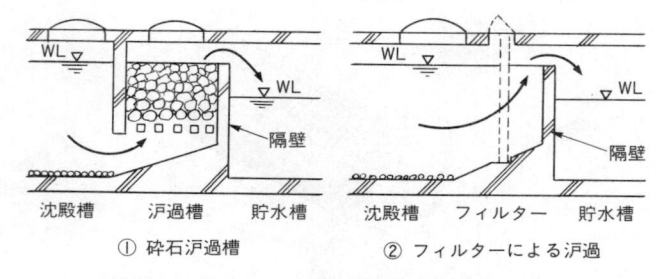

① 砕石沪過槽　　② フィルターによる沪過

【図10.18】 沈砂槽と沪過装置の併用例

消毒は[注2)]，給水系統のスライム発生防止に役立つ．

---

1) 前掲 p.244 脚注1) 参照．
注1) 沪過装置は図 1.15 の圧力沪過装置（p.19）を参照．
注2) 消毒は 4.1 の塩素酸化（p.77）を参照．

10.3.4 雨水の集水方法

雨は屋根，屋上，道路，通路，グランドおよび芝地などから流れ出て街渠，U字溝および管渠などに集まる．

屋根やアスファルト道路の流出係数（降雨量に対する流出量の割合）は，0.85～0.9であるが，芝地やグランドでは，0.1～0.2となり，大部分は地下に浸透するか，蒸発してしまう．中層住宅団地の平均流出係数は0.5程度で，そのうち約50%が屋根からの水である．

集水方法には，配管やU字溝による方法がある．集水配管に対する設計値は，1時間における降雨量50mmを基準に配管口径を決めている．表10.12[1]は一般的な時間降雨量50mmに対する屋根面積と集水管径の関係を示したものである．表10.12の左側は一般的な時間降雨量50mmに対する数値，右側は原水槽への到達時間を遅らせるような装置（スクリーンや沈砂槽など）を設けた場合の数値である．

【表10.12】 配管サイズの決定

管径 (mm)	許容し得る最大水平投影屋根面積(m^2)		管径 (mm)	許容し得る最大水平投影屋根面積(m^2)	
	集水立て管 (m^2)	集水横走管* (m^2)		集水立て管 (m^2)	集水横走管* (m^2)
50	134		50	223	
65	242		65	403	
80	408	152	80	680	253
100	854	350	100	1423	583
125	1608	620	125	2680	1033
150	2508	994	150	4180	1656
200	5388	2136	200	8980	3560
250		3846	250		6410
300		6188	300		10313

* 満流の場合を想定している．

図10.19[1]は雨水集水配管の一般的な概念図である．屋上に降った雨水は集水管を経て地下の沈殿槽，沪過槽を経由して雨水槽に貯留される．雨水槽が満水になったら③の逆流防止ゲートから下水道にオーバーフローする．

---

1) 前掲 p.242 脚注1) 参照．

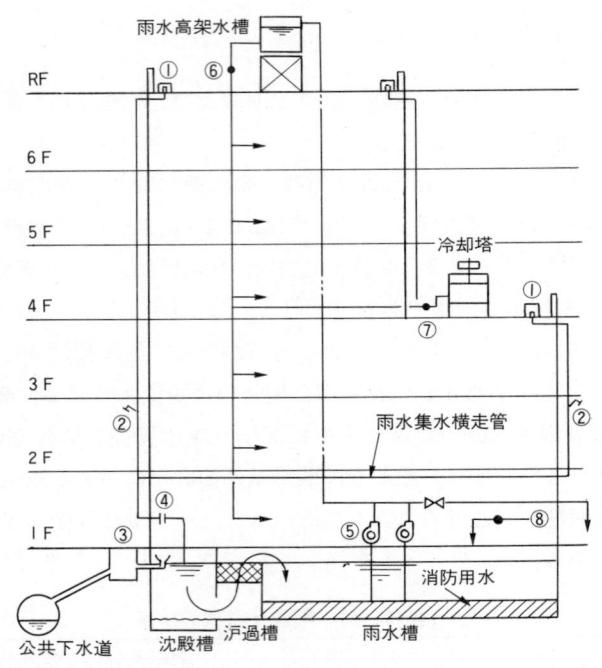

【図10.19】 雨水集水管・排水管系統概念図

① 雨水流量調整ます　② 圧力逃し配管　③ 逆流防止・昆虫防止フラップゲート　④ 流量調整用邪魔板(オリフィス)　⑤ 揚水ポンプ　⑥ 雨水メータ　⑦ 冷却塔補給水メータ　⑧ 上水補給水メータ

雨水槽の水は，雨水高架水槽や冷却塔などに供給され，雑用水として利用される．

10.3.5　雨水利用の実施例

最近の集合住宅団地は容積率を高くし，駐車場を多く設ける傾向にあるので，ゆとりある屋外空間が確保しにくい．そのため親水スペースを設け，人々の憩いとなる修景施設の設置が試みられているが，時間の経過とともに利用されなくなることが多い．主な理由は清掃，点検などのメンテナンス上の問題が原因と考えられる．これらの経験から維持管理の負担を軽減した親水，修景施設が

10.3 雨水の利用　249

考案されている．

　図 10.20[1] は，豊四季第二団地雨水利用システムフローシートである．ここでは屋根で集水した雨水を沈砂槽と砕石空げき貯留槽で処理して散水，洗車および水洗トイレ用水に利用している．散水ポンプの動力源は太陽電池，洗車，水洗トイレ用水のポンプは普通電源である．

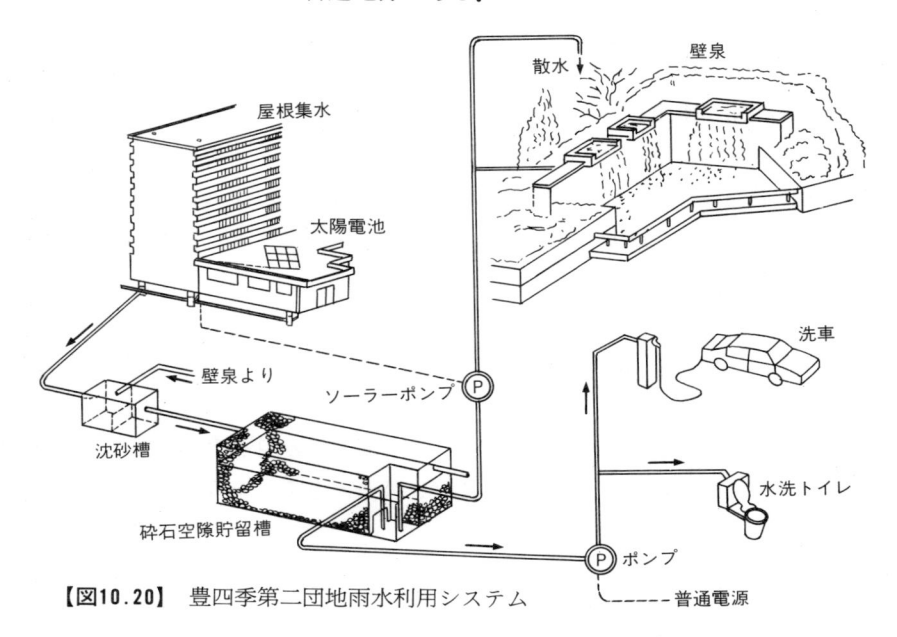

【図10.20】 豊四季第二団地雨水利用システム

　図 10.21[1] は浦安マリーナイースト21フォーラム海風の街における雨水利用システムである．屋根で集水した雨水は，沪過ますで沪過処理しただけで壁泉，

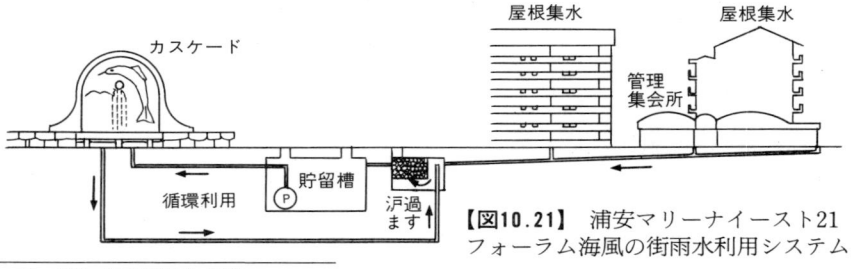

【図10.21】 浦安マリーナイースト21フォーラム海風の街雨水利用システム

---
1)　前掲 p.244 脚注1) 参照．

噴水および池水として循環利用されている．

次ページの図10.22[1]は東京ドームの雨水利用と排水再利用フローシートである．

四フッ化エチレン樹脂コーティングガラス布を使用した膜屋根の一部約16,000m^{2}で集水した雨水を2系統で集水し，浄化した排水と混合して，砂沪過，滅菌処理後中水道（トイレ水洗水）として使用している．

膜屋根に降った雨は，2箇所の初期降雨排除用の調整槽に集められ，降り始めの汚れた雨水を廃棄した後，雨水貯留槽に送られる．

雑用水と厨房排水は，酸素溶解効率の高いディープシャフトプロセスにより生物処理された後，加圧浮上，回転沪過により固液分離を行い，消泡水槽へ送られる．消泡水槽では雨水と混合され，砂沪過，滅菌処理後，中水受水層へ送り再利用される．

図10.22における雨水貯留槽入口水の水質測定例を表10.13[1](p.252)に示す．雨水の平均測定値はpH5.4,過マンガン酸カリウム消費量12.3mg/l,電気伝導率37.0で，かなり良い水質である．

表10.14[1](p.253)は，図10.22における上水と中水の水質を水道水基準と比較したものであるが，中水は上水と大差なく，水道水基準を十分満足している．

---

1) 細谷 清,本郷 賢,小田原健治,小川公一郎：空気調和・衛生工学,Vol.67, No.1 (1993)

10.3 雨水の利用 251

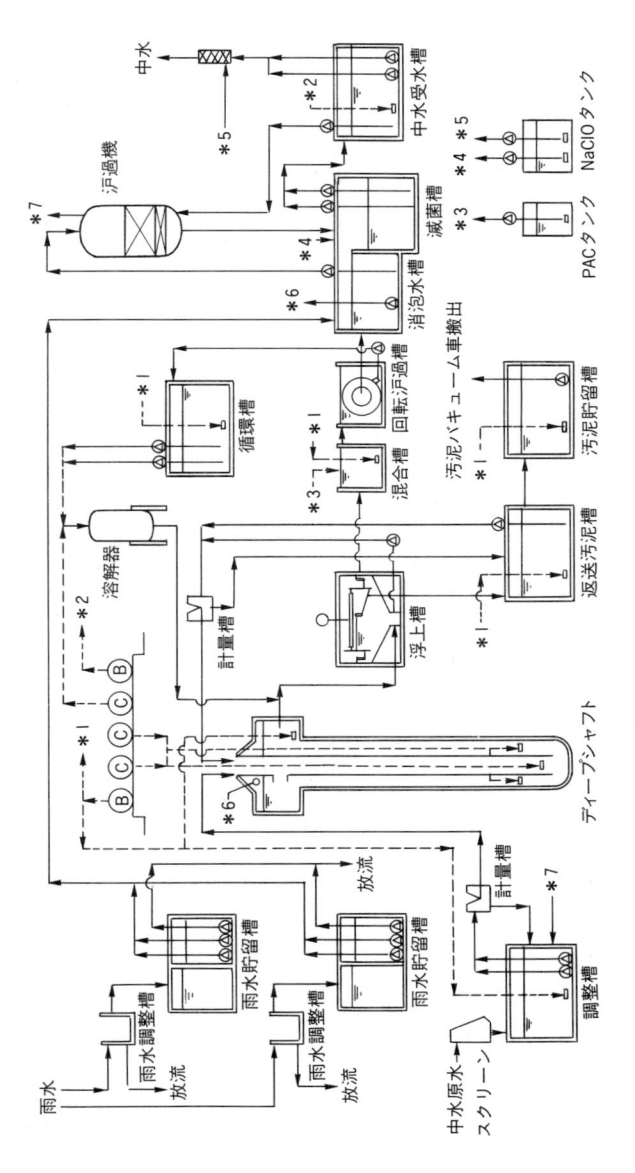

【図10.22】 東京ドームの雨水利用及び排水再利用フローシート

[表10.13] 雨水貯留槽の入口水質

水質項目		採水年 月/日	平成元年					平成2年									平均
			10/4	10/31	11/14	1/19	2/16	2/27	3/29	4/16	4/23	5/8	6/5	8/9	9/13	9/26	
硝酸性窒素および亜硝酸性窒素	(mg/l)		0.19	0.20	2.27	1.29	0.62	0.87	1.74	2.08	0.53	0.21	1.73	0.18	1.52	0.37	0.99
塩化物イオン	(mg/l)		1.7	3.5	16.6	5.4	2.0	10.2	1.2	12.8	0.1未満	0.1未満	4.4	0.1未満	0.8	0.4	4.2
過マンガン酸カリウム消費量	(mg/l)		5.2	5.0	9.3	35.2	13.3	5.1	23.5	7.3	5.7	2.3	23.9	5.1	25.1	6.3	12.3
一般細菌数	(個/ml)		240	15	46	11	10	1	16	2	11	37	2	380	22	0	56.6
pH			6.3	4.9	5.9	6.0	5.5	5.1	4.5	6.0	6.5	5.4	4.3	5.6	3.8	4.4	5.4
色　度	(度)		5	3	12	10	4	2	10	12	8	2	16	6	40	5	9.6
濁　度	(度)		3	2	4	10	8	1未満	6	3	4	2	4	12	4	1未満	4.6
カルシウム硬度	(CaCO$_3$mg/l)		1.0	1.0	6.7	20.5	5.0	1.3	1.1	6.1	6.71	未満	6.5	1.2	1未満	1未満	4.3
マグネシウム硬度	(CaCO$_3$mg/l)		3.4	3.9	5.9	5.7	14.0	3.5	3.8	9.0	6.3	4.2	7.2	3.6	6.0	5.0	5.8
全蒸発残留物	(mg/l)		10.0	13.4	35.8	106	62.5	21.0	25.8	60.5	22.8	4.7	62.5	16.0	80.0	15.1	38.3
アンモニア性窒素	(mg/l)		0.40	0.16	1.09	0.77	0.57	0.43	2.79	1.95	0.62	0.13	3.70	0.65	1.44	0.45	1.08
BOD	(mg/l)		2	2	2	12	4	2	5	3	2	2	5	2	5	2	3.6
酸消費量(pH4.8)	(CaCO$_3$mg/l)		2.9	1.0未満	2.1	2.4	1.3	1.0未満	1.0未満	1.0	6.1	1.0未満	1.0未満	1.0未満	1.0未満	1.0未満	1.7
硫酸イオン	(mg/l)		3.16	2.99	4.10	14.6	6.55	1.07	4.68	11.8	5.84	2.72	18.0	4.95	7.05	3.25	6.5
電気伝導率	(μS/cm)		15.7	22.0	44.1	69.0	38.3	30.2	55.3	92.0	34.2	9.1	8.8	19.5	59.9	19.9	37.0
アルカリ消費量(pH8.3)	(CaCO$_3$mg/l)		4.5	3.3	6.0	5.6	6.6	8.8	7.0	5.4	3.6	2.7	12.0	2.2	13.0	1.5	5.9

【表10.14】 東京ドームの上水と中水の水質

水質項目		採水年	平成元年				平成2年				平均値		水道水基準
		月/日	10/31		11/14		1/19		4/23				
		種 別	上水	中水	上水	中水	上水	中水	上水	中水	上水	中水	—
硝酸性窒素および亜硝酸性窒素	(mg/l)		1.88	1.40	1.69	1.48	2.34	1.42	1.48	0.74	1.85	1.26	10
塩化物イオン	(mg/l)		14.8	17.0	15.3	18.2	29.6	20.7	11.7	9.6	17.9	16.4	200
過マンガン酸カリウム消費量	(mg/l)		2.3	3.8	3.1	6.4	2.7	4.7	1.7	5.3	2.5	5.1	10
一般細菌数	(個/ml)		0	3	0	1	0	0	0	7	0	3	100
pH			7.2	7.5	7.3	7.4	7.0	7.3	7.1	7.1	7.2	7.3	5.8〜8.6
色　　度	(度)		1未満	2	1未満	10	1未満	2	1未満	1	1	4	5
濁　　度	(度)		1	1	1	6	1未満	1未満	1未満	1	1	2	2
カルシウム硬度	(CaCO$_3$mg/l)		42.9	44.0	45.1	44.5	59.6	46.8	38.7	22.6	46.6	39.5	}300
マグネシウム硬度	(CaCO$_3$mg/l)		12.1	12.8	14.6	15.0	20.0	31.6	15.1	5.7	15.5	16.3	
全蒸発残留物	(mg/l)		141	134	126	135	224	180	113	78	151	132	500
アンモニア性窒素	(mg/l)		0.1未満	0.1未満	0.1未満	0.17	0.1未満	0.1未満	0.1未満	0.1未満	0.1	0.1	—
BOD	(mg/l)		1未満	1未満	2	1	1未満	1未満	1未満	1	1	1	—
酸消費量 (pH4.8)	(CaCO$_3$mg/l)		28.1	32.6	31.0	34.0	31.1	32.3	25.2	19.8	28.9	29.7	—
硫酸イオン	(mg/l)		22.8	18.7	23.5	20.3	41.2	24.3	26.5	10.5	28.5	18.5	—
電気伝導率	(μS/cm)		162	167	159	163	282	206	158	99.5	190	159	—
アルカリ消費量 (pH8.3)	(CaCO$_3$mg/l)		3.5	1.7	3.5	3.3	2.7	5.5	3.0	1.8	3.2	3.1	—

10.3.6 雨水利用施設の維持管理

雨水利用施設の点検は，集水場所の汚濁の状況，汚濁負荷の程度に応じた方法が要求される．

表10.15に雨水利用設備の維持管理内容を示す．

【表10.15】 雨水利用設備の維持管理

点検箇所	点検内容	点検周期 月	点検周期 6箇月	点検周期 年	清掃周期
雨水受水槽	槽内の堆積物および汚れの点検 警報装置の作動確認 内壁構造の損傷の点検 補給水設備の作動点検 マンホールの締付け，防虫網の点検		○ ○ ○ ○	 ○ 	1〜5年 集水場所によって汚れ具合が違う．
雨水高置水槽	槽内の堆積物および汚れの点検 警報装置の作動確認 内・外壁構造の損傷の点検 マンホール（かぎ）・防虫網の点検		○ ○ ○	 ○ 	1〜5年
雨水沈殿槽	槽内の汚れ・沈積物・浮遊物の点検 昆虫の発生状態の点検	○ ○			6箇月〜1年
雨水沪過槽	沪過材の汚れ・沈積物・浮遊物の点検 昆虫の発生状態の点検	○ ○			6箇月〜1年
付属装置	水高計・水量計・逆流防止弁		○		−

一般に雨水は，生物学的因子を除いた水道水質基準を満たす水質であり，雑用水全般に利用可能である．使用する雨水が人体と接触する可能性のあるときや集水面がハトの糞，木の葉などで汚染されやすい場合は，塩素消毒などの処理が必要である．

雨水は元来良好な水質であるから，この水は可能な限り回収利用すべきである．処理装置は単純なシステムとし，維持管理は誰にでも容易にできる設備とすることが重要である．

11. 工 業 用 水

産業における工業用水は，用途によって①ボイラ用水，②プロセス用水，③冷却水，④雑用水および⑤消火用水などに分けられる．

これらの用水を得るための処理方式は，原水の水質と用途によって次ページ図11.1[1]のように分類される．

ここでは工業用水のうち，ボイラ用水，超純水および冷却水について述べる．

11.1 ボイラ用水

11.1.1 ボイラの種類

ボイラの種類は，ボイラ本体の構造，水の循環方法，燃料の種類および材料の種類などにより分類される．一般には①丸ボイラ，②水管ボイラおよび③特殊ボイラに大別される．

(1) 丸ボイラ

丸ボイラには立型ボイラ，炉筒ボイラ，煙管ボイラおよび炉筒煙管ボイラなどがある．

最近の炉筒煙管ボイラは，コンパクト化，高性能化が進み，単位伝熱面積あたりの蒸発量は従来の$30〜65kg/m^2・h$に対し，$60〜100kg/m^2・h$と高くなっており，ボイラ効率も$80〜90\%$となっている．

炉筒煙管ボイラの使用圧力は，一般に$10kgf/m^2$程度までが多く，蒸発量は1 Ton/h以下のものから20Ton/h程度のものまであり，産業用ボイラとして広く使われている．

---

1) "化学装置便覧", p.43（丸善）1989．

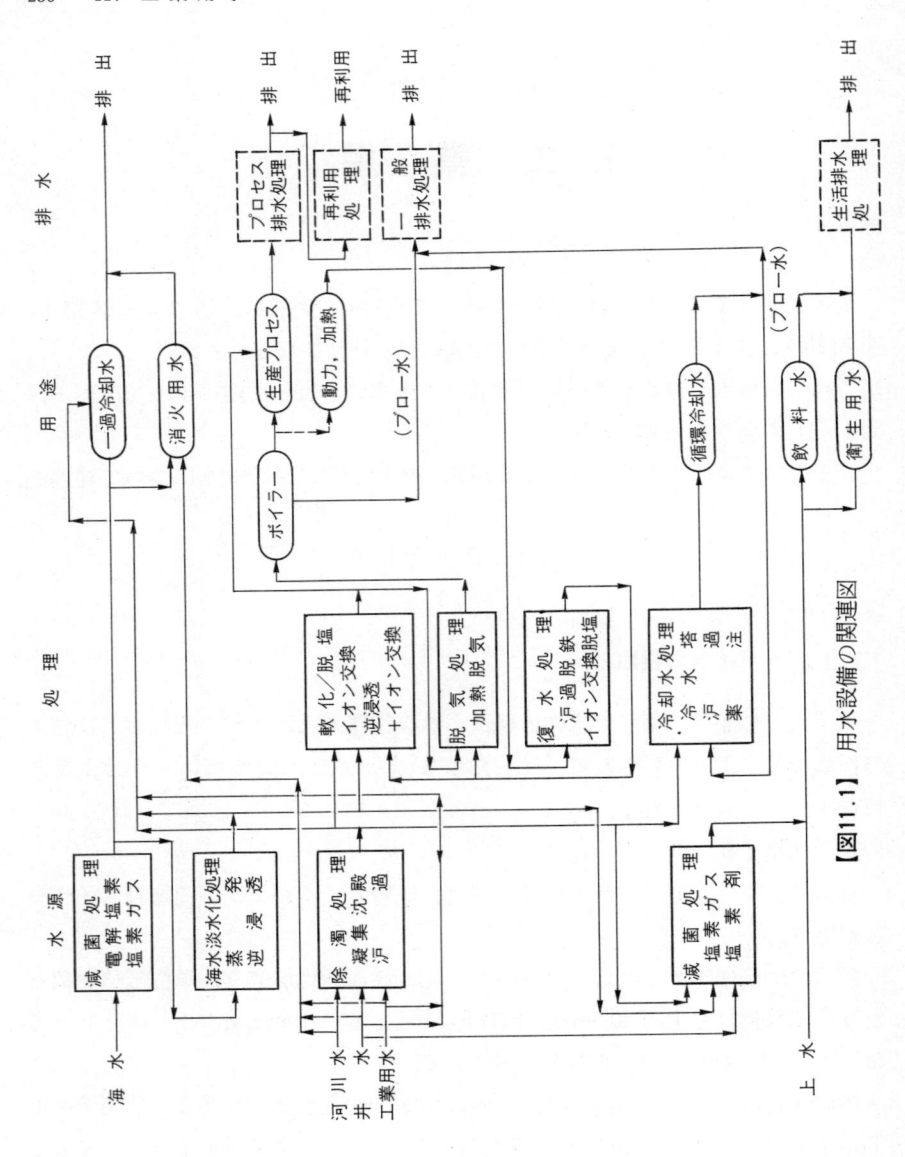

11. 工業用水

【図11.1】 用水設備の関連図

図 11.2[1] に炉筒煙管ボイラの一例（戻り燃焼方式）を図 11.3[2] に炉筒煙管ボイラの燃焼ガスパス数の構成例を示す．

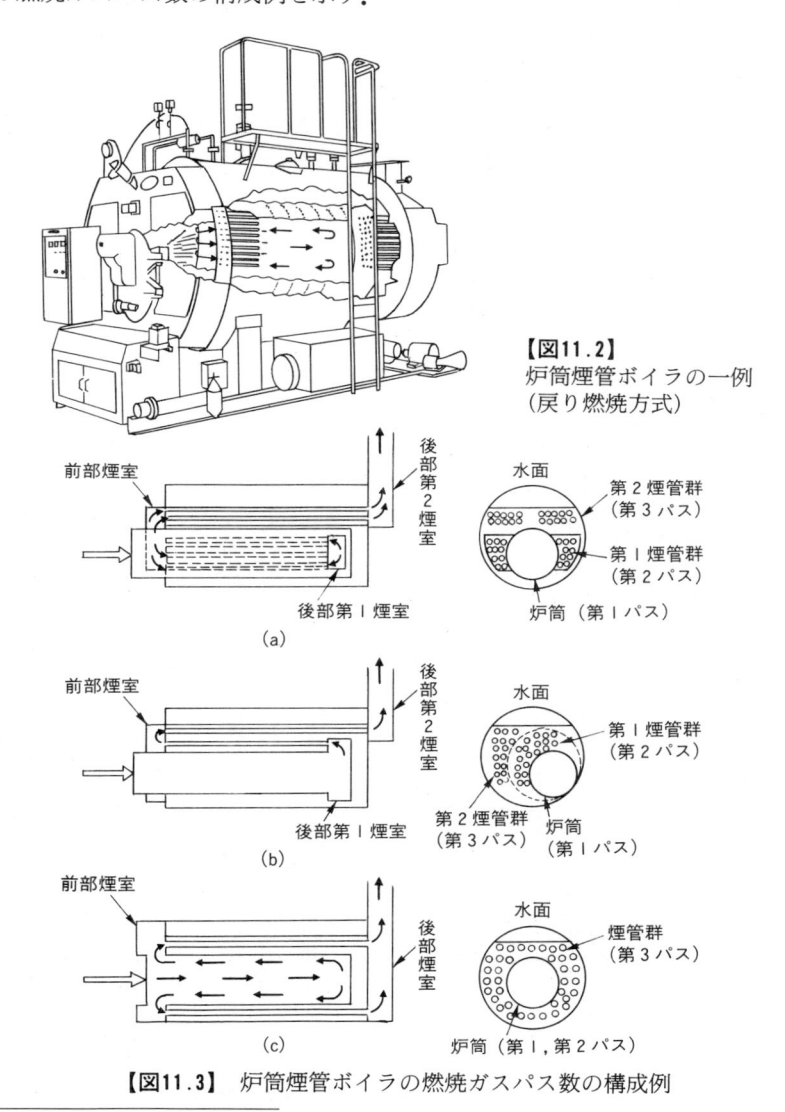

【図11.2】 炉筒煙管ボイラの一例（戻り燃焼方式）

【図11.3】 炉筒煙管ボイラの燃焼ガスパス数の構成例

1) ㈱平川鉄工所, 技術資料.　　2) 日本ボイラ協会編：〝ボイラ便覧〟, (丸善) 1978.

(2) 水管ボイラ

水管ボイラは，水の循環方式によって自然循環ボイラ，強制循環ボイラおよび貫流式ボイラに分けられる．

図11.4に水管ボイラのボイラ水循環経路を示す．

図11.4①の自然循環ボイラは，水と気水混合物の密度差を利用して循環を行うもので，水管ボイラの約80%がこの方式である．

図11.5[1]に中・小型水管ボイラの構造例を示す．

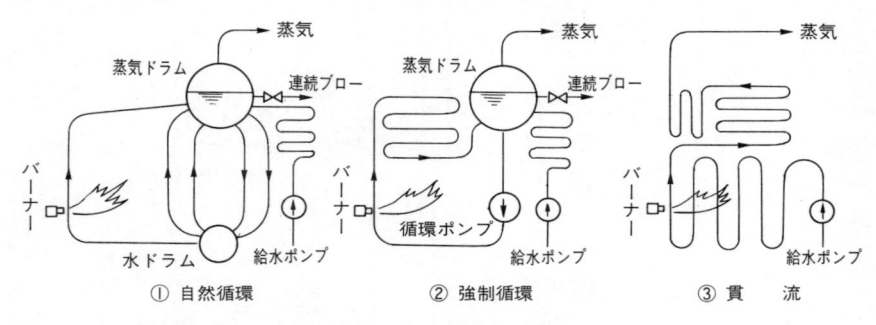

【図11.4】 水管ボイラの水循環経路

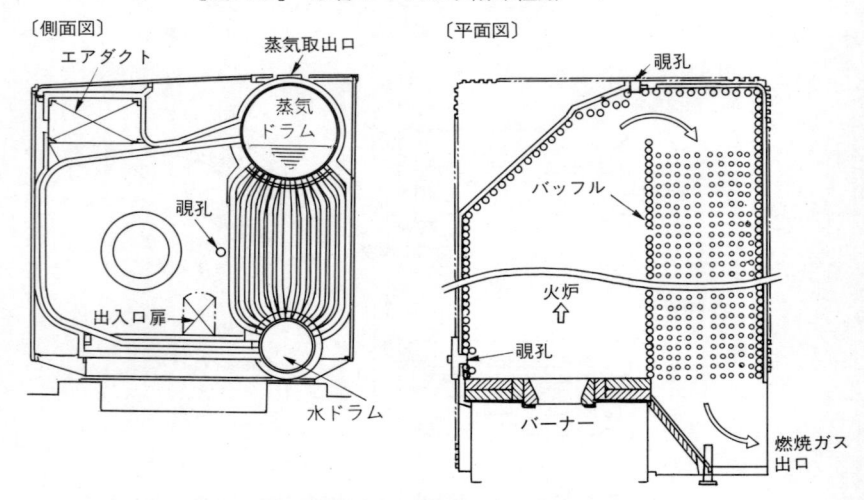

【図11.5】 中・小型水管ボイラの構造例

---
1) 渡辺 孝：工業用水, No.161, p.29 (1972)

図11.4②の強制循環ボイラは，ボイラ水の循環を循環ポンプで行う．飽和水と飽和蒸気の密度差が小さくなるので，熱交換率がよく，高圧用ボイラに適している．ボイラ水を強制的に循環するので，水管の直径を細くしたり，肉厚を薄くさせることにより，水管材料の節約ができる．

スケールの付着は，自然循環ボイラに比べて少ない．

図11.4③の貫流ボイラは，管の一端から供給された水が長い水管内で加熱，蒸発，過熱されて管の他端から過熱蒸気となって放出される．

貫流ボイラは，自然循環式ボイラや強制循環式ボイラと異なり，ボイラに供給された水の全量が蒸気となるので，水中に溶解固形分があればすべて析出する．したがって，貫流ボイラの水質基準は循環ボイラより厳しく，JISによる水質基準も別々に定められている．

貫流ボイラには蒸気ドラムや水ドラムがなく，管群のみで構成されるため，高圧蒸気の発生に適しており，産業用発電ボイラから超臨界圧の事業用発電ボイラに使われている．

このように水管ボイラは，水管群を増すことにより伝熱面積を増やしたり，高圧用ボイラとすることもできるので，一般産業用の中・小型ボイラから発電用の大型ボイラに至るまで広く使用されている．

(3) 特殊ボイラ

特殊ボイラは使用材料，熱源，加熱方法，熱媒体の種類などが前述のボイラと異なるものをいい，次の①〜④などがある．

① **鋳鉄ボイラ** 材料が鋳鉄のボイラであり，温水ボイラと蒸気ボイラがある．一般に圧力 $1\,\mathrm{kgf/cm^2}$ 以下で使用される．鋳鉄製なので腐食しにくいが，割れ（クラック）が生じやすい．

② **廃熱ボイラ** 種々の産業における製造工程から発生する廃熱を回収利用するボイラである．高温，高圧反応を必要とするエチレンや尿素合成プラントに付設されている．

③ **特殊燃料ボイラ** 通常の燃料以外のものを燃料とするボイラで，製紙工場の黒液回収ボイラ，製鉄所のCOボイラおよびゴミ処理場のゴミ焼ボイラなどがある．

④ **特殊流体ボイラ** 水以外の熱媒体を使用するボイラで,ダウサム[注)]およびアルコールなどが用いられる.

11.1.2 ボイラにおける障害と水質

ボイラに使用する原水には,多くの不純物が含まれている.この水をそのまま使用すると,ボイラ本体や付属機器にスケール付着や腐食の障害が発生する.

表11-1[1)]は圧力別(低圧および中・高圧ボイラ)にみた障害の傾向である.低圧ボイラ($20kgf/cm^2$以下)は原水または軟水を使用するので,電熱面に硬度成分,ミネラルなどによるスケール付着および溶存ガス(CO_2,O_2など)による腐食発生の問題がある.

一方,中・高圧ボイラ(中圧は$20 \sim 75kgf/cm^2$,高圧は$75kgf/cm^2$以上)には脱イオン水が供給されているが,高温高圧下で運転されるので,わずかな不純物の混入でもボイラ障害の原因となる.これらの水に由来する障害を未然に防止し,ボイラを安全に効率よく運転するには,それぞれのボイラに適合した水処理が必要である.

【表11.1】 圧力別にみた障害の傾向

障害の項目	圧力区分	障害の現象	障害の原因
①スケール障害	低圧ボイラ	○ ドラム内面,伝熱面上へ,硬度成分あるいはシリカを主体としたスケールの付着. ○ 蒸発管の膨出・破裂にいたる場合がある.	○ ボイラ用水の汚濁と樹脂の汚染 ○ 軟水装置の不調,管理不完全 ○ ボイラ水管理の不完全(ブロー不足など) ○ 薬品注入方法の誤り
	中・高圧ボイラ	○ 鉄などの金属酸化物を中心とし熱負荷の高い部分に付着する.膨出・破裂にいたる場合が多い.	○ ボイラ用水の汚濁と樹脂の汚染 ○ 前処理装置の不調による金属水和物(たとえばアルミフロック)の搬入あるいは樹脂の投入 ○ 給・復水系統の腐食生成物のボイラへの搬入(復水系統の腐食,熱交の腐食) ○ 製造プロセスからの不純物の漏えい ○ 薬品注入点の誤り

(つづく)

注) ダウサム:ダウケミカル社の商品で,ダウサムA(塩化ジフェニルとジフェニルの共融混合物)とダウサムE(オルソジクロルベンゼン)が多く用いられる.
1) 前掲 p.258 脚注1) 参照.

(**表11.1** 圧力別にみた障害の傾向　つづき)

②腐食障害	低圧ボイラ	○ 溶存ガス(O_2・CO_2)による給・復水系統およびボイラ伝熱面の腐食 ○ 伝熱面への金属酸化物・水和物の堆積による腐食の発生	○ 脱酸素処理，pH調整処理の不完全 ○ 腐食生成物を多く含む復水の回収 ○ ボイラ停止あるいは保存中の腐食の発生
	中・高圧ボイラ	○ 伝熱面への金属酸化物・水和物の堆積による腐食発生 ○ アルカリ腐食の発生 ○ 溶存ガスによる給・復水系統の腐食の発生	○ 給・復水系統からの腐食生成物のボイラへの搬入，pH調整および脱酸素処理の不完全 ○ pH，Pアルカリ度などのボイラ水管理の不完全 ○ 脱塩水製造装置（特に2床3塔型）からのNaイオンリークによるボイラ水pHの上昇 ○ ボイラ停止あるいは保存中の腐食の発生
③キャリオーバ障害	低圧ボイラ	○ 蒸気純度の低下 ○ 製品に対する影響	○ 負荷の急変 ○ ボイラ管理の不完全 ○ 汽水分離器あるいは給水制御装置の不調 ○ 製造プロセスからボイラへの不純物の搬入
	中・高圧ボイラ	○ 過熱器の膨出あるいは破裂事故の発生 ○ タービン翼へのスケールの堆積と効率の低下	○ ボイラ水の異常（特にシリカが非常に上昇した場合） ○ 給水処理装置の不調により，全イオン量の増大や金属水和物などのボイラへの搬入 ○ 薬品注入点の誤り ○ 負荷の急変 ○ 製造プロセスからのボイラへの不純物の搬入

　循環ボイラの給水およびボイラ水の水質基準を表11.2[1] (次ページ)，貫流ボイラの給水水質を表11.3[1] (p.264) に示す．

---

1) JIS B 8223 (1977)

【表11.2】 循環ボイラの給水およびボイラ水の水質

区分	ボイラの種類		丸ボイラ			水管ボイラ			
	最高使用圧力	kgf/cm^2				10以下		10を超え20以下	20を超え30以下
		{MPa}				1以下		1を超え2以下	2を超え3以下
	伝熱面蒸発率 $(kg/m^2 \cdot h)$		30以下[1]	30を超え60以下	60を超えるもの	50以下	50を超えるもの	—	—
給水	pH (25℃)		7〜9	7〜9	7〜9	7〜9	7〜9	7〜9	7〜9
	硬度 $(mgCaCO_3/l)$		60以下	2以下	1以下	1以下	1以下	1以下	0
	油脂類[2] (mg/l)		なるべく0に保つ	なるべく0に保つ	なるべく0に保つ	なるべく0に保つ	なるべく0に保つ	なるべく0に保つ	なるべく0に保つ
	溶存酸素 (mgO/l)		低く保つ	低く保つ	低く保つ	低く保つ	低く保つ	0.5 以下	0.1 以下
	全鉄 $(mgFe/l)$		—	—	—	—	—	—	—
	全銅 $(mgCu/l)$		—	—	—	—	—	—	—
	ヒドラジン[3] (mgN_2H_4/l)		—	—	—	—	—	—	0.2 以下
	電気伝導率 (25℃)($\mu S/cm$)								
ボイラ水	処理方式					アルカリ処理			
	pH (25℃)		11.0〜11.8	11.0〜11.8	11.0〜11.8	11.0〜11.8	11.0〜11.8	10.8〜11.3	10.5〜11.0
	Mアルカリ度[4] $(mgCaCO_3/l)$		100〜800	100〜800	100〜800	100〜800	100〜800	600 以下	150 以下
	Pアルカリ度[5] $(mgCaCO_3/l)$		80〜600	80〜600	80〜600	80〜600	80〜600	500 以下	120 以下
	全蒸発残留物 (mg/l)		4000 以下	3000 以下	2500 以下	3000 以下	2500 以下	2000 以下	700 以下
	電気伝導率 $(\mu S/cm)$		6000 以下	4500 以下	4000 以下	4500 以下	4000 以下	3000 以下	1000 以下
	塩化物イオン $(mgCl^-/l)$		600 以下	500 以下	400 以下	500 以下	400 以下	300 以下	100 以下
	リン酸イオン[6] $(mg/PO_4^{3-}/l)$		20〜40	20〜40	20〜40	20〜40	20〜40	20〜40	5〜15
	亜硫酸イオン[7] $(mgSO_3^{2-}/l)$		10〜20	10〜20	10〜20	10〜20	10〜20	10〜20	5〜10
	ヒドラジン[8] (mgN_2H_4/l)		0.1〜0.5	0.1〜0.5	0.1〜0.5	1.0〜0.5	0.1〜0.5	0.1〜0.5	—
	シリカ $(mgSiO_2/l)$		—	—	—	—	—	—	50 以下

(注)
1) 鋳鉄製ボイラなどで，生蒸気を使用し，常時補給水を使用する場合に適用する．
2) ヘキサン抽出物質〔JIS B 8224 参照〕をいう．
3) ヒドラジンを脱酸素剤として，給水に注入する場合に適用する．
4) 酸消費量(pH4.8)〔JIS B 8224参照〕をいう．
5) 酸消費量(pH8.3)〔JIS B 8224参照〕をいう．
6) リン酸塩を注入する場合に適用する．
7) 亜硫酸塩を脱酸素剤として注入する場合に適用する．
8) 丸ボイラおよび最高使用圧力 20 kgf/cm² {2 MPa} 以下の水管ボイラにヒドラジン脱酸素剤として注入する場合に適用する．
9) 高圧給水過熱器の管材が鋼管の場合は，pHを高めに調節することが望ましい．
10) 0.02 mgFe/l以下に保つことが望ましい．

(JIS B 8223-1977)

30を超え 50以下	50を超え 75以下	75を超え100以下	100を超え125以下	125を超え150以下	150を超え200以下
3を超え 5以下	5を超え 7.5以下	7.5を超え10以下	10を超え12.5以下	12.5を超え15以下	15を超え20以下
—	—	—	—	—	—
8〜9.5	8.5〜9.5[9]	8.5〜9.5[9]	8.5〜9.5[9]	8.5〜9.5[9]	8.5〜9.5[9]
0	0	0	0	0	0
なるべく 0に保つ	なるべく 0に保つ	なるべく0に保つ	なるべく0に保つ	なるべく0に保つ	なるべく0に保つ
0.03 以下	0.007以下	0.007以下	0.007以下	0.007以下	0.007以下
0.1 以下	0.05 以下	0.03 以下[10]	0.03 以下[10]	0.02 以下[11]	0.02 以下[11]
0.05 以下	0.03 以下	0.02 以下	0.01 以下	0.01 以下	0.005 以下
0.06 以上	0.01 以上	0.01 以上	0.01 以上	0.01 以上	0.01 以上
—	—	—	—	0.3 以下[12]	0.3 以下[12]
アルカリ処理またはリン酸塩処理		リン酸塩処理	揮発性物質処理	リン酸塩処理	揮発性物質処理	リン酸塩処理	揮発性物質処理	リン酸塩処理	揮発性物質処理
9.4〜11.0[13]	9.2〜10.8[13]	9.0〜9.8	8.5〜9.5	8.7〜9.7	8.5〜9.5	8.5〜9.5	8.5〜9.5	8.5〜9.5	8.5〜9.5
—	—	—	—	—	—	—	—	—	—
500 以下	300 以下	100 以下	20 以下	30 以下	5 以下	20 以下	3 以下	10 以下	2 以下
800 以下	500 以下	150 以下	20 以下[12]	60 以下	20 以下[12]				
80 以下	50 以下	10 以下	—	3 以下	—				
5〜15	3〜10	2〜6	[14]	1〜5	[14]	0.5〜3	[14]	0.5〜3	[14]
5〜10	—	—	—	—	—				
—	—	—	—	—	—				
20 以下	5以下	2 以下		0.5 以下		0.3 以下		0.2 以下	

11) 0.01 mgFe/l以下に保つことが望ましい。
12) 検水を水素形強酸性陽イオン交換樹脂層に通して測定する。
13) pH下限は、リン酸塩処理を適用する場合のpH下限を示し、ボイラ水のPO$_4^{3-}$濃度の下限に対応するpHとする。
14) 復水器からの海水漏れなどにより、硬度成分・pH低下成分が漏入する場合には、漏入成分・漏入量の応急処理に必要な種類・量のリン酸塩を注入する。

備考 1. 濃度単位 mg/l はppmと同じとみなす。
2. 最高使用圧力 20 kgf/cm² {2 MPa} 以上の水管ボイラの補給水には、脱塩水を使用することを前提とする。
3. 脱酸素剤としてのヒドラジンおよび亜硫酸塩は、原則としていずれか一方を注入する。

【表11.3】 貫流ボイラの給水の水質 (JIS B 8223-1977)

区分	最高使用圧力	kgf/cm²	25 以下	75を超え100以下	100を超え125以下	125を超え150以下	150を超え200以下	200を超えるもの
		{MPa}	2.5 以下	7.5を超え10以下	10を超え12.5以下	12.5を超え15以下	15を超え20以下	20を超えるもの
給水	pH (25°C)		10.5〜11.0	8.5〜9.5[2]	8.5〜9.5[2]	8.5〜9.5[2]	8.5〜9.5[2]	9.0〜9.5
	硬度 ($mgCaCO_3/l$)		1以下*	0	0	0	0	0
	溶存酸素 (mgO/l)		0.5 以下	0.007 以下	0.007 以下	0.007 以下	0.007 以下	0.007 以下
	全鉄 ($mgFe/l$)		—	0.03 以下[3]	0.03 以下[3]	0.02 以下[4]	0.02 以下[4]	0.01 以下
	全銅 ($mgCu/l$)		—	0.01 以下	0.01 以下	0.005 以下	0.003 以下	0.002 以下
	ヒドラジン[1] (mgN_2H_4/l)		—	0.01 以上	0.01 以上	0.01 以上	0.01 以上	
	シリカ ($mgSiO_2/l$)		—	0.04 以下[5] 0.02 以下[6]	0.04 以下[5] 0.02 以下[6]	0.03 以上[5] 0.02 以下[6]	0.02 以下	0.02 以下
	全蒸発残留物 (mg/l)		700 以下	—	—	—	—	—
	電気伝導率 (25°C)(μS/cm)		1000 以下	0.3 以下[7]	0.3 以下[7]	0.3 以下[7]	0.3 以下[7]	0.25 以下[7]
	リン酸イオン ($mgPO_4^{3-}/l$)		20〜40	—	—	—	—	—

(注) 1) ヒドラジンの濃度は,pHがその上限を超えない限度とする.
 2) 高圧給水加熱器の管材が鋼管の場合は,pHを高めに調節することが望ましい.
 3) 0.02mgFe/l 以下に保つことが望ましい.
 4) 0.01mgFe/l 以下に保つことが望ましい.
 5) セパレータを持つボイラに適用する.
 6) セパレータを持たないボイラに適用する.
 7) 試料を水素形強酸性陽イオン交換樹脂層に通して測定する.

備考 1. 高圧貫流ボイラの給水の全蒸発残留物の濃度は極めて低く,その測定が不可能に近いので,電気伝導率の測定値を全蒸発残留物中の溶解性蒸発残留物の濃度の推定に用いる.
 2. 最高使用圧力 25 kgf/cm² {2.5 MPa} 以下は,給水への戻り量が30%近辺の貫流ボイラを対象とし,給水にボイラからの戻りが加わり,これに薬品を添加してボイラに送るため,循環ボイラに似た水質管理を行う.
  なお,*印は,戻りの加わる前の給水に適用する.

11.1.3 ボイラ用水処理とスケール

ボイラの原水となる水(水道水,工業用水,河川水および地下水など)には懸濁物質,溶解固形物およびガス成分など種々の物質が混在している.

ボイラ用水の処理には凝集,沈殿,沪過,イオン交換および脱気処理などの方法があり,原水水質や処理目的に応じて単独,またはいくつかの処理方法を組み合わせて用いる.

ここでは,イオン交換処理とボイラにおけるスケール障害について述べる.

(1) イオン交換処理

ボイラ用水処理のイオン交換は,軟化処理と脱イオン処理に大別される.

軟化処理は低圧ボイラのスケール障害となるCa^{2+}, Mg^{2+}イオンをNa^+イオンに交換処理することをいう.

軟化処理に使用されるイオン交換樹脂は,強酸性陽イオン交換樹脂のNa型で,この樹脂を充填したイオン塔に原水を通水すると,図11.6のように水中の硬度成分(Ca^{2+}, Mg^{2+})はNa^+とイオン交換して軟水となる.

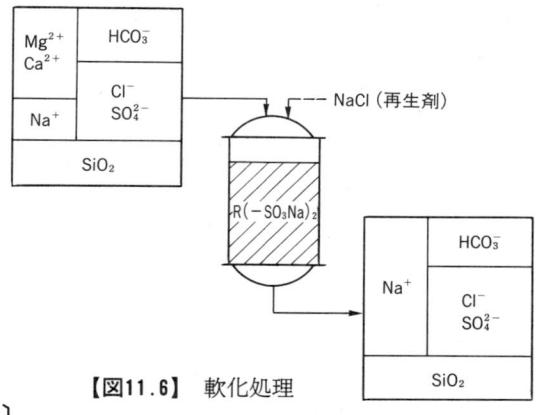

【図11.6】 軟化処理

〔軟 化〕

$$R(-SO_3Na)_2 + Ca(HCO_3)_2 \longrightarrow R(-SO_3)_2Ca + 2NaHCO_3 \cdots\cdots (11.1)$$

$$R(-SO_3Na)_2 + MgSO_4 \longrightarrow R(-SO_3)_2Mg + Na_2SO_4 \cdots\cdots (11.2)$$

再生は約10％の塩化ナトリウム（NaCl）で行う．

〔再　　生〕

$$R(-SO_3)_2Ca + 2NaCl \longrightarrow R(-SO_3Na)_2 + CaCl_2 \quad \cdots\cdots\cdots(11.3)$$

$$R(-SO_3)_2Mg + 2NaCl \longrightarrow R(-SO_3Na)_2 + MgCl_2 \quad \cdots\cdots\cdots(11.4)$$

軟水がボイラに供給されていれば，硬度成分によるスケール障害は防止できる．しかし，軟水装置の管理が不十分で多量の硬度成分がボイラに持ち込まれ

【表11.4】 軟水装置における硬度漏えいの原因と対策

	原　　　　因		原因の特徴（水質，採水量など）	対　　　　策
1	採水量がブレーク（貫流）点に達した場合		○ ブレーク点に達すると，急激に硬度が上昇し，短時間（30分程度）で原水の硬度と，同程度となる	○ 樹脂の再生を行う〔原水の硬度，Na％および樹脂の性能試験をする〕
2	採水の低下	原水水質の変動	○ 軟水の採水量の変動が大きい	○ 原水の硬度，Na％の測定
		樹脂の性能低下	○ 軟水の採水量に徐々に低下する	○ 樹脂の復分解能の測定，樹脂の補給
		樹脂の破裂・流出	○ 樹脂量が低下する．逆洗水中に，樹脂が検出される	○ 樹脂の補給
		樹脂の膨潤	○ 樹脂が膨潤する	○ 酸化剤（Cl_2など）の除去
3	○ 樹脂粒内に有機物，鉄分，シリカなどの吸着 ○ 樹脂の表面に土砂藻類などの付着		○ チャンネリング（偏流）を起こし，採水時の硬度が認められる ○ 樹脂の交換容量の低下につれ採水量も徐々に低下する	○ 原水のCOD，全鉄，濁度，色度を測定する ○ 樹脂の灰化試験 ○ 汚染物の除去
4	○ 原水中の鉄分が異常に高い（0.3ppm以上）場合 ○ タンクおよび付属装置の腐食		○ 軟水中に鉄分および硬度が認められる（硬度分析の際のシアン化カリウムで鉄分を，マスキングすると硬度が認められなくなる）	○ 鉄分による硬度か否かを確認する ○ 鉄分の除去
5	○ 運転のミス	逆洗の不良 再生の不良	○ 採用量が非常に低下する ○ チャンネリングを起こす	○ 逆洗，再生法の検討
6	○ 装置の故障	バルブ類の故障 集水管の故障	○ 軟水中の硬度が，常に高い ○ 処理水中に，樹脂の流出が認められる	○ 装置の点検

ると，スケール障害が発生する．軟水装置における硬度漏えいの原因と対策を表 11.4[1] に示した．

脱イオン処理（純水製造）では，2床3塔式が古くから普及しており，今日でも広く採用されている．図 11.7[注1] に示すように原水はH塔で陽イオン(Ca^{2+}, Mg^{2+})と水素イオン(H^+)を交換し，脱炭酸塔でCO_2を除去した後，OH塔で陰イオン(Cl^-, SO_4^{2-})と，シリカ(SiO_2)を水酸化物イオン(OH^-)と交換して純水となる．

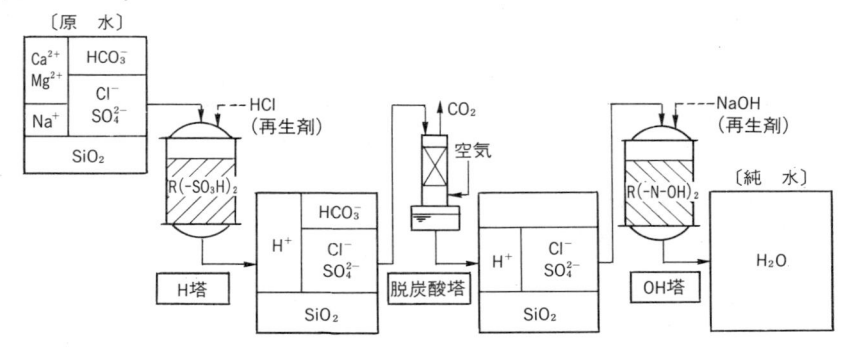

【図11.7】 純水製造処理（2床3塔型）

脱炭酸塔を真空方式[注2]にすると，二酸化炭素と同時に溶存酸素も除去できる．

処理水の水質は，電気伝導率 $5 \sim 10\mu S/cm$，シリカ $0.05 \sim 0.3 mg/l$ 程度となる．高圧ボイラの給水には，これでは不十分なので更に混床式純水装置をポリッシャーとして付設する．

図 11.8[2] に中・高圧ボイラの水系統図例を示す．

下記にH塔とOH塔における脱イオンと再生反応式を示す．

〔脱イオン〕

H塔：

$$R(-SO_3H)_2 + Ca(HCO_3)_2 \longrightarrow R(-SO_3)_2Ca + 2CO_2 + 2H_2O$$

$$\cdots\cdots\cdots(11.5)$$

---

1) 前掲 p.258 脚注1) 参照．
注1) 図6.14(p.133)も参照．
注2) **8.2** の脱酸素の方法(p.162)を参照．
2) 渡辺 孝：造水技術，Vol. 18, No.4 (1993)

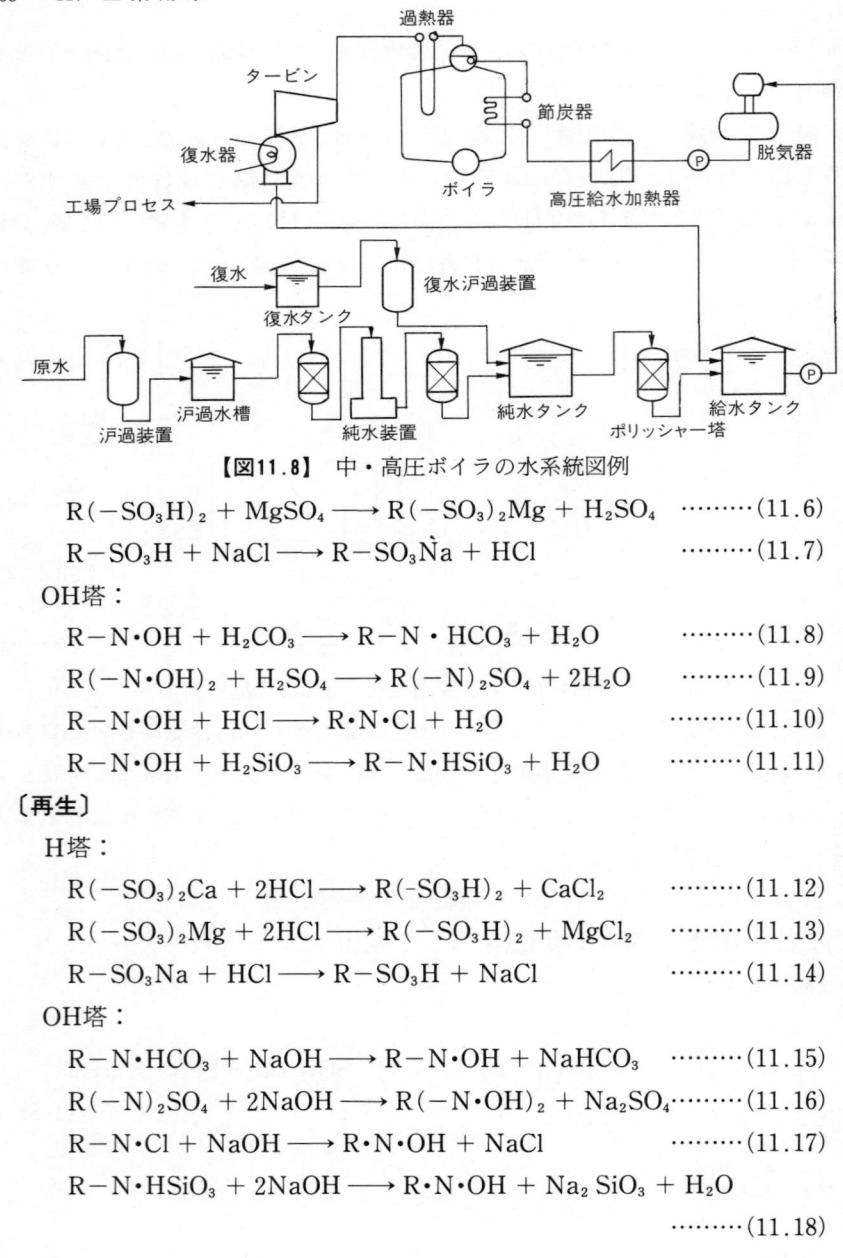

【図11.8】 中・高圧ボイラの水系統図例

$$R(-SO_3H)_2 + MgSO_4 \longrightarrow R(-SO_3)_2Mg + H_2SO_4 \quad \cdots\cdots(11.6)$$

$$R-SO_3H + NaCl \longrightarrow R-SO_3Na + HCl \quad \cdots\cdots(11.7)$$

OH塔：

$$R-N\cdot OH + H_2CO_3 \longrightarrow R-N\cdot HCO_3 + H_2O \quad \cdots\cdots(11.8)$$

$$R(-N\cdot OH)_2 + H_2SO_4 \longrightarrow R(-N)_2SO_4 + 2H_2O \quad \cdots\cdots(11.9)$$

$$R-N\cdot OH + HCl \longrightarrow R\cdot N\cdot Cl + H_2O \quad \cdots\cdots(11.10)$$

$$R-N\cdot OH + H_2SiO_3 \longrightarrow R-N\cdot HSiO_3 + H_2O \quad \cdots\cdots(11.11)$$

〔再生〕

H塔：

$$R(-SO_3)_2Ca + 2HCl \longrightarrow R(-SO_3H)_2 + CaCl_2 \quad \cdots\cdots(11.12)$$

$$R(-SO_3)_2Mg + 2HCl \longrightarrow R(-SO_3H)_2 + MgCl_2 \quad \cdots\cdots(11.13)$$

$$R-SO_3Na + HCl \longrightarrow R-SO_3H + NaCl \quad \cdots\cdots(11.14)$$

OH塔：

$$R-N\cdot HCO_3 + NaOH \longrightarrow R-N\cdot OH + NaHCO_3 \quad \cdots\cdots(11.15)$$

$$R(-N)_2SO_4 + 2NaOH \longrightarrow R(-N\cdot OH)_2 + Na_2SO_4 \quad \cdots\cdots(11.16)$$

$$R-N\cdot Cl + NaOH \longrightarrow R\cdot N\cdot OH + NaCl \quad \cdots\cdots(11.17)$$

$$R-N\cdot HSiO_3 + 2NaOH \longrightarrow R\cdot N\cdot OH + Na_2SiO_3 + H_2O$$

$$\cdots\cdots(11.18)$$

純水装置が正常に作動していれば，所期の脱イオン水がボイラに供給されるが，それでもいくつかの障害は発生する．

表11.5[1]に純水装置の障害の原因と対策について示す．

【表11.5】 純水製造処理装置の障害の原因と対策

トラブルの根源	トラブルの原因または現象	対　策
原水水質が変更された	○原水中の全イオン量が増加 ○Na%，HCO_3%，SiO_2%が変化 ○有機物，全鉄量などの増加	○原水の全分析を行ない，各月データをまとめておく（最小限電気伝導率は毎日測定記録のこと） ○水源の調査（工業用水，地下水など） ○ほかの水源（例，地下水）の混入比の調査
過剰採水	○流量不具合 　(a) 流量計故障 　(b) 小流量による流量計のスリップ ○水質不具合 　(a) メーターの故障（継線など） 　(b) 発信器の不具合(汚染，破損など) 　(c) サンプリングの不具合 　（実際の水と異なる水をサンプリング）	○瞬間流量計と比較する ○流速を上げて運転 ○計器取扱説明書参照 ○ポータブル水質計などと比較する ○計器付属の抵抗箱を発信器のかわりにケーブルに接続，このとき指示が抵抗箱と合致すれば発信器の不具合 ○サンプリング元弁が閉まり過ぎまたは全閉 ○サンプリング元弁が開き過ぎ ○発信器のボックス破損，水漏
不完全再生	○再生レベル不足 ○薬注濃度不具合(薬品量不足または希釈水が多過ぎる) ○再生液の散布不十分 　(a) 薬品散布管の故障（目詰りまたは破損） 　(b) 薬注速度の減少（均等に散布しない） 　(c) 樹脂層のチャンネリング ○押出不十分 ○洗浄不十分 ○薬注時間の不足 ○薬注温度不適	○規定量どおり取扱説明書により再生を行う 　（または再生レベルを上げてみる） ○適正濃度で注入 ○散布管の故障，修理 ○薬注ポンプの不具合 ○エゼクター，ノズル目詰り ○希釈水少な過ぎる ○逆洗を30分以上行う ○下部集散水装置目詰りを点検掃除 ○再生排液の比重測定(押出十分かチェック) ○洗浄時の洗浄排水分析(H塔Cl^-，OH塔Na^-が入口と同じ量かチェック) ○薬注および押出の合計時間H塔40分以上，OH塔90分以上とすること ○薬注温度（35±5℃）とする（低いときはシリカリークを起こし，高いときは樹脂の性能低下をきたす） （つづく）

(表11.5 純水製造処理装置の障害の原因と対策 つづき)

	○上向流薬注時の樹脂層の流動化 ○復層式の場合，弱，強樹脂の混合	○薬注流量，スリップ水量の再調整 ○中間部の混入樹脂の取替え
イオン交換樹脂損失	○逆洗流速過多 ○規定流量の逆洗で樹脂が流出 ○下部集散水装置破損 ○交換塔出口に樹脂流出 　(a) 酸化性物質などにより樹脂破砕 　(b) 圧力による圧砕	○逆洗流速および水温チェック（規定流量にて逆洗） ○樹脂の性能テストを行う（粒度分布，その他） ○破損箇所訂正
イオン交換樹脂汚染	○酸化鉄またはマンガンが原水中にある（主に陽イオン交換樹脂による） ○有機物が原水中にある	○前処理のチェックを行う
チャンネリング	○圧縮された樹脂層 　(a) 原水中に濁度が多量にある 　(b) 樹脂の微粉化 　　1．樹脂の化学的破砕 　　2．高流速運転または運転中のタンク内圧高 　(c) 逆洗不十分または不具合 ○下部および上部ディストリビュータの故障	○逆洗を十分行うまたは空気逆洗を行い，樹脂層中の濁度を完全に取り除く ○原水中の濁度または塩素を除去 ○適正流量で運転 ○逆洗十分に行う（約30分間樹脂が交換塔から流出しない程度まで逆洗展開を行う） ○樹脂表面に大きく凹凸を生じたときは，上部ディストリビュータの水散布が均等になるよう改善すること ○点検および修理
低流速採水（処理水純度低下のときのみ）	○採水流速（LV）5 m/h以下通常陰イオン交換塔からイオンリークが多くなる	○できるだけ高流速で運転する ○ミニマムフロー以下では運転しない
バルブリーク（処理水純度低下のときのみ）	○バルブの故障	○点検および修理または取替え
イオン交換樹脂の性能低下	○一般に原水中に有害物質のないときは，性能低下少ないが，少しずつ性能低下する ○薬注温度過大 　（45℃以上には絶対にしないこと）	○規定どおり樹脂の補給を行う ○性能低下の度台を測定し補充を行う ○薬注温度の適正化

(3) スケール障害

　伝熱面に直接接しているボイラ水は図11・9に示すように，他の部分に比べて濃縮度が高いので，溶解度の低い物質はボイラ水管面に析出する．

これらのスケール成分は，表11.6[1]のように熱伝導率の値が小さいから，ボイラ水管などの伝熱面に析出すると，ボイラ効率が低下するばかりでなく，スケール付着部分が局部的に過熱され，水管の機械的強度が低下し，膨出，破裂などの事故につながる．

一般にボイラ圧力が高くなるほど熱負荷は高くなり，給水の不純物による影響も大きくなるので，純度の高い脱イオン水が必要となる．

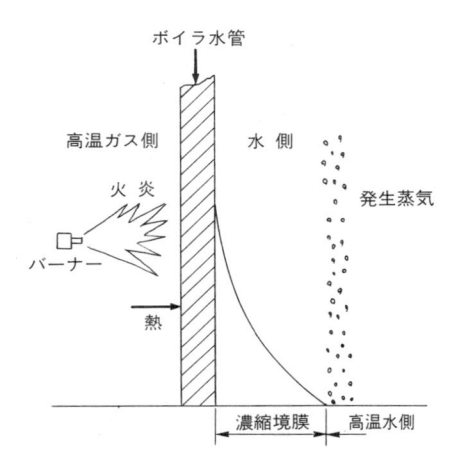

【図11.9】 伝熱面の濃縮境膜

【表11.6】 各種物質の熱伝導率

物　　質	熱伝導率 (kcal/m・h・℃)
ケイ酸塩主成分のスケール	0.2～0.4
炭酸塩主成分のスケール	0.4～0.6
硫酸塩主成分のスケール	0.5～2.0
リン酸塩主成分のスケール	0.5～0.7
酸化鉄（ヘマタイト）	3～5
酸化鉄（マグネタイト）	1
軟　　鋼	40～60
銅	320～360
水	0.5～0.6

低圧ボイラのスケール障害となる物質は，主に硬度成分とシリカである．中・高圧ボイラのスケール成分はほとんどが酸化鉄を主体としたものである．給水，復水系統の熱交換器部などに銅および銅合金が使用されていて，これらの材質が腐食するとボイラに持ち込まれ，水管にスケールとなって析出する．

ボイラ水中にスケールとなる成分が含まれると，熱負荷の高い火炎側の伝熱

---
[1] 浜尾良雄，坂本正忠：火力原子力発電，Vol. 24, No. 11 (1973)

面に集中して堆積する．

図11.10と図11.11は，ボイラ水管におけるスケール付着状況を示したものである[1]．

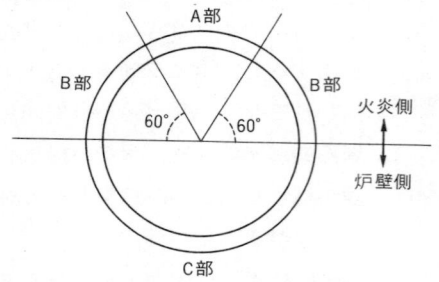

【図11.10】 発熱管の分割方法

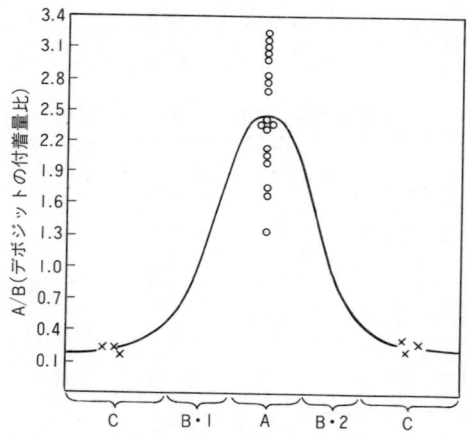

【図11.11】 円周方法のデポジット量の変化

蒸発管内のスケール付着量比はB部1.0に対し，A部平均2.37，C部約0.3と熱負荷の高い火炎側に集中して付着する．

最近の水源汚濁により，ボイラ原水中にフミン酸やフルボ酸などの有機物が含まれているときがある．これらの有機物の多くは凝集沈殿，沪過，イオン交換処理で除去されるが，微量の有機物はボイラ内に持ち込まれる．これらの成分の一部は，低分子の有機物に分解してボイラ水のpHを低下させることがある．また一部は，伝熱面で炭化してカーボンスケールとなり，伝熱効果を著しく低下させ，管壁の温度を上昇させる．

原水中にフミン酸などの有機物質やイオン交換樹脂からの有機性溶出物が確認された場合は，次の対策を講ずるとよい．

① フミン酸は前処理（凝集沪過，酸化分解，活性炭吸着など）で除去する．
② イオン交換樹脂は長期間使用すると，酸化性物質（Cl_2など）により，劣化して一部が微量水に溶出することがある．この場合は，イオン交換塔の入口，出口のTOCを定期的に測定し，有機性溶出物の増加が確認されたら，イオン交換樹脂を交換するか原水中の塩素，酸素等の酸化性物質低減

---

1) 栄　幸雄, 土井将能, 鬼村吉郎：三菱重工技報, Vol.8, No.1 (1971)

対策を講ずる．
③ 定期的な水管の検査を行い，スケール中の炭素含有量を測定し，必要であれば化学洗浄を行ってスケールを除去する．

11.2 超純水

蒸発残留物が数mg/l(ppm)以下で表示される水を純水と呼び，この純水よりも更に純度の高い水〔一般には水中の残留物がμg/l(ppb)の単位で表わされる〕を超純水[注]と呼んでいる．超純水は電子産業，原子力工業，超臨界圧ボイラなどに用いられている．

11.2.1 電子産業と超純水

超純水は，電子産業におけるシリコンウエハーの切断，フォトレジスト溶解，エッチングおよび洗浄などに使用される．

図11・12[1] (次ページ)にLSIの作り方と，超純水使用量，排水水質の関係を示す．

超純水中に微粒子，微生物，有機物および金属イオンなどがあるとウエハー上の酸化膜，配線に電気特性不良やショートを起こし，LSIの信頼性を低下させる．炭素，リン，カリウムおよびナトリウムなどを含んだ細菌が少しでもウエハー面に付着すると配線がショートを起こすので，これらの除去も必要である．配線のショートを避けるための最大粒子径は，ウエハー上の最小パターンの1/5～1/10が望ましいとされている．

表11.7[2] (次ページ)にLSIの集積度と最小パターン寸法の関係を示す．

表11.7の64kビットでの最小パターンを2.5μmとすれば，これに使用する超純水中の微粒子径は0.25μm以下が望ましいということになる．日本における超純水の要求水質レベルは各企業で「社外秘」扱いの部分が多く，各社で多少の違いはあるが，おおむね表11.8[3] (p.275)の水質である．

注) 日本の電子産業における超純水の水質は，現在一定の基準はなく，各企業で独自の規準を定めている．
1) 小池勝美：超純水の製造とその水質，超純水の製造とその水質試験に関する講習会 (1987) に一部加筆．
2) 牧野永俊：クリーンルーム Semiconductor World, **7**, 31 (1982)
3) 〝化学装置便覧〟, p.43 (丸善) (1989)

274　11. 工　業　用　水

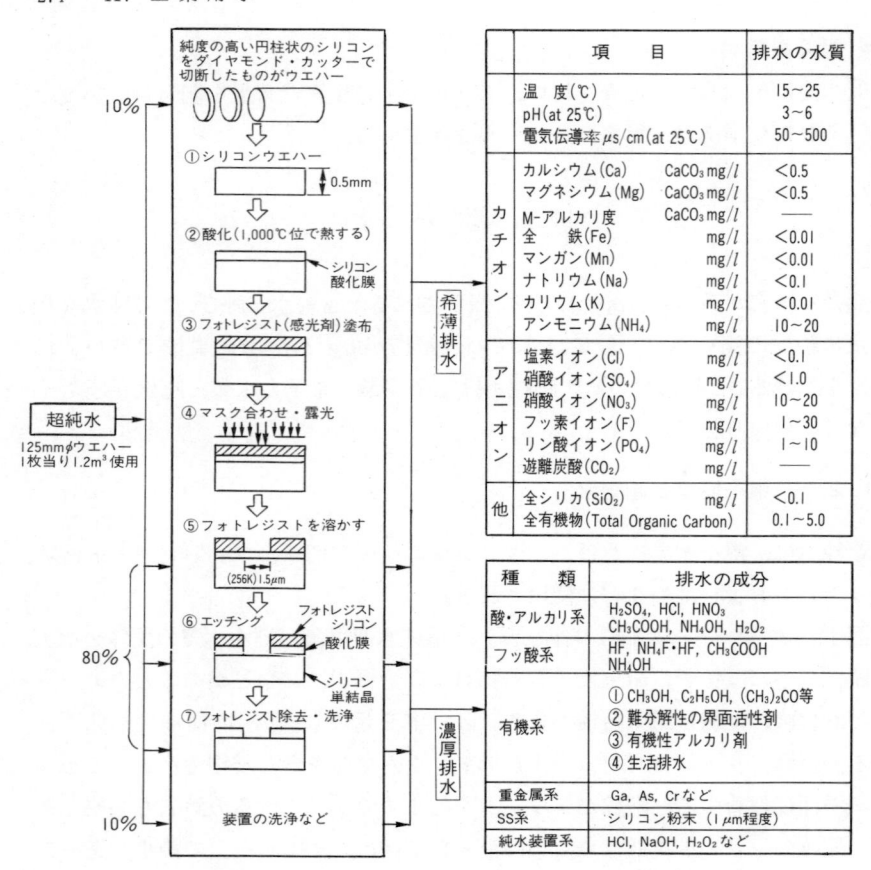

LSI製造工程図：

純度の高い円柱状のシリコンをダイヤモンド・カッターで切断したものがウエハー

10% →
① シリコンウエハー（0.5mm）
↓
② 酸化（1,000℃位で熱する）→ シリコン酸化膜
↓
③ フォトレジスト（感光剤）塗布
↓
④ マスク合わせ・露光
↓
⑤ フォトレジストを溶かす（256K）1.5μm
↓
⑥ エッチング → フォトレジスト／シリコン酸化膜／シリコン単結晶
↓
⑦ フォトレジスト除去・洗浄

超純水　125mmφウエハー1枚当り1.2m³使用

80% → （エッチング等の工程）
10% → 装置の洗浄など

→ 希薄排水
→ 濃厚排水

項　　目		排水の水質
温　度（℃）		15〜25
pH(at 25℃)		3〜6
電気伝導率 μs/cm(at 25℃)		50〜500
カチオン	カルシウム(Ca)　$CaCO_3$ mg/l	<0.5
	マグネシウム(Mg)　$CaCO_3$ mg/l	<0.5
	M-アルカリ度　$CaCO_3$ mg/l	―
	全　鉄(Fe)　mg/l	<0.01
	マンガン(Mn)　mg/l	<0.01
	ナトリウム(Na)　mg/l	<0.1
	カリウム(K)　mg/l	<0.01
	アンモニウム(NH_4)　mg/l	10〜20
アニオン	塩素イオン(Cl)　mg/l	<0.1
	硝酸イオン(SO_4)　mg/l	<1.0
	硝酸イオン(NO_3)　mg/l	10〜20
	フッ素イオン(F)　mg/l	1〜30
	リン酸イオン(PO_4)　mg/l	1〜10
	遊離炭酸(CO_2)　mg/l	―
他	全シリカ(SiO_2)　mg/l	<0.1
	全有機物(Total Organic Carbon)	0.1〜5.0

種　類	排水の成分
酸・アルカリ系	H_2SO_4, HCl, HNO_3 CH_3COOH, NH_4OH, H_2O_2
フッ酸系	HF, $NH_4F \cdot HF$, CH_3COOH NH_4OH
有機系	① CH_3OH, C_2H_5OH, $(CH_3)_2CO$等 ② 難分解性の界面活性剤 ③ 有機性アルカリ剤 ④ 生活排水
重金属系	Ga, As, Cr など
SS系	シリコン粉末（1μm程度）
純水装置系	HCl, NaOH, H_2O_2 など

【図11.12】　LSIの作り方と超純水使用量，排水水質の関係

【表11.7】　集積度と最小パターン寸法

ダイナミックRAM集積度(bit)	年度	最小パターン(μm)	清浄度（クラス）	ウエハ直径(mm)	制御対象粒径(μm)
1 K	1970	10	100,000〜10,000	50	最小パターン 1/5〜1/10
4 K	1972	6	1,000	75	
16 K	1976	4	1,000	75	
64 K	1980	2.5	100	100	
256 K	1982	1.5	10	125	

【表11.8】 超純水の要求水質レベル

種目	集積度	16Kビット	64Kビット	256Kビット	1Mビット
比抵抗［MΩ・cm(25℃)］		15～16	15～16	17～18	17.5～18
微粒子	粒径(μm)	0.2	0.2～0.1	0.1	0.1
	個数(個/cm³)	100～200	50～150	30～50	10～20
生菌数(個/cm³)		5	0.5～1.0	0.02～0.2	0.01～0.05
有機物［ppm(TOC)］		1	0.5～1.0	0.05～0.2	0.03～0.05
シリカ(ppb)		20～30	20～30	10	5
溶存酸素(ppm)		—	0.1～0.5	0.1	0.1

11.2.2 超純水の精製方法

　超純水の原水には，良質な天然水（河川水，地下水，湖沼水など）が選ばれるが，地理的条件，地質的条件および気象条件によって不純物の量と質が異なる．

　原水の水質により処理システムに多少の差はあるが，代表的な超純水製造システムは，次ページ図11.13に示すように，前処理，1次純水システム，2次純水システムおよび排水の回収で構成されている．

　前処理では原水の除濁を行う．1次純水システムでは，水中の不純物の大半を除く．

　2次純水システムでは，最終的なポリッシングを行い，ユースポイントへ超純水を供給する．

(1) 前処理

　汚濁した工業用水や河川水は，凝集沈殿処理後，沪過処理をする．水質の良い上水や地下水は，直接沪過して1次純水システムに送る．

(2) 1次純水システム

　1次純水システムは，工場全体で使う純水を一括して作る．超純水は必要に応じて，その一部を分別して2次純水システムに送る．

　1次純水システムには，逆浸透膜装置とイオン交換装置が不可欠である．日本の天然水中のシリカ濃度は，10～30mg/l 程度であるが，九州地区や火山灰

276　11. 工業用水

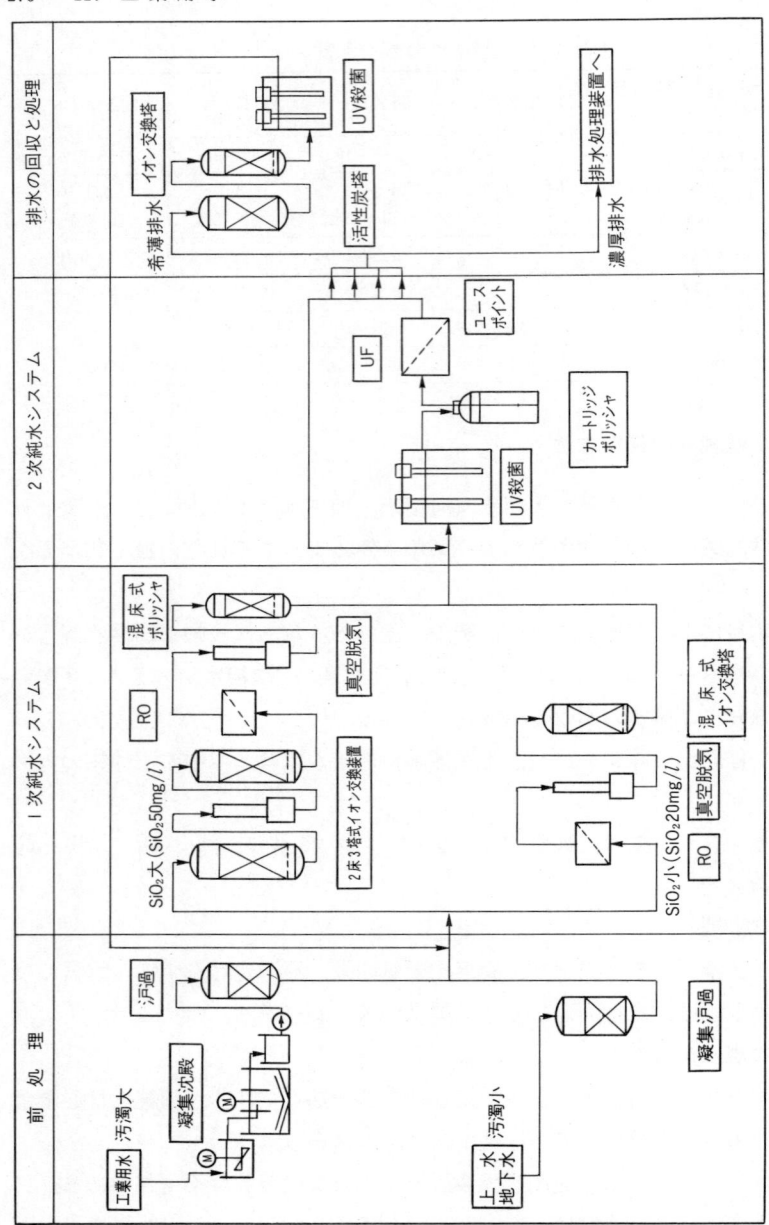

[図11.13] 超純水製造システムと排水の関係

土壌に近い水源では，シリカ濃度が50mg/*l*以上の地域がある．逆浸透膜処理で，シリカは常温（25℃）で100mg/*l*を超えると膜面に析出するので，20mg/*l*の場合は濃縮率を5倍以下とし，回収率を80%以下とすればよいが，50mg/*l*の地域では濃縮率は2倍以下，回収率50%しかとれない．これではせっかく前処理で得た水の半分を廃棄することになり，原水を無駄に消費することになる．

このような場合は，図11.13に示したように逆浸透膜装置の前に2床3塔式のイオン交換装置を設けて，陽イオン，陰イオンおよびシリカを除去[注1]した後，逆浸透膜装置へ通水すれば，膜面におけるシリカ析出対策となる．

逆浸透膜装置の前段にイオン交換装置を設けるという考え方は，一見矛盾しているように思える[注2]が，これには以下の長所があり，シリカの多い原水の場合には有効な手段である．

① シリカやカルシウムの大半が除去されているので，逆浸透膜に負荷がかからず，膜の閉塞がなく，膜洗浄の手間もなくなる．

② 逆浸透膜の濃縮水側の水は，イオン交換装置の再生用水に利用できるので，システム全体の水の利用率は80%以上となる．

③ 装置の運転管理が容易で，安定した運転が持続できる．

シリカ含有量が20mg/*l*程度の場合は，混床式イオン交換塔の前段に逆浸透装置を設ければ，原水中イオン（NaClなど）の95%程度は除去できるので，イオン交換樹脂への負荷を軽減できる．この場合の逆浸透膜装置の回収率は80%程度となるので，廃棄する水が少なくて済む．

従来，1次純水システムには，酢酸セルロース系の膜が用いられてきたが，最近はイオン交換樹脂塔の前段に低圧複合膜（運転圧力10〜20kgf/cm^2）が多用されている．低圧複合膜導入の背景には，以下の理由があげられる．

① 最近の低圧複合膜は，脱塩率と有機物排除率が酢酸セルロース膜と同等かそれ以上に向上した．

② 従来の低圧複合膜は，脱塩率が酢酸セルロース膜より低く，イオン交換

注1） イオン状シリカ（$HSiO_3^-$）は強塩基性イオン交換樹脂（I型）でほとんど除去でき，2床3塔出口水で電気伝導率10μS/cm，シリカ0.1mg/*l*程度となる．

注2） 通常，逆浸透膜は，水中のイオン（NaClなど）の95%程度を除去するので，イオン交換装置の前段に設置し，イオン交換樹脂への負荷を軽減する目的で用いることが多い．

装置の前段に設置しても利点がなかった．表11.9[1]に現在用いられている中圧および低圧タイプの逆浸透膜性能を示す．

【表11.9】 各種ROモジュール比較表（8インチ・スパイラル型）

		中圧タイプ		低圧タイプ					備考
型	番	SC-3200	NTR-7197	SU-220S	SU-720	NTR-7250	NTR-729HF	NTR-739HF	
メーカー		東レ	日東電工	東レ	東レ	日東電工	日東電工	日東電工	
材	質	酢酸セルロース	ポリアミド系複合膜	ポリアミド系複合膜	ポリアミド系複合膜	ポリビニルアルコール系複合膜	ポリビニルアルコール系複合膜	ポリビニルアルコール系複合膜	
基本性能	常用圧力 (kg/cm^2)	30	30	7.5	15	20	10	10	( )内は最小値
	透過水量 (m^3/日)	17.6(16.0)	35(25)	44(38)	26(22)	60(50)	36(29)	22(19)	
操作条件	最高使用圧 (kg/cm^2)	42(25〜30)	42(25〜30)	15(3〜10)	42(10〜20)	30(15〜20)	30(7〜15)	30(7〜15)	( )内は標準的な設計条件
	pH	3〜8.5(5〜6.5)	4〜11(5〜9)	3〜9(6〜8)	3〜9	2〜8	2〜8	2〜8	
	最高使用温度 (℃)	40 (30>)	40 (30>)	40 (35>)	40 (35>)	40 (35>)	40 (30>)	40 (35>)	
	耐塩素性 (ppm)	1(0.1〜0.7)	0	0.2 (0)	常用0	1 (0〜0.5)	1 (0〜0.5)	1 (0〜0.5)	
塩排除率 (%)	NaCl	97 (96)	98 (97)	60 (50)	99 (98)	50	92 (90)	95 (93)	( )内は最小値
	MgSO$_4$			99 (98)	99.9	98 (97)		99	
有機物排除率 (%)	メタノール (32)	5	19	0	14	9	—	—	
	エタノール (46)	9	51	12	54	26	25	30	
	IPA (60)	36	90	23	96	43	70	75	
	n-ブタノール (74)	11	77	—	—	27	52	64	
	エチレングリコール (62)	42	81	—	—	50	—	—	
	グリセリン (92)	92	95	37	—	67	—	—	
	フェノール (94)	0	64	0	—	5	—	—	
	グルコース (180)	99<	99<	96	99<	94	97	97	
	サッカーロース (342)	99<	99<	99<	—	98	99<	99<	
	ラフィノース (504)	99<	99<	—	—	99	—	—	
	酢酸 (60)	6	34	4	54	9	—	—	
	シュウ酸 (90)	68	—	35	—	36	—	—	
	クエン酸 (192)	99	97	86	99<	92	—	—	
	尿素 (60)	26	52	10	63	11	—	—	
	ホルムアルデヒト (30)	33	33	—	32	20	—	—	
	エチレンジアミン (60)	76	—	67	95	—	—	—	

(3) 2次純水システム

2次純水システムは，ユースポイントに超純水を供給するための最終ポリッシングシステムである．2次純水システムは，クリーンルーム内か，その近くに分割して設置されることが多い．

2次純水システムは，以下の点に配慮して設置される．

① 貯蔵などの液だまりを少なくし，外部からの汚染源侵入を防ぐ．

② 微生物の繁殖を防ぐために，配管部分の滞留部をなくし，常時，水を循

---

1) 小池勝美：造水技術，Vol.14, No.2 (1988)

環するシステムとする．
③　装置材料は，溶出物のない素材を用いる．
④　定期的に殺菌や洗浄ができる構造とする．

2次純水システムの端末には，通常限外沪過膜装置が設置される．1次純水システムで逆浸透膜を採用し，2次純水システムで分離細孔径の大きい限外沪過膜を使用するのは，一見して矛盾しているように見えるが，限外沪過膜でも充分なポリッシングができることが確認されている．

限外沪過膜は，逆浸透膜に比べて有機物排除能力では劣るが，微粒子および微生物除法能力は同等で，運転圧力が 2〜4 kgf/cm² と低くて済むので，装置の取扱いが容易である．

最近は限外沪過膜に耐熱性のものが開発されている．従来は2次純水装置の末端からユースポイントへの送水配管および戻り配管内での微生物繁殖を防ぐ目的で，過酸化水素などの薬品処理による殺菌をしていたが，これに代って熱水による殺菌処理が可能となった[注1]．

表 11.10[1] に超純水システムに使用している限外沪過膜の代表例を示す．

耐熱性の限外沪過膜が開発されたことにより，今後は熱水による殺菌を行う2次純水システムが増加すると思われる[注2]．逆浸透膜の耐熱性は通常45℃で，試作段階でも60℃程度であることを考えると，2次純水システムの末端には耐熱限外沪過膜の採用が主流になると考えられる．

(3) 超純水中の有機物と微粒子

一般にイオン交換樹脂は，水中のナトリウムイオン，塩化物イオンおよびシリカなどに代表されるイオン類を除去することのみが役割と考えられてきた．通常のイオン交換樹脂は，酸化などの作用[注3]により微量ではあるが，次式のように分解し，有機物を溶出すると考えられる．

注1）　過酸化水素による殺菌は，従来1年に数回行うことが多いが，この方法では殺菌数1個/100ml 程度を維持するのは不十分である．
1）　前掲 p.278 脚注1）参照．
注2）　熱水殺菌の長所は，化学薬品を全く使用しないので，水洗が容易で，残留薬品に対する配慮がいらないことである．
注3）　イオン交換樹脂は，長時間使用すると，酸素，塩素などの酸化性物質と，鉄，銅イオンなどが触媒となって，分子の一部を切断して分解すると考えられる．

〔陽イオン交換樹脂の分解〕

$$\text{(樹脂-SO}_3\text{H}^+\text{構造)} \xrightarrow{\text{酸化}^{注1)}} \text{(分解物)} + \boxed{\text{—SO}_3\text{H}^+}^{注2)}$$

·········· (11.19)

〔陰イオン交換樹脂の分解〕

I 型:

$$RH_2C-\underset{CH_3}{\overset{CH_3}{\underset{|}{\overset{|}{N}}}}-CH_2OH^- \longrightarrow (CH_3)_3N + RCH_2OH \quad \cdots\cdots (11.20)$$

$$RH_2C-\underset{CH_3}{\overset{CH_3}{\underset{|}{\overset{|}{N}}}}-CH_2OH^- \longrightarrow RH_2C-\underset{CH_3}{\overset{CH_3}{\underset{|}{\overset{|}{N}}}} + CH_3OH \quad \cdots\cdots (11.21)$$

II 型:

$$RH_2C-\underset{CH_3}{\overset{CH_3}{\underset{|}{\overset{|}{N}}}}-CH_2-CH_2OH^- \longrightarrow HOH + RH_2C-\underset{CH_3}{\overset{CH_3}{\underset{|}{\overset{|}{N}}}} + CH_3CHO \quad \cdots\cdots (11.22)$$

$$RH_2C-\underset{CH_3}{\overset{CH_3}{\underset{|}{\overset{|}{N}}}}-CH_2-CH_2OH^- \longrightarrow RH_2C-\underset{CH_3}{\overset{CH_3}{\underset{|}{\overset{|}{N}}}} + \underset{O}{CH_2-CH_2} \quad \cdots\cdots (11.23)$$

注1) 前掲 p.279 脚注 注3) 参照.

注2) ⌬—SO₃H⁺ は,陰イオン交換樹脂に吸着して樹脂汚染を起こす.

[表11.10]　各種UF膜の比較表

	常温用			耐熱用		
型番	FCV-5010	NTU-3050-C4H	FIT-3016	FLT-3026	NTU-3050-C3R	FE-105-E
メーカー	旭化成	日東電工	旭化成	旭化成	日東電工	ダイセル
型式	キャピラリー	キャピラリー	キャピラリー	キャピラリー	キャピラリー	キャピラリー
[仕様]						
膜材質	ポリアクリロニトリル	ポリスルフィン	ポリスルフィン	ポリスルフィン	ポリスルフィン	ポリエーテルサルホン
モジュール寸法(mm)	140φ×1,127 L	114φ×1,077 L	89φ×1,126 L	89φ×1,126 L	89φ×1,077 L	89φ×1,131 L
キャピラリーの内径/外径	0.8φ/1.4φ	0.55φ/1.0φ	0.8φ/1.4φ	0.6φ/1.1φ	0.55φ/1.0φ	0.50φ/0.80φ
[能力]						
分画分子量	13,000 (チトクロムC)	20,000 (PEG)	6,000 (インシュリン)	10,000 (アプロプロテイン)	20,000 (PEG)	6,000 (インシュリン)
透過水量 (m³/h, Kg/cm²G) (at 25℃)	3.0	3.5	1.2	3.5	1.7	1.8
[操作条件]	0～50℃		0～50℃ 50～80℃ 80～90℃	0～50℃ 50～80℃ 80～90℃	0～40℃ 40～70℃ 70～95℃	0～50 50～80 80～98
膜外面最高差圧(kg/cm²G)	3	3	4　2　1	3　2　1	3　2　1	3.0　2.0　1.0
供給水最高圧力(kg/cm²G)	6	6	7　5　3	7　5　3	7　4　2	6.0　4.0　2.0
透過水最高圧力(kg/cm²G)	3	3	4　3　2	4　3　2	4　3　1.5	4.3　3.0　1.5
上限温度(℃)	40	40	90	90	95	98
pH範囲	2～10	2～12	1～14	1～14	2～12	1～14

純度の高い脱イオン水を扱う2次純水システムの非再生型のカートリッジポリッシャーには，極低溶出形のイオン交換樹脂が適用される．それでも全有機炭素(TOC)が$1\,\mu g/l$以下の超純水水質に対しては，溶出有機物が問題となる．

図11.14[1]は，原水から超純水を製造する各工程におけるTOCの挙動を調べたものである．

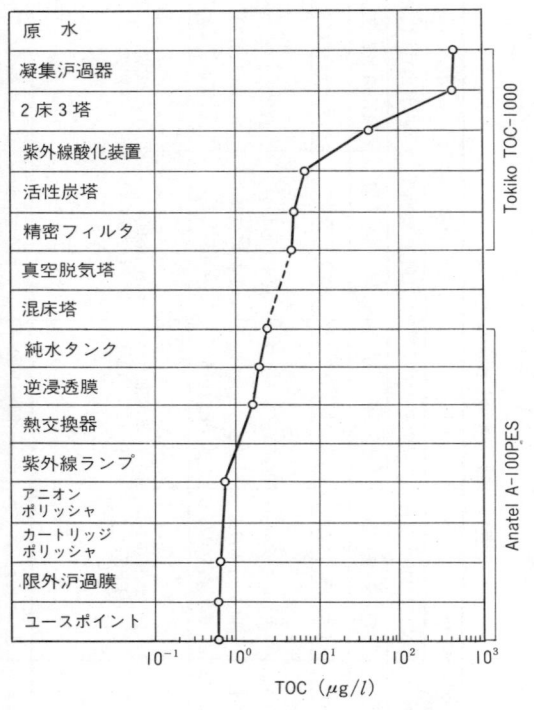

【図11.14】 パイロットプラント系内のTOCの挙動

図11.14からTOC除去に効果のある単位操作は，イオン交換(2床3塔)，紫外線酸化，活性炭吸着，紫外線ランプおよびカートリッジポリッシャーであることが分かる．

図11.15[2]は，図11.14と同様の工程における微粒子の挙動を示したもので

---

1) 宮丸ら：第17回超LSIウルトラクリーンテクノロジーシンポジウム予稿集，p.267 (1993)
2) 永谷ら：第15回ウルトラクリーンテクノロジーシンポジウム予稿集，p.53 (1992)

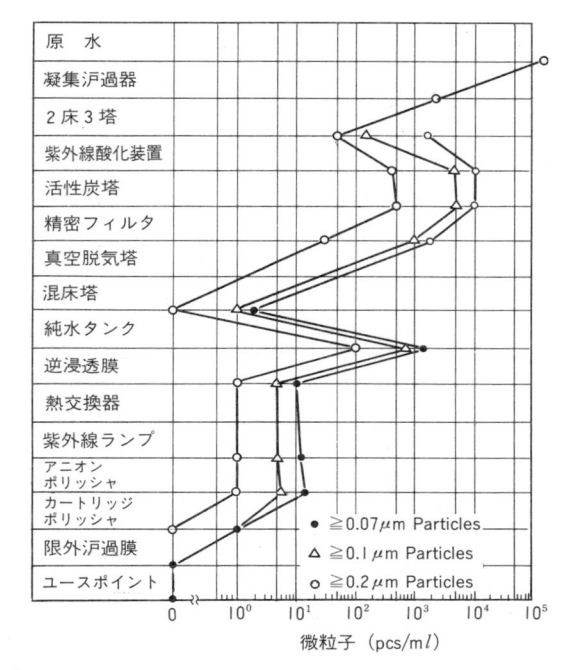

【図11.15】 パイロットプラント系内の微粒子の挙動

ある．

図11.15から微粒子除去に効果のある単位操作は凝集沪過，イオン交換（2床3塔），精密フィルター，混床塔，逆浸透膜，カートリッジポリッシャーおよび限外沪過膜であることがわかる．

陰イオン交換樹脂には，陰イオン以外にも微粒子を吸着する能力があることが知られている[注]．図11.16[1]に微粒子吸着能力を改善した陰イオン交換樹脂（レンナイトSA-X）と従来品（ダイヤイオンSA-10A）との比較を示す．

$0.2\mu m$以上の微粒子が，1 ml中に1000個以上検出されるまでの通水量（l/l-R）はSA-10Aの100に対してSA-Xは400で，その後の粒子増加カーブも緩やかである．シリカリークにみられるイオン類の除去性能（イオン交換容量）は，SA-10AとSA-Xは同等である．

注） 陰イオン交換樹脂による微粒子吸着は，樹脂表面の正荷電と微粒子の負荷電との静電気的な吸引によると考えられる．
1） 織田賢治：電子材料，Vol. 34, No.12 (1995)

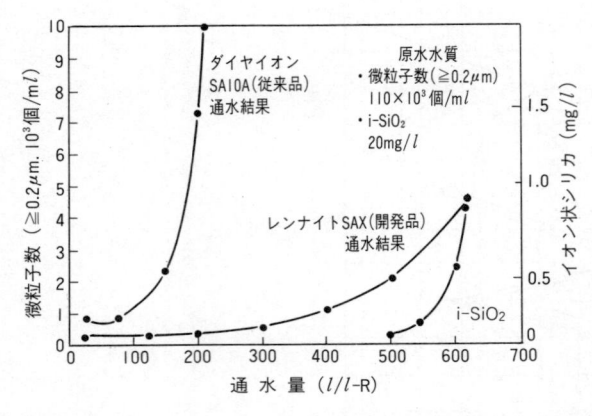

【図11.16】 レンナイトSAXと従来品の比較（2床2塔試験データ）

図11.15のパイロットプラントにおける陰イオン交換樹脂塔およびカートリッジポリッシャー（混床塔）には，前記SA-Xが使用されており，陰イオン交換樹脂による微粒子除去効果が確認されている[1]．

(4) 排水の再利用と処理

半導体生産プロセスでは，表11.11[2]のような化学薬品が使用されている．

【表11.11】 半導体プロセスで使用される化学薬品

プロセス	使用薬品	化学反応例
1. エッチング		
a. 湿式		
Si 単結晶	NHO_3, $HF-HNO_3$	$Si + HNO_3 \rightarrow SiO_2$
ポリシリコン	NH_2-NH_2, KOH	$SiO_2 + HF \rightarrow H_2SiF_6 + H_2O$
酸化シリコン	HF, $HF-NH_4F$	$SiO_2 + HF \rightarrow H_2SiF_6 + H_2O$
窒化膜	H_3PO_4	$Si_3N_4 + H_3PO_4 + H_2O \rightarrow$ $Si(OH)_4 + (NH_4)_3PO_4$
Al 蒸着膜	H_3PO_4 $H_3PO_4-HNO_3-CH_3COOH$	$Al + H_3PO_4 \rightarrow Al(H_2PO_4)_3 + H_2$
b. 乾式		
Si 単結晶	CF_4	$Si + CF_4 \rightarrow SiF_4$
ポリシリコン		
窒化膜	CF_4, SF_6	$Si_3N_4 + CF_4 \rightarrow SiF_4 + N_2$
酸化シリコン	CHF_3, C_2F_5Cl	$SiO_2 + CHF_3 \rightarrow SiF_4 + CO$
Al 蒸着膜	CCl_4, BCl_3	$Al + CCl_4 \rightarrow AlCl_3$

(つづく)

1) 前掲 p.283 脚注1) 参照．
2) 大野 茂：NEC技報, Vol. 37, No.9 (1984)

(表11.11 半導体プロセスで使用される化学薬品 つづき)

2. CVD			
	ポリシリコン生成	SiH_4	$SiH_4 \rightarrow Si + H_2$
	窒化膜の生成	SiH_4-NH_3	$SiH_2Cl_2 + NH_3 \rightarrow Si_3N_4 + HCl + H_2$
		SiH_2Cl_2-NH_3	$SiH_4 + NH_3 \rightarrow Si_3N_4 + H_2$
	PSG の生成	SiH_4-PH_3-O_2	$SiH_4 + nPH_3 + O_2 \rightarrow SiO_2 + nP_2O_3 + H_2O$
	SiO_2 膜の生成	$Si(OC_2H_5)_4$	$Si(OC_2H_5)_4 \rightarrow SiO_2 + C_2H_4 + H_2O$
	P-SiO	SiH_4-NH_3	$SiH_4 + NH_3 \rightarrow$ P-SiN $+ H_2$
		SiH_4-N_2	$SiH_4 + N_2 \rightarrow$ P-SiN $+ H_2$
		SiH_4-N_2O	$SiH_4 + N_2O \rightarrow$ P-SiO $+ N_2 + H_2O$
		SiH_4-CO_2	$SiH_4 + CO_2 \rightarrow$ P-SiO $+ CO + H_2O$
3. 熱酸化			
		O_2, H_2O	$Si + O_2 \rightarrow SiO_2$
			$Si + H_2O \rightarrow SiO_2$
4. エピタキシャル			
	Si 単結晶	SiH_4, SiH_4-H_2	$SiH_2Cl_2 + H_2 \rightarrow Si + HCl$
		$SiH_2Cl_2 - H_2$, He	$SiH_4 \rightarrow Si + H_2$
		(PH_3, B_2H_6)	$SiCl_4 + H_2 \rightarrow Si + HCl$
		$SiCl_4$-H_2	$SiHCl_3 + H_2 \rightarrow Si + HCl$
		$SiHCl_3$-H_2	
5. フォトレジスト			
	レジストコーティング	還化ゴム-ビスアジト	
	露光	ノボラック樹脂-オルソジアゾキノン	
	現像	キシレン, 酢酸ブチル 苛性アルカリ, 第4級アンモニウム水酸化物	
	剝離	フェノール, ハロゲン化フェノール トリクロルエチレン, H_2SO_4-H_2O_2	
6. 洗浄		純水, エタノール, イソプロピアルコール H_2O_2-HCl-H_2O, NH_4OH-H_2O_2-H_2O	
7. 研磨		研磨材(Si粉の排出)	

　半導体の生産に伴って排出される排水は，図11.12に示したように希薄排水と濃厚排水に分けられる[注].

注) 排水処理を経済的に行うには，排水ポイントでの区分を適切に行うことが重要で，希薄排水，濃厚排水などの区分を明確にする.

希薄排水は，電気伝導率50〜500μS/cm，カチオン，アニオンが多くても数十mg/lであるから，図11.13に示したように活性炭吸着，イオン交換および紫外線殺菌処理をした後，再利用することができる．

濃厚排水には酸アルカリ系，フッ酸系，有機系，重金属系，SS系および純水製造系など各種の成分を含んだ排水があるが，大別すれば酸アルカリ系，有機系およびSS系(研磨排水)の3種類に集約できる．

図11.17[1](次ページ)に半導体プロセス排水処理フローシート例を示す．

半導体生産プロセスでは，フッ素と過酸化水素が多く使用されているので，図11.17では，原水に亜硫酸水素ナトリウム（$NaHSO_3$）を加えて過酸化水素を還元処理[注]し，次いでフッ化物イオン除去の目的で，水酸化カルシウムを加える方法を必須条件としている．それ以後の処理方法は放流先の水質条件により，中和凝集，生物処理(活性汚泥法，脱チッ素処理)，沪過および活性炭処理などを組み合わせている．

SS系排水(研磨排水)には，1μm程度のシリコン粒子が純水中に5〜200mg/l程度懸濁している．これらの排水は，凝集沈殿処理で対処することもできるが，以下の欠点がある．

① SS濃度の変動が大きく，最適の凝集処理条件を設定することが難しい．
② 凝集処理中に水素ガスが発生することがあり，スラッジ浮上により処理水質の低下を招く．
③ 中和剤，凝集剤等の処理薬品を加えることにより，処理水の溶解塩類濃度が上昇し，回収再利用が不可能になる．

ところが，この排水は限外沪過膜で処理すれば，固液分離が容易に行え，透過水はそのまま再利用できる．

1） 大野　茂：化学装置，Vol.27, No.8 (1985) から一部引用．
注） 最近は過酸化水素分解酵素（カタラーゼ）を用いて，過酸化水素を分解することが行われている．

11.2 超純水

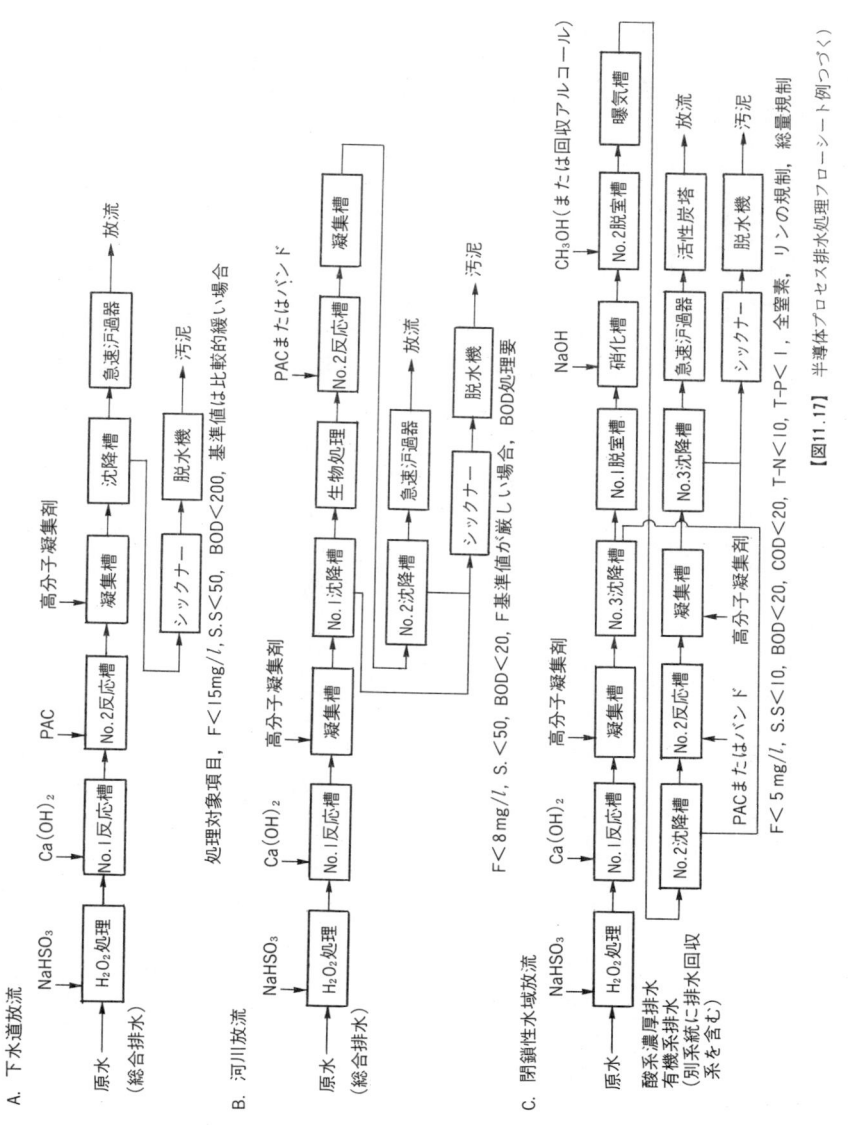

1. 放流型

A. 下水道放流

原水（総合排水） → H₂O₂処理 → No.1反応槽 → No.2反応槽 → 凝集槽 → 沈降槽 → 急速沪過器 → 放流
　　　　　　　　　NaHSO₃　　　Ca(OH)₂　　PAC　　　高分子凝集剤
沈降槽 → シックナー → 脱水機 → 汚泥

処理対象項目, F<15mg/l, S.S<50, BOD<200, 基準値は比較的緩い場合

B. 河川放流

原水（総合排水） → H₂O₂処理 → No.1反応槽 → No.2反応槽 → 凝集槽 → No.1沈降槽 → 生物処理 → No.2沈降槽 → 急速沪過器 → 放流
　　　　　　　　　NaHSO₃　　　Ca(OH)₂　　PACまたはバンド　高分子凝集剤
　　　　　　　　　　　　　　　　　　　　　　　　　　　　　　　　　　　　　No.2反応槽 ← 凝集槽
No.2沈降槽 → シックナー → 脱水機 → 汚泥

F<8mg/l, S.<50, BOD<20, F基準値が厳しい場合, BOD処理要

C. 閉鎖性水域放流

原水 → H₂O₂処理 → No.1反応槽 → No.2反応槽 → 凝集槽 → No.2沈降槽 → No.3反応槽 → 凝集槽 → No.3沈降槽 → 急速沪過器 → 硝化槽 → No.2脱窒槽 → 曝気槽 → 活性炭塔 → 放流
酸系濃厚排水
有機系排水（別系統に排水回収系を含む）
NaHSO₃　Ca(OH)₂　PACまたはバンド　高分子凝集剤　　　　　　　　　　　NaOH　　CH₃OH（または回収アルコール）
No.3沈降槽 → シックナー → 脱水機 → 汚泥

F<5mg/l, S.S<10, BOD<20, COD<20, T-N<10, T-P<1, 全窒素, リンの規制, 総量規制

[図11.17] 半導体プロセス排水処理フローシート例（つづく）

2. セミクローズ（排水回収）型

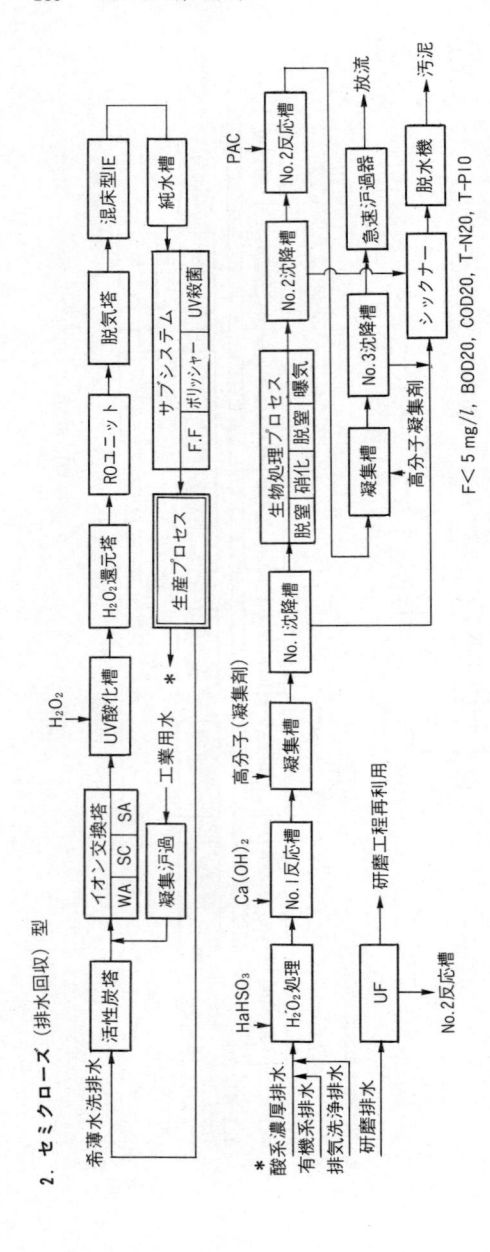

【図11.17】 半導体プロセス排水処理フローシート例

* : 生産プロセスからの排水

図11.18に研磨排水回収装置のフローシート例を示す．

シリコンを主成分としたSS系排水と同様に今後はガリウム，ヒ素などを含んだ排水に対しても，低圧逆浸透膜が限外沪過膜を用いた膜分離法が適用可能と考えられる．

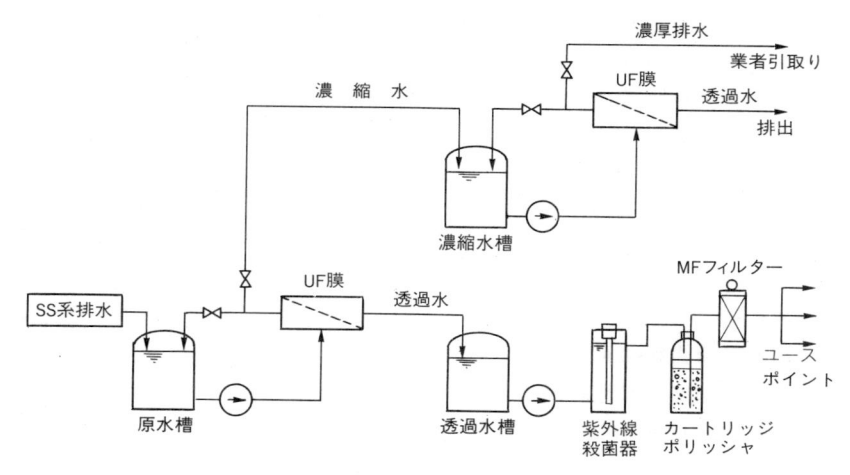

【図11.18】 研磨排水回収装置フローシート例

11.3 冷 却 水

産業用プラント，空気調和機器などにおける冷却水の果たす役割りは大きく，冷却水系での水障害は，安全や操業面で大きな損失をもたらす．

冷却水として用いられる水は，上水道および工業用水道程度の淡水で，節水およびコストの面から循環使用されることが多い．これらの冷却水は，そのまま循環利用すると水中の不純物や装置材料に由来した障害が発生するので，適切な水処理が必要である．

冷却水による主な障害は，熱交換器や配管の腐食，スケール析出およびスライム発生などである．これらの障害は単独で発生することもあるが，複合して起こる場合が多く，複雑な現象となってあらわれる．

11.3.1 冷却水系の分類

冷却水系の形式分類を表11.12[1]に示す．

冷却水は間接冷却水と直接冷却水に大別されるが，ほとんどの冷却水は熱交換器などを用いて各種のプロセス流体を冷却する間接冷却水系が多い．

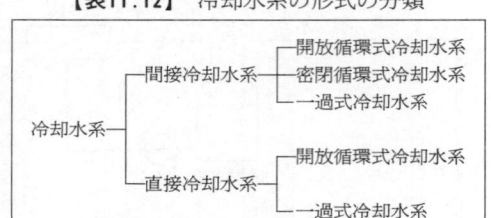

【表11.12】 冷却水系の形式の分類

```
                    ┌─ 開放循環式冷却水系
         ┌─ 間接冷却水系 ─┼─ 密閉循環式冷却水系
冷却水系 ─┤              └─ 一過式冷却水系
         │              ┌─ 開放循環式冷却水系
         └─ 直接冷却水系 ─┤
                        └─ 一過式冷却水系
```

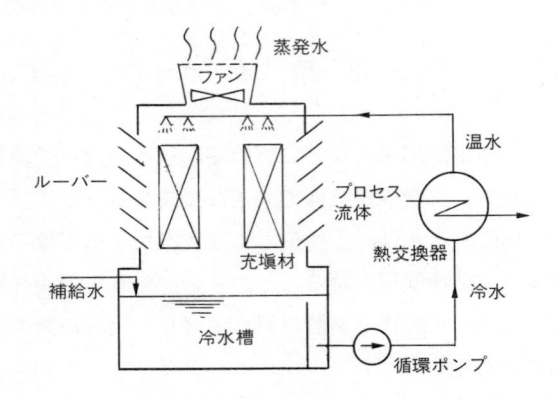

(1) 開放循環式冷却水系

開放循環式冷却水系の水の流れの一例を図11.19に示す．開放循環式冷却水系では，熱交換器で温度が上昇した水を冷却塔で蒸発させ，蒸発潜熱の放散により水温を下げ循環使用する．この冷却方式は，石油化学工場，石油精製工場および化学工場などの製品冷却，冷凍機冷媒の冷却などに用いられる．

【図11.19】 開放循環式冷却水系の水の流れ

---

1) 渡辺　孝：造水技術，Vol.18, No.4 (1993)

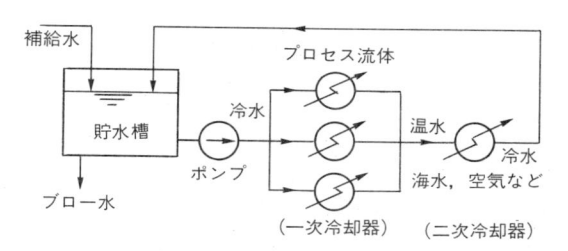

(2) 密閉循環式冷却水系

密閉循環式冷却水系の水の流れの一例を図11.20に示す．

一次冷却器で温度が上昇した水は，二次冷却器で再冷却され循環使用される．密閉循環式冷却では，系外に排出される冷却水がないので，蒸発による濃縮は起こりにくい．密閉循環式冷却方式は，自動車用エンジンや軸受けなどの機器冷却に広く採用されている．

【図11.20】 密閉循環式冷却水系の水の流れ

(3) 一過式冷却水系

一過式冷却水系の水の流れの一例を図11.21に示す．一過式冷却水系では熱交換器により，温度上昇した水をそのまま廃棄する．多量の水を使用するので，安価な海水や河川水をそのまま用いる．

火力発電所の復水器の冷却には，多量の冷却水を必要とするため，一般には海水を一過式で用いる．

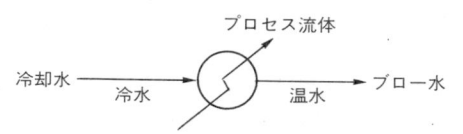

【図11.21】 一過式冷却水系の水の流れ

(4) 開放循環式冷却水系の冷却塔

開放循環式冷却塔は，最も広く使われており，次の2種類に大別される．

① 自然通風式冷却塔　　② 強制通風式冷却塔

自然通風式冷却塔は，図11.22に示すような構造で，冷たい空気が得られやすいヨーロッパに多くの事例が見られる．

強制通風式冷却塔には，押込通風型と誘引通風型がある．通常，循環水量300

m³/h 以下の小規模冷却水系では，図 11.23[1] に示すような丸型の向流接触式冷却塔が用いられ，大規模冷却水系では，図 11.24 のような角型直交流冷却塔が用いられる．

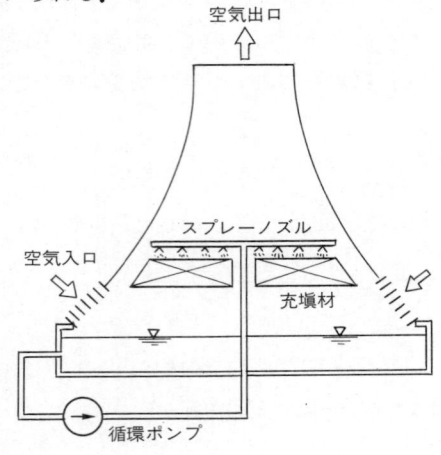

【図11.22】 自然通風式冷却塔

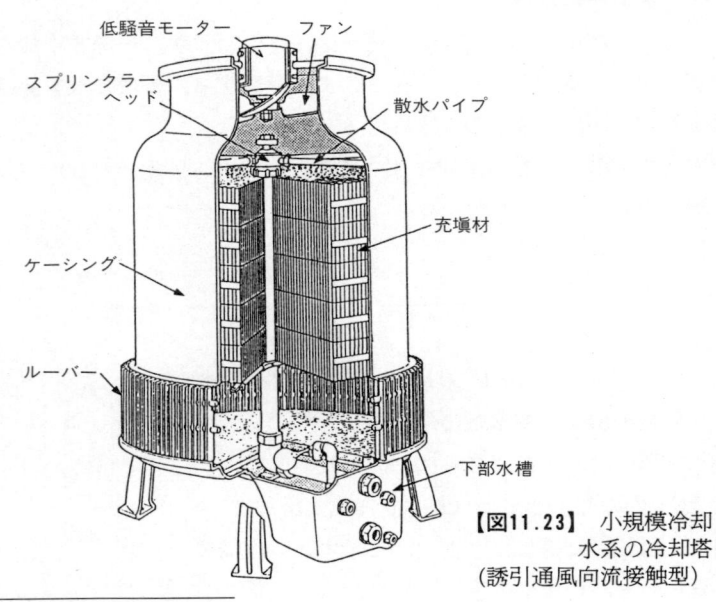

【図11.23】 小規模冷却水系の冷却塔（誘引通風向流接触型）

---

1) ㈱荏原シンワのカタログより引用．

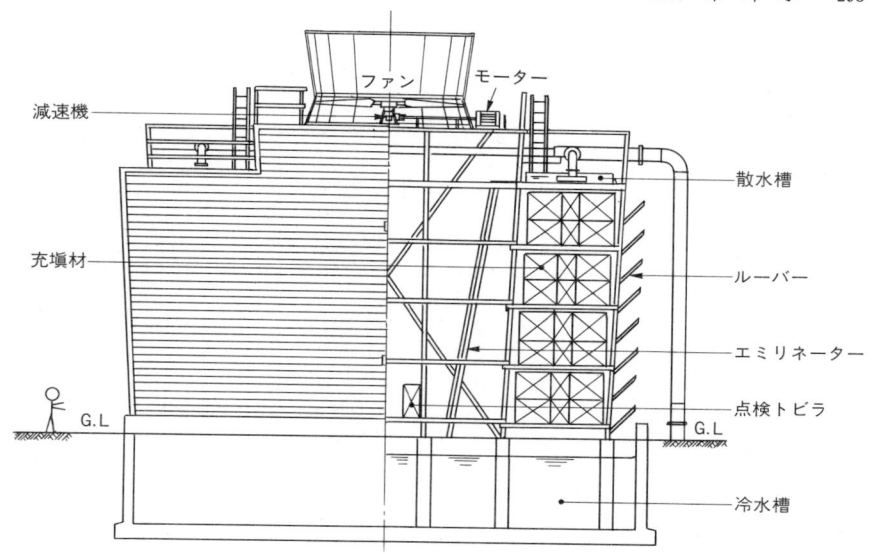

【図11.24】 大規模冷却水系の冷却塔（誘引通風直交流接触型）

11.3.2 冷却水の水質と障害

冷却水の水質基準値を表 11.13[1] (次ページ)に示す．

表 11.13 でいう冷却水とは，一過式，循環式とも冷却塔などの凝縮器を通過した水のことで，この中には冷却水に加えた水処理剤が含まれるので，水道水よりも塩類濃度が高い．補給水の水質基準を表 11.14[1] (次ページ)に示す．

我が国の水道水の水質は，おおむねpH6.5〜7.5，電気伝導率100〜300μS/cm，塩素イオン 5〜50mg/l，全鉄0.3mg/l 以下，全硬度20〜80mg/l 程度であるから，表 11.14 の補給水は，水道水程度の水質と考えられる．表 11.15[2] (次ページ)に水源別の水質測定結果例を示す．

表 11.16[3] (p.295)に業種別，用途別工業用水要望標準水質を示す．冷却用水に関してはいずれの業種でも水道水程度の水質であれば問題ないと考えられる．

冷却水は，安価な海水を一過式で使う場合を除いて，節水や経済性の面から

---

1) 日本冷凍空調工業会（昭和46年8月制定）． 2) 〝用水廃水便覧〟，(丸善) 1990．
3) 日本工業用水協会：工業用水水質基準制定についての報告書 (1971)

【表11.13】 冷却水[1]の水質基準値

項　目	単位	基準値	傾向[2] 腐食	スケール生成
pH　　　　　　(25℃)		6.0〜8.0	○	○
導　電　率　　(25℃)	μS/cm	500 以下	○	
塩素イオン　Cl$^-$	mg/l	200 以下	○	
硫酸イオン　SO$_4^{2-}$	mg/l	200 以下	○	
全　鉄　　　　Fe	mg/l	1.0(0.5) 以下[3]	○	○
M－アルカリ度 CaCO$_3$	mg/l	100 以下		○
全　硬　度　　CaCO$_3$	mg/l	200 以下		○
イオウイオン　S^{2-}	mg/l	検出しないこと	○	
アンモニウムイオン NH$_4^+$	mg/l	検出しないこと	○	
シリカ　　　　SiO$_2$	mg/l	50 以下 (30)[3]		○

(注) 1) 冷却水とは一過式，循環式とも凝縮器を通過する水をいう．
　　 2) 欄内の○印は腐食またはスケール生成傾向の何れかに関係する因子を示す．
　　 3) 合成樹脂管の場合基準値として区別する．
(日本冷凍空調工業会　昭和46年8月制定)

【表11.14】 補給水の水質基準値 (参考値)

項　目	単位	基準値
pH　　　　　　(25℃)		6.0〜8.0
導　電　率　　(25℃)	μS/cm	200 以下
塩素イオン　　Cl$^-$	mg/l	50 以下
硫酸イオン　　SO$_4^{2-}$	mg/l	50 以下
全　鉄　　　　Fe	mg/l	0.3 以下
M－アルカリ度 CaCO$_3$	mg/l	50 以下
全　硬　度　　CaCO$_3$	mg/l	50 以下
イオウイオン　S^{2-}	mg/l	検出しないこと
アンモニウムイオン NH$_4^+$	mg/l	検出しないこと
シリカ　　　　SiO$_2$	mg/l	30 以下

(日本冷凍空調工業会　昭和46年8月制定)

【11.15】 水源別水質表

水質項目 ＼ 水源事例	工業用水道 東京都	上水道 大阪市	表流水 日本225河川 中の過半数	表流水 日本225河川 平均	地下水 (浅井戸)	海水
水　温　(℃)	9.7〜27.0	4.4〜31.5	—	—	—	5〜28

(つづく)

(表11.15 水源別水質表 つづき)

濁　度　(度)	1～15	0～1.5	—	—	—	—
色　度　(度)	10～38	1.5～6.0	—	—	—	—
pH	6.4～7.0	6.3～6.4	6.9～7.2	—	—	8.10～8.24
電気伝導率 (μS/cm)	—	140～160	—	—	—	4800～66000
全　硬　度　(ppm)	131～344	30.0～40.5	—	—	—	—
塩　　素　(ppm)	96～960	15.2～21.6	2.0～6.0	5.8	5～50	18980
硫　　酸　(ppm)	—	18.0～21.0	3.0～10.0	10.6	5～10	2649
硝　　酸　(ppm)	—	0.26～0.68	0.1～0.3	1.0	0.1～0.2	—
ケ　イ　酸　(ppm)	—	0	10～20	18.7	5～35	—
アンモニウム (ppm)	—	0.024～0.040	0.02～0.05	—	0.2～0.3	0.005～0.05
カルシウム (ppm)	—	—	5～10	8.8	5～20	400
マグネシウム (ppm)	—	—	1.0～3.0	1.9	3～15	1 272
鉄　　　　(ppm)	0.13～0.67	0.01～0.06	0～0.05	0.3	0.1～2.0	0.01

【表11.16】 業種別・用途別工業用水要望標準水質

業　種	用途別	濁度 (ppm)	pH	アルカリ度 (CaCO$_3$) (ppm)	硬度 (CaCO$_3$) (ppm)	蒸発残留物 (ppm)	塩素イオン (ppm)	鉄 (ppm)	マンガン (ppm)
食料品製造業	冷　却　用	10	7	35	50	75	30	0.1	0.1
	洗　浄　用	5	7	35	50	80	20	0.1	0.1
	原　料　用	1	7	60	60	80	20	0.1	0.1
	温湿調整用	10	7	50	50	80	30	0.1	0.1
	製品処理用	1	7	40	30	80	10	0.1	0.1
繊維工場 (染色整理を除く) 衣服・その他の繊維製品製造業	冷　却　用	20	7	60	50	200	30	0.1	0.1
	洗　浄　用	20	7	50	50	200	20	0.1	0.1
	温湿調整用	20	7	60	60	150	20	0.1	0.1
	製品処理用	20	7	50	50	150	15	0.1	0.1
染色整理業	冷　却　用	20	7	50	50	100	100	0.1	0.1
	洗　浄　用	1	7	50	100	50	20	0.05	0.05
	原　料　用	1	7	50	10	50	10	0.01	0.01
	温湿調整用	1	7	50	20	50	10	0.05	0.05
	製品処理用	1	7	50	10	50	10	0.05	0.05
木材・木製品製造業 家具・装備品製造業	冷　却　用	20	7	60	50	200	30	0.1	0.1
	洗　浄　用	20	7	50	50	200	20	0.1	0.1
	温湿調整用	20	7	60	60	150	20	0.1	0.1
	製品処理用	20	7	50	50	150	15	0.1	0.1
パルプ・紙・紙加工品製造業	冷　却　用	10	7.5	50	100	150	30	0.05	0.02
	洗　浄　用	5	7.5	30	30	100	10	0.05	0.02
	原　料　用	5	7	50	80	80	30	0.05	0.02
	温湿調整用	2	7	50	50	100	10	0.05	0.02
	製品処理用	5	7.5	40	50	100	50	0.05	0.02

(つづく)

(表11.16 業種別・用途別工業用水要望標準水質 つづき)

業種	用途									
出版・印刷・同関連産業	冷 却 用	20	7	60	50	200	30	0.1	0.1
	洗 浄 用	20	7	50	50	200	20	0.1	0.1
	温湿調整用	20	7	60	60	150	20	0.1	0.1
	製品処理用	20	7	50	50	150	15	0.1	0.1
化 学 工 業	冷 却 用	20	7	50	50	200	80	0.1	0.05
	洗 浄 用	10	7	50	50	80	20	0.1	0.05
	原 料 用	10	7	40	40	70	10	0.1	0.05
	温湿調整用	15	7	70	60	130	20	0.1	0.05
	製品処理用	10	7	50	50	100	15	0.1	0.05
石油製品・石炭製品製造業	冷 却 用	30	7	40	50	200	10	0.1	0.05
	洗 浄 用	6	7	40	50	200	5	0.05	0.01
	原 料 用	6	7	40	50	150	5	0.05	0.01
	温湿調整用	6	7	90	80	200	5	0.1	0.01
	製品処理用	1	7	50	50	100	5	0.05	0.01
ゴム製品製造業 なめし革・同製品毛皮製造業	冷 却 用	20	7	60	50	200	30	0.1	0.1
	洗 浄 用	20	7	50	200	200	20	0.1	0.1
	温湿調整用	20	7	60	60	150	20	0.1	0.1
	製品処理用	20	7	50	50	150	15	0.1	0.1
窯業・土石製品製造業	冷 却 用	15	7	100	70	200	30	0.1	0.1
	洗 浄 用	15	7	20	40	80	20	0.1	0.1
	原 料 用	10	7	30	30	50	10	0.1	0.1
	温湿調整用	10	7	100	70	200	30	0.1	0.1
	製品処理用	10	7	100	70	200	15	0.1	0.1
鉄 鋼 業	冷 却 用	30	7	100	200	300	100		
	洗 浄 用	30	7	100	200	300	100		
	温湿調整用	20	7	100	100	200	50		
	製品処理用	20	7	100	100	300	50		
非鉄金属製造業 金属製品製造業	冷 却 用	20	7	40	60	300	20	0.1	0.1
	洗 浄 用	16	7	40	50	300	10	0.1	0.1
	原 料 用	20	7	40	60	200	10	0.1	0.1
	温湿調整用	20	7	40	60	200	10	0.1	0.1
	製品処理用	20	7	40	50	300	10	0.1	0.1
一般機械器具製造業 電気機械器具製造業 輸送用機械器具製造業 精密機械器具製造業 武器製造業	冷 却 用	20	7	40	60	300	20	0.1	0.1
	洗 浄 用	20	7	40	50	300	10	0.1	0.1
	温湿調整用	20	7	40	60	200	10	0.1	0.1
	製品処理用	20	7	40	50	300	10	0.1	0.1

淡水を循環方式で使用することが多い．水道水程度の水を循環方式で使用していると熱交換器，配管およびポンプ部などに各種の障害が発生する．

表 11.17[1] に腐食，スケールおよびスライムによる各種障害の具体例を示す．

冷却水を循環使用していると，水中の難溶性物質が濃縮されて伝熱面や配管に析出する．循環系内で微生物が増殖してスライムが発生すると，熱効率の低下，腐食の促進などが起こる．冷却塔の散水槽に藻類が多量に繁殖すると，散水効果を悪くしたり，剥離した藻類が流出して二次障害を起こす．

【表11.17】 各種障害の具体例

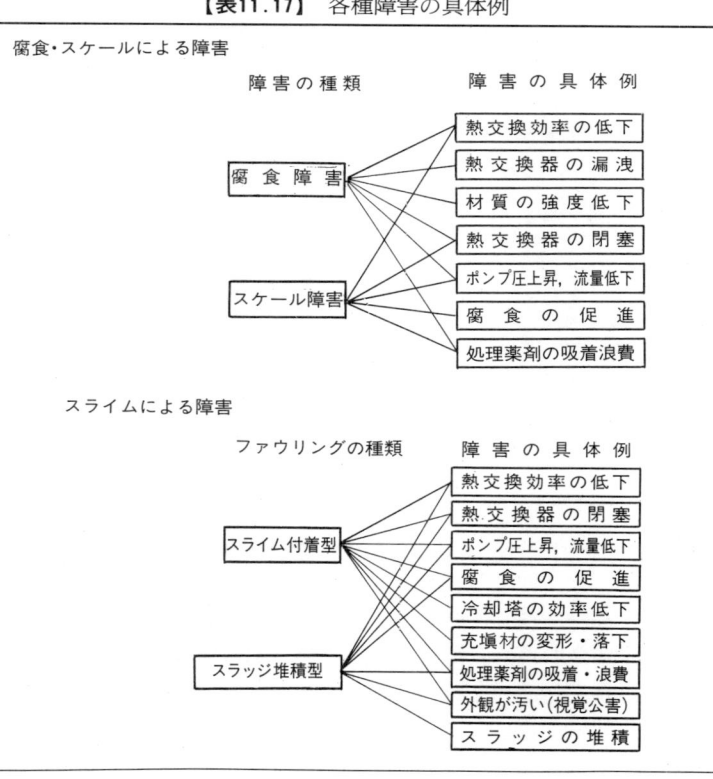

腐食・スケールによる障害

障害の種類	障害の具体例
腐食障害	熱交換効率の低下
	熱交換器の漏洩
	材質の強度低下
	熱交換器の閉塞
スケール障害	ポンプ圧上昇，流量低下
	腐食の促進
	処理薬剤の吸着浪費

スライムによる障害

ファウリングの種類	障害の具体例
スライム付着型	熱交換効率の低下
	熱交換器の閉塞
	ポンプ圧上昇，流量低下
	腐食の促進
	冷却塔の効率低下
スラッジ堆積型	充填材の変形・落下
	処理薬剤の吸着・浪費
	外観が汚い(視覚公害)
	スラッジの堆積

1) 常木孝男，守永日出男：アンモニアと工業，Vol. 30, No.2 (1977)

11.3.3 冷却水処理の経緯と防食剤の種類

開放循環冷却水系の水処理は，約30年前の石油精製，石油化学工場の建設と共に盛んになり，現在に至っている．主な経緯を以下に示す．

① 1960年代は，クロム系防食剤が主流をしめたが，水質汚濁防止の観点から非クロム系処理剤へ転換した．
② 節水・省エネルギーの見地から低濃度運転を高濃度運転に移行させた．

これらの水処理の経緯を表11.18[1]に示す．

【表11.18】 冷却水処理の歴史

年代	防食剤	スケール防止剤	法規制
1950～1959	重合リン酸塩 重合リン酸塩・亜鉛塩	なし	水質保全法，工場排水規制法 (1958)
1960～1964	クロム・リン酸塩	酸によるpH調整	
1965～1969	クロム・亜鉛塩	酸によるpH調整 天然有機物スケール防止剤	公害対策基本法 (1967)
1970～1974	重合リン酸塩 重合リン酸塩・亜鉛塩 ホスホン酸塩	アクリル酸系のターポリマー，コポリマー	水質汚濁防止法 (1970)
1975～1979	ホスホン酸塩・ポリマー（アルカリ処理）		水質汚濁防止法の一部改正 (1978)
1980～1984	ホスホン酸塩・亜鉛塩・ポリマー 亜鉛塩・ポリマー ポリマー		湖沼の窒素とリンに関する環境基準告示 (1982)
1985～現在	ホスホン酸塩・ポリマーをベースとした多年連続操業向処理システム		窒素とリンに対する水質汚濁防止法の一部改正 (1985) 高圧ガス取締法の一部改正 (1986)

冷却水系で使用される防食剤は，それ自体は水に溶解するが，金属表面に不溶性の皮膜を形成して金属イオンの水和，または溶存酸素による酸化を妨げることによって腐食反応を抑制する．

クロム酸塩や亜硝酸塩による酸化皮膜型の防食剤は不動態化剤とも呼ばれ，水中で生成した第一鉄イオン(Fe^{2+})を急速に酸化して，不溶性の$\gamma\text{-}Fe_2O_3$を主

---

1) 川村文夫：日本材料学会，腐食防食部門委員会第150回例会 (1990)

体とする酸化皮膜を炭素鋼の表面に形成して防食する．リン酸塩は沈殿皮膜型防食剤と呼ばれ，金属表面にリン酸カルシウムの沈殿皮膜を形成することにより，防食効果を発揮する．

現在，開放循環式冷却水系で広く使われている防食剤は，次のリン酸塩とホスホン酸塩である．

① リン酸塩

$$\text{MO} - \underset{\underset{\text{O}}{\|}}{\overset{\overset{\text{OM}}{|}}{\text{P}}} - \text{O} - \left[- \underset{\underset{\text{OM}}{|}}{\overset{\overset{\text{O}}{\|}}{\text{P}}} - \text{O} - \right]_n - \underset{\underset{\text{O}}{\|}}{\overset{\overset{\text{OM}}{|}}{\text{P}}} - \text{OM}$$

M：Na, K, NH$_4$, Hなど，n：整数

② ホスホン酸塩

MH_2PO_3……KH_2PO_3, NaH_2PO_3など．

M_2HPO_3……$CaHPO_3$, $MgHPO_3$など．

リン酸塩には，正リン酸塩，重合リン酸塩（ピロリン酸塩，トリポリリン酸塩，ヘキサメタリン酸塩など）が使用される．一般にリン酸塩系の防食剤は，カルシウムイオンなどの二価イオンと共存することで，防食効果を発揮する．

図 11.25[1]（次ページ）はリン酸塩の炭素鋼に対する防食効果とカルシウム硬度，Mアルカリ度の関係である．日本国内の工業用水にリン酸塩系防食剤が添加されたときの腐食速度は，通常50～150mg/dm^2・day（mdd）である．

カルシウム硬度が増えると，防食に必要なリン酸塩濃度（PO$_4$）は少なくて済み，カルシウム硬度，Mアルカリ度100mg/lの場合は，リン酸塩濃度5 mg/lで腐食速度10 mddとなる．

ホスホン酸塩も冷却水系の防食剤として用いられる．ホスホン酸塩は亜リン酸（H_3PO_3）の構造をもつので還元力がある．重合リン酸塩に比べてスケール化しにくく，カルシウム硬度の高い高濃縮系冷却水装置に用いられる．

ホスホン酸塩は，防食効果のほかに炭酸カルシウムに対する析出抑制効果をもつので，スケール防止剤としても使用できる．

---

1) 山本大輔：防食技術, Vol. **26**, No.4（1977）

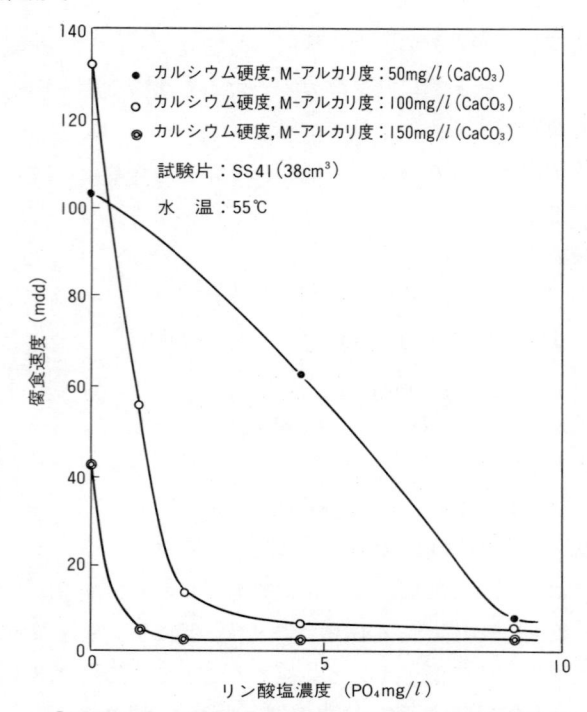

【図11.25】 炭素鋼の腐食に及ぼすリン酸塩の濃度とカルシウム硬度，Mアルカリ度の関係

図 11.26[1] (次ページ)は軟鋼の腐食に及ぼす水質と，薬剤の影響について示したものである．

市水に軟鋼を浸漬すると，日数の経過とともに直線的に腐食が進行する．

市水の5倍濃縮水では軟鋼表面に炭酸カルシウムが付着し，酸素の拡散を妨害するので，腐食速度は時間の経過とともに平衡に達する．濃縮水に防食性のない高分子電解質を加えると，炭酸カルシウムの析出が抑制されるので腐食が進む．

濃縮水にホスホン酸を添加すると，ホスホン酸には炭酸カルシウムスケール生成防止効果と，軟鋼の防食効果があるので，腐食が抑制される．

ホスホン酸による冷却水処理もリン酸塩系と同様にカルシウム硬度が高くな

---

1) 高橋邦彦，川村文夫：造水技術，Vol. 14, No.3 (1988)

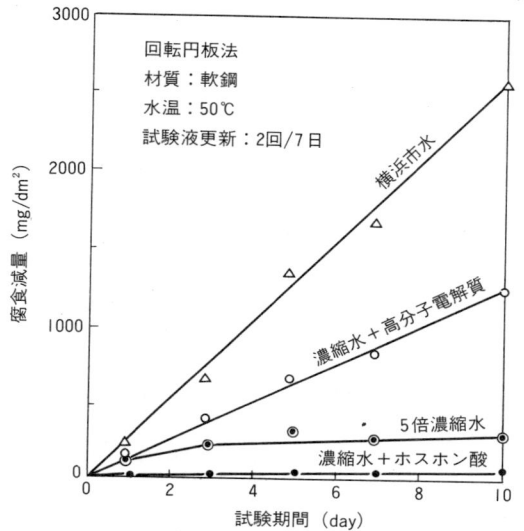

【図11.26】 軟鋼の腐食に及ぼすと水質と薬剤の影響

ると防食効果が高くなる．このように高濃縮冷却水に対応できるホスホン酸は，系外へのブロー水量やリンの排出量を減らすことができるので，水質汚濁防止の観点からも有用な処理方法と考えられる．

冷却水の障害は，スケール障害とスライム障害に大別される．スライム発生は冷却水系への栄養分混入が主な原因となる[注]．冷却水系への栄養源混入経路は大気，補給水およびプロセスリークである．

冷却水系で一般に観察される藻類は，光をエネルギー源として炭酸同化作用を営み，藻類の合成した有機物は他の微生物の栄養源となる．

スライム障害は，水中の栄養源を利用して，藻類，細菌，糸状菌などの微生物群が増殖し，これらの微生物と土砂やホコリが混ざり合って形成される泥状の堆積物で引き起こされる．

表11.19[1]（次ページ）に循環冷却水系のスライム構成微生物の種類と特徴を示す．

殺菌，殺藻処理は冷却水系に付着している微生物を短時間で殺菌する処理であ

注） 循環水のCOD値が，10mg/l以上になると，スライムが発生しやすい．
1） 常木孝男：造水技術，Vol.14，No.3 (1988)

【表11.19】 循環冷却水系のスライム構成微生物

微生物の種類		特　徴
藻　類 (Algae)	藍　藻　類	細胞内に葉緑素をもち，光のエネルギーを用いて炭酸同化作用を営む．
	緑　藻　類	冷却塔や温水ピット，冷水ピットなど光のあたる場所に発生する．
	ケ　イ　藻　類	
細　菌　類 (Bacteria)	ズ　ー　グ　レ　ア	塊状の寒天質で，この中に細菌が点在する．有機物汚染された水系でごく普通にみられる．
	スフェロチルス	ミズワタとも呼ばれるように，有機物汚染された水系で綿状の集落を作る（鉄バクテリアの仲間に分類することもある）．
	鉄　バ　ク　テ　リ　ア	水中の第1鉄イオン化合物を酸化して，細胞の周囲に第2鉄化合物を沈着する．
	イ　オ　ウ　細　菌	特異な運動を緩やかに行う．汚水中に見られ普通は体内にイオウ粒を含む．水中の硫化水素，チオ硫酸塩，イオウなどを酸化する．
	硝　化　細　菌	アンモニアを亜硝酸に酸化する細菌と亜硝酸を硝酸に酸化する細菌がいる．循環水系ではアンモニアが混入する系で生育する．
	硫酸塩還元菌	硫酸塩を還元して，硫化水素を生成する嫌気性の細菌
真菌類(カビの類) (Fungi)	藻菌類（ミズカビ類）	菌糸に隔壁がなく菌糸全体が一つの細胞をなす．
	不完全菌類(アオカビ類)	菌糸に隔壁がある．

る．殺菌薬剤には塩素系，臭素系および有機チッ素イオウ系薬剤などがある．これらの薬品は，微生物中のたん白質を構成するシスティンのSH基を活性部とする酵素を不活性化させるか，その酸化力で微生物の細胞膜を破壊することで，殺菌効果を発揮すると考えられている．

殺菌には塩素系薬剤が多く用いられる．塩素系薬剤は，次式のように水中で次亜塩素酸（HOCl）を生じ，pHの値により，11.28式のように次亜塩素酸イオン（OCl⁻）に変化する．

$$\underset{(塩素)}{Cl_2} + H_2O \rightleftharpoons HOCl + HCl \qquad \cdots\cdots (11.24)$$

$$\underset{(次亜塩素酸ナトリウム)}{NaOCl} + H_2O \rightleftharpoons HOCl + NaOH \qquad \cdots\cdots (11.25)$$

$$\underset{\text{(次亜塩素酸ナトリウム)}}{Ca(OCl)_2} + H_2O \rightleftharpoons 2HOCl + Ca(OH)_2 \quad \cdots\cdots\cdots (11.26)$$

(塩素化イソシアヌル酸) + 2H$_2$O $\rightleftharpoons$ 2HOCl + ……… (11.27)

$$HOCl \rightleftharpoons H^+ + OCl^- \quad \cdots\cdots\cdots (11.28)$$

大腸菌を対象にしたOCl$^-$の殺菌力は，HOClの約1/80といわれ，HOClはOCl$^-$よりはるかに殺菌力が強い．

HOClとOCl$^-$の割合は，図11.27に示すようにpHの値によって異なり，pHが高くなるとOCl$^-$の比率が多くなるので殺菌力は弱くなる．

pH7.0付近では，HOClの割合は約80%となるので，殺菌効果は高まるがpH5.5程度になると，塩素は分解して大気に放散してしまう．

塩素は冷却水系の金属材料に対して腐食性があるため，残留塩素を通常1mg/l以下にして管理する．

スライムの発生が著しく，スライム除去の必要がある場合は，過酸化水素などの薬剤を用いて化学洗浄を行う．過酸化水素は，スライム表面や内部に酸素の泡を発生させ，スライムを浮き上がらせるので，剝離除去ができる．

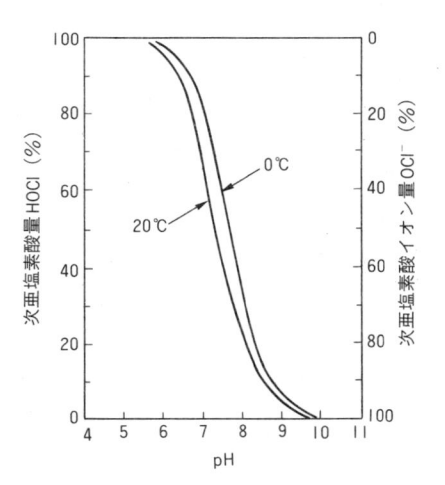

【図11.27】 各種pHにおける次亜塩素酸量と次亜塩素酸イオン量との関係

12. 排水の高度処理と再利用

　産業排水は処理して廃棄するだけでは，環境保全に寄与するが，生産工程で付加価値を生まない．ところが，産業排水を高度処理して再利用可能な水とすれば，生産における必要な資材となり，付加価値をもった用水に変わる．

　産業排水の中でも，特に半導体や精密機械を洗浄，めっき，防錆処理などの表面処理を行った後に排水される排水中には，シアン，クロム，難分解性COD成分および重金属イオンなど環境への負荷が高い物質が含まれている．これらの排水の高度処理と再利用は，環境保全と節水の両面で社会，産業に貢献でき，経済効果も期待できる．

　ここでは，環境への汚濁負荷が高い① シアン排水，② クロム排水，③ 金属表面処理排水の再利用例について述べる．

12.1　シアン排水の再利用

　シアン化合物は，化学工場，電子部品製造工場およびめっき工場などの排水に含まれている．シアン含有排水は従来，アルカリ塩素法で処理する方法が中心で，処理水は公共水域に放流されていた．

　アルカリ塩素法は[1]はシアンを無害化できるが，処理水中に溶解塩類が増加し，過剰塩素が残留するので再利用には適さない．また，過剰塩素は，他の有機成分と作用して有害なトリハロメタンを副生する[2]．

　有害なシアン含有排水を処理して再利用できる技術が開発されれば，生産工程における水洗水や溶媒としてリサイクルでき，節水と水域の環境負荷軽減に

---

1)　和田洋六：〝水のサイクル（基礎編）〟（地人書館）1992．
2)　新谷浩敏：日本化学会誌，No.5，pp.402〜406（1995）

寄与できる．

オゾンはシアン化物イオンを酸化分解できる[1]．過剰のオゾンは，自己分解して酸素となるから，処理水中に塩類を増加させたり，有害な塩素酸化物を副生しない．オゾン酸化に紫外線を照射すると，シアン化物イオンの分解が促進される[2]．

イオン交換樹脂は，シアン化物イオンを繰返し吸着・溶離することが可能で，原理的にはシアン排水を脱イオン水に変えることができる．しかし，陽イオン交換樹脂塔にシアン排水が流入すると，酸性化してシアン化水素ガスとなり，樹脂粒間に充満して処理効率を低下させ，漏出すると作業環境が危険となる．ここでは，これらの問題点を解決する目的で開発した紫外線照射併用オゾン酸化（光オゾン酸化）と，イオン交換法によるシアン排水の再利用例について述べる．

12.1.1 実験装置

図12.1に実験装置のフローシートを示す．

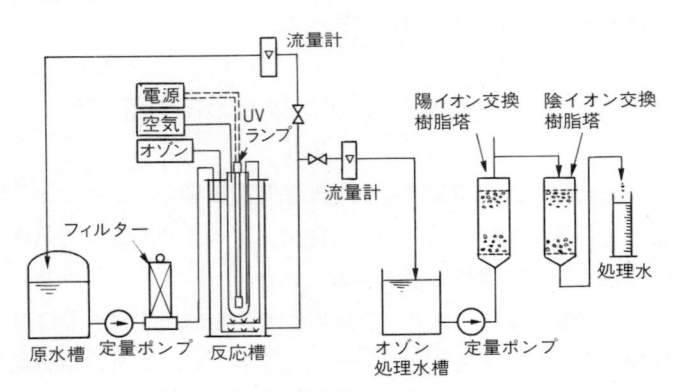

【図12.1】 紫外線照射併用オゾン酸化とイオン交換処理実験装置フローシート

原水槽のシアン排水は，ポンプ，フィルターを経て反応槽へ送る．反応槽（4

---

1) 前掲 p.305 脚注1) 参照．
2) Wada, H., Naoi, T.: *Journal of Chemical Engineering of Japan*, Vol.27, No.2 (1994)

l）には100V交流電源に接続された40Wの低圧水銀ランプが設置されている．この水銀ランプは，184.9 nmと253.7 nmの紫外線を発生する．紫外線ランプは，連続点灯すると温度が上昇するので，ランプ冷却の目的で冷却用空気を120 l/hで送入する．

冷却目的で送入した空気中の酸素の一部は，184.9nmの紫外線に接するとオゾンに変わるので，このオゾン化空気は反応槽の底部から散気して有効利用できるようにした．上記のオゾンとは別に設けたオゾン発生器（オゾン発生量2 g/h）から発生させたオゾンは，120l/hの流量で反応槽の底部から散気する．

酸化処理した処理水は，全量または一部が原水槽に戻るか，全量がオゾン処理水槽へ送れるように配管した．

オゾン処理水は，定量ポンプを用いて一定流量（4l/h）で，2種類の同一容積のイオン交換樹脂塔（内径25mm，長さ600mm，樹脂充塡量200ml）に送る．始めの樹脂塔には，H型陽イオン交換樹脂，次の樹脂塔にはOH型陰イオン交換樹脂を充塡する．イオン交換した処理水は，陽イオン交換塔または陰イオン交換塔の出口で一定時間ごとに採取し水質を測定する．樹脂あたりの原水処理量は，樹脂塔を出た処理水の電気伝導率が急に上昇した時をイオン交換樹脂が破過したときとみなし，樹脂1lに換算した通液量から求めた．

試料水はめっき工場で，一般に発生しているシアン化銅排水を実験試料とした．試料の組成は，pH9.5〜10.8，電気伝導率750〜1550μS/cm，シアン化物イオン（CN^-）70〜190mg/l，銅イオン（Cu^{2+}）30〜98mg/l，COD40〜98mg/lである．

12.1.2 実験結果

(1) シアン含有排水のオゾン単独酸化

実験に用いたシアン含有排水は，pH10.5，ORP+150mV，電気伝導率1100 μs/cm，シアン化物イオン（CN^-）130.5mg/l，銅イオン（Cu^{2+}）65.5mg/l，COD75.1mg/lである．

酸化反応は図12.1に示したフローシートの酸化反応槽を用いて，オゾンのみ（発生量2g/l）を120ml/hの流量で反応槽の底部から散気してオゾン単独酸

化を行った．原水槽の試料水は 40 l/h の流量で反応槽（4 l）への送り全量を再び原水槽に返送する循環方式を採用した．

循環液の総量は 5l である．処理水は一定時間ごとに採水し，No.5 C の沪紙を用いて沪過し，シアン化物イオン，銅イオンおよび pH を測定した．測定結果を図 12.2[1] に示す．

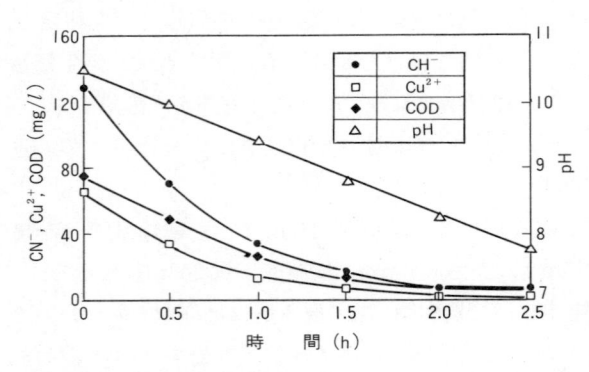

【図12.2】 シアン排水のオゾン酸化

オゾン単独で試料水を酸化すると，シアン化物イオンは 130.5mg/l から 2 時間後には 6.0mg/l に低下した．これに伴って，pH，銅イオン濃度および COD 濃度も低下し，それぞれ pH8.3，銅イオン 2.0mg/l，COD 4.2mg/l となったが，それ以上処理しても pH 値を除いて変化しなかった．

(2) シアン含有排水の光オゾン酸化

前項と同じ試料水を用い，同様の条件で，光オゾン酸化を今度は 2.5 時間行い，シアン化物イオン（CN^-），シアン酸イオン（CNO^-），銅イオン（Cu^{2+}），COD 値，pH および ORP 値を測定した．測定結果を図 12.3[1] に示す．

光オゾン酸化を行うと，0.5 時間でシアン化物イオンは不検出となり，pH 値は 10.5 から極小値の 7.6 となった．

0.8 時間後に銅イオンが不検出，COD 値は 4.0mg/l となった．pH 値の低下に伴ってシアン酸イオン濃度が上昇し始め，シアン化物イオン濃度が不検出となる 0.5 時間には，シアン酸イオン濃度が極大値の 190mg/l を示した．0.5 時間を過ぎるとシアン酸イオン濃度は次第に低下し始め，pH と ORP 値の緩やかな

---

1) 和田洋六，直井利之，黒田康弘：日本化学会誌，No.9，pp.834〜840（1994）

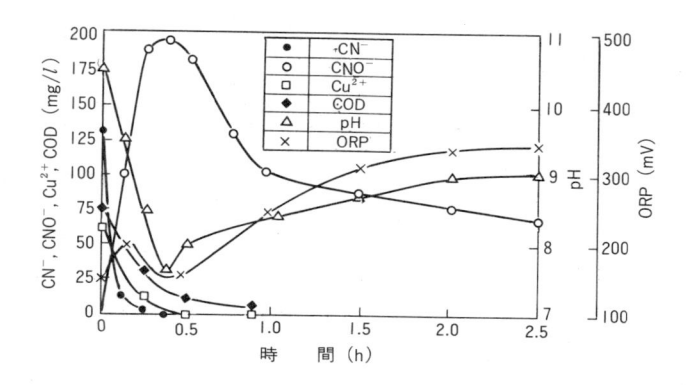

【図12.3】 紫外線照射併用オゾン酸化によるCN⁻，CNO⁻，Cu²⁺，COD, pHおよびORPの変化

上昇が始まった．

(3) 酸化処理水のイオン交換処理

長時間かけてシアンの完全分解できても紫外線ランプやオゾン発生器の運転に要する電力が無駄に消費されるだけで経済性と実用性に欠ける．そこで光オゾン酸化の処理時間をシアン化物イオンがシアン酸イオンに変化すると予測される約0.5時間までとし，この処理水を図12.1のフローシートに従って，陽イオン交換樹脂塔と陰イオン交換樹脂塔に直列にSV20で通水した．

表12.1[1]（次ページ）は本実験に用いた5種類の試料水（試料No.1～No.5）の処理を行った結果である．測定は原水，光オゾン酸化を0.5時間行った処理水，陽イオン交換樹脂塔出口水および陰イオン交換樹脂塔出口水について行った．表12.1の試料No.3を例に挙げて考察すると，光オゾン酸化処理水を陽イオン交換樹脂塔に通水すると，シアン酸イオン（CNO⁻）は陰イオンであるにもかかわらず，陽イオン交換樹脂塔の出口で190.4 mg/lから3.8 mg/lに低下し，pH値は7.6から3.1に低下している．

この理由は，まず始めに中性のシアン酸ナトリウム（NaCNO）がH型陽イオン交換樹脂（R－SO₃H）に接して陽イオン（Na⁺）と樹脂の交換基（－SO₃H）の間で式12.1の反応により，中性のシアン酸ナトリウム（NaCNO）が酸性の

---

1) 前掲 p.308 脚注1) 参照．

【表12.1】 原水と処理水の水質

処理工程	試料	pH	電気伝導率 (μS/cm)	CN^-	CNO^-	Cu^{2+}	COD
					(mg/l)		
原水	1	9.5	751	70.1	0.0	30.1	39.8
	2	9.8	915	102.5	0.0	49.8	61.2
	3	10.5	1100	130.5	0.0	65.5	75.1
	4	10.8	1550	189.8	0.0	97.5	98.4
	5	10.6	1290	161.2	0.0	87.2	87.5
紫外線照射併用オゾン酸化 (0.5h)	1	7.2	790	0.0	100.8	0.2	2.8
	2	7.4	960	0.0	150.5	0.2	3.3
	3	7.6	1150	0.0	190.4	0.3	4.0
	4	8.1	1640	0.1	270.1	0.5	4.5
	5	7.8	1410	0.0	235.3	0.3	3.9
陽イオン交換樹脂塔出口水	1	3.2	800	0.0	2.9	0.0	2.6
	2	3.3	974	0.0	3.6	0.0	2.9
	3	3.1	1170	0.0	3.8	0.0	3.8
	4	2.9	1160	0.0	4.2	0.0	3.9
	5	3.0	1430	0.0	4.0	0.0	3.5
陰イオン交換樹脂塔出口水	1	8.1	8.5	0.0	0.0	0.0	0.7
	2	8.2	9.0	0.0	0.0	0.0	0.6
	3	8.0	8.9	0.0	0.0	0.0	0.6
	4	8.3	9.7	0.0	0.0	0.0	1.2
	5	8.0	9.8	0.0	0.0	0.0	0.9

シアン酸（HCNO）に変わったためと考えられる．

　次に，シアン酸イオンは式12.2のように酸性下で加水分解して二酸化炭素（CO_2）とアンモニウムイオン（NH_4^+）に変化する．続いてこのアンモニウムイオンが式12.3のように陽イオン交換樹脂に吸着し，水素イオン（H^+）を放出した結果，陽イオン交換樹脂塔出口のシアン酸イオン濃度が低下し，pH値も低下したものと考えられる．

$$R-SO_3H + NaCNO \longrightarrow R-SO_3Na + H^+ + CNO^- \quad \cdots\cdots(12.1)$$

$$CNO^- + 2H^+ + H_2O \longrightarrow CO_2 + NH_4^+ \quad \cdots\cdots(12.2)$$

$$R-SO_3H + NH_4^+ \longrightarrow R-SO_3 \cdot NH_4 + H^+ \quad \cdots\cdots(12.3)$$

　試料№1～5の陽イオン交換塔出口水の水質は，中性から酸性（pH2.9～3.3）となり，シアン酸イオン（CNO^-）は100.8～270.1 mg/lから2.9～4.2 mg/lとなった．シアン化物イオンと銅イオンは不検出となったが，電気伝導率とCOD

値には大きな変動はなかった．陰イオン交換塔の出口水は，pH8.0〜8.3，電気伝導率8.5〜9.8μS/cm，COD値0.6〜1.2mg/lとなった．シアン化物イオン，シアン酸イオンおよび銅イオンは不検出であった．陰イオン交換塔出口水が微アルカリ性（pH8.0〜8.3）を示したのは，陽イオン交換樹脂に吸着されなかった微量のナトリウムイオンがNaCl等の中性塩としてリークし，陰イオン交換樹脂（R－N・OH）と，式12.4のように反応した結果，微量の水酸化物イオン（OH^-）を生成したためと考えられる．

$$R－N・OH + NaCl \longrightarrow R－N・Cl + Na^+ + OH^- \qquad (12.4)$$

陽イオン交換樹脂塔内で処理しきれずにリークしたシアン酸イオンは，陰イオン交換樹脂塔内で陰イオンとして交換吸着され，不検出になったと考えられる．

図12.4[1]は表12.1の試料水No.1〜5の光オゾン酸化処理水を陽イオン交換樹脂塔と陰イオン交換樹脂塔の順に通水し，陰イオン交換樹脂塔出口水の電気伝導率が急速に上昇し始めるまで通水した時の処理水量〔ここでは陽イオン交換樹脂と陰イオン交換樹脂を合計して1lに換算し，この1lの樹脂で処理した

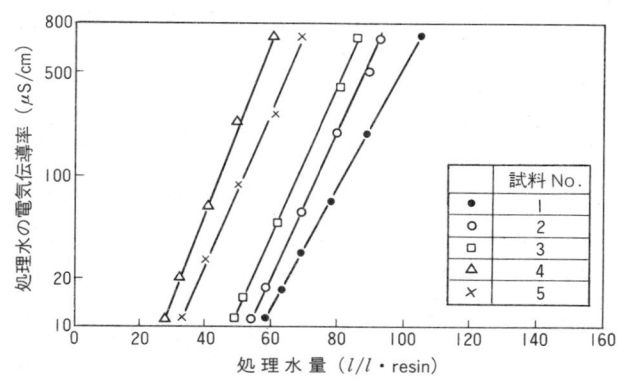

【図12.4】 イオン交換塔流出水の電気伝導率と処理水量の関係

処理水水量（l）を示す〕の変化をしたものである．

図12.4より，電気伝導率10μS/cm以下の脱イオン水が採水できるのは，イオン交換樹脂容量（陽イオン交換樹脂と陰イオン交換樹脂の合計容量）の

---

1) 前掲 p.308 脚注1) 参照．

30～55倍量である．

　30分間光オゾン酸化を行った後の処理水の電気伝導率が1000μS/cm程度であれば，イオン交換処理により得られる電気伝導率10μS/cm以下の脱イオン水量は，約50BV[注]であることを確認した．これは本システムの一つの目安である．

　一例として，実用規模の装置で電気伝導率500μS/cmの光オゾン酸化処理水を陽イオン交換樹脂$200l$と陰イオン交換樹脂$200l$を充填したイオン交換塔で処理したとすれば，合計樹脂量$400l$の約100倍量の$40,000l$のシアン含有排水が脱イオン水として再利用可能となる．

　本実験で得た電気伝導率10μS/cm以下の脱イオン水をめっき工程の水洗水として再利用したところ，製品に対する障害（金属表面のシミ，腐食の発生）は認められず，有害なシアン排水が高純度の水洗水として再利用可能であることを確認した．

12.1.3　シアン排水のリサイクルシステム

　前述の実験結果に基づき，光オゾン酸化とイオン交換法を組み合わせたシアン含有排水のリサイクルシステムを開発した．

　シアンめっき工程における排水のリサイクルシステムを図12.5に示す．

　めっき工程では，めっき槽を出た品物は水洗効果を良くする目的で，少なくともNo.1およびNo.2水洗槽のように複数の水洗槽を用いた多段水洗[1]を行う．

　No.1水洗槽を出た水洗水は，①原水槽に一時貯留した後，③反応槽，⑩フィルター，⑪陽イオン交換樹脂塔，⑫陰イオン交換樹脂塔の順に通水し，シアン化物イオンの分解とイオン交換処理を行った後，電気伝導率10μS/cm以下の脱イオン水として，No.2水洗槽に流入させ循環利用する．No.2水洗槽の水は，No.1水洗槽に前送りして使うので，本フローシートの処理を行えば系外に排水は出ない．

　本システムを用いれば，有害なシアン排水を排出する事業所では排水が脱イ

　注）　BV：Bed Volume，イオン交換樹脂容量の何倍量の水を処理したかを示す指標．
　1）　和田洋六：〝水のリサイクル（応用編）〞，（地人書館）1992.

① 原水槽　　⑤ 電　源　　　⑨ ポンプ
② ポンプ　　⑥ 空　気　　　⑩ フィルター
③ 反応槽　　⑦ オゾン発生器　⑪ 陽イオン交換樹脂塔
④ UVランプ　⑧ 処理水槽　　　⑫ 陰イオン交換樹脂塔

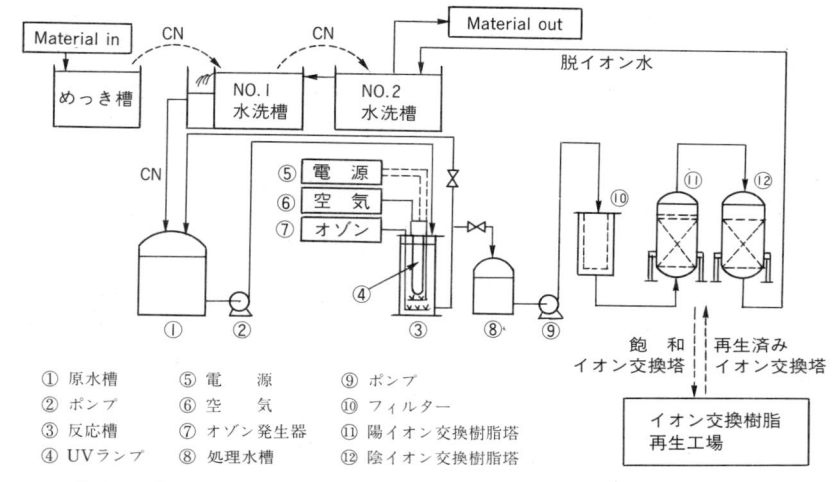

【図12.5】 紫外線照射併用オゾン酸化とイオン交換法によるシアン排水の再利用システムフローシート

オン水として再利用可能となり，生産工程の節水と環境保全に役立つ．

飽和に達したイオン交換樹脂の再生は，再生専用の工場[注]に塔容器ごと運搬して再生する方法を採用した．イオン交換樹脂の再生工場では，再生排液中にシアン成分が含まれないので，アルカリ塩素法による酸化処理は不要となり，中和・凝集のみで排水処理が完了する．これは排水処理工程の簡素化，排水処理装置のコンパクト化，処理薬品の節約となる．

12.2　クロム排水の再利用

クロム(VI)は，めっきやクロメート処理を行う工場，皮革処理工場および化学工場などの排水に多く含まれる．クロム(VI)含有排水は，従来，還元・中和処理[1]後，処理水は公共水域に排出し，スラッジは埋め立て処分されていた．クロム(VI)を回収する目的でCl型陰イオン交換樹脂を用いた処理[2]も行われてい

注）再生工場で樹脂の再生を行っている間は，予め準備した再生済みのイオン交換樹脂を塔容器ごとユーザーに提供する委託再生方式を採用したので，ユーザー側での樹脂再生は不要である．
1）前掲 p.305 脚注1）参照．
2）本保圭蔵，石澤三郎，鈴木保雄，早川　智，柏木亮一：日本化学会誌，No.5，pp.464〜469（1992）

るが，この方法は共存する金属イオンの析出を防止する目的で，排水を常に酸性側で処理するため，多量の塩化物イオンの他にクロム(III)や鉄イオンを含む酸性の処理水に対して，従来法による中和凝集処理が必要である．

上記の方法は，いずれも有害なクロム(VI)の処理はできても処理水中の塩類濃度が高いので，再利用は不可能で，処理水の公共水域への放流は環境負荷を増加させる．スラッジの発生には埋め立て処分地の確保，土壌汚染などの問題がある．

有害なクロム(VI)含有排水を処理して再利用する技術が開発されれば，節水と水域の環境負荷軽減に寄与できる．スラッジとして廃棄しているクロムが，再資源化できればクロム資源の節約となる．

クロム(VI)含有排水は，H型陽イオン交換樹脂とOH型陰イオン交換樹脂で処理すれば，原理的には脱イオン水が得られるが，工業規模でイオン交換処理するには下記の問題があった．

実際のめっき水洗水には，$HCrO_4^-$，CrO_4^-，Cl^-およびSO_4^{2-}などの陰イオンとCr(III)，Fe^{3+}，Zn^{2+}，Na^+，K^+などの陽イオンの他に界面活性剤などの有機物が混在している．

水中のクロム(III)はCl^-，SO_4^{2-}およびCrO_4^{2-}などの無機イオンや有機物と作用してクロム(III)錯体を作り[1]，安定した状態を保っている．

クロム(III)錯体は，クロム(VI)排水をイオン交換処理し，工業規模で長時間循環利用を続けると樹脂と強固に結合し，樹脂表面を緑色に変色した交換容量と再生効率を低下させる[2]ので，イオン交換処理における実用上の障害となっている．

光オゾン酸化は薬品を用いることなく，有機物や還元性物質を酸化するうえに3価クロムを6価クロムに酸化できるので，クロム(III)錯体の生成を防ぐことができる．過剰のオゾンは自己分解して酸素となり，処理水中に溶解塩類を増加しないので，イオン交換樹脂に負荷をかけない．

ここではクロム含有排水を光オゾン酸化後，イオン交換処理，脱イオン水と

---

1) 日本化学会編："実験化学講座第11巻" p.45,47,62,74. (丸善) 1956.
2) 石井正信：*P:PM*, Vol.15, No.12 (1984)

して循環利用するシステムの概要を述べる．

12.2.1 実験装置

本実験では，めっき工場で一般に発生しているクロムめっき工程の水洗水を試料とした．

クロムめっき工程から排出される水洗水は，表12.2の原水に示すように弱酸性（pH3.4～5.8）で，電気伝導率が高く（790～1,220μS/cm），6価クロム（130～210mg/l），硫酸イオン（210～300mg/l），塩化物イオン（18～80mg/l）のほかに少量の3価クロム（10～23mg/l）と有機物に由来するTOC成分（21～31mg/l）も含まれる．

実験は，表12.2の原水の中から試料№1を選んで，下記の検討を行った．
① オゾン酸化または光オゾン酸化によるTOC成分の処理
② オゾン酸化または光オゾン酸化による3価クロムの処理
③ 光オゾン酸化処理水のイオン交換処理
④ 陰イオン交換樹脂の再生

図12.6に実験装置のフローシートを示す．

試料水の流れ，紫外線の照射方法，オゾン注入方法およびイオン交換樹脂塔への通水方法は，図12.1のシアン排水処理の場合と同じである．

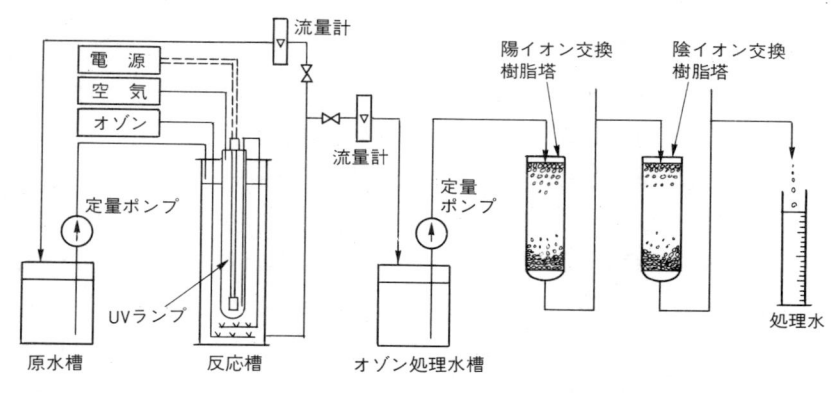

【図12.6】 紫外線照射併用オゾン酸化とイオン交換処理実験装置フローシート

12.2.2 実験結果

(1) オゾン酸化または光オゾンの酸化によるTOC成分の処理

オゾン単独酸化では，図12.6に示すフローシートの反応槽を用いてオゾン（発生量0.5g/h）を90l/hの流量で，反応槽の底部から散気して酸化処理を行った．

原水槽の試料は40l/hの流量で反応槽へ送り，全量を再び原水槽へ戻す循環方式を採用した．光オゾン酸化では上記と同様の回路を組み，オゾン酸化を開始すると同時に紫外線ランプ（40W）を点灯した．

処理水は反応槽の出口から一定時間ごとに採水し，No.5C の沪紙で沪過後，TOC，pHを測定した．測定結果を図12.7[1]に示す．

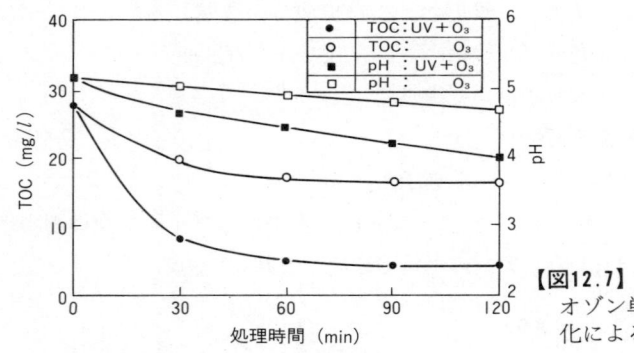

【図12.7】 クロムめっき排水のオゾン単独または光オゾン酸化によるTOCとpHの変化

オゾン単独で試料（TOC28mg/l）を酸化すると，TOCは60分後に17mg/lまで低下したが，120分処理しても16mg/lまでの低下にとどまった．

これに対し，光オゾン酸化では30分後にTOCは8mg/lとなり，60分後に5mg/lまで低下した．これは水中に溶解しているオゾンに253.7nmの紫外線が作用した結果，下式12.5，式12.6によりヒドロキシルラジカル（HO・）を生成し，このヒドロキシルラジカルが酸化効果を促進させたと考えられる．

$$O_3 + h\mu\,(\lambda < 310\text{mm}) \longrightarrow [O] + O_2 \quad \cdots\cdots(12.5)$$

---

1) 和田洋六，直井利之，黒田康弘：日本化学会誌，No.4，pp.306～313 (1995)

$$[O] + H_2O \longrightarrow 2HO\cdot \qquad \cdots\cdots\cdots(12.6)$$

一例として，本試料のTOC成分の一つとして考えられるアルコールがヒドロキシルラジカル（HO・）により酸化され，アルデヒドや酸になる反応は，式12.7，式12.8のように考えられる．

$$RCH_2OH + 2\,HO\cdot \longrightarrow RCHO + 2H_2O \qquad \cdots\cdots\cdots(12.7)$$
$$RCHO + 2HO\cdot \longrightarrow RCOOH + H_2O \qquad \cdots\cdots\cdots(12.8)$$

更にアルデヒドは，最終的に式12.9のようにCO_2とH_2Oに分解されると考えられる[1]．

$$RCHO + [O] \longrightarrow RCOOH + [O] \longrightarrow CO_2 + H_2O \qquad \cdots\cdots\cdots(12.9)$$
$$(R = Hの場合)$$

(2) オゾン酸化または光オゾン酸化による3価クロムの処理

前項(1)と同様の方法で試料を循環し，オゾン酸化と光オゾン酸化を行った．処理水は一定時間ごとに採水しCr^{6+}とCr^{3+}を測定した．測定結果を図12.8[2]に示す．

オゾン単独酸化では，試料（Cr^{3+}15mg/l，Cr^{6+}170mg/l）中のCr^{3+}を酸化し

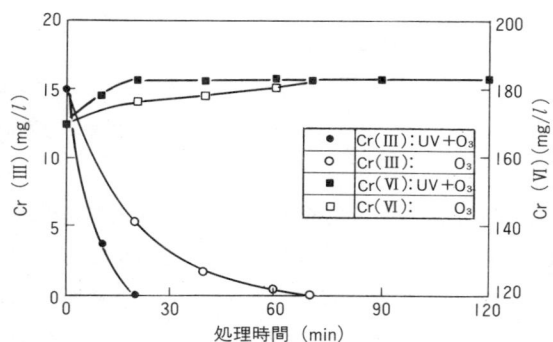

【図12.8】 クロムめっき排水のオゾン単独または光オゾン酸化によるCr^{6+}とCr^{3+}の変化

てほぼ全量をCr^{6+}とするには70分を要したが，光オゾン酸化では20分であった．Cr^{3+}の減少はCr^{6+}の増加量にほぼ一致した．Cr^{3+}の酸化はアルカリ側より酸側の方が遅く時間を要する[3]とされているが，本実験のように酸性下における

---

1) 加藤康夫，池水喜義，諸岡成治：化学工学論文集，Vol.9，No.1（1983）
2) 前掲 p.316，脚注1）参照．
3) 髙木誠司：〝定性分析化学・中巻・イオン反応編〞，pp.130〜131（南江堂）1981．

光オゾン酸化では，酸化時間は短く実用には支障ないと考えられる．

Cr^{3+}は水溶液中では単純な3価イオンではなく，下式12.10, 式12.11のようにOH^-またはSO_4^{2-}などの陰イオンが配位して錯体を形成し，3価の陽イオン以外に2価または1価の陽イオンとして存在することが考えられる．

$$[Cr(H_2O)_6]^{3+}+OH^- \rightleftarrows [Cr(OH)(H_2O)_5]^{2+}+H_2O \cdots\cdots (12.10)$$

$$[Cr(H_2O)_6]^{3+}+SO_4^{2-} \rightleftarrows [Cr(SO_4)(H_2O)_4]^{+}+2H_2O \cdots\cdots (12.11)$$

$Cr-H_2O-Cl$系では$[Cr(H_2O)_6]Cl_3$, $[CrCl(H_2O)_5]Cl_2 \cdot H_2O$および$[CrCl_2(H_2O)_4]Cl_2 \cdot 2H_2O$が知られている[1]．

Cr^{3+}はシュウ酸などの有機酸とも作用して，分子量の大きい安定な錯体を生成することが考えられる[2]．

錯体を形成して分子量が大きくなったCr^{3+}はイオン交換樹脂と強固に結合し，イオン交換樹脂からの溶離が困難となるので，イオン交換反応を妨害する．ところが，光オゾン酸化を採用すれば化学薬品を使用することなく，Cr^{3+}や有機質成分を酸化分解できるので，処理水中の塩類濃度を増加しない．この方法はイオン交換樹脂への付加が従来法に比べてはるかに少ないので，イオン交換法との併用はクロム(VI)排水を循環再利用するには有利である．

(3) 光オゾン酸化処理水のイオン交換処理

表12.2[3]は原水の試料No.1～5を光オゾン酸化し，この処理水を陽イオン交換樹脂塔と陰イオン交換樹脂塔に通水したときの各工程における水質測定結果である．

光オゾン酸化処理水は，H型強酸性陽イオン交換樹脂塔とOH型強塩基性陰イオン交換樹脂塔の順にSV12で通水し，各塔の流出水の水質を測定した．

陽イオン交換樹脂塔の出口水は，pH2.7～3.1であるが陰イオン交換樹脂塔出口水はpH8.0～8.4で電気伝導率12～18μs/cmの脱イオン水となった．この脱イオン水をめっき工程の水洗水として再利用したが，製品に対する障害は見られず，有害なクロム排水が高純度の水洗水として再利用できることを確認した．

(4) 陰イオン交換樹脂の再生

1) Basolo, F., Johnson, R. C. : "配位化学", pp.61～83 (山田祥一郎訳, 化学同人) 1993.
2) 大塚正和：日本化学会誌, No.8, pp.743～747 (1994)
3) 前掲p.316脚注1) 参照.

【表12.2】 原水と処理水の水質

処理工程	試料	pH	電気伝導率 (μS/cm)	Cr(VI)	Cr(III)	SO_4^{2-}	Cl^-	TOC
				(mg/l)				
原　水	1	5.2	820	170	15	250	20	28
	2	3.8	1050	210	23	290	50	31
	3	4.6	900	130	12	220	35	21
	4	3.4	1220	198	19	300	80	27
	5	5.8	790	151	10	210	18	26
紫外線照射併用オゾン酸化 (1.0 h)	1	4.5	850	183	0	250	20	5
	2	3.5	1090	231	0	290	50	6
	3	4.2	940	142	0	220	35	4
	4	3.1	1270	215	0	300	80	6
	5	5.2	830	160	0	210	18	5
陽イオン交換塔[1]出口水	1	3.2	890	182	0	250	20	5
	2	2.8	1140	229	0	290	50	5
	3	3.1	970	140	0	220	35	4
	4	2.7	1310	212	0	300	80	6
	5	3.1	880	158	0	210	18	4
陰イオン交換塔[2]出口水	1	8.0	15	0	0	0	0	2
	2	8.3	18	0	0	0	0	2
	3	8.1	17	0	0	0	0	2
	4	8.4	18	0	0	0	0	3
	5	8.2	12	0	0	0	0	2

(注) 1) 光オゾン酸化処理 (1.0時間) 水をH型陽イオン交換樹脂塔に通水した処理水.
　　2) H型陽イオン交換樹脂塔を経て, OH型陽イオン交換樹脂塔に通水した処理水.

強塩基性陰イオン交換樹脂を用いたCr^{6+}の処理は弱塩基性陰イオン交換樹脂に比べてCr^{6+}が漏出しにくい長所をもつが, 再生効率が悪いという短所がある. ここでは本実験に使用した強塩基性陰イオン交換樹脂 (I型) の再生方法について検討した.

図12.9[1] (次ページ) は強塩基性陰イオン交換樹脂 (I型) にCr^{6+}を飽和になるまで吸着させ, これをいくつかの溶離液を用いてSV 2で溶離実験したときの再生効率を示したものである. 10%HClによる再生効率は, 20%, 10%NaOHの再生効率は70%であったが, 9%NaClと1%NaOHの混合溶液の再生効率は, 約

---

1) 前掲p.316脚注1) 参照.
2) 宮原昭三, 大曲隆昭, 酒井重男:〝実用イオン交換〞, pp.128〜129, (化学工業社) 1984.

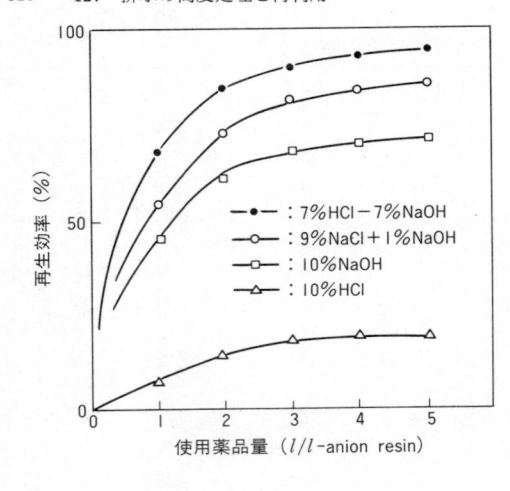

320   12. 排水の高度処理と再利用

【図12.9】 強塩基性陰イオン交換樹脂の再生効率

グラフ凡例:
● : 7%HCl－7%NaOH
○ : 9%NaCl＋1%NaOH
□ : 10%NaOH
△ : 10%HCl

縦軸: 再生効率 (%)
横軸: 使用薬品量 (l/l-anion resin)

83％で良好な結果[2]を示した．

再生効率が向上したのは，NaOH溶液中ではCl⁻はCr⁶⁺よりイオン交換樹脂に対する選択性が強いので，Cl⁻が優先して樹脂に吸着し，これに対応して多くのCr⁶⁺が溶離したためと考えられる．更に効率の高い再生方法について検討した結果，上記飽和陰イオン交換樹脂を7％HCl溶液でSV 2にて処理し，引き続いて7％NaOH溶液をSV 2で通液すると，再生効率は90％程度まで向上することを確認した．

次にイオン交換樹脂の再生溶離液から純度の高いCr⁶⁺溶液を得る目的で，イオン交換樹脂による精製の検討を行った．

弱塩基性陰イオン交換樹脂は，強塩基性陰イオン交換樹脂に比べて，吸着力は弱いが交換容量は多く（1.5〜2.0倍）再生しやすいという特性があるので，ここでは弱塩基性陰イオン交換樹脂(OH型またはSO₄型)を使用した[注]．陽イオンの吸着には，強酸性陰イオン交換樹脂（H型）を用いた．

Cr⁶⁺を吸着して飽和に達した強塩基性陰イオン交換樹脂を図12.9に示す7％HCl→7％NaOHにより処理し，水洗水も含めて原水とした．原水組成の一例を表12.3 (次ページ)に示す．この原水はH型陽イオン交換樹脂で処理した後，

注）陰イオン交換樹脂には，OH⁻，SO₄²⁻およびCl⁻などを付加できるが，高濃度の塩化物イオンの混入は，クロム塩類製造工程上好ましくないので，OH⁻とSO₄²⁻を用いた．

12.2 クロム排水の再利用

【表12.3】 原水と流出水の水質

		原 水	SO₄型弱塩基性陰イオン 交換樹脂塔流出水	OH型弱塩基性陰イオン 交換樹脂塔流出水
pH		8.6	13.4	13.6
Cr(VI)	(mg/l)	4750	46000	38500
Cr(III)	(mg/l)	0.1	0.0	0.0
SO_4^{2-}	(mg/l)	3200	230	1300
Cl⁻	(mg/l)	4720	70	500
Fe^{3+}	(mg/l)	0.2	0.1	0.1
Zn^{2+}	(mg/l)	0.2	0.1	0.1

二等分してSO₄型とOH型弱塩基性樹脂に通液した．飽和に達したそれぞれのイオン交換樹脂は，3BVの10%NaOH溶液を用いてSV2でCr⁶⁺を溶離し，1BVの水で押し出し水洗しこれを精製溶離液とした．SO₄型およびOH型樹脂で精製溶離した液の組成を表12.3に示す．本実験によりSO₄型弱塩基性陰イオン交換樹脂ではCr⁶⁺が46,000mg/lまで濃縮され，クロム塩類製造原料の一部として再資源化できることを確認した[注]．

12.2.3 クロム排水のリサイクルシステム

前記の検討結果に基づいて，図12.10に示す紫外線照射併用オゾン酸化とイオン交換法によるクロム含有排水のリサイクルシステムを開発した．

No.1水洗槽を出たクロム排水は①原水槽，③反応槽，⑩陽イオン交換樹脂塔，⑪陰イオン交換樹脂塔の順に通水し，Cr³⁺や有機成分の酸化とイオン交換処理を行った後，電気伝導率20μS/cm程度の脱イオン水として，大部分をNo.1水洗槽へ流入させ，循環使用する．

更に高純度の脱イオン水で洗浄が必要な場合は，残る一部を⑫混床塔に通水して電気伝導率1μs/cm以下の脱イオン水にしてNo.2水洗槽に流入させる．

めっきの種類（ニッケルまたはクロム）によってはあまり高純度の水を用いると溶存酸素や酸化物生成により，めっき表面に"しみ"が発生することがある．この場合は，水洗水の水質を必要以上にきれいにしない方が良く，混床塔

注）弱塩基性陰イオン交換樹脂の選択性は，OH⁻>SO_4^{2-}>Cl⁻>F⁻>CH_3COO^->HCO_3^-の傾向がある．OH⁻は，SO_4^{2-}より選択性が大きいため，樹脂に優先して吸着するので，SO₄型樹脂のほうがCr⁶⁺を多く交換吸着したと考えられる．

は不要である．

　飽和に達したイオン交換樹脂塔は再生専門の工場へ塔容器ごと運搬して，まとめて再生を行う方法を採用した．この方法を採用するとユーザー側では再生の手間が省け，使用するイオン交換樹脂塔の品質が一定なので，クロム排水か

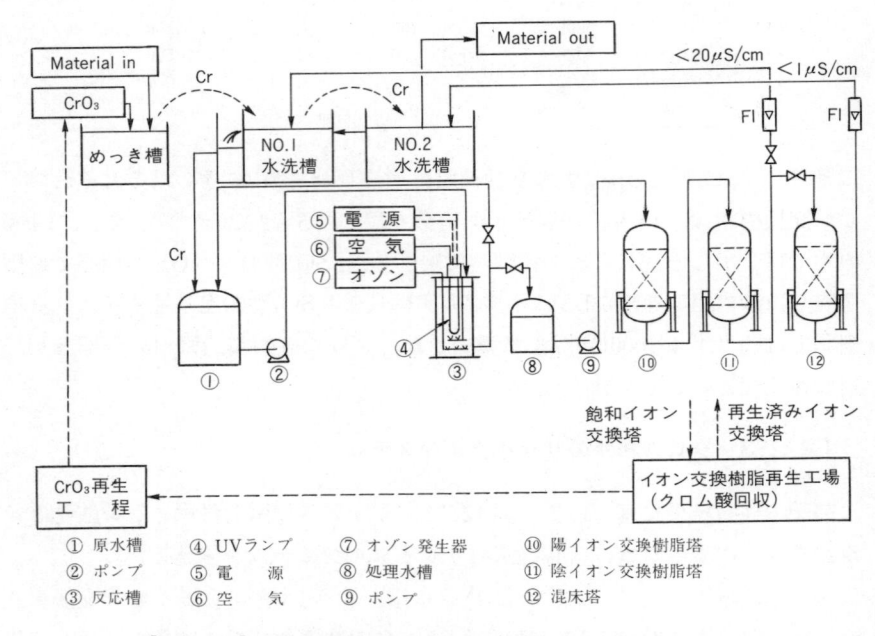

①　原水槽　　　　④　UVランプ　　　⑦　オゾン発生器　　⑩　陽イオン交換樹脂塔
②　ポンプ　　　　⑤　電　　源　　　⑧　処理水槽　　　　⑪　陰イオン交換樹脂塔
③　反応槽　　　　⑥　空　　気　　　⑨　ポンプ　　　　　⑫　混床塔

【図12.10】　紫外線照射併用オゾン酸化とイオン交換法による
　　　　　　　　クロム（VI）含有排水の再利用フローシート

ら安定した脱イオン水が得られる．

　再生工場では，まとめて得られたクロム再生溶離液を精製すれば，クロム塩類製造原料の一部として再資源化できる．図 12.10 のリサイクルシステムによれば，これまで流し棄てられていた有害なクロム排水は，生産工程における脱イオン水として全量が再利用できるので，公共水域に排水は出ない．

　本システムは，クロム排水に限らず銅，ニッケル，亜鉛，鉛などの重金属含有排水のリサイクルにも適用可能で，有機物や還元物質の混入がなければ，光オゾン酸化部分は省略することもできる．

12.3　金属表面処理排水の再利用

　金属表面処理におけるめっきは，脱脂，酸洗，銅めっき，ニッケルめっき，クロムめっき等，色々な工程が組み合わされている．

　図12.11にいくつかのめっき工程と排水系統区分側を示す．めっき排水は，大別して図12.11の④のようにクロム系，シアン系，酸，アルカリ系排水の3系統に区分して処理する．

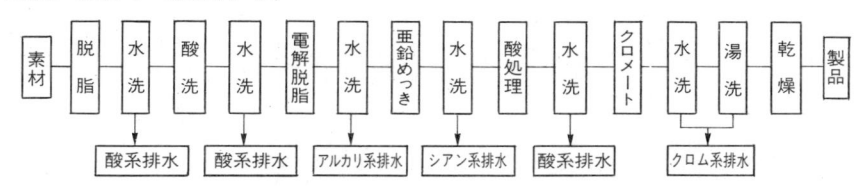

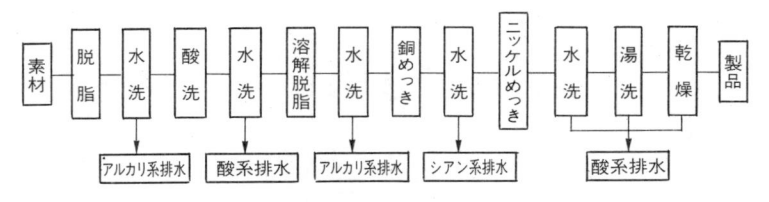

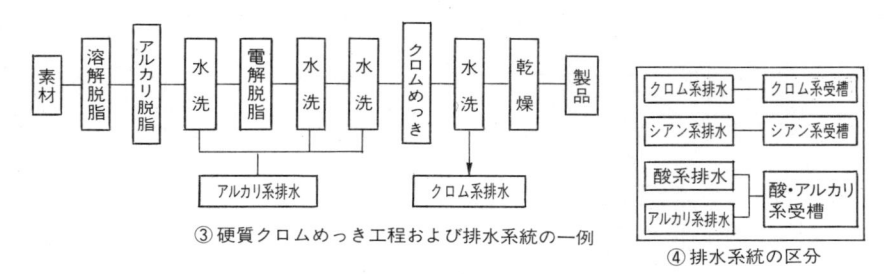

【図12.11】 めっき工程と排水系統区別例

　3系統に分別した排水は，図12.12に示すフローシートに従って，クロムは硫酸性下（pH 2～3）で，亜硫酸水素ナトリウム（$NaHSO_3$）による還元，シ

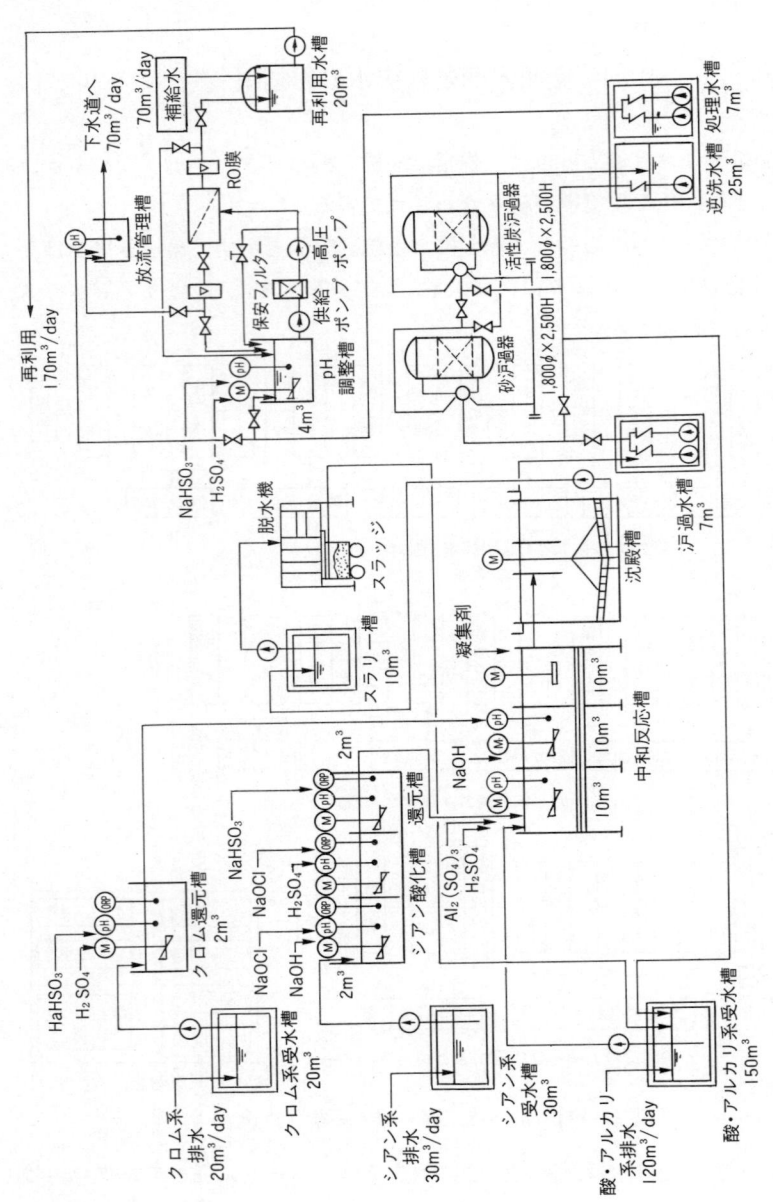

[図12.12] めっき排水の再利用システムフロー

アン系は次亜塩素ナトリウム（NaOCl）によるアルカリ塩素法で，シアン分解の後，酸アルカリ系と合流して中和凝集処理を行うのが一般的な処理方法である．処理水は，下水道または河川などに放流されるが，塩類濃度の高いことを除けば，水質は工業用水程度までに改善することができる．

放流水の塩類濃度は，電気伝導率にして4,000〜8,000μS/cm，T.D.Sで3,000〜6,500mg/l程度あり，このままでは，めっき工程の水洗水としては再利用できない．これらの排水が再利用できれば，下水道や河川へ放流する排水量が軽減でき，下水道料金の節約と環境負荷軽減に寄与できる．

排水中の塩類除去には，イオン交換法や逆浸透膜法などが利用できるが，電気伝導率が4,000μS/cm以上もある排水の脱塩には，逆浸透膜法を用いた方が有利である[注]．

めっき排水の中には，脱脂剤に由来するシリカ成分，界面活性剤やめっき薬品に由来する有機成分が多く含まれており，重金属イオンの除去と共にこれらの成分の除去が充分に行われないと，逆浸透膜法の適用は難しい．

ここでは，めっき排水中の重金属と，シリカおよび有機物を除去後，処理水を逆浸透膜により脱塩処理し，再利用している概要を述べる．

12.3.1 重金属とシリカの除去

クロム系排水は，亜硫酸水素ナトリウムによる還元処理，シアン系排水は，アルカリ塩素法による酸化を行った後，酸・アルカリ系排水と混合する．

混合比率は，実際の工場で排出しているクロム：シアン：酸・アルカリ系排水の比率に合わせて2：3：12とした．

混合溶液の成分組成は，pH3.7，ORP200mV，クロム（Cr^{3+}）6.5mg/l，銅（Cu^{2+}）21.2mg/l，亜鉛（Zn^{2+}）7.5mg/l，ニッケル（Ni^{2+}）28.0mg/l，鉄（T-Fe）1.7mg/l，シリカ45.2mg/lである．

上記の混合液を中和凝集処理するときに，硫酸アルミニウム溶液を加えて水酸化ナトリウムでpH調整すれば，シリカ成分は水酸化アルミニウム〔Al

---

注）イオン交換法は，電気伝導率1000μS/cm以下の水を処理するのが一つの目安で，1000μS/cmを超える塩類濃度の場合は，経済的に不利である．

(OH)$_3$〕のフロックと共沈して，除去率が高まるのではないかと推定し[1]，重金属とシリカの同時除去について検討した．

原水のpH調整には，水酸化ナトリウムのほかに水酸化カルシウムの適用が考えられるが，水に溶解したカルシウムイオン（Ca^{2+}）は，共存する硫酸イオン（SO_4^{2-}）や炭酸イオン（CO_3^{2-}）と反応して，溶解度の低い硫酸カルシウム（$CaSO_4$）や炭酸カルシウム（$CaCO_3$）を生成し，RO膜面で析出する可能性が高いので，本実験ではpH調整用のアルカリ剤には，水酸化ナトリウムのみを使用した．

これらの基本的考えに基づき，上記の混合液に5％水酸化ナトリウムを加え，pH9.5に調整して中和凝集し，上澄水をNo.5Aの沪紙で沪過して金属イオン濃度とシリカ濃度を測定した結果，クロム（T-Cr）0.3mg/l，銅（Cu^{2+}）0.6mg/l，亜鉛（Zn^{2+}）0.4mg/l，ニッケル（Ni^{2+}）0.8mg/l，鉄（T-Fe）0.3mg/lとなり，シリカ（SiO_2）は40.1mg/lとなった．金属イオンはいずれも1.0mg/l以下であるが，規制値を超えている成分もあり，このままでは公共水域への放流は不可能である．

次に上記と同一の混合液に，10％硫酸アルミニウム溶液を加え，5％水酸化ナトリウム溶液でpH9.5に調整し，上澄水をNo.5Aの沪紙で沪過後，金属イオンとシリカ濃度を測定した．

図12.13（次ページ）に添加硫酸アルミニウム量とシリカ（SiO_2）溶解量の関係を示す．

硫酸アルミニウム無添加では，SiO_2は40.1mg/lであったが，添加量を増加すると次第にSiO_2量は低下し，硫酸アルミニウム50mg/lの添加では，SiO_2 3mg/lとなった．これは，アルミニウムイオンが凝集して水酸化アルミニウム〔Al(OH)$_3$〕のフロックとして沈殿するときに，溶存するSiO_2をフロックの表面に吸着して共沈した結果によると考えられる．

図12.14（次ページ）は硫酸アルミニウムをAl^{3+}として50mg/l添加して，pHを7〜10で凝集処理したときのSiO_2濃度の変化である．

水酸化アルミニウム〔Al(OH)$_3$〕のフロックが生成する最適pH値は6.0付

---

1) 和田洋六：化学装置，Vol.31, No.2 (1989)

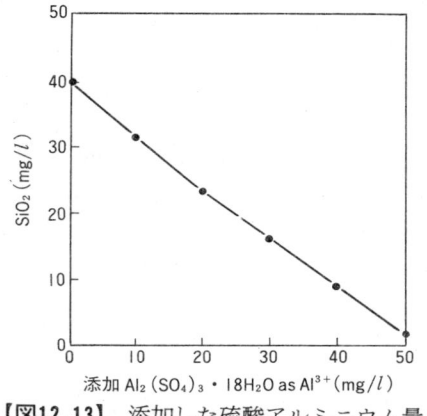

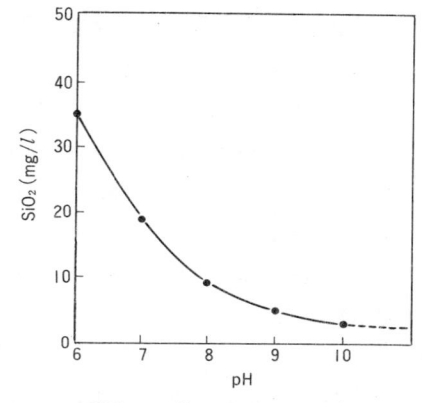

【図12.13】 添加した硫酸アルミニウム量とSiO₂溶解量の関係

【図12.14】 pHとSiO₂溶解量の関係

近なので，SiO₂除去に適したpH値も6.0付近と思われたが，実際にはpH 9.0以上でもSiO₂除去は良好であった．これには共存する重金属イオンが関与して，銅，亜鉛およびニッケルの最適凝集pH値9.5以上の値が影響していると考えられる．

硫酸アルミニウムをAl^{3+}として50mg/l添加し，水酸化ナトリウム溶液でpH値を9.5に調整したときの重金属イオン濃度は，クロム（T-Cr）0.1mg/l，銅（Cu^{2+}）0.1mg/l，亜鉛（Zn^{2+}）0.1mg/l，ニッケル（Ni^{2+}）0.2mg/l，鉄（T-Fe）0.1mg/lとなり，いずれも0.5mg/l以下となった．

本実験結果より，重金属とシリカを含む排水に硫酸アルミニウムを添加し，水酸化ナトリウムを用いて中和処理を行えば，重金属とシリカの両方の除去効果が高まることが明らかとなった．

12.3.2 有機物の除去

シアンや重金属に由来する無機還元物質は，COD成分として計測されるが，酸化処理と中和凝集処理で除去できる．しかし，アルカリ系排水に含まれる脱脂洗浄剤由来の界面活性剤や，めっき薬品に含まれる添加剤（チオ尿素，クエン酸，酒石酸，EDTA等）などのCOD成分は上記の酸化，中和凝集処理ではほとんど除去できないので，通常活性炭処理により除去している．

逆浸透膜に供給する水は，膜面やタンク内でのバクテリアの繁殖を防止し，膜面での有機質スケールの生成を防ぐために，少なくともCOD値で 10mg/l 以下にする必要がある．

ここでは，中和凝集処理水を活性炭(粒状ヤシガラ炭：有効径 2.0mm，均等係数 1.5) を充填したガラス製のカラム (直径 20mm，長さ 400mm，充填高さ 320mm，充填容量 100ml) に通水し，通水 SV を 5, 10, 20 の 3 段階に変えて処理し，COD値の関係を調べた．

中和凝集処理水のCOD値は，22.0mg/l のものを用いて活性炭カラム通水を行った．

図 12.15 は，処理水量とCOD値の関係を調べたものである．

活性炭カラムの初期流出水の COD値は，2.2mg/l であったが，通水量 10l/g・活性炭を超えるとCOD値の上昇が始まり，およそ 20l/g・活性炭でCOD値が 10mg/l に達することを確認した．

図 12.15 より，処理水COD 5 mg/l のときで，1 gの活性炭はおよそ 0.17gの

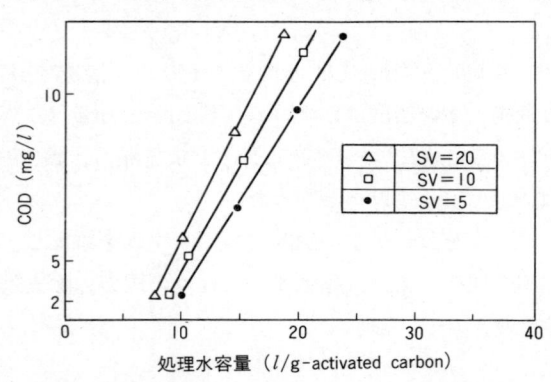

【図12.15】 処理水量とCOD値の関係

COD成分を吸着〔10×(22.0−5.0)＝170mg-COD〕し，処理水 COD10mg/l のときで，およそ0.24gのCOD成分を吸着する〔20×(22.0−10.0)＝240mg-COD〕ことを確認した．

活性炭への吸着量は，SV値の低いほうが多かったが，本試験水では大きな差は認められない．

12.3.3 逆浸透膜の選定

　逆浸透膜は大別してセルロース膜と複合膜がある．セルロース膜は，バクテリアにより損傷を受けやすいので，殺菌のための塩素が常時 $0.1mg/l$ 以上存在することが必須条件である．
　使用時の許容pH範囲は3.0～8.5で，汚濁排水の処理では使用範囲が限定される．
　複合膜はポリエステル製不織布の上に多孔質のポリスルフォンが塗布され，更にその表面に半透膜がつけられている．半透膜の材質はポリアミド，ポリエーテル，ポリビニルアルコールおよび架橋アラミドなどであるが，詳細は膜メーカー各社のノウハウに属するものが多く不明である．
　複合膜の使用時における許容pHは，2～11と広くバクテリアによる損傷を受けないので，有機物汚染に強い．ただし，塩素により酸化されると膜が損傷を受けるので，供給水の塩素は予め除去しておく必要がある．
　これらの膜の特徴を検討した結果，本排水の脱塩にはスキン層が厚く (2,000Å) 汚染に強いフィルムテック社製のポリアミド系複合膜〔脱塩率 (NaCl) 98.0％，25℃の標準透過水量 $1.2m^3/m^2 \cdot d$〕を選定した．

12.3.4 実装置の設計と運転

　上記の実験結果に基づき，図12.12に示すフローシートの実装置を建設した．本装置では，クロム系排水が $20m^3/d$，シアン系排水が $30m^3/d$，酸，アルカリ系排水が $120m^3/d$ で，合計 $170m^3/d$ の排水が排出されている．
　シアン系排水は，アルカリ塩素法によりシアン化物イオンを酸化し，残留塩素を亜硫酸水素ナトリウムで除去して酸・アルカリ系排水と混合した．還元処理したクロム系排水は，前記の酸・アルカリ系排水と混合した．1日に $170m^3$ 排出される排水は，10時間で処理することを基本としたので，1時間あたりの処理水量は $17m^3/h$ となる．
　中和反応槽では，硫酸酸性下 (pH2.5～3.5) でシリカ除去のための硫酸アルミニウムを $20mg/l$ (Al^{3+} として) 加え，水酸化ナトリウムでpH9.0～9.5に調

整した．

沈殿槽で固液分離した上澄水は，砂沪過，活性炭処理を行った後，処理水槽に貯留した．

砂沪過器と活性炭塔はLV 7で通水することを標準としたので，直径1,800 mm，直胴部長さ2,500mmとした．活性炭の充填量は，図12.15の結果より3～6カ月で交換することを目標に3,000 l とした．

活性炭塔の出口水は，FI値4.0～5.5，pH9.2，電気伝導率4,250μS/cm，TDS 3,120mg/ l ，COD4.5mg/ l ，シリカ（SiO_2）23mg/ l ，クロム，銅，亜鉛，ニッケル，鉄の各イオンは濃度0.5mg/ l であった．

活性炭処理水は，5％硫酸でpH6.0～6.5とし，殺菌と還元を兼ねた亜硫酸水素ナトリウムを20～30mg/ l 添加した．

供給ポンプは，吐出圧3.0kgf/cm²，吐出量0.7m³/minの耐食性ポンプを用いた．保安フィルターは，10μmの糸巻き式のカートリッジフィルター（長さ750 mmのものを12本装填）を使用した．保安フィルター出口でのFI値は，3.8～4.2であった．高圧ポンプは，吐出圧24kgf/cm²，吐出量0.4m³/minの遠心多段ポンプ[注]を使用した．逆浸透膜は直径20cmのスパイラル膜18本を用い，3本の膜を1本のFRP製ハウジングに装填し，これを2：1の比率に配置した．回収率は60％とやや低目に設定して運転を行った．

膜に供給した170m³の処理水は，100m³の透過水と70m³の濃縮水に分離し，100m³の透過水は再利用水槽に貯留の後，1日70m³の補給水を加えて170m³の再利用水としてリサイクルし，70m³の濃縮水は下水道に放流した．

本フローシートの工場では，170m³/dの水洗水を使用しているが，そのうち100m³は，逆浸透膜による再生水で新たに補給している水は70m³/dである．

表12.4（次ページ）は，図12.12のフローシートで処理した各槽の水質測定結果の一例である．

再利用水の水質は，電気伝導率130μS/cm，TDS100mg/ l ，シリカ（SiO_2）

注) ポンプには，ポンプが水を羽根車に押し込むのにこれだけは必要という最低圧力〔これをRequired NPSH（Net Positive Suction Head）という〕がある．
　　通常の遠心ポンプのNPSHは，0.5～5m程度であるが，ここでは沪過を兼ねた供給ポンプの吐出圧(3.0 kgf/cm²)を高圧ポンプのRequired NPSHに用いている．

【表12.4】 めっき排水と処理水の水質

	クロム系原水槽	シアン系原水槽	酸・アルカリ系原水槽	クロム還元槽出口	シアン酸化槽出口	沈殿槽出口	砂沪過器出口	活性炭沪過器出口	pH調整槽出口(RO入口水)	放流管理槽出口(RO濃縮水)	再利用水槽出口(RO透過水)
pH	2.5	12.0	3.5	2.2	7.5	9.5	9.4	9.2	6.5	6.6	6.2
電気伝導率(μS/cm)			2800			4300	4250	4250	4340	7500	130
T.D.S. (mg/l)			2200			3200	3120	3120	3250	5600	100
COD (mg/l)			45			22	20	4.5	4.7	9.8	1.9
Cr^{6+}/Cr^{3+} (mg/l)	60/−			ND/58		ND/<0.5	ND/<0.5	ND/<0.5	ND/<0.5	ND/<0.5	ND/ND
CN^- (mg/l)		75			ND	ND	ND	ND	ND	ND	ND
Cu (mg/l)		45	20		40	<0.5	<0.5	<0.5	<0.5	0.6	ND
Zn (mg/l)		25	5		24	<0.5	<0.5	<0.5	<0.5	<0.5	ND
Ni (mg/l)			40			<0.5	<0.5	<0.5	<0.5	0.6	ND
Fe (mg/l)			10			<0.2	<0.2	<0.2	<0.2	0.3	ND
SiO_2 (mg/l)			65			25	23	23	23	41	2.5
N-ヘキサン抽出物質 (mg/l)			26			2	2	<1	<1	<1	<1
総硬度 (mg/l)						50	45	45	45	80	1.8
SS (mg/l)			38			3	<1	<1	<1	<1	ND
外観色	黄色	青色	微青色	黄色	青濁色	無色透明	同左	同左	同左	同左	同左

2.5mg/l, 重金属類は不検出となり，水道水と同等かそれ以上の水質となった．電気伝導率130μS/cmの水は，一般の飲料水程度の水質であり，通常のめっき水洗水としては再利用可能である．しかし，更に精密な純水洗浄を行う工程では部分的にイオン交換装置を用いて脱イオン水を作り，電気伝導率1μS/cm以下の脱イオン水として利用している．

排水の再利用における逆浸透膜は，前処理を慎重に行っても膜面が汚染され，透過水量の低下，膜の入口，出口の差圧の増加となって現われるので膜の洗浄は重要である．

本装置では，バクテリア系汚染の場合は，0.1%水酸化ナトリウムと0.2%ラウリル硫酸ナトリウムの混合液，金属系のスケールの場合は，1%クエン酸溶液または0.2%塩素溶液で30～60分循環洗浄する．逆浸透膜を長時間使用しない時は，0.5%亜硫酸水素ナトリウム溶液を封入して保管する．

造水の技術

増補

増補にあたって …………………………………………………335
13. 造　水 …………………………………………………337
　13.1　いま，なぜ造水なのか …………………………………337
　　13.1.1　わが国の水事情　337
　　13.1.2　水の循環　339
　　13.1.3　水の働きとその精製法　340
　13.2　水とクリーナープロダクション
　　　　　(Cleaner Production) ………………………………342
　　13.2.1　排水量の削減　343
　　13.2.2　原材料の変更　346
　　13.2.3　生産プロセスの変更　347
　　13.2.4　有価物の回収　348
　　13.2.5　高度処理とリサイクル　350
　13.3　造水の必要性 ……………………………………………350

草木の枝術

中 篇

増補にあたって

　本書は「資源としての水は，自然から与えられるのを待つだけでなく，積極的に高度処理をして持続的なリサイクルをすすめるべきである」との考えのもとに書かれたもので，1996年に発行された．その後8年を経過したが，この間，我々をとりまく水資源や水環境に関する諸問題は，増えることはあっても減ることはなかった．
　そして最近，CP (Cleaner Production) の概念を取り入れた生産方式が注目されるようになった．つまり，生産活動における"原料の採取から製品の廃棄，再利用に至るすべての過程において「環境への負荷を削減」しようとする環境管理手法"である．水利用でいえば，水は産業における貴重な資源の一つであるから節水を心がけ，一度使用した水でも反復再利用を図れば環境負荷を軽減できるうえ，企業にとって利益確保を期待できるという考えである．
　工場や事業所からは多種多様の汚染水が排出される．各企業とも，それぞれ汚染水の性質に対応する手法によって排出基準以下まで処理し，捨ててしまうことが多かったが，この捨ててしまう水をさらに高度処理してリサイクルすることがCPのねらいであり，これは本書の理念でもあった．
　では，いまなぜ『造水』なのか．「水はいくら使ってもただ」という観念が支配していたわが国であったが，それどころか，水はいまや貴重な資源となっている事実，そして排水処理から造水にいたる手法の概念を，本書の増刷に当たって加筆することにした．本書に述べられている造水の技術を活用し，CPの一助とすれば，環境保全と企業の利益確保に貢献できると確信している．
　なお，著者は企業や大学院のセミナーに本書を使用しているが，その講義の際に述べている次の三つの信念を付加しておく．
　① 技術者は，自から現場へ赴き，経験を積むこと．研究や工場の現場に立って目の前に展開されている現実，現象を熟視し，それらの事実から多く

を学びとろう．これらの現象をどのように受けとめ，冷静に判断し，解釈するかが技術者の能力の決め手となる．

② 資料や文献もない新たな問題に直面したときは，経験にもとづいた直感や五感がモノをいう．このような場合に備え，技術者は常日ごろから体調を整え，正しいものの見方，考え方を研いておくこと．

③ 排水それぞれの処理技術について理解はしていても，CPにかなう実際の造水設備のたちあげには，目的に合うようにこれらの技術を巧みに組み合わせる知見を必要とするが，この組み合わせ方の会得にこそ現場での経験が不可欠である．そのために技術者は，現場や自然現象から学ぼうとする謙虚な姿勢をもつこと．

自らの知識と経験が一致したときの手応えは，まさに技術者の喜びであり，その瞬間，それまでの知識が本物となり，あるいは自身のオリジナル技術開発のきっかけともなる．さらにその技術が実際の装置や設備として具体化され，産業界に受け入れられたなら，これに勝る喜びはない．そのために，本書が実務のガイドブックとして役立てば，著者として望外の喜びである．

2004年3月

和田洋六

13. 造　　水

13.1　いま，なぜ造水なのか

13.1.1　わが国の水事情

　地球の表面は約70％が水で覆われており，その量は約14億km³と見積もられている．一見して大量の水があるように思えるが，その97％は海水であって，淡水は僅か3％にしかすぎない．しかも，その僅かばかりの淡水の約69％は氷として極地方に，30％が地下水として潜在しており，日常的に我々が利用できる水というのは，その残り1％のさらに160分の1，なんと地球上に存在する水の1,000,000分の1.5にすぎない．つまり，満水の浴槽の水を地球の水にたとえれば，我々が使えるのはそこからすくった茶さじ一杯の量にも充たないほどのものなのである．

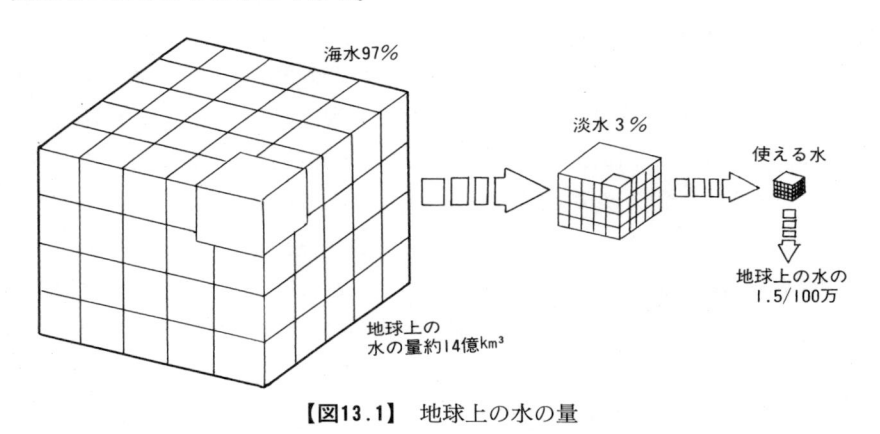

【図13.1】　地球上の水の量

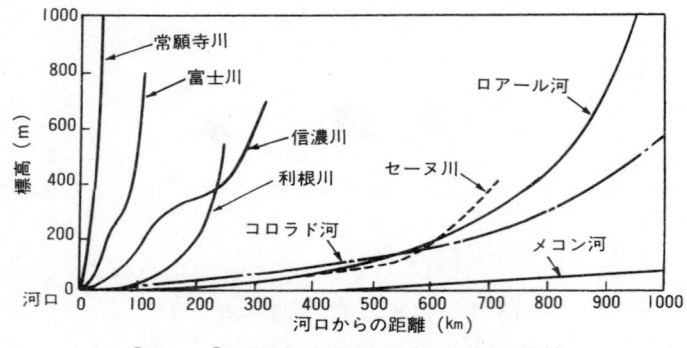

【図13.2】 世界の河川と日本の河川の比較

　ところで，日本の年間平均降水量は約1,750mmであって，世界の年間平均降水量約970mmの2倍に達している．とはいえ，国土のわりに人工密度が高いことから1人当りの平均降水量でみると，世界平均降水量（33,975m³／年／人）の6分の1（5,529m³／年／人）程度であって，決して豊富とはいえない．

　日本に降り注ぐ雨水の総量は約6,750億m³と推定されている．この値から蒸発する量と地下に浸透する量を差し引いた残りが利用可能な表流水となるのであるが，その降雨は気候的変動を受けやすく，梅雨，台風などのように限られた時期に集中することとあいまって，大部分は利用されないまま海に流出してしまう．地形的にも急峻なわが国の河川は距離が200kmたらずであって，標高が500m以上の山や平地に降った雨は，わずか2日ほどで一気に海に流れ落ちてしまう．したがって，利用する機会は非常にに少ない．これに比べるとメコン河やコロラド河は河口までの距離が1,000km以上と長大で，その流れはゆったりしており，流域に住む人々にとって水の利用頻度が大きい．

　流れの急な河川であればダムを作って大量の水を貯留し，適宜に放流することで問題は解決されるように思える．しかし，これを実行するとなれば数十年の歳月と巨額の費用を要し，自然破壊，生態系への悪影響，水没する集落の移転と住民の生活補償などの問題があるうえ，完成後には水の貯留にともなう土砂の堆積，水質悪化などの諸問題が派生する．こうしたことからわが国では，

これまでのように安易なダム建設そのものを見直そうという動きがでてきた．

二十一世紀の日本は，あるがままの自然の姿に戻して水源涵養のための植林や造林を推進し，森林や土壌が本来もっている保水力の増強を図り，天然の水がめとしたほうが，より自然に近い水資源の確保手段になるものと思われる．

一方，降り初めから 2mm 程度までの雨水は多少の汚染物質を含んでいるが，それ以後の降水は良質であるから，水の消費地でこれを貯留し，簡単なろ過・殺菌を施こして散水・洗浄・トイレ用水などに利用すれば生活用水を節約できる．また，道路のアスファルトやコンクリートによる舗装法を改良して雨水の地下浸透を可能な路面にすれば，河川・海域への直接流失を避け，地下水として貯留できる．そして，汚染された生活排水や産業排水は，適切な高度処理によってリサイクル化を推進する．

国土の狭小なわが国におけるこのような水事情を背景にすれば，雨水の有効利用や排水のリサイクルは有益な水利用対策であり，そのためにも「造水」の見地にたった新たな水処理技術が要求されるのである．

13.1.2　水の循環

水は太古の昔から地球上を循環することで成り立っている資源であり，他の鉱物資源とは違った特性をもっている．石油，石炭，天然ガスなどは一度使ってしまえばなくなって二度と元には戻らないが，水に限っては長期に利用されている資源でありながら循環しているため尽きることがない．したがって，人がある段階で水を使い何らかの変化を与えたとすれば，これがその後の水質やさまざまな水利用に影響を及ぼすことになる．たとえば，水質汚濁による環境破壊や地下水の汲み上げにともなう地盤沈下などの問題はその典型例である．そこで，毎日水を使う我々は，水が地球上を循環していることを常に念頭におき，高度処理，リサイクル化，節水対策を考えて，後の工程に負担をかけない循環型の生活を心がけなければならない．

最近，農産物や畜産物育成のために消費した大量の水が，これらの輸出に付髄して地球上を移動するという考え方がでてきた．大麦，大豆などの穀物，野菜およびこれらを飼料としている牛，豚，羊などの生産には大量の水が使用さ

主要農産物	米	麦類	豆類	牛肉	綿製品	
輸入量	749	27589	5066	974	501	（千トン／年）
	↓	↓	↓	↓	↓	
生産に必要な合計水量	18.7	275.9	50.7	68.2	25.1	総合計 438.6 （億 m³／年）

【図13.3】 日本の輸入主要農畜産物の生産に要する水の量

れる．食糧の大半を輸入に頼っているわが国は，世界の多くの国々から農産物や畜産物をとおして大量の水を輸入している「水輸入国」というわけである．

循環することで成り立っている水が，湖沼や閉鎖海域で停滞すると酸欠，アオコの発生，赤潮，pHの上昇といった障害を発現する．これによって魚介類の死滅をはじめ，多くの水生生物が生息できなくなる．ダムなど人工の閉鎖水域で春から夏にかけ，水の停滞にともなって発生する魚介類の死滅現象はその事例である．

停滞によって汚染した水でも，循環し，入れ替えることによって水質が改善される．生産工程で使用しているろ過，膜処理，イオン交換樹脂処理を経た清浄な水でも，貯留槽や反応槽に貯めておくとバクテリアが繁殖し，微粒子数の増加をみることがある．ところが，同じ経緯の水でも常に循環ろ過するか，一部を入れ替えることによってこれらの障害が軽減される．このことは自然界の水も産業用の清浄水と同じであり，常に循環もしくは入れ替えることによって清浄な状態を維持できる．

これまで行なってきた用水処理や排水処理は，入手した水を目標とする水質レベルに「処理するための技術」であるが，「造水の技術」では高度処理やリサイクル化を意図して水を使用する我々が，自ら水を造るという観点にたっている．

13.1.3 水の働きとその精製法

水は，①溶解，②洗浄，③生命維持，④温度調整，⑤輸送，⑥レジャー，⑦修景など，さまざまな面で人の生活と産業活動を支えている．とくに，水にはあらゆるものを溶かすという優れた特徴があるが，その反面，溶解や洗浄で一

【表13.1】 超純水の水質レベル（1Mb〜1Gb）

項目	集積度	1Mb	4Mb〜16Mb	16Mb〜64Mb	64Mb〜256Mb	256Mb〜1Gb
比抵抗（MΩcm）		17.5〜18	>18	>18.1	>18.2	>18.2
微粒子 （個／mL）	0.1μm	10〜20	<5			
	0.05μm		<10	<5	<1	
	0.03μm				<10	<5
	0.02μm					<10
生菌数（個／L）		10〜50	<10	<1	<0.5	<0.1
TOC（ppb）		30〜50	<10	<5	<2	<1
シリカ（ppb）		5	<1	<1	<0.5	<0.1
溶存酸素（ppb）		<50	<50	<10	<5	<1

度使用した水をリサイクルしようとすれば，物理，化学，生物の三つの処理手段を巧みに組み合わせた分離と精製の技術が必要になる．

　水の精製で最も純度を要求されるのは，半導体や電子部品の洗浄時に使用する超純水である．この超純水の水質はLSIの高密度化にともない年を追うごとに高純度を要求され，本書が発行された8年前に比べ表13.1のように変化している（p.275 表11.8を参照）．

　水を精製するには，きれいな水をさらに精製する用水処理と，汚濁水を目的に見合った水質になるまで浄化する排水処理がある．汚濁した水を浄化する工程に，いきなり高度な処理法を適用しても効果があがらないばかりか，不経済である．

　汚濁排水を精製してリサイクルするには，用水処理と排水処理，両者についての知見と経験を必要とする．そこに，いくつかの単位操作を段階的に組み合わせれば，目的に見合った処理水が得られるのであるが，これらの組み合わせにはかなりの経験と実績が要求される．一例として，生活排水のリサイクル化をあげれば，次のような組み合わせが考えられる．

① スクリーンによる異物除去　② 汚濁物の沈殿除去
③ 生物処理　　　　　　　　　④ MFろ過
⑤ オゾン殺菌　　　　　　　　⑥ 生物活性炭処理

⑦ 再利用

このように，リサイクルを目的にした処理には化学薬品を使わないプロセスを段階的に組み合わせれば，後工程に悪影響を与えずにすむ．

13.2 水とクリーナープロダクション（Cleaner Production）

CPは1989年にUNEP（United Nations Environmental Program：国連環境計画）によって提唱されたもので「原料の採取から製品の廃棄，再利用にいたるすべての過程において環境の負荷を削減しようとする考え方にもとづいて，従来の個々の対策技術（ハード技術）だけでなく，システムの管理手法的な技術（ソフト技術）をも含めた産業環境監理手法」である．つまり，生産性の高いプロセスと環境に低負荷の原材料を導入するとともに，廃棄物の再資源化，水のリサイクル，エネルギー回収などを推進し，利益確保と環境保全の両

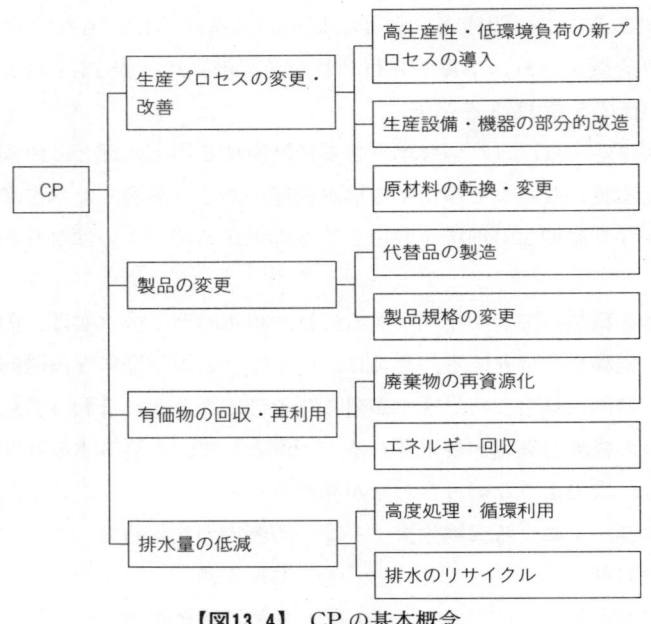

CP	生産プロセスの変更・改善	高生産性・低環境負荷の新プロセスの導入
		生産設備・機器の部分的改造
		原材料の転換・変更
	製品の変更	代替品の製造
		製品規格の変更
	有価物の回収・再利用	廃棄物の再資源化
		エネルギー回収
	排水量の低減	高度処理・循環利用
		排水のリサイクル

【図13.4】 CPの基本概念

方を達成しようとする考え方である．現在，その技術情報の整備と普及が国際的な課題として位置づけられており，各国で取り組みがすすめられている．

これまでの環境対策としての排水処理では，設備を適切に運転管理していれば汚濁物質の排出を減少させることができた．これは汚染したガスや汚濁した排水は，排出口で汚染防止処理を行なうという観点からエンド・オブ・パイプ (EOP：End of Pipe) とよばれていた．しかし，この方法は企業にとって収益に寄与しないので，一般的に歓迎されてはいなかった．

CP は生産方式を改善するとともに環境保全の推進，省資源・省エネルギー化をも図れるので，企業の経済的基盤も強化できる．この考えはいわば一石二鳥の産業環境監理手法なので，エンド・オブ・パイプには消極的であった発展途上国や中小企業においても受け入れやすい．図13.4にCPの基本概念を示した．

なお，水に関するCPのポイントには以下の項目がある．

13.2.1　排水量の削減

水に関するCPでは，まず水量・水質の把握，用排水の分別．次いで，用水と排水の削減を検討する．排水量を減少させれば，汚濁の原因物質を減らすこともできる．

(1)　水量・水質の把握

CPの実行にあたって最初に行なうことは，用水と排水の水量・水質の把握である．測定は厳密でなくてもよいから継続して行ない，蓄積したデータから用水と排水についての傾向を探る．生産工程によっては，用水の使用が連続的であったり間欠的であったりして工程ごとの単位時間あたりの使用水量の把握が困難な場合もあろうが，簡単な測定器を用いるとか，流量計がない場合はバケツを用いるなどして，おおまかな排水量を測定し必ず数量化する．

水質については，その工程で発生する汚濁物に焦点を絞り，場合によっては重金属類や酸，アルカリなど，排水処理施設や環境に影響を与える物質についても測定しておくことが必要である．

生産工程から排出される水は多くの場合，有害物，有機物，懸濁物質などを

含んだ濃厚排水と,それらをほとんど含んでいない単純排水に分類される.これらの排水は混合せず,はじめから分別して貯留し,それぞれの水質の特性を見極めておくことが大切である.

(2) 排水の分別

汚濁水は排水処理が必須であるが,有害物質を含まない水であればそのまま再利用できるので,はじめに分類しておけば汚濁物質の拡散を防ぐことにもなる.例えば,製品に直接接触しない冷却水の場合は汚濁の機会が少ないので,温度,硬度成分,シリカなどを管理すればそのまま循環使用できる.

発展途上国や中小企業において,汚濁水と清浄な排水を,分別することなくすべてを混合し,必要以上に大きな処理設備を設けて運転している事例を目にすることがあるが,まったく不経済である.また,すでに排水の区分をしているプロセスにおいても,もう一度分別について見直すと処理コストをさらに削減できることがある.

(3) 多段水洗

用水の過剰使用や工場廃水の増大に関する問題のほとんどは,原料や製品の洗浄方法に原因がある.生産現場における洗浄工程では,洗う品物を水の入った槽に一定時間浸漬して洗浄するのが一般的である.このとき,水を張った槽に品物を入れ水をかけ流しにして洗うよりも,複数の槽を直列に並べ,その中に順次浸漬して洗ったほうが,少ない水でより好い洗浄効果を得ることができる.図13.5に使用水量と水洗段数の関係例を示した.図から,一段水洗では12,000L/hの水洗水を消費していたが,二段水洗にすれば154L/h,三段水洗ならば36L/hの水で同じ洗浄効果が得られることがわかる.

多段水洗は高価な純水を使用する半導体や電子部品の洗浄をはじめ,一般の機械部品,食品,めっきなどの洗浄工程に適用すれば,節水と排水量の削減が可能である.

(4) シャワー水洗

シャワー水洗では,固定した品物に清浄な水を絶え間なく浴びせかけて汚濁物を除去する.これは洗浄対象物と水洗水が常に共存する浸漬洗浄との大きな違いである.シャワー水洗では,汚れを除去または溶解した汚洗水が品物から

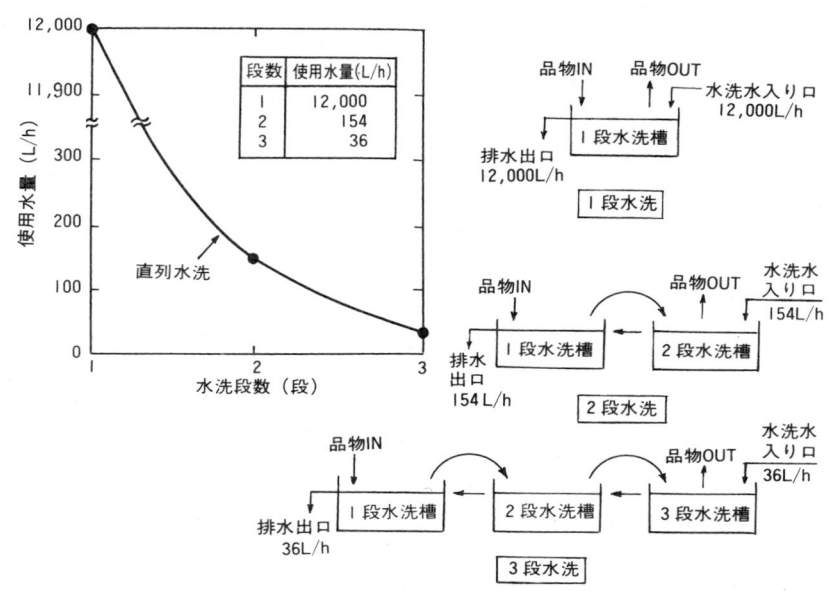

【図13.5】 直列水洗における使用水量と水洗段数の関係

離れ，代わって新鮮な水が継続して接触するので多段水洗によく似た効果で洗浄できる．さらに，水を処理対象物に吹きつけるので，水の衝撃作用や剥離効果も加わって少ない水で高い洗浄効果を得ることができる．

(5) 温水洗浄

水は水温をあげると粘度が低下する．図13.6に水の温度と相対密度の関係を示したが，0℃の相対粘度を1.0とすれば30℃の水は0.5になることがわかる．30℃の水の粘度は0℃のときの半分，つまり，それだけサラサラしているので洗浄効果や浸透作用が高いことになる．身近かな例をあげれば，冷たい水で洗濯するより温水で洗ったほうが汚れの落ちがよいのと同じ現象である．

(6) 空気洗浄への変更

圧縮空気で機械部品や製品についた汚れを噴き飛ばすと，水洗や乾燥の手間が省けるうえ節水，省エネとなる．また，電子部品や機械部品の水洗工程で，処理槽からあがってきた品物についている液滴を圧縮空気で噴き飛ばして水切りし，次の水洗槽に浸漬すれば持ち込み量が減って汚染の拡散を防ぎ，かつ大

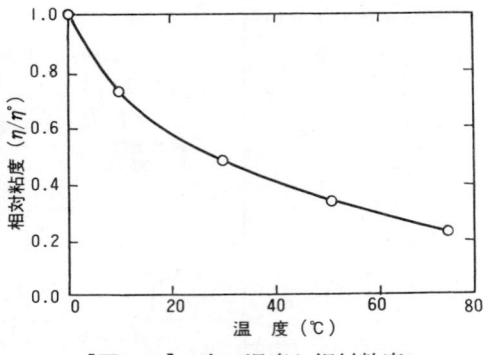

【図13.6】 水の温度と相対粘度

幅な節水となる．空気を噴きつけなくとも，水切りを十分に行なうだけで次工程への汚濁水持ち込みを減らせるので汚染の拡散を防ぐことができる．

(7) **掃除機による床洗浄**

食品や医薬品を扱う工場では，1日の作業を終了すると衛生管理の観点から多量の水を使って床洗浄をすることが多い．この水洗には洗剤や塩素剤を多く使用するため，そのままでは公共水域に放流できないこともある．排水処理をするとなればそれなりの設備が必要なうえ維持管理費もかかるであろう．

そこで，可能な限り水を使わない清掃法として，掃除機を用い汚れを吸引除去することが検討された．床にこぼれるものが少ない場合は業務用の大型掃除機を常備しておき，床や設備表面の汚れを吸引する．こぼれるものが湿っていたり液体であっても特殊な掃除機を使用すれば清掃できる．さらに，高圧水や蒸気を噴きつけて洗浄し，凝縮水を吸引してもよい．

掃除機による吸引清掃は，水ホースによる洗浄より面倒であるが，汚染物質の拡散を防止できるうえ，排水量を大幅に減らすことができるのでCPの観点からは望ましい．

13.2.2 原材料の変更

製品の加工にあたり原材料を変更すると，排水の性状が変わって水処理が容易になることがある．ただし，原材料の変更は製品の品質に直接影響すること

でもあるから，品質の劣化を招かぬよう慎重に配慮しなければならない．

一例として，銅めっきにはシアン化銅，ピロリン酸銅，硫酸銅などの薬剤を使った方法がある．それぞれの方法に一長一短はあるが，環境管理の観点からは人体や生物に有害なシアンを含まない薬剤に変更することが望ましい．

また，自動車，電気機材，事務機器などには鉄素材に亜鉛めっきをした後，6価クロムによって防錆処理をした部品が使われている．このほかアルミニウム，銅，マグネシウムの防錆，変色防止などにも6価クロムが利用されるが，酸化性が強いので体内に入ると還元性物質（赤血球，酵素など）を酸化して不活性化したり，DNAに障害を与え発ガン性を高めると考えられている．これらのことから6価クロムに対する規制が厳しくなり，代替薬品への転換が望まれた．これに応え，3価クロムを用いた薬剤の開発が検討され実用段階に入った．なお，ヨーロッパの自動車会社主導による生産方式は6価クロムフリー処理プロセスに向かっている．

脱脂洗浄における薬品は，洗浄効果が多少劣っても環境保全の見地から有機溶剤の使用はやめ，生物分解しやすい水溶性の界面活性剤に切り換えるなどの工夫が必要である．これにより，大気への有機溶剤拡散が防止でき，界面活性剤を含んだ排水は活性汚泥処理による生物分解が可能になるので，環境に与える影響も軽減される．

13.2.3　生産プロセスの変更

米のとぎ汁には，一般にBOD：2,000mg/L，COD：1,000mg/L，SS：1,500mg/L，T-N：70mg/L，T-P：70mg/Lが含まれているため，有機物汚濁，窒素・リンによる富栄養化，アオコ発生などの原因とされた．

米菓工場や酒造工場では，大量の水を使い水洗によって糠を除去しているため大きな排水処理設備を設けたが，それでも水質汚濁や富栄養化の一因として注目されてきた．そこで，一部の工場では水を使わず，米を入れたタンクに圧縮空気を送って米粒を流動状態にし，米どおしの擦りあいで糠を剥離して除去する方法に変更した．剥離した糠はバッグフィルターで集めて分離回収し，肥料や飼料に，そして糠を剥離するときの媒体として再利用する．これにより，

汚濁排水の発生をなくし，環境負荷を低減することができた．

これは，それまでの水洗浄を空気洗浄に変更したことにより排水をなくし，廃棄物であった糠の有効活用を図った CP の事例である．最近は水を使わずに糠を除去した米が無洗米として一般に販売され，環境保全に一役かっている．

13.2.4 有価物の回収

(1) クロムの回収

クロムめっきの工程で排出される水洗水は，陽イオン交換樹脂と陰イオン樹脂を用いれば脱イオン水として再利用できる．このとき陰イオン交換樹脂に吸着した6価クロムは，水酸化ナトリウム溶液を用いて溶離できるからイオン交換樹脂は繰り返して使える．

溶離した6価クロムは，クロム酸などの原料として再利用できるが，このままでは塩化物イオンが多いので，クロム酸の精製工程で障害となる．そこで，この溶離液をもう一度イオン交換樹脂処理をして塩化物イオンを除けば，クロ

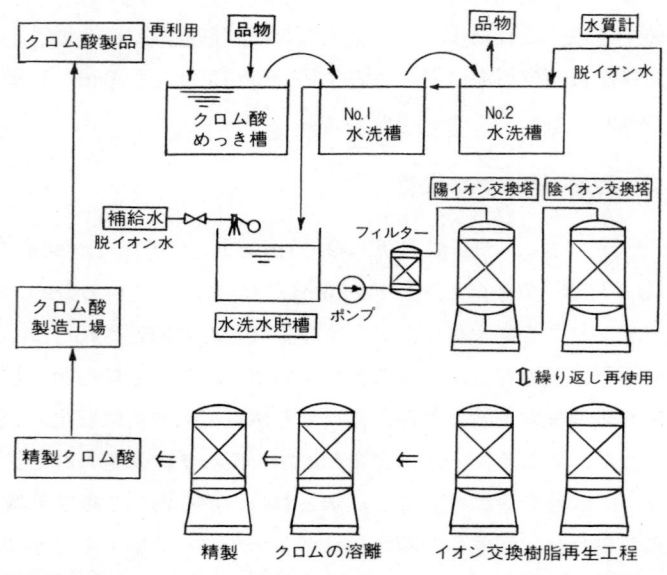

【図13.7】 クロムめっき水洗水のリサイクルとクロムの再資源化

ム酸の原料として再利用できる．

図 13.7 はクロムめっき水洗水のリサイクルとクロムの再資源化を示したフローシートの例である．これによりクロムめっき水洗水とクロムのリサイクルが可能となり，環境保全と再資源化が達成される．

(2) ニッケルめっき液の工程内リサイクル

ニッケルめっき液は硫酸ニッケル，ほう酸，光沢剤などで構成されている．1999 年 2 月に，ほう素が環境基準の健康項目に指定された．これを受けて，めっき工程におけるほう素の排水基準は 5 年の暫定措置期間を経て 2004 年 7 月から 10mg/L 以下となる．このほう素の処理にはイオン交換樹脂法，凝集沈殿法などがあるが，CP の観点からすれば工程内でのリサイクル化が望ましい．

図 13.8 はニッケルめっき液の工程内リサイクルの例である．ニッケルめっきの回収液は，まず活性炭を用いて光沢剤（サッカリン，ブチンジオール，アリルスルホン酸などを含む）を吸着除去し，次に，水洗水を減圧濃縮装置で濃縮する．蒸発によって凝縮した水は No.2 水洗槽に送り，濃縮液のほうはニッケルめっき槽に戻す．これでニッケルめっき液の工程内リサイクルが実現する．

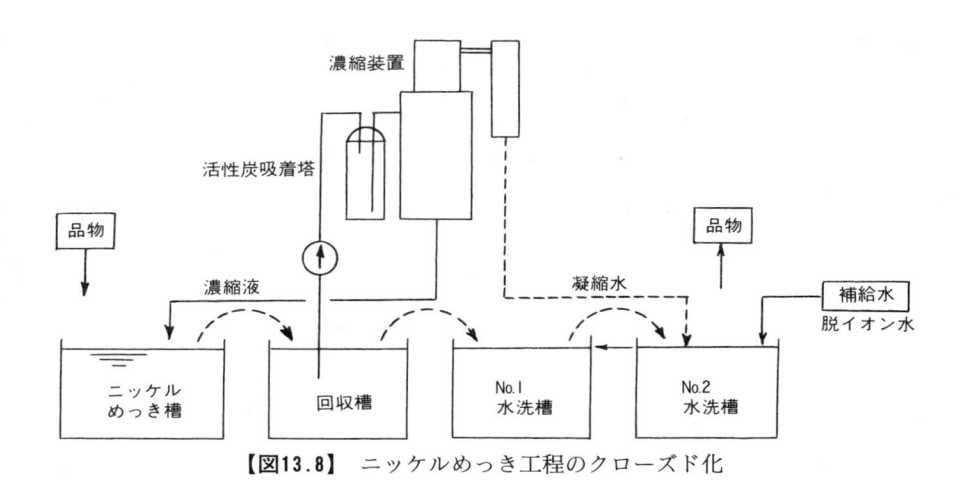

【図13.8】 ニッケルめっき工程のクローズド化

13.2.5 高度処理とリサイクル

これまで排水処理をして廃棄していた水でも,少し手を加え高度処理をすれば立派に再利用できる.リサイクル化を意図した高度処理には後工程のことを考慮し,できるだけ薬剤を使わない処理方法を選定することが望ましい.

例えば,MF,UF,RO 膜などを組み合わせてろ過,脱塩処理をすれば,処理薬剤に頼ることなく,これまで捨てていた排水を水道水以上の水質に改善することができる.さらに,このうえにイオン交換樹脂処理や光オゾン酸化処理などを付加すれば,純水なみの水質になる.なお,膜処理からはどうしても濃縮水が排出される.しかし,その量は従来の排水処理工程に比べて半分以下であるから,環境に与える影響は軽減される.

このように,CP の推進に必須の高度処理やリサイクル技術では,化学薬品を使わない単純なプロセスの導入が望まれるが,本書では単純な構造,小型の装置で,しかもできるだけ化学薬品を使わないシステムについて多く提案している.

13.3 造水の必要性

水があればそこで人々は暮らすことができ,農業が営まれ,やがて産業が発展する.四大文明発祥の地であるエジプト(ナイル河),メソポタミア(ユーフラテス河),インド(インダス河)および中国(黄河)にはいずれも水が豊富な河川があった.これらの土地は,①緑に覆われていた,②肥沃な大地に恵まれていた,③河川による水利に恵まれていた……などの理由から人々が豊かで平和な生活を営むことができた.

人々の生活が衣食住を満たす程度の控えめな時代であれば,大気,水,土壌などの環境は健全に維持され,地球が本来もっている浄化能力の範囲で修復されていた.ところが,二十世紀になって我々が便利な生活を追い求め,産業が過度に,しかも特定の地域に集中して発達した結果,世界各地において地球本来の自浄能力を超える現象が見られるようになった.まずは水質汚濁による公

害問題の発生である．

　わが国では水質の公害問題を官民一体となって克服した経緯がある．そのときの行動は，その後の水環境の保全に大きく貢献したものの人体や水環境に有害な物質の処理を目的にしたものであり，さらに進んで節水やリサイクル技術の具体策造りにまでは踏み込んでおらず，いくつかの問題点を残している．

　世界経済の発展と人口の増加によって水の消費量は増え続けている．二十一世紀の国際紛争は，水をめぐる争いになるという見方がある．水の消費量が増え，水資源の豊かな国とそうでない国の間で公平な水の分配が難しくなるからである．

　ヨーロッパを流れるライン河はスイス，ドイツ，フランス，オランダの国々をよぎる国際河川である．そのためライン河流域の国々は協力して産業排水の処理と上水道の浄化に細心の注意を払っているが，有害物による汚染の問題は皆無とはいえないようである．

　中国では，70年代から黄河の下流において「断流現象」が頻繁に発生している．上流で農業用水を大量に使用するのと雨量の減少が原因であるという．

　このような我々を取り巻く生活用水や産業排水の問題は，今後も絶えることなく発生する．だからこそ，水は地球上で唯一循環利用できる比類なき資源であることを念頭におき，常に使用後のことを考え，使ったまま廃棄をせずに高度処理やリサイクル技術を適用した「造水」を心がけるべきである．

　地球上の水の97%を占める海水，そして生活排水は，見方を変えれば貴重な水資源でもある．カリブ海に浮かぶ島国トリニダードトバコでは日量13.6万トン，約50万人分の水を供給する逆浸透膜方式による大型の海水淡水化装置が稼動している．沖縄県では国内最大の日量4万トン，約16万人分のプラントが稼動している．

　逆浸透膜による脱塩処理は，海水淡水化だけでなく産業排水や下水の浄化にも使える．上水道水源の大半をマレーシアに依存しているシンガポールでは，逆浸透膜方式によって下水を飲料水に変えている．なお，これらの処理に使用されている逆浸透膜の大半は日本製である．

　海水や汚濁排水をきれいな水に変えることは水不足解消だけでなく，地球規

模での環境改善にもつながっている．水資源の乏しいわが国では，これまで以上に節水を心がけ，排水の高度処理とリサイクル化を推進するための「造水」が必要なのである．そして本書には，各項において水不足や水質汚染の諸問題の解決，さらに排水のリサイクル化を実行するための具体的な「造水の技術」について解説されている．

参 考 資 料

1. 水質汚濁に係わる環境基準

(昭和46年12月28日環境庁告示第59号最終改正平成5年8月27日環境庁告示第65号)

	物 質 名	環境基準	測定方法
健康項目	カドミウム	0.01 mg/l 以下	規格55.2, 55.3若しくは55.4又は付表1
	全シアン	検出されないこと (0.1 mg/l 未満)	規格38.1.2及び38.2又は38.1.2及び38.3
	鉛	0.01 mg/l 以下	規格54.2, 54.3若しくは54.4又は付表1
	六価クロム	0.05 mg/l 以下	規格65.2又は付表1
	ヒ素	0.01 mg/l 以下	規格61.2又は付表2
	総水銀	0.0005 mg/l 以下	付表3
	アルキル水銀	検出されないこと (0.0005 mg/l 未満)	付表4
	PCB	検出されないこと (0.0005 mg/l 以下)	付表5
	ジクロロメタン	0.02 mg/l 以下	付表6の第1, 第2又は第3
	四塩化炭素	0.002 mg/l 以下	日本工業規格 K 0125の5又は付表6の第1, 第2, 若しくは第3
	1,2-ジクロロエタン	0.004 mg/l 以下	付表6の第1, 第2又は第3
	1,1-ジクロロエチレン	0.02 mg/l 以下	付表6の第1, 第2又は第3

(つづく)

(1. 水質汚濁に係わる環境基準 つづき)

（健康項目）	シス-1,2-ジクロロエチレン	0.04 mg/l 以下	付表6の第1，第2又は第3
	1,1,1-トリクロロエタン	1 mg/l 以下	日本工業規格 K 0125の5又は付表6の第1，第2，若しくは第3
	1,1,2-トリクロロエタン	0.006 mg/l 以下	日本工業規格 K 0125の5に準ずる方法又は付表6の第1，第2若しくは第3
	トリクロロエチレン	0.03 mg/l 以下	日本工業規格 K 0125の5又は付表6の第1，第2若しくは第3
	テトラクロロエチレン	0.01 mg/l 以下	日本工業規格K0125の5又は付表6の第1，第2若しくは第3
	1,3-ジクロロプロペン	0.002 mg/l 以下	付表6の第1，第2又は第3
	チウラム	0.006 mg/l 以下	付表7
	シマジン	0.003 mg/l 以下	付表8の第1又は第2
	チオベンカルブ	0.02 mg/l 以下	付表8の第1又は第2
	ベンゼン	0.01mg/l 以下	付表6の第1，第2又は第3
	セレン	0.01mg/l 以下	規格67.2又は付表2

		河川					湖沼			海域			
	利用目的の適応性	AA	A	B	C	D	E	AA	A	B	C	A	B	C	
生活環境項目	水素イオン濃度(pH)	6.5〜8.5	6.5〜8.5	6.5〜8.5	6.5〜8.5	6.0〜8.5	6.0〜8.5	6.5〜8.5	6.5〜8.5	6.5〜8.5	6.0〜8.5	7.8〜8.3	7.8〜8.3	7.0〜8.3	規格12.1
	生物化学的酸素要求量(BOD)	1 mg/l 以下	2 mg/l 以下	3 mg/l 以下	5 mg/l 以下	8 mg/l 以下	10 mg/l 以下	—	—	—	—	—	—	—	規格21
	化学的酸素要求量(COD)	—	—	—	—	—	—	1 mg/l 以下	3 mg/l 以下	5 mg/l 以下	8 mg/l 以下	2 mg/l 以下	3 mg/l 以下	8 mg/l 以下	規格17
	浮遊物質量(SS)	25 mg/l 以下	25 mg/l 以下	25 mg/l 以下	50 mg/l 以下	100 mg/l 以下	ごみの浮遊が認められないこと	1 mg/l 以下	5 mg/l 以下	15 mg/l 以下	ごみの浮遊が認められないこと	—	—	—	付表9
	溶存酸素量(DO)	7.5 mg/l 以上	7.5 mg/l 以上	5 mg/l 以上	5 mg/l 以上	2 mg/l 以上	2 mg/l 以上	7.5 mg/l 以上	7.5 mg/l 以上	5 mg/l 以上	2 mg/l 以上	7.5 mg/l 以上	5 mg/l 以上	2 mg/l 以上	規格32

(つづく)

(1. 水質汚濁に係わる環境基準 つづき)

（生活環境項目）									
大腸菌群数	50 MPN/ mg/l 以下	1000 MPN/ mg/l 以下	5000 MPN/ mg/l 以下	—	—	50 MPN/ mg/l 以下	1000 MPN/ mg/l 以下	1000 MPN/ mg/l 以下	—	最確数による定量法
N-ヘキサン抽出物質(油分等)	—	—	—	—	—	—	検出されないこと	検出されないこと	付表12
全窒素	—	—	—	—	—	別表1参照	別表2参照	別表1,2参照
全リン	—	—	—	—	—	別表1参照	別表2参照	別表1,2参照

(注) 1) 規格とは，日本工業規格 K 0102 をいう．
     2) 基準値は年間平均値とする．ただし全シアンに係る基準値については，最高値とする．

【別表 1】

湖沼のチッ素，リンに係わる環境基準

項目 類型	利用目的の適応性	基　準　値	
		全チッ素	全リン
I	自然環境保全及びII以下の欄に掲げるもの	0.1 mg/l 以下	0.005 mg/l 以下
II	水道1，2，3級（特殊なものを除く．） 水産1種 水浴及びIII以下の欄に掲げるもの	0.2 mg/l 以下	0.01 mg/l 以下
III	水道3級（特殊なもの）及びIV以下の欄に掲げるもの	0.4 mg/l 以下	0.03 mg/l 以下
IV	水産2種及びVの欄に掲げるもの	0.6 mg/l 以下	0.05 mg/l 以下
V	水産3種 工業用水 農業用水 環境保全	1 mg/l 以下	0.1 mg/l 以下
測定方法		付表10	付表11

備　考
 1) 基準値は，年間平均値とする．
 2) 水域類型の指定は，湖沼プランクトンの著しい増殖を生ずるおそれがある湖沼について行うものとし，全チッ素の項目の基準値は，全窒素が湖沼植物プランクトンの増殖の要因となる湖沼について適用する．

(つづく)

(別表 1　湖沼のチッ素，リンに係わる環境基準　つづき)
　3)　農業用水については，全リンの項目の基準値は適用しない．

(注)　1)　自然環境保全：自然探勝等の環境保全
　　　2)　水　道　1　級：沪過等による簡易な浄水操作を行うもの
　　　　　水　道　2　級：沈殿沪過等による通常の浄水操作を行うもの
　　　　　水　道　3　級：前処理等を伴う高度の浄水操作を行うもの（「特殊なもの」とは，臭気物質の除去が可能な特殊な浄水操作を行うものをいう）
　　　3)　水　産　1　種：サケ科魚類及びアユ等の水産生物用並びに水産2種及び水産3種の水産生物用
　　　　　水　産　2　種：ワカサギ等の水産生物用及び水産3種の水産生物用
　　　　　水　産　3　種：コイ，フナ等の水産生物用
　　　4)　環　境　保　全：国民の日常生活（沿岸の遊歩等を含む）において不快感を生じない限度

【別表　2】
海域のチッ素，リンに係わる環境基準

項目 類型	利用目的の適応性	基　準　値		該当水域
		全チッ素	全リン	
I	自然環境保全及びⅡ以下の欄に掲げるもの（水産2種及び3種を除く）	0.2 mg/l 以下	0.02 mg/l 以下	第1の2の(2)により水域累計ごとに指定する海域
II	水道1種　水浴及びⅢ以下の欄に掲げるもの（水産2種及び3種を除く）	0.3 mg/l 以下	0.03 mg/l 以下	
III	水産2種及びⅣの欄に掲げるもの（水産3種を除く）	0.6 mg/l 以下	0.05 mg/l 以下	
IV	水産3種 工業用水 生物生息環境保全	1 mg/l 以下	0.09 mg/l 以下	
	測定方法	規格45.4に定める方法	規格46.3に定める方法	

備　考
　1)　基準値は，年間平均値とする．
　2)　水域類型の指定は，海洋植物プランクトンの著しい増殖を生ずるおそれがある海域について行うものとする．

(注)　1)　自然環境保全：自然探勝等の環境保全
　　　2)　水　道　1　種：底生魚介類を含め多様な水産生物がバランス良く，かつ，安定して漁獲される．
　　　　　水　道　2　種：一部の底生魚介類を除き，魚類を中心とした水産物多獲される．
　　　　　水　産　3　種：汚濁に強い特定の水産生物が主に漁獲される．
　　　3)　生物生息環境保全：年間を通して底生生物が生息できる限度

2. 水質汚濁防止に係わる排水基準

(＊昭和46年6月21日総理府令第35号最終改正平成5年12月27日総理府令第54号
＊＊昭和49年9月30日環境庁告示第64号最終改正平成6年1月10日環境庁告示第2号)

	物　質　名	＊排水基準	＊＊測定方法
健康項目	カドミウム及びその化合物	0.1 mg/l 以下	規格55.2, 55.3若しくは55.4又は告示付表1
	シアン化合物	1 mg/l 以下	規格38.1.2及び38.2又は38.1.2及び38.3
	有機リン化合物	1 mg/l 以下	付表1又は規格31.1, 付表2
	鉛及びその化合物	0.1 mg/l 以下	規格54.2, 54.3若しくは54.4又は告示付表1
	六価クロム化合物	0.5 mg/l 以下	規格65.2.1
	ヒ素及びその化合物	0.1 mg/l 以下	規格61又は告示付表2
	水銀及びその化合物	0.005 mg/l 以下	告示付表3
	アルキル水銀化合物	検出されないこと (0.0005 mg/l 未満)	告示付表4又は付表4
	Ｐ　Ｃ　Ｂ	0.003 mg/l 以下	JIS規格 K 0093又は告示付表5
	トリクロロエチレン	0.3 mg/l 以下	JIS規格 K 0125の5又は告示付表6の第1, 第2若しくは第3
	テトラクロロエチレン	0.1 mg/l 以下	JIS規格 K 0125の5又は告示付表6の第1, 第2若しくは第3
	ジクロロメタン	0.2 mg/l 以下	告示付表6の第1, 第2若しくは第3又は付表5
	四塩化炭素	0.02 mg/l 以下	JIS規格 K 0125の5又は告示付表6の第1, 第2若しくは第3
	1,2-ジクロロエタン	0.04 mg/l 以下	告示付表6の第1, 第2若しくは第3又は付表5

(つづく)

(2. 水質汚濁防止に係わる排水基準　つづき)

（健康項目）	1,1-ジクロロエチレン	0.2 mg/l 以下	告示付表6の第1,第2若しくは第3又は付表5
	シス-1,2-ジクロロエチレン	0.4 mg/l 以下	告示付表6の第1,第2若しくは第3又は付表5
	1,1,1-トリクロロエタン	3 mg/l 以下	JIS規格 K 0125の5又は告示付表6の第1，第2若しくは第3
	1,1,2-トリクロロエタン	0.06 mg/l 以下	JIS規格 K 0125の5に準ずる方法又は告示付表6の第1,第2若しくは第3
	1,3-ジクロロプロペン	0.02 mg/l 以下	告示付表6の第1,第2若しくは第3又は付表5
	チウラム	0.06 mg/l 以下	告示付表7
	シマジン	0.03 mg/l 以下	告示付表8の第1又は第2
	チオベンカルブ	0.2 mg/l 以下	告示付表8の第1又は第2
	ベンゼン	0.1 mg/l 以下	告示付表6の第1,第2若しくは第3又は付表5
	セレン	0.1 mg/l 以下	規格67又は告示付表2
生活環境項目	水素イオン濃度(pH)	海域以外 5.8〜8.6 海域　5.0〜90.	規格12.1
	生物化学的酸素要求量 (BOD)	160 mg/l 以下（日間平均 120mg/l 以下）	規格21
	化学的酸素要求量 (COD)	160 mg/l 以下（日間平均 120mg/l 以下）	規格17
	浮遊物質量 (SS)	200 mg/l 以下（日間平均 150mg/l 以下）	告示付表9
	N-ヘキサン抽出物質 (油分等)	鉱油類 5 mg/l 以下 動植物油脂類 30mg/l 以下	付表6
	フェノール類含有量	5 mg/l 以下	規格28.1
	銅含有量	3 mg/l 以下	規格52.2,52.3若しくは52.4又は付表3
	亜鉛含有量	5 mg/l 以下	規格53.2若しくは53.3又は付表3若しくは付表7

(つづく)

(2. 水質汚濁防止に係わる排水基準　つづき)

	項目	基準値	測定方法
（生活環境項目）	溶解性鉄含有量	10 mg/l 以下	JIS規格 M 0202 の 3.1.4 の (2) 及び規格 57.2，JIS規格 M 0202 の 3.1.4 の (2) 及び規格 57.3 又はJIS規格 M 0202 の 3.1.4 の (2) 及び付表 7
	溶解性マンガン含有量	10 mg/l 以下	JIS規格 M 0202 の3.1.4 の (2) 及び規格 56.2，JIS規格 M 0202 の 3.1.4 の (2) 及び規格 56.3，JIS規格 M 0202 の 3.1.4 の (2) 及び規格 56.4 又はJIS規格 M 0202の3.1.4 の (2) 及び付表 3
	ク ロ ム 含 有 量	2 mg/l 以下	規格 65.1 又は付表 3
	フ ッ 素 含 有 量	15 mg/l 以下	規格 34
	大 腸 菌 群 数	日間平均 3000 個/cm³ 以下	下水の水質の検定方法に関する省令
	窒　　　　　素	120mg/l以下 (日間平均 60mg/l以下)	規格 45.1 又は 45.2
	リ　　　　　ン	16mg/l以下 (日間平均 8mg/l以下)	規格 46.3

(注)　規格とは，日本工業規格 K 0102 をいう．
　　　告示とは，昭和46年12月環境庁告示第59号をいう．

3. 新しい水道水質基準

表3.1（別表1） 基準項目（水道法に基づく水質基準）

◎ 健康に関する項目（29項目）

	項目名	基準値	検査方法
1	一般細菌	1 mlの検水で形成される集落数が100以下であること	標準寒天培地法
2	大腸菌群	検出されないこと	乳糖ブイヨン-ブリリアントグリーン乳糖胆汁ブイヨン培地法, 特定酸素基質培地法
3	シアン	0.01 mg/l 以下	吸光光度法
4	水　銀	0.0005 mg/l 以下	原子吸光光度法（還元気化）
5	鉛	0.05 mg/l 以下	原子吸光光度法（フレームレス）, ICP法
6	六価クロム	0.05 mg/l 以下	原子吸光光度法（フレームレス）, ICP法
7	カドミウム	0.01 mg/l 以下	原子吸光光度法（フレームレス）, ICP法
8	セレン	0.01 mg/l 以下	原子吸光光度法（水素化物発生）, 原子吸光光度法（フレームレス）
9	ヒ　素	0.01 mg/l 以下	原子吸光光度法（水素化物発生）, 原子吸光光度法（フレームレス）
10	フッ素	0.8 mg/l 以下	イオンクロマトグラフ法, 吸光光度法
11	硝酸性窒素及び亜硝酸性窒素	10 mg/l 以下	イオンクロマトグラフ法, 吸光光度法
12	トリクロロエチレン	0.03 mg/l 以下	パージ・トラップGC-MS法, ヘッド・スペースGC-MS法, パージ・トラップGC法（ECD）
13	テトラクロロエチレン	0.01 mg/l 以下	パージ・トラップGC-MS法, ヘッド・スペースGC-MS法（ECD, FID）

（つづく）

(健康に関する項目　つづき)

14	四塩化炭素	0.002 mg/l 以下	パージ・トラップGC-MS法, パージ・トラップGC法(ECD)
15	1,1,2-トリクロロエタン	0.006 mg/l 以下	パージ・トラップGC-MS法, パージ・トラップGC法(ECD, FID)
16	1,2-ジクロロエタン	0.004 mg/l 以下	パージ・トラップGC-MS法,
17	1,1-ジクロロエチレン	0.02 mg/l 以下	パージ・トラップGC-MS法, ヘッド・スペースGC-MS法, パージ・トラップGC法(ECD, FID)
18	シス-1,2-ジクロロエチレン	0.04 mg/l 以下	パージ・トラップGC-MS法, ヘッド・スペースGC-MS法, パージ・トラップGC法(FID)
19	ジクロロメタン	0.02 mg/l 以下	パージ・トラップGC-MS法, ヘッド・スペースGC-MS法, パージ・トラップGC法(ECD, FID)
20	ベンゼン	0.01 mg/l 以下	パージ・トラップGC-MS法, ヘッド・スペースGC-MS法, パージ・トラップGC法(FID)
21	総トリハロメタン	0.1 mg/l 以下	パージ・トラップGC-MS法, ヘッド・スペースGC-MS法, パージ・トラップGC法(ECD)
22	クロロホルム	0.06 mg/l 以下	パージ・トラップGC-MS法, ヘッド・スペースGC-MS法, パージ・トラップGC法(ECD, FID)
23	ブロモジクロロメタン	0.03 mg/l 以下	パージ・トラップGC-MS法, ヘッド・スペースGC-MS法, パージ・トラップGC法(ECD, FID)
24	ジブロモクロロメタン	0.1 mg/l 以下	パージ・トラップGC-MS法, ヘッド・スペースGC-MS法, パージ・トラップGC法(ECD, FID)
25	ブロモホルム	0.009 mg/l 以下	パージ・トラップGC-MS法, ヘッド・スペースGC-MS法, パージ・トラップGC法(ECD)
26	チウラム	0.006 mg/l 以下	固相抽出HPLC法

(つづく)

(健康に関する項目 つづき)

	項目名	基準値	検査方法
27	シマジン(CAT)	0.003 mg/l 以下	固相抽出GC-MS法，固相抽出GC法(FTD)
28	チオベンカルブ（ベンチオカーブ）	0.02 mg/l 以下	固相抽出GC-MS法，固相抽出GC法(ECD，FTD)
29	1,3-ジクロロプロペン(D-D)	0.002 mg/l 以下	パージ・トラップGC-MS法，

◎ 水道水が有すべき性状に関連する項目（17項目）

	項目名	基準値	検査方法
1	塩素イオン	200 mg/l 以下	イオンクロマトグラフ法，滴定法
2	有機物等(過マンガン酸カリウム消費量)	10 mg/l 以下	滴定法
3	銅	1.0 mg/l 以下	原子吸光光度法(フレームレス)，ICP法
4	鉄	0.3 mg/l 以下	原子吸光光度法(フレームレス)，ICP法，吸光光度法
5	マンガン	0.05 mg/l 以下	原子吸光光度法(フレームレス)，ICP法
6	亜鉛	1.0 mg/l 以下	原子吸光光度法(フレームレス)，ICP法
7	ナトリウム	200 mg/l 以下	原子吸光光度法(フレームレス)，ICP法
8	カルシウム，マグネシウム等(硬度)	300 mg/l 以下	滴定法
9	蒸発残留物	500 mg/l 以下	重量法
10	フェノール類	0.005 mg/l 以下	吸光光度法
11	1,1,1-トリクロロエタン	0.3 mg/l 以下	パージ・トラップGC-MS法，ヘッド・スペースGC-MS法，パージ・トラップGC法(ECD，FID)
12	陰イオン界面活性剤	0.2 mg/l 以下	吸光光度法
13	pH値	5.8以上8.6以下	ガラス電極法，比色法
14	臭気	異常でないこと	官能法
15	味	異常でないこと	官能法
16	色度	5度以下	比色法，透過光測定法

(つづく)

(水道水が有すべき性状に関連する項目 つづき)

17	濁度	2度以下	比濁法，透過光測定法 積分球式光電光度法

表3.2（別表2） 快適水質項目（13項目）

	項　目　名	目　標　値	検　査　方　法
1	マンガン	0.01 mg/l 以下	原子吸光光度法（フレームレス），ICP法
2	アルミニウム	0.2 mg/l 以下	原子吸光光度法（フレームレス），ICP法
3	残留塩素	1 mg/l 程度	比色法（DPD法，オルトトリジン法），電流法
4	2-メチルイソボルネオール	粉末活性炭処理： 　0.00002 mg/l 以下 粒状活性炭等恒久施設： 　0.00001 mg/l 以下	パージ・トラップGC-MS法
5	ジェオスミン	粉末活性炭処理： 　0.00002 mg/l 以下 粒状活性炭等恒久施設： 　0.00001 mg/l 以下	パージ・トラップGC-MS法
6	臭気強度（TON）	3以下	官能法
7	遊離炭酸	20 mg/l 以下	滴定法
8	有機物等（過マンガン酸カリウム消費量）	3 mg/l 以下	滴定法
9	カルシウム，マグネシウム等（硬度）	10 mg/l 以下 100 mg/l 以下	滴定法
10	蒸発残留物	30 mg/l 以下 200 mg/l 以下	重量法
11	濁度	給水栓で1度以下，送配水施設入口で0.1度以下	透過光測定法，積分球式光電光度法
12	ランゲリア指数（腐食性）	－1度程度以上とし，極力0に近づける	pH値等から算出
13	pH値	7.5度程度	ガラス電極法，比色法

(注) 1) マンガン，有機物等（過マンガン酸カリウム消費量），カルシウム，マグネシウム等（硬度），蒸発残留物，濁度及びpH値については，基準項目であるが，より質の高い水道水の目標とする値として別途設定した．
2) 残留塩素については，消毒の確実な実施を前提として目標値を活用すること．

表3.3（別表3） 監視項目（26項目）

	項 目 名	指 針 値	検 査 方 法
1	トランス-1,2-ジクロロエチレン	0.04 mg/l 以下	パージ・トラップGC-MS法，ヘッド・スペースGC-MS法，パージ・トラップGC法（ECD, FID）
2	トルエン	0.6 mg/l 以下	パージ・トラップGC-MS法，ヘッド・スペースGC-MS法，パージ・トラップGC法（FID）
3	キシレン	0.4 mg/l 以下	パージ・トラップGC-MS法，ヘッド・スペースGC-MS法，パージ・トラップGC法（FID）
4	p-ジクロロベンゼン	0.3 mg/l 以下	パージ・トラップGC-MS法，ヘッド・スペースGC-MS法，パージ・トラップGC法（ECD, FID）
5	1,2-ジクロロプロパン	0.06 mg/l 以下	パージ・トラップGC-MS法，ヘッド・スペースGC-MS法，パージ・トラップGC法（ECD, FID）
6	フタル酸ジエチルヘキシン	0.06 mg/l 以下	溶媒抽出GC-MS法，溶媒抽出GC法（ECD）
7	ニッケル	0.01 mg/l 以下	原子吸光光度法（フレームレス），ICP法
8	アンチモン	0.002 mg/l 以下	原子吸光光度法（水素化物発生）
9	ほう素	0.2 mg/l 以下	ICP法，吸光光度法
10	モリブデン	0.07 mg/l 以下	原子吸光光度法（フレームレス），ICP法
11	ホルムアルデヒド	0.08 mg/l 以下	溶媒抽出GC（ECD）
12	ジクロロ酢酸	0.04 mg/l 以下	溶媒抽出GC-MS法，溶媒抽出GC法（ECD）
13	トリクロロ酢酸	0.3 mg/l 以下	溶媒抽出GC-MS法，溶媒抽出GC法（ECD）
14	ジクロロアセトニトリル	0.08 mg/l 以下	溶媒抽出GC-MS法，溶媒抽出GC法（ECD）
15	抱水クロラール	0.03 mg/l 以下	溶媒抽出GC-MS法，溶媒抽出GC法（ECD）

（つづく）

(表3.3 監視項目 つづき)

16	イソキサチオン	0.008 mg/l 以下	固相抽出GC-MS法，固相抽出GC法(FPD-FTD)
17	ダイアジノン	0.005 mg/l 以下	固相抽出GC-MS法，固相抽出GC法(FPD-P, FTD)
18	フェニトロチオン(MEP)	0.003 mg/l 以下	固相抽出GC-MS法，固相抽出GC法(FPD-P, FTD)
19	イソプロチオラン	0.04 mg/l 以下	固相抽出GC-MS法，固相抽出GC法(ECD)
20	クロロタロニル(TPN)	0.04 mg/l 以下	固相抽出GC-MS法，固相抽出GC法(ECD)
21	プロピザミド	0.008 mg/l 以下	固相抽出GC-MS法，固相抽出GC法(ECD, FTD)
22	ジクロルボス(DDVP)	0.01 mg/l 以下	固相抽出GC-MS法，固相抽出GC法(ECD, FPD-P, FTD)
23	フェノブカルブ(BPMC)	0.02 mg/l 以下	固相抽出GC-MS法，固相抽出GC法(FTD)
24	クロルニトロフェン(CNP)	0.005 mg/l 以下	固相抽出GC-MS法，固相抽出GC法(ECD)
25	イプロベンホス(IBP)	0.008 mg/l 以下	固相抽出GC-MS法，固相抽出GC法(FPD-P, FTD)
26	EPN	0.006 mg/l 以下	固相抽出GC-MS法，固相抽出GC法(FPD-P, FTD)

4. 土壌の汚染に係わる環境基準

(平成3年8月23日環境庁告示第46号最終改正平成6年2月21日環境庁告示第25号)

項目	環境基準	測定方法
カドミウム	検液1 l につき 0.01mg 以下であり，かつ農用地においては，米1 kg につき1 mg 未満であること．	環境上の条件のうち，検液中濃度に係るものにあっては規格55または告示[1]付表1，農用地に係るものにあっては昭和46年6月農林省令第47号
全シアン	検液中に検出されないこと	規格38 (規格38.1.1を除く)
有機リン	検液中に検出されないこと	告示[2]付表1又は規格31.1のうちガスクロマトグラフ法以外のもの(メチルジメトンは告示[2]付表2)
鉛	検液1 l につき0.01 mg 以下であること．	規格54又は告示[1]付表1
六価クロム	検液1 l につき0.05 mg 以下であること．	規格65.2は告示[1]付表1
ヒ素	検液1 l につき0.01mg 以下であり，かつ農用地(田に限る.)においては，土壌1 kgにつき15mg 未満であること．	環境上の条件のうち，検液中濃度に係るものにあっては，規格61又は告示[1]付表2，農地用に係るものにあっては，昭和50年4月総理府令第31号
総水銀	検液1 l につき0.0005 mg 以下であること．	告示[1]付表3
アルキル水銀	検液中に検出されないこと	告示[1]付表及び告示[2]付表4
PCB	検液中に検出されないこと	告示[1]付表5
銅	農地用(田に限る.)において，土壌1 kgにつき125 mg 未満であること．	昭和47年10月総理府令第66号
ジクロロメタン	検液1 l につき0.02 mg 以下であること．	告示[1]付表6の第1，第2又は第3
四塩化炭素	検液1 l につき0.002 mg 以下であること．	JIS規格 K 0125 の5又は告示[1]付表6の第1，第2若しくは第3

(つづく)

(4. 土壌の汚染に係わる環境基準　つづき)

1,2-ジクロロエタン	検液1 l につき0.004 mg以下であること.	告示[1]付表6の第1, 第2又は第3
1,1-ジクロロエチレン	検液1 l につき0.02 mg以下であること.	告示[1]付表6の第1, 第2又は第3
シス-1,2-ジクロロエチレン	検液1 l につき0.04 mg以下であること.	告示[1]付表6の第1, 第2又は第3
1,1,1-トリクロロエタン	検液1 l につき1 mg以下であること.	JIS規格 K 0125の5又は告示[1]付表6の第1, 第2若しくは第3
1,1,2-トリクロロエタン	検液1 l につき0.06 mg以下であること.	JIS規格 K 0125の5に準ずる方法若しくは告示[1]付表6, 第1, 第2若しくは第3
トリクロロエチレン	検液1 l につき0.03 mg以下であること.	JIS規格 K 0125の5又は告示[1]付表6の第1, 第2若しくは第3
テトラクロロエチレン	検液1 l につき0.01 mg以下であること.	JIS規格 K 0125の5又は告示[1]付表6の第1, 第2若しくは第3
1,3-ジクロロプロペン	検液1 l につき0.002 mg以下であること.	告示[1]付表6の第1, 第2又は第3
チウラム	検液1 l につき0.006 mg以下であること.	告示[1]付表7
シマジン	検液1 l につき0.003 mg以下であること.	告示[1]付表8の第1又は第2
チオベンカルブ	検液1 l につき0.02 mg以下であること.	告示[1]付表8の第1又は第2
ベンゼン	検液1 l につき0.01 mg以下であること.	告示[1]付表6の第1, 第2又は第3
セレン	検液1 l につき0.01 mg以下であること.	規格67.2又は告示[1]付表2

備　考
1. 環境上の条件のうち, 検液中濃度に係るものにあっては, 付表に定める方法により検液を作成し, それを用いて測定を行うものとする.
2. カドミウム, 鉛, 六価クロム, ヒ素, 総水銀及びセレンに係る環境上の条件のうち, 検液中濃度に係る値にあっては, 汚染土壌が地下水面から離れており, かつ, 原状において当該地下水中のこれらの物質の濃度がそれぞれ地下水1 l につき 0.01mg, 0.01mg, 0.05mg, 0.01mg, 0.0005mg 及び 0.01mg を超えていない場合には, それぞれ検液1 l につき 0.03mg, 0.03mg, 0.15mg, 0.0015mg 及び 0.03mg とする.
3. 「検液中に検出されない」とは, 測定方法の欄に掲げる方法により測定した場合において, その結果が当該方法の定量限界を下回ることをいう.
4. 有機リンとは, パラチオン, メチルパラチオン, メチルジメトン, 及びEPNをいう.
5. 1,1,2-トリクロロエタンの測定方法で日本工業規格 K 0125の5に準ずる方法を用いる場合は,

(つづく)

(4. 土壌の汚染に係わる環境基準　つづき)

1,1,1-トリクロロエタンの測定方法で日本工業規格 K 0125の5に定める方法を準用することとする。この場合,「塩素化炭化水素類混合標準液」の1,2,2-トリクロロエタンの濃度は,溶媒抽出・ガスクロマトグラフ法にあっては $2\,\mu g/ml$ とする,ヘッドスペース・ガスクロマトグラフ法にあっては $2\,mg/ml$ とする.

(注)　規格とは日本工業規格 K 0102 をいう.
　　　告示[1]とは昭和46年12月環境庁告示第56号をいう.
　　　告示[2]とは昭和49年9月環境庁告示第64号をいう.

5. 特定地下浸透水の浸透の制限

(水質汚濁防止法の一部改正により追加(平成元年10月1日施行))

第12条の3　有害物質使用特定事業場から水を排出する者(特定地下浸透水を浸透させる者を含む.)は,第8条の総理府令で定める要件に該当する特定地下浸透水を浸透させてはならない.

(注1)　「有害物質使用特定事業場」とは,有害物質使用特定施設を設置する特定事業場をいう.ここで,「有害物質使用特定施設」とは,有害物質を,その施設において製造し,使用し,又は処理する特定施設をいう.

(注2)　「特定地下浸透水」とは,有害物質使用特定事業場から地下に浸透する水で,有害物質使用特定施設に係る汚水等(これを処理したものを含む.)を含むものをいう.

(注3)　「第8条の総理府令で定める要件に該当する」とは,次表の検定方法により特定地下浸透水の浸透状態を検定した場合において,当該有害物質が検出される(備考に掲げる値以上の有害物質が検出される)ことをいう.

(平成元年8月21日環境庁告示第39号最終改正平成5年3月8日環境庁告示第18号)

有害物質の種類	検定方法	備考
カドミウム及びその化合物	規格55.2, 55.3若しくは55.4又は環境基準告示付表1	0.001 mg/l (カドミウム)
シアン化合物	規格38.1.2及び38.2又は規格38.1.2及び38.3	0.1 mg/l (シアン)
有機リン化合物	排水基準告示付表1	0.1 mg/l
鉛及びその化合物	規格54.2, 54.3若しくは54.4又は環境基準告示付表1	0.005 mg/l (鉛)
六価クロム化合物	規格65.2.1	0.04 mg/l (六価クロム)
ヒ素及びその化合物	規格61又は環境基準告示付表2	0.005 mg/l (ヒ素)
水銀及び水銀化合物	環境基準告示付表3	0.0005 mg/l (水銀)
アルキル水銀化合物	環境基準告示付表4及び排水基準告示付表4	0.0005 mg/l (アルキル水銀)
PCB	環境基準告示付表5	0.0005 mg/l
トリクロロエチレン	JIS規格 K 0125の5又は環境基準告示付表6の第1, 第2若しくは第3	0.002 mg/l

(つづく)

(5．特定地下浸透水の浸透の制限　つづき)

テトラクロロエチレン	JIS規格 K 0125 の 5 又は環境基準告示付表 6 の第 1，第 2 若しくは第 3	0.0005 mg/l
ジクロロメタン	環境基準告示付表 6 の第 1，第 2 又は第 3	0.002 mg/l
四塩化炭素	JIS規格 K 0125 の 5 又は環境基準告示付表 6 の第 1，第 2 又は第 3	0.0002 mg/l
1,2-ジクロロエタン	環境基準告示付表 6 の第 1，第 2 又は第 3	0.0004 mg/l
1,1-ジクロロエチレン	環境基準告示付表 6 の第 1，第 2 又は第 3	0.002 mg/l
シス-1,2-ジクロロエチレン	環境基準告示付表 6 の第 1，第 2 又は第 3	0.004 mg/l
1,1,1-トリクロロエタン	JIS規格 K 0125 の 5 又は環境基準告示付表 6 の第 1，第 2 又は第 3	0.0005 mg/l
1,1,2-トリクロロエタン	環境基準告示付表 6 の第 1，第 2 又は第 3	0.0006 mg/l
1,3-ジクロロプロペン	環境基準告示付表 6 の第 1，第 2 又は第 3	0.0002 mg/l
チウラム	環境基準告示付表 7	0.0006 mg/l
シマジン	環境基準告示付表 8 の第 1 又は第 2	0.0003 mg/l
チオベンカルブ	環境基準告示付表 8 の第 1 又は第 2	0.002 mg/l
ベンゼン	環境基準告示付表 6 の第 1，第 2 又は第 3	0.001 mg/l
セレン及びその化合物	規格 67.2 又は環境基準告示付表 2	0.002 mg/l （セレン）

(注)　1)　規格とは，日本工業規格 K 0102 をいう．
　　　2)　環境基準告示とは，昭和 46 年 12 月環境庁告示第 59 号をいう．
　　　3)　排水基準告示とは，昭和 49 年 9 月環境庁告示第 64 号をいう．
　　　4)　有機リン化合物は，パラチオン，メチルパラチオン，メチルジメトン，EPNに限る．

6. 先端産業の要望水質

項　目	単　位	標準水質	ボイラ用水	IC製造用超純水
濁　度	度	20		
pH		6.5〜8.0		
アルカリ度	mg/l	75		
硬　度	mg/l	120	0〜2	
蒸発残留物	mg/l	250		0.01 以下
塩素イオン	mg/l	80		
Fe	mg/l	0.3	0.02 以下	
Mn	mg/l	0.2		
シリカ(SiO_2)	mg/l		0.02 以下	0.05 以下
比抵抗	kΩ・cm	5〜20	3,300 以上	18,000 以上
微粒子	個/ml			1以下 (at 0.8 μm)
生　菌	コロニー/ml			2 以下
備　考			JIS B 8223	ASTM, SEMI

資料：通商産業省立地公害局産業施設課．

7. 農業用水基準等

項　目		農業用水基準 (基準値)	参　考				愛知県基準 (案)
			構造改善土地分級法 (技術会議)	有害成分の浸度と作物被害 (「農業と公害」)	水道法による水質基準 (厚生省)	水産用水基準 (水質保護)	
pH		6.0〜7.5	6.0〜7.5		5.8〜8.6	6.5〜8.5	
COD	(mg/l)	6＞		3			8
SS	(mg/l)	100＞					
DO	(mg/l)	5＞				3	
T-N	(mg/l)	1＞	1			(全アンモニア)	1
電気伝導度	(μS/cm)	300＞	塩類濃度 (500mg/l)				塩類濃度 (500mg/l)
As	(mg/l)	0.05＞		0.05	0.05		0.05

(つづく)

(7. 農業用水基準等 つづき)

Zn	(mg/l)	0.5>		1	0.1	0.1	1.0
Cu	(mg/l)	0.02>		0.01	1.0	0.01	0.1

(注) 内田駿一郎:下水, 廃水の再利用:工業用水, No.375 (1989)

8. 水稲に対する有害物質

項　目	被害発生濃度	備　考
pH	6.0〜7.5	4以下又は8.5以上で被害大
塩　類	500ppm	2,000ppmで被害大
SO_4^{2-}	100ppm	土壌の成分により減収率変化
Cu^{2+}	0.01ppm	
Zn^{2+}	1ppm	
Co^{3+}	0.1ppm	
Ni^{3+}	0.07ppm	
Mn^{2+}	5ppm	
As	0.05ppm	
Cr	1ppm	
Al	3ppm	
懸濁物	10ppm	
N	1ppm	
中性洗剤	5ppm	
油　類	2l/a	
リグニンスルホン酸	1,000ppm以上	
サルファイトパルプ廃液	2,000〜200倍希釈	
セミケミカルパルプ廃液	2,000倍希釈	2,000倍希釈で26%減収

(注) 農水省農地局監修 "農業と公害", 1969.

索　引

【あ　行】

亜硫酸ナトリウム　170
亜硫酸水素ナトリウム　58

イオン化傾向　159
イオン交換樹脂の選択性　132
イオン交換搭　132
イオン交換膜　68
イオン状シリカ　60
1次純水システム　275
陰イオン交換樹脂の分解　280
飲料水　219

雨水の水質　237
雨水処理方式　243
雨水槽　242
雨水貯留槽　242

塩素酸化　77

おいしい水　226
オゾン酸化　156
汚泥滞留時間　212
汚泥日齢　180
汚泥濃縮槽　185

【か　行】

カビ臭物質　228
カルシウムスケール　58, 233
加圧浮上　32
化学的脱酸素法　169
海水主成分　230
海水淡水化　229
活性汚泥法　175
活性炭吸着　105
完全混合法　188
緩速攪拌　224
緩速沪過　15, 221
貫流点　129

気-固比　33
気体分離膜　166
逆浸透膜法　229
急速攪拌　223
急速沪過法　16
強塩基性陰イオン交換樹脂　123
強酸性陽イオン交換樹脂　121
凝集沈殿　2

クロスフロー沪過　40
クロム系防食剤　298
クロム(III)錯体　314
クロム排水　321
クロルピクリン　92

空気酸化　148, 156

傾斜板　14
計量槽　178
限界電流密度　69
嫌気工程　204
減衰増殖期　183

五酸化二チッ素　92
鋼の腐食　160
光オゾン酸化　304
工業用水　255
孔食発生機構　161
硬度　226
向流再生　137
黒水　145
混床搭　138

【さ　行】

サックバックタンク　235
細孔分布曲線　106
再生効率　320
再生率　131
酢酸セルロース膜　51
雑用水　237
酸化還元電位　211
酸化処理　77
酸性雨　240

酸性疑集法　7
散気管類　182

シアン酸イオン　308
ジビニルベンゼン　121
シリカ　50
　──の除去　325
弱塩基性陰イオン交換樹脂　125
弱酸性陽イオン交換樹脂　122
臭気物質　115
重力分離　1
初期雨水排除装置　239
硝化・脱チッ素　200
硝酸菌　197
除鉄　146
除マンガン　146, 152
真空脱気法　165
浸透圧　230

スケール障害　301
スチレン　121
ストークスの式　1
スライム障害　301
水管ボイラ　258
水素供与体　200

ゼータ(ζ)電位　4
センターウエル　13
生活用水　219
生物学的脱リン法　204, 205
生物活性炭層　114
生物処理　175
生物膜法　190
整流板　13
整流壁　224
赤水　145
接触安定化法　188
接触角　44
接触材　191
選択透過係数　73
全量沪過　40

阻流壁　224

【た　行】
対数増殖期　182
脱気器　164
脱酸素の方法　162
脱水機　185
脱チッ素速度定数　203
脱チッ素反応　200
炭酸カルシウム　59
炭酸水素鉄　151
単床搭　140
中空糸脱気膜　167
中性攪乱現象　69
長時間曝気法　189
超純水　273
調整槽　176
沈砂槽　244
低圧水銀ランプ　307
電気泳動法　4
電気透析装置　70
電気二重層　3

トリクロロ酢酸　79,82
トリハロメタン　79
透過流束　39
特殊ボイラ　259

【な　行】
内生呼吸期　183
軟化処理　265

2次純水システム　278

濃縮界面　46
濃度分極　46

【は　行】
ハロ酢酸　79,82
排水の高度処理　305
曝気槽　178

ヒドラジン　170
ヒドロキシルラジカル　95,316
ヒドロペルオキシイオン　95
ヒマトメラミン酸　81

フェントン酸化　102
フミン酸　80
ブロワー　177
富栄養化現象　197
浮上分離　29
不動態化剤　172
不連続点塩素処理　78
複合膜　52
物理的脱酸素　169
分画分子量　46
分注曝気法　187

ヘンリー(Henry)の法則　32

ボイラの種類　255
　　水管ボイラ　258
　　特殊ボイラ　259
　　丸ボイラ　255
ボイラ水の水質基準　261
ボイラ用水　255
ポリ塩化アルミニウム塩　9
防食剤　172

【ま　行】
マイクロストレーナー　224
マイクロフロック沪過法　23
マンガン砂　153,154
膜の洗浄　61
膜分離　37
丸ボイラ　255

メンブレンフィルター　233

モノクロラミン　78

【や　行】
輸率　68

陽イオン交換樹脂の分解　280
溶解度積　25

【ら　行】
リン酸塩　299
硫酸アルミニウム　8
硫酸マグネシウム　227

流出係数　247

冷却水　289
　——の水質　293
沪過　15
　緩速沪過　15,221
　急速沪過　15,222

【欧　文】
API　30
BOD 汚泥負荷　178
BOD 溶積負荷　179
Break Through Point　130
Bunsen の呼吸係数　33
Coagulation　4
Electric double layer　3
FI 値　57,233
Flocculation　4
Fouling Index　57
MF 膜分離　38
Micro Filtration　38
MPN　219
Nanofiltration　64
NF 膜分離　64
Nitrobacter　198
ORP　211
PPI　31
Pressure Swing Adsorption　91
PSA 方式　91
Reverse Osmosys　51
RO 膜分離　51
SBS　58
Schulze-Hardy の法則　5
Sludge Retention Time：SRT　180,212
UASB 法　210
UF 膜分離　46
UF 膜沪過　48
Ultra Filtration　46
Upflow Anaerobic Sludge Blanket：UASB　210
VSS　215

増補頁索引

造　水　337

【あ　行】
温水洗浄　345

【か　行】
空気洗浄　345
クロムの回収　348

【さ　行】
産業環境監理手法　342
シャワー水洗　344
水量・水質の把握　343
生活排水のリサイクル化　341
掃除機による床洗浄　346

【た　行】
多段水洗　334
脱脂洗浄　347
超純水の水質　341

【な　行】
ニッケルめっき液の
　工程内リサイクル　349
年間平均降水量　338

【は　行】
排水処理　343
排水の分別　344

【ま　行】
水輸入国　340
無洗米　348

【や　行】
用水処理　341

【欧　文】
CP　342
　—のポイント　343
EOP　343
UNEP　342

著者略歴

和田　洋六（わだ　ひろむつ）

1943 年	神奈川県に生まれる
1968 年	東海大学　大学院修了
専　攻	工業化学
現　在	日本ワコン㈱取締役技術部長

工学博士

技 術 士　水道部門
　　　　　衛生工学部門
　　　　　登録 1979 年　第 13470 号

造 水 の 技 術 ［増補版］

2004 年 3 月 10 日　　第 1 刷発行

　　　　　　　　　著　者　　和田洋六
　　　　　　　　　発行者　　上條　宰
　　　　　　　　　印刷所　　昭文堂印刷
　　　　　　　　　製本所　　カナメブックス
　　　　発 行 所　　株式会社 地 人 書 館
　　〒162-0835　東京都新宿区中町 15
　　TEL 03-3235-4422
　　FAX 03-3235-8984
　　URL http://www.chijinshokan.co.jp
　　e-mail chijinshokan@nifty.com
　　郵便振替 00160-6-1532

© 1996, 2004 Hiromutsu Wada, Printed in Japan
ISBN 4-8052-0743-4 C 3058

JCLS　〈㈱日本著作出版権管理システム委託出版物〉
本書の無断複写は，著作権法上での例外を除き，禁じられています。複写される場合は，その都度事前に㈱日本著作出版権管理システム（電話 03-3817-5670，FAX 03-3815-8199）の承諾を得てください。